天勤计算机考研高分笔记系列

操作系统高分笔记

（2025版　天勤第13版）

刘　泱　主编

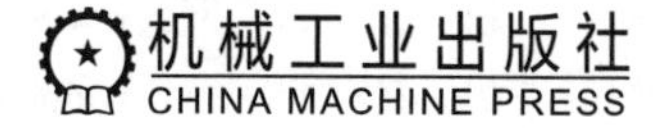

本书针对近几年全国计算机学科专业综合考试大纲的“操作系统”部分进行了深入解读，以一种独创的方式对考试大纲知识点进行了讲解，即从考生的视角剖析知识难点；以通俗易懂的语言取代晦涩难懂的专业术语；以成功考生的亲身经历指引复习方向；以风趣幽默的笔触缓解考研压力。考生对书中的知识点讲解有任何疑问都可以与作者进行在线互动，以便及时解决复习中的疑难问题，提高考生的复习效率。

根据计算机专业研究生入学考试形势的变化（逐渐实行非统考），书中对大量非统考知识点进行了讲解，使本书所包含的知识点除了涵盖统考大纲的所有内容外，还包括各大自主命题高校所要求的知识点。

本书可作为计算机专业研究生入学考试的复习指导用书（包括统考和非统考），也可作为全国各大高校计算机专业或非计算机专业的学生学习“操作系统”课程的辅导用书。

图书在版编目（CIP）数据

操作系统高分笔记：2025 版：天勤第 13 版 / 刘泱主编. —北京：机械工业出版社，2024.2
（天勤计算机考研高分笔记系列）
ISBN 978-7-111-75652-1

Ⅰ.①操…　Ⅱ.①刘…　Ⅲ.①操作系统-研究生-入学考试-自学参考资料　Ⅳ.①TP316

中国国家版本馆 CIP 数据核字（2024）第 080901 号

机械工业出版社（北京市百万庄大街 22 号　邮政编码 100037）
策划编辑：张振霞　　　　责任编辑：张振霞
责任校对：韩佳欣　王　延　　封面设计：王　旭
责任印制：任维东
河北鑫兆源印刷有限公司印刷
2024 年 5 月第 1 版第 1 次印刷
184mm×260mm・20 印张・507 千字
标准书号：ISBN 978-7-111-75652-1
定价：69.80 元

电话服务　　　　　　　　　网络服务
客服电话：010-88361066　　机　工　官　网：www.cmpbook.com
　　　　　010-88379833　　机　工　官　博：weibo.com/cmp1952
　　　　　010-68326294　　金　书　网：www.golden-book.com
封底无防伪标均为盗版　　机工教育服务网：www.cmpedu.com

序

2025 版《数据结构高分笔记》《计算机组成原理高分笔记》《操作系统高分笔记》《计算机网络高分笔记》等辅导教材问世了，这对于有志考研的学生是一大幸事。“他山之石，可以攻玉”，参考一下亲身经历过考研并取得优秀成绩的考生们的经验，必定有益于对考研知识点的复习和掌握。

能够考上研究生，这是无数考生的追求，能够以优异的成绩考上名牌大学的全国数一数二的计算机或软件工程学科的研究生，更是许多考生的梦想。如何学习或复习相关课程，如何打好扎实的理论基础、练好过硬的实践本领，如何抓住要害、掌握主要的知识点并获得考试的经验，先行者已经给考生带路了。“高分笔记”的作者在认真总结了考研体会，整理了考研的备战经验，参考了多种考研专业教材后，精心编写了本套系列辅导书。

“天勤计算机考研高分笔记系列”辅导教材的特点是：

✧ 贴近考生。作者亲身经历了考研，他的视角与以往的辅导教材不同，是从复习考研学生的立场理解教材的知识点——哪些地方理解有困难，哪些地方需要整理思路，处处替考生着想，有很好的引导作用。

✧ 重点突出。作者在复习过程中做了大量习题，并经历了考研的严峻考验，对重要的知识点和考试出现频率高的题型都了如指掌。因此，在复习内容的取舍上进行了精细的考虑，使得读者可以抓住重点，有效地复习。

✧ 分析透彻。作者在复习过程中对主要辅导教材的许多习题都进行了深入分析并亲自解答，对重要知识点进行了总结，因此，解题思路明确，叙述条理清晰，问题求解的步骤详细，对结果的分析透彻，不但可以扩展考生的思路，还有助于考生举一反三。

计算机专业综合基础考试已经考过 16 年，今后考试的走向如何，可能是考生最关心的问题了。我想，这要从考试命题的规则入手来讨论。

以清华大学为例，学校把研究生入学考试定性为选拔性考试。研究生入学考试试题主要测试考生对本学科的专业基础知识、基本理论和基本技能掌握的程度。因此，出题范围不应超出本科教学大纲和硕士生培养目标，并尽可能覆盖一级学科的知识面，一般能使本学科、本专业本科毕业的优秀考生取得及格以上的成绩。

实际上，全国计算机专业研究生入学联考的命题原则也是如此，各学科的重要知识点都是命题的重点。一般知识要考，比较难的知识（较深难度的知识）也要考。通过对 2009 年以来的考试题进行分析可知，考试的出题范围基本符合考试大纲，均覆盖到各大知识点，但题量有所侧重。因此，考生一开始不要抱侥幸的心理去押题，应踏踏实实读好书，认认真真做好复习题，仔仔细细归纳问题解决的思路，夯实基础，增长本事，然后再考虑重点复习。这里有几条规律可供参考：

✧ 出过题的知识点还会有题，出题频率高的知识点，今后出题的可能性也大。

✧ 选择题的大部分题目涉及基本概念，主要考查对各个知识点的定义和特点的理解，个别选择题会涉及相应延伸的概念。

✧ 综合应用题分为两部分：简做题和设计题。简做题的重点在于设计和计算；设计题的重点在于算法、实验或综合应用。

常言道：“学习不怕根基浅，只要迈步总不迟。”只要大家努力了，收获总会有的。

清华大学　殷人昆

修订说明

“天勤计算机考研高分笔记系列”丛书作为计算机考研的优秀教辅书，秉承“与时俱进、推陈出新”的原则，及时向考生指明计算机专业考研的发展方向，更新书目内容及复习方法，引领考生走上正确的复习道路，使复习事半功倍。

每章最后的**“考点分析与解题技巧”栏目**，把大纲中常考的，或是重点、难点的内容进行了深入分析。考生在使用本书进行复习的时候，通过知识点讲解部分对考纲要求的知识点有了初步的认识，再结合例题进行知识点的巩固和查漏补缺，但是例题之后的答案解析较为零碎，不容易形成体系，因此本栏目有助于考生在二轮复习时对知识点进行归纳总结。

每个知识点的解题技巧分析分为两部分，第一部分主要讲解知识点的复习方法，第二部分则讲解知识点的考查题型与解题方式。

另外，在知识点讲解部分也优化了一些讲解顺序，方便考生根据自身需要进行调整。习题部分基本都是真题，书中不再提示 2010 年之前的真题年份。

本书由率辉修订，主要包括以下四部分内容。

1．立足本专业，面向跨专业

近几次修订延续了天勤计算机考研高分笔记系列一贯的写作风格——幽默风趣、通俗易懂，使广大考生能够读懂、理解、掌握计算机专业课中晦涩、抽象的知识要点。本书删除了专业教材中部分叙述冗余、无关考纲的内容，加入了贴近考研场景的复习方法、解题技巧讲解，使考生能够将本书作为一、二轮复习的核心教材使用。

2．统考真题是良药，自主命题有秘方

本系列辅导书在近几次的修订过程中也加入了部分非统考知识点的讲解。本次修订主要加入了近年来统考和非统考的考研真题，同时对非统考知识点进行了更新。

另外编者认为，统考真题的参考价值是其他自主命题高校的试题所无法比拟的。编者从事计算机考研辅导多年，了解计算机专业考题的发展趋势，即统考真题的难度越来越大、综合性越来越强。但正因为如此，统考真题对于考生复习计算机专业课可谓是必备良药，掌握了统考真题的解题思路和做题技巧，就基本上理解了考纲中的知识要点。

而非统考高校的考研真题更像是面向部分考生的秘方，自主命题都有其出题规律和特点。本书加入了部分自主命题高校的考研真题，既可以帮助非统考考生把握命题方向，也可以帮助统考考生牢固掌握相关的知识点。

3．总结考试重点，进行方法归纳

编者在多年考研辅导教学中发现，大部分考生通过长期的复习积累，能够理解并掌握考纲要求的知识点，却不能灵活运用，在解题思路和技巧方面不得要领。编者结合自身考研复习经验及授课经验，总结了一系列针对考试重点、难点的解题思路和做题方法。在本次修订中，将此类思路和方法穿插编写在知识点讲解部分，考生可以在理解知识点之后，掌握做题技巧，在每章的习题中运用此类做题技巧，从而灵活掌握所学知识点。

4．优化复习思路，形成知识体系

计算机专业课的一大特点是体系完整、联系紧密。在本次修订中，针对高分笔记系列早

期版本中不利于考生理解的部分内容进行了修改，将部分知识点的讲解顺序做了调整，同时添加了相关内容以保持教材知识点的连贯性，帮助考生形成完整的知识体系，进而从容应对各类综合应用题。

编　者

前　　言

“天勤计算机考研高分笔记系列”丛书简介

高分笔记系列书籍包括《数据结构高分笔记》《计算机组成原理高分笔记》《操作系统高分笔记》《计算机网络高分笔记》等，是一套针对计算机考研的辅导书。它们于 2010 年夏天诞生于一群考生之手，其写作风格突出表现为：以学生的视角剖析知识难点；以通俗易懂的语言取代晦涩难懂的专业术语；以成功考生的亲身经历指引复习方向；以风趣幽默的笔触缓解考研压力。相信该丛书带给考生的将是更高效、更明确、更轻松、更愉快的复习过程。

2025 版《操作系统高分笔记》简介

本书特色：

1．通俗易懂，贴近大纲

为了让考生更加轻松地学习和理解操作系统考研的相关知识点，本书按照大纲顺序，对每个知识点都进行了讲解。对于某些难点和重点进行了比较详细的讲解，旨在帮助考生更好地学习和理解。在习题中，基本每个题目都有很详细的解答，对于有难度或者有技巧的题目，都有很详尽的解释，旨在帮助考生回忆并掌握知识点。

2．集众人意见，不断完善

天勤论坛作为一个计算机考研学习交流的平台，每年都会有很多考生提出很好的建议或指出书中的不足，笔者将这些建议进行整理，融入到书中，并对考生经常有疑问的知识点进行了进一步的改进和解释。

3．横向比较，及时练习

操作系统中有些知识点对于一个事件的处理往往有多种方法。本书针对这种情况，在讲完方法之后，会对这些方法做横向对比，将每种方法的特点和优缺点进行比较，方便考生记忆和理解。同时，每章都整理了一些经典习题并配以详细解答，便于考生进行自我检测。

4．亮点突出

操作系统中关于进程管理的部分一直是考研必考的知识点，也是比较难掌握的章节，尤其是 P、V 操作更是让很多考生感到无从下手。本书对于进程管理部分有详细的讲解，尤其是对于 P、V 操作部分的理解，有着与其他同类书籍所没有的独到见解。笔者对 P、V 题目的解题思路进行了总结，并对经典的几种进程同步问题做了详细的讲解，提出了一些新的思路。相信进程管理部分的内容一定会让考生眼前一亮，会帮助考生对进程同步有更全面的理解。

编　者

目　　录

第1章 绪　　论

大纲要求

（一）操作系统（Operating System，OS）的概念、特征、功能和提供的服务
（二）操作系统的发展与分类
（三）操作系统的运行环境
1．核心态与用户态
2．中断与异常
3．系统调用
（四）操作系统的体系结构
（五）操作系统引导
（六）虚拟机的概念

核心考点

1．（★★）操作系统的基本概念：操作系统的功能、特征和层次结构。
2．（★）操作系统的发展过程，操作系统的分类以及每种操作系统的特性。
3．（★★★）操作系统的软硬件运行环境：核心态与用户态的区别，中断与异常的区别，系统调用的概念。
4．（★）操作系统体系结构的基本概念。
5．（★★）操作系统的引导与启动过程。

知识点讲解

1.1 操作系统的基本概念

1.1.1 冯·诺依曼模型与计算机系统

计算机硬件的基本组成如图 1-1 所示，通常也称为冯·诺依曼模型，该模型由 5 部分组成，其中主机部分由运算器、存储器、控制器组成，外设部分由输入设备和输出设备组成。

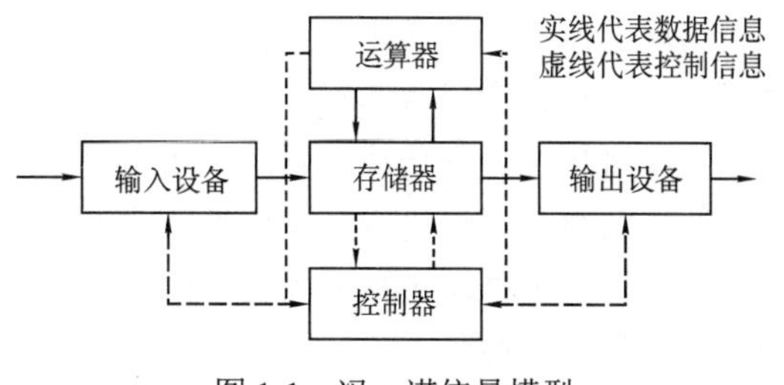

图 1-1　冯·诺依曼模型

没有配置软件的计算机称为裸机。裸机仅仅构成了计算机系统的硬件基础。而实际

呈现在用户面前的计算机系统是经过若干层的软件改造之后的计算机，如图 1-2 所示。

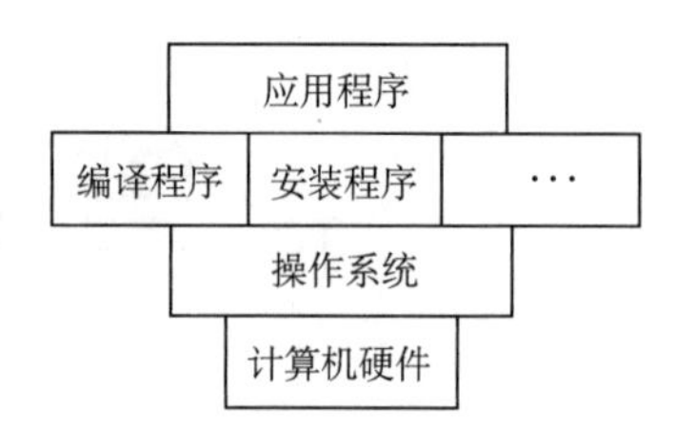

图 1-2 计算机系统的层次关系

计算机的硬件、软件以及软件的各部分之间是一种层次结构的关系。硬件在最底层，其上层是操作系统，通过操作系统提供的资源管理功能和方便用户使用的各种服务功能，将裸机改造成功能更强大、使用更方便的机器（通常称为虚拟机或扩展机）。而各种实用程序和应用程序在操作系统之上，这些程序均以操作系统为支撑，并向用户提供完成工作所需的各种服务。

操作系统是裸机上的第一层软件，是对硬件功能的首次扩充。**引入操作系统的目的是：**提供一个计算机用户与计算机硬件系统之间的**接口**，使计算机系统更易于使用；有效地**控制和管理**计算机系统中的各种**硬件和软件资源**，使之得到更有效的利用；合理地**组织**计算机系统的**工作流程**，以改善系统性能。

1.1.2 操作系统的概念

下面讲解操作系统研究中的不同观点，这些观点彼此并不矛盾，而是站在不同角度对同一事物（操作系统）进行分析的结果。每一种观点都有助于理解、分析和设计操作系统。

1．用户观点

操作系统的用户观点即根据用户所使用计算机的不同而设计不同类型的操作系统。例如，大多数人使用的是个人计算机（PC），此类计算机主要包括主机、显示器、键盘等，这种系统设计是为了使用户更好地进行单人工作，因此操作系统要达到的目的是方便用户使用，而资源利用率则显得不是很重要。有些用户使用的是大型机或者其终端等，此类计算机用来完成大型计算或作为公共服务器等，因此其操作系统的设计目的是使资源利用最大化，确保所有资源都能够被充分使用，并保障稳定性。智能手机的操作系统所追求的则是界面友好、使用便捷及耗电量低等。

2．系统观点（资源管理的观点）

从资源管理的角度来看，操作系统是计算机系统的资源管理程序。在计算机系统中有两类资源：硬件资源和软件资源。按其作用又可以将它们分为 4 大类资源：处理器、存储器、外设和信息（程序和数据）。这 4 类资源构成了操作系统本身和用户作业赖以活动的物质基础和工作环境。它们的使用方法和管理策略决定了整个操作系统的规模、类型、功能和实现。与上述 4 类资源相对应，操作系统可被划分成处理器管理、存储器管理、设备管理和信息管理（即文件系统），并分别进行分析研究。由此，可以用资源管理的观点组织操作系统的有关内容。

3．进程观点

这种观点把操作系统看作由若干个可以独立运行的程序和一个对这些程序进行协调的核心所组成。这些运行的程序称为进程，每个进程用于完成某一项特定任务（如控制用户作业的运行，处理某个设备的输入/输出……）。而操作系统的核心则是控制和协调这些进程的运行，解决进程之间的通信；它从系统各部分以并发工作为出发点，考虑管理任务的分割和相互之间的关系，通过进程之间的通信来解决共享资源时所带来的竞争问题。通常，进程可以分为用户进程和系统进程两大类，由这两类进程在核心控制下的协调运行来完成用户的要求。

4．虚拟机观点

虚拟机的观点也称为机器扩充的观点。从这一观点来看，操作系统为用户使用计算机提供了许多服务功能和良好的工作环境。用户不再直接使用硬件机器（称为裸机），而是通过操作系统来控制和使用计算机。计算机被扩充为功能更强大、使用更加方便的虚拟计算机。

从功能分解的角度出发，考虑操作系统的结构，可将操作系统分为若干个层次，每一层次完成特定的功能，从而构成一个虚拟机，并为上一层提供支持，构成它的运行环境。通过逐层的功能扩充，最终完成操作系统虚拟机，从而为用户提供全套的服务，满足用户的要求。

1.1.3 操作系统的特征

虽然不同的操作系统具有不同的特征，但它们都具有以下4个基本特征。

1．并发性

并发性和并行性是既相似又有区别的两个概念。**并行性是指两个或多个事件在同一时刻发生；而并发性是指两个或多个事件在同一时间间隔内发生。**在多道程序环境下，并发性是指宏观上在一段时间内有多道程序在同时运行，但在单处理器系统中，每一时刻仅有一道程序在执行，故微观上这些程序是交替执行的。举一个简单的例子，该例子在后续章节还会提到：假如对于哲学家来说，用餐和思考是哲学家唯一需要做的两件事，一般的哲学家在早上9:00～9:30用餐，9:30～10:30思考，10:30～11:00再次用餐，那么在9:00～11:00这个时间间隔内，用餐和思考是两件并发执行的任务；而某些优秀的哲学家可以一心二用，用餐的同时可以思考问题，则此时用餐和思考同时进行，即两个任务并行执行。

程序的并发执行能有效改善系统的资源利用率，但会使系统复杂化，因此操作系统必须具有控制和管理各种并发活动的能力。

★注：并发性和并行性是一对容易混淆的概念，因此要尤其注意两者在概念上的区别。

2．共享性

资源共享是指系统中的硬件和软件资源不再为某个程序所独占，而是供多个用户共同使用。并发和共享是操作系统的两个最基本的特征，二者之间互为存在条件。一方面，资源的共享是以程序的并发执行为条件的，若系统不允许程序的并发执行，自然不存在资源的共享问题；另一方面，若系统不能对资源共享实施有效的管理，也必将影响程序的并发执行，甚至根本无法并发执行。

根据资源性质的不同，可将资源共享方式分为两种。

- 互斥共享。系统中可供共享的某些资源，如打印机、某些变量、队列等一段时间内只能供一个作业使用的资源，只有当前作业使用完毕并释放后，才能被其他作业使用。
- 同时访问。系统中的另一类资源，如磁盘、可重入代码等，可以供多个作业同时访问。虽然这种“同时”是指宏观上的“同时”，微观上可能是作业交替访问该资源，但作业访问资源的顺序不会影响访问的结果。

并发性和共享性是操作系统最基本的特征。

3．虚拟性

在操作系统中，虚拟是指把一个物理上的实体变为若干个逻辑上的对应物，前者是实际存在的，后者是虚拟的，这只是用户的一种感觉。例如，在操作系统中引入多道程序设计技术后，虽然只有一个CPU，每次只能执行一道程序，但通过分时使用，在一段时间间隔内，宏观上这台处理器能同时运行多道程序。它给用户的感觉是每道程序都有一个 CPU 为其服务，即多道程序设计技术可以把一台物理上的CPU虚拟为多台逻辑上的CPU。此外还有虚拟存储器（从逻辑上扩充存储器的容量）、虚拟设备（独占设备变为共享设备）等技术，在后续

章节会详细介绍。

4．异步性

在多道程序环境中，由于资源等因素的限制，程序是以“走走停停”的方式运行的。系统中的每道程序何时执行、多道程序间的执行顺序以及完成每道程序所需的时间都是不确定的，因而也是不可预知的。

1.1.4 操作系统的主要功能和提供的服务

如前所述，操作系统的职能是负责系统中软硬件资源的管理，合理地组织计算机的工作流程，并为用户提供一个良好的工作环境和友好的使用界面。下面来说明**操作系统的五大基本功能：处理器管理、存储器管理、设备管理、文件管理和用户接口**。

1．处理器管理

处理器管理的主要任务是对处理器的分配和运行实施有效的管理。在多道程序环境下，处理器的分配和运行是以进程为基本单位的，因此对处理器的管理可归结为对进程的管理。进程管理应实现下述主要功能：

- 进程控制。负责进程的创建、撤销及状态转换。
- 进程同步。对并发执行的进程进行协调。
- 进程通信。负责完成进程间的信息交换。
- 进程调度。按一定算法进行处理器分配。

2．存储器管理

存储器管理的主要任务是对内存进行分配、保护和扩充。存储器管理应实现下述主要功能：

- 内存分配。按一定的策略为每道程序分配内存。
- 内存保护。保证各程序在自己的内存区域内运行而不相互干扰。
- 内存扩充。为允许大型作业或多作业的运行，必须借助虚拟存储技术来获得增加内存的效果。

3．设备管理

计算机外设的管理是操作系统中最庞杂、琐碎的部分。设备管理的主要任务是对计算机系统内的所有设备实施有效管理。设备管理应具有下述功能：

- 设备分配。根据一定的设备分配原则对设备进行分配。为了使设备与主机并行工作，还需采用缓冲技术和虚拟技术。
- 设备传输控制。实现物理的输入/输出操作，即启动设备、中断处理、结束处理等。
- 设备独立性。即用户程序中的设备与实际使用的物理设备无关。

4．文件管理

操作系统中负责信息管理的部分称为文件系统，因此称为文件管理。文件管理的主要任务是有效地支持文件的存储、检索和修改等操作，解决文件的共享、保密和保护问题。文件管理应实现下述功能：

- 文件存储空间的管理。负责对文件存储空间进行管理，包括存储空间的分配与回收等功能。
- 目录管理。目录是为方便文件管理而设置的数据结构，它能提供按名存取的功能。
- 文件操作管理。实现文件的操作，负责完成数据的读写。
- 文件保护。提供文件保护功能，防止文件遭到破坏。

5. 用户接口

为方便用户使用操作系统，操作系统还提供了用户接口。通常，操作系统以如下 3 种接口方式供用户使用。

- 命令接口。提供一组命令供用户直接或间接控制自己的作业。主要有两种命令接口控制方式，即联机命令接口和脱机命令接口。

联机命令接口又称**交互式命令接口**，适用于分时或实时操作系统，它由一组键盘操作命令组成，用户通过控制台或终端输入操作命令，向系统提出各种服务要求，用户每输入完一条命令，控制权就转入操作系统的命令解释程序，然后由命令解释程序对输入的命令进行解释并执行，完成执行的功能。之后控制权又转回到控制台或终端，此时用户又可以输入下一条命令。

脱机命令接口又称**批处理命令接口**，即适用于批处理系统，它由一组作业控制命令（或称作业控制语句）组成，脱机用户不能直接干预作业的运行，应事先用相应的作业控制命令写成一份作业操作说明书，连同作业一起提交给系统。当系统调度到该作业时，由系统中的命令解释程序对作业说明书上的命令或控制语句逐条解释执行，从而间接地控制作业的运行。

- 程序接口。也称为系统调用，是程序级的接口，由系统提供一组系统调用命令供用户程序和其他系统程序调用。用户在程序中可以直接使用这组系统调用命令向操作系统提出各种服务要求，如使用外设、申请分配内存、磁盘文件的操作等。
- 图形接口。近年来出现的图形接口（也称图形界面）是联机命令接口的图形化。

由操作系统的功能可以知道操作系统提供哪些服务：操作系统提供了一个用以执行程序的环境，提供的服务有程序执行、I/O 操作、文件操作、资源分配与保护、错误检测与排除等。

1.2 操作系统的发展与分类

1.2.1 操作系统的形成与发展

操作系统的发展过程其实和早期人们遇到的问题有很大关系，例如，为解决处理器和设备的速度矛盾而提出了脱机输入/输出技术，为减少人为干预而产生了批处理技术等，由此可见，操作系统的发展是对早期计算机系统问题非常自然的解决方式。

操作系统是由客观需要而产生的，并随着计算机技术本身及其应用的发展而逐渐发展和不断完善。与计算机的发展过程相对应，操作系统也经历了如下发展过程：无操作系统阶段（手工操作与脱机输入/输出）、单道批处理系统和多道批处理系统（多道程序设计）。

1. 无操作系统阶段

在第一代计算机时期，构成计算机的主要元器件是电子管，计算机的运行速度慢，没有操作系统，甚至没有任何软件，人们采用**手工操作方式**来操作计算机。在**手工操作方式**下，用户一个接一个地轮流使用计算机，每个用户的使用过程大致如下：先将程序纸带（或卡片）装入输入机，然后启动输入机把程序和数据送入计算机，接着通过控制台开关启动程序运行，当程序运行完毕后，由用户取走纸带和结果。

由此可以推断，这种操作方式具有用户独占计算机资源、资源利用率低以及 CPU 等待等人工操作的特点。

随着 CPU 速度的大幅提高，手工操作的慢速与 CPU 运算的高速之间出现了矛盾，这就是所谓的人机矛盾。此外，CPU 和 I/O 设备之间速度不匹配的矛盾也日益突出。为了缓和此矛盾，先后出现了通道技术和缓冲技术，但都未能很好地解决上述矛盾，直到后来引入**脱机输入/输出技术**，才获得了较为满意的效果。

脱机输入/输出技术是为了解决 CPU 和 I/O 设备之间速度不匹配的矛盾而提出的，此技术减少了 CPU 的空闲等待时间，提高了 I/O 速度。其输入/输出方式如图 1-3 所示。

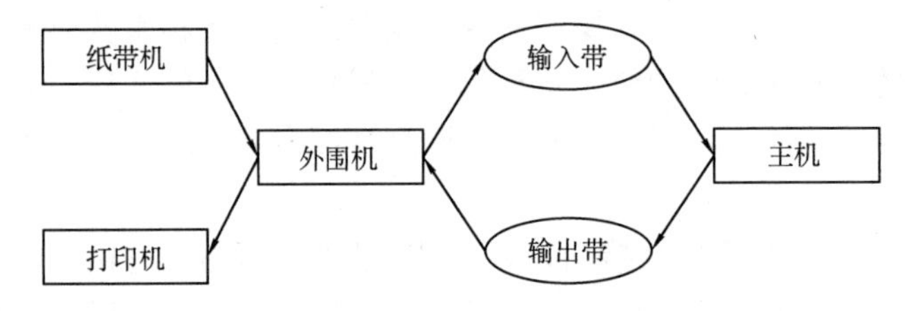

图 1-3　脱机输入/输出技术示意图

为解决低速输入设备与 CPU 速度不匹配的问题，可以将用户程序和数据在一台外围机（又称卫星机）的控制下，预先从低速输入设备（纸带机）输入到输入带上，当 CPU 需要这些程序和数据时，再直接从输入带高速输入到内存，从而大大加快了输入速度，减少了 CPU 等待输入的时间，这就是脱机输入技术。

类似地，当程序运行完毕或告一段落，CPU 需要输出时，无须直接把计算结果送至低速输出设备（图 1-3 中的打印机），而是高速地把结果送到输出带上，然后在外围机的控制下，把磁带上的计算结果由相应的输出设备输出，这就是脱机输出技术。

若输入/输出操作在主机控制下进行，则称为联机输入/输出。

采用脱机输入/输出技术后，低速 I/O 设备上的数据输入/输出都在外围机的控制下进行，而 CPU 只与高速的输入带及输出带打交道，从而有效地减少了 CPU 等待慢速输入/输出设备的时间。

详细说明本方法的目的在于使考生了解脱机输入/输出的模型，因为之后的缓冲区技术及 SPOOLing 技术等都是基于这种原理产生的，且理解这个模型对之后类似技术的学习也有较大的帮助。

2．单道批处理系统

单道批处理系统是最早出现的一种操作系统，严格地说，它只能算作是操作系统的前身，而并非是现在人们所理解的操作系统。

早期的计算机系统非常昂贵，为了能充分利用，应尽量使系统连续运行，以减少空闲时间。为此，通常是把一批作业以脱机输入方式输入到磁带上，并在系统中配置监督程序（管理作业的运行，负责装入和运行各种系统程序来完成作业的自动过渡），在其控制下，先把磁带上的第一个作业传送到内存，并把运行的控制权交给第一个作业，当第一个作业处理完后又把控制权交还给监督程序，由监督程序再把第二个作业调入内存。计算机系统按这种方式对磁带上的作业自动地一个接一个进行处理，直至将磁带上的所有作业全部处理完毕，这样便形成了早期的批处理系统。

图 1-4 给出了单道批处理系统工作示例。

从图 1-4 中可以看出，每当程序发出 I/O 请求时，CPU 便处于等待 I/O 完成的状态，致使 CPU 空闲。

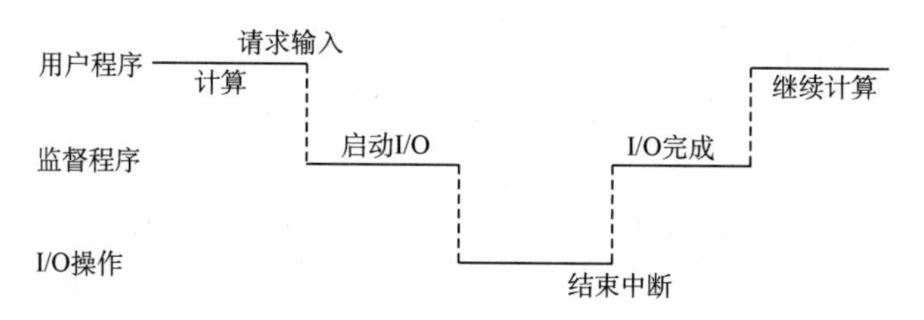

图 1-4 单道批处理系统工作示例

单道批处理系统主要有如下特点：

● 自动性。在顺利的情况下，磁带上的一批作业能自动的依次运行，而无须人工干预。

● 顺序性。磁带上的各道作业顺序地进入内存，各道作业的完成顺序与它们进入内存的顺序在正常情况下应完全相同，即先调入内存的作业先完成。

● 单道性。内存中仅有一道程序运行，即监督程序每次从磁带上只调入一道程序进入内存运行，当该程序完成或发生异常情况时，才调入其后继程序进入内存运行。

3. 多道批处理系统

为进一步提高 CPU 的利用率，引入了多道程序设计技术，由此而形成了多道批处理系统。

多道程序设计技术是“将一个以上的作业存放在主存中，并且同时处于运行状态。这些作业共享处理器、外设以及其他资源”。现代计算机系统一般都基于多道程序设计技术。图 1-5 给出了多道程序工作示例。

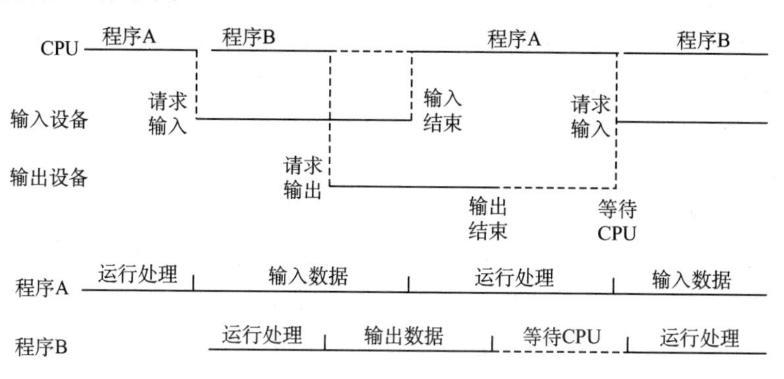

图 1-5 多道程序工作示例

在单处理器系统中，多道程序运行的特点如下：

● 多道。计算机内存中同时存放多道相互独立的程序。

● 宏观上并行。同时进入系统的几道程序都处于运行过程中，即它们先后开始了各自的运行，但都未运行完毕。

● 微观上串行。实际上，内存中的多道程序轮流占用 CPU，交替运行。

多道程序设计技术能有效提高系统的吞吐量和改善资源利用率。但实现多道程序系统时，由于主存中总是同时存在几道作业，因此还需要妥善解决下述一系列问题：

● 如何分配处理器，以使处理器既能满足各程序运行的需要，又有较高的利用率；将处理器分配给某程序后，应何时收回等问题。

● 如何为每道程序分配必要的内存空间，使它们各得其所，又不会因相互重叠而失去信息；如何防止因某个程序出现异常情况而破坏其他程序。

● 系统中可能有多种类型的 I/O 设备供多道程序共享，应如何分配这些 I/O 设备；如

何做到既方便用户对设备的使用，又能提高设备的利用率。

- 在计算机系统中，通常都存放着大量的程序和数据，应如何组织它们才能便于用户使用并保证数据的安全性和一致性。
- 对于系统中的各种应用程序，它们有的属于计算型，有的属于 I/O 型，有的作业既重要又紧迫，有的作业要求系统能及时响应，这时应如何组织这些作业。

4．操作系统的形成

为了解决上述问题，应在多道程序系统中增设一组软件，用这组软件对上述问题进行妥善有效的处理。此外，还应提供方便用户使用计算机的软件，这样便形成了操作系统。

操作系统是一组控制和管理计算机硬件和软件资源、合理地组织计算机工作流程以及方便用户的程序的集合。

1.2.2　操作系统的分类

操作系统有 3 种基本类型，即批处理操作系统、分时操作系统和实时操作系统。随着计算机体系结构的发展，许多操作系统应运而生，如嵌入式操作系统、集群系统、网络操作系统和分布式操作系统。

1．批处理操作系统

描述任何一种操作系统都要用到“作业”的概念。所谓作业，就是用户在一次解题或一个事务处理过程中要求计算机系统所做工作的集合，包括用户程序、所需的数据及命令等。

单道批处理操作系统是早期计算机系统中配置的一种操作系统类型。其工作流程大致如下：系统操作员将用户作业收集起来，并将这些作业组成一批输入并传送到外存。批处理操作系统每次将其中的一个作业调入运行，同时只有一道作业处于运行状态，运行完成或出现错误而无法再进行下去时，输出有关信息并调入下一个作业运行。如此反复处理，直到这一批作业全部处理完毕为止。

单道批处理操作系统大大提高了机器的利用率，减少了人工操作的时间。但是对于某些作业来说，当其发出输入/输出请求后，CPU 必须等待 I/O 的完成，这就意味着 CPU 空闲，特别是当 I/O 设备的速度较慢时，将导致 CPU 的利用率很低。为了提高 CPU 的利用率，引入了多道程序设计技术。

在单道批处理操作系统中引入多道程序设计技术，就形成了多道批处理操作系统。在多道批处理操作系统中，不仅在主存（也称内存）中可以有多道作业同时运行，而且作业可随时（不一定集中成批）被接受进入系统，并存放在外存中形成作业队列，然后由操作系统按一定的原则从作业队列中调度一个或多个作业进入主存运行。多道批处理操作系统一般用于计算中心的大型计算机系统。

多道批处理操作系统的主要特点如下：

- 用户脱机使用计算机。用户提交作业后，在获得结果之前几乎不和计算机交互。
- 成批处理。工作人员把用户提交的作业分批进行处理，由监督程序负责每批作业间的自动调度。
- 多道程序运行。按多道程序设计的调度原则，从一批后备作业中选取多个作业调入内存并组织其运行，成为多道批处理系统。

由于多道批处理系统中的资源为多个作业所共享，作业之间自动调度执行，并且在运行过程中用户不干预自己的作业，从而大大提高了系统的资源利用率和作业吞吐量。其不足之处是无交互性，一旦提交作业，用户就失去了对其运行的控制能力，使用不方便。

2．分时操作系统

在批处理操作系统中，用户以脱机操作的方式使用计算机，在提交作业后，用户就完全脱离了自己的作业，在作业运行过程中，不管出现什么情况都不能加以干预，只能等待该批处理作业处理结束，用户才能得到计算结果，根据计算结果再做下一步处理。若作业运行出错，则要重复上述过程。这种操作方式对用户而言是极不方便的，人们希望能以联机的方式使用计算机（即交互性更好），这种需求引起了分时操作系统的产生。

所谓分时技术，就是把处理器的运行时间分成很短的时间片，按时间片轮流把处理器分配给各联机作业使用。若某个作业在分配给它的时间片内不能完成其计算，则该作业暂时停止运行，把处理器让给另一个作业使用，等下一轮时再继续运行。由于计算机的运行速度很快，作业运行轮转也很快，使得每个用户都感觉好像是自己独占一台计算机。

在操作系统中采用分时技术就形成了分时操作系统。在分时操作系统中，一台计算机和许多终端设备连接，用户可以通过终端向系统发出命令，请求完成某项工作，而系统则分析从终端设备发来的命令，完成用户提出的要求，然后用户再根据系统提供的运行结果，向系统提出下一步请求，这样重复上述交互会话过程，直到用户完成预计的全部工作为止。分时操作系统的实现有下述几种方法：

- 简单分时操作系统。在简单分时操作系统中，内存只驻留一道作业，其他作业都在外存上。每当内存中的作业运行一个时间片后，便被调至外存（称为调出），再从外存上选一个作业装入内存（称为调入）并运行一个时间片，按此方法使所有作业都能在规定的时间内轮流运行一个时间片，这样，所有用户都能与自己的作业交互。
- 具有“前台”和“后台”的分时操作系统。为了改善系统性能，引入了“前台”和“后台”的概念。这里，把作业划分为“前台”和“后台”两类。“前台”存放按时间片调入/调出的作业流，其工作方式与简单分时操作系统相同；“后台”存放批处理作业。仅当“前台”正在调入/调出或无调入/调出作业流时，才运行“后台”的批处理作业，并给它分配更长的时间片。
- 多道分时操作系统。在分时操作系统中引入多道程序设计技术后，内存中可以同时装入多道作业，系统把所有具备运行条件的作业排成一个队列，使它们依次轮流获得一个时间片运行。

分时操作系统具有以下特征：

- 多路性。指一台计算机与若干台终端相连接，终端上的这些用户可以同时或基本同时使用该计算机。
- 交互性。分时操作系统中用户的操作方式是联机方式，即用户通过终端采用人机会话的方式直接控制程序运行，同程序进行交互。
- 独占性。由于分时操作系统采用时间片轮转的方法使一台计算机同时为许多终端用户服务（通常能在2～3s内响应用户请求），因此客观效果是这些用户彼此之间都感觉不到别人也在使用这台计算机，好像自己独占计算机一样。
- 及时性。系统能够在较短时间内响应用户请求。

3．实时操作系统

实时操作系统是操作系统的又一种类型。对于外部输入的信息，实时操作系统能够在规定的时间内处理完毕并做出反应。“实时”的含义是指计算机对于外来信息能够以足够快的速

度进行处理，并在被控制对象允许的时间范围内做出快速反应。实时操作系统对响应时间的要求比分时操作系统更高，一般要求秒级、毫秒级甚至微秒级的响应时间。

实时操作系统可以分成如下两类：

- 实时控制系统。通常是指以计算机为中心的生产过程控制系统，又称为计算机控制系统。例如，钢铁冶炼和钢板轧制的自动控制、炼油生产过程的自动控制等。在这类系统中，要求实时采集现场数据，并对它们进行及时的处理，进而自动控制相应的执行机构，使某参数（如温度、压力、流量等）能够按照预定规律变化或保持不变，以达到保证产品质量、提高产量的目的。
- 实时信息处理系统。在这类系统中，计算机及时接收从远程终端发来的服务请求，根据用户提出的问题对信息进行检索和处理，并在很短的时间内对用户做出正确响应，如机票预订系统、情报检索系统等，都属于实时信息处理系统。

实时操作系统的主要特点是提供及时响应和高可靠性。系统必须保证对实时信息的分析和处理的速度要快，而且系统本身要安全可靠，因为诸如生产过程的实时控制、航空订票等实时事务系统，信息处理的延误或丢失往往会带来不堪设想的后果。

批处理操作系统、分时操作系统和实时操作系统是3种基本的操作系统。若一个操作系统兼有批处理、分时和实时系统或其中两者的功能，则称该操作系统为通用操作系统。

4．其他操作系统

（1）嵌入式操作系统

嵌入式操作系统是运行在嵌入式系统环境中，对整个嵌入式系统以及它所操作和控制的各种部件、装置等资源进行统一协调、调度、指挥和控制的软件系统。

嵌入式操作系统支持嵌入式软件的运行，它的应用平台之一是各种电器，该系统面向普通家庭和个人用户。由于网络的快速发展与普及，使得家用电器的市场比传统的计算机市场大得多，因此嵌入式软件可能成为21世纪信息产业的支柱之一，嵌入式操作系统也必将成为软件厂商争夺的焦点，成为操作系统发展的另一个热门方向。

（2）集群系统

集群系统（Clustered System）将两个或多个独立的系统耦合起来，共同完成一项任务。集群的定义尚未定性，通常被大家接受的定义是集群计算机共享存储并通过LAN紧密连接。集群通常有若干个节点计算机和一个或多个监视计算机，其中监视计算机用于对节点进行管理控制、发布工作指令等。

集群通常用来提供高可用性，如集群中某个节点失效，其他节点可以迅速接替其工作，使用户感觉不到服务中断。

（3）网络操作系统

网络操作系统是通过通信设施将物理上分散的、具有自治功能的多个计算机系统互连起来，实现信息交换、资源共享、可互操作和协作处理的系统。它具有以下特点：

- 网络操作系统是一个互连的计算机系统的群体。这些计算机系统在物理上是分散的，可在一个房间里、一个单位里、一个城市或几个城市里，甚至可在全国或全球范围。
- 这些计算机是自治的，每台计算机都有自己的操作系统，各自独立工作，它们在网络协议控制下协同工作。
- 系统互连要通过通信设施（硬件、软件）来实现。
- 系统通过通信设施执行信息交换、资源共享、互操作和协作处理，实现多种应用要求。互操作和协作处理是计算机应用中更高层次的要求特征，它需要由一个环境支持互联网络环境下的各种计算机系统之间的进程通信，实现协同工作和应用集成。

网络操作系统是基于计算机网络的，是在各种计算机操作系统中按网络体系结构协议标准开发的软件，包括网络管理、通信、资源共享、系统安全和各种网络应用服务。其目标是实现相互通信及资源共享。

（4）分布式操作系统

分布式系统是指多个分散的处理单元经互联网络连接而成的系统，其中每个处理单元既具有高度自治性，又相互协同，能在系统范围内实现资源管理、动态分配任务，还能并行地运行分布式程序。

配置在分布式系统上的操作系统称为分布式操作系统。分布式操作系统具有以下特征：

- 统一性。即它是一个统一的操作系统。
- 共享性。即分布式操作系统中的所有资源是共享的。
- 透明性。是指用户并不知道分布式操作系统是运行在多台计算机上，在用户眼里，整个分布式系统像是一台计算机，用户并不知道自己请求系统完成的操作是由哪一台计算机完成的，也就是说，系统对用户来讲是透明的。
- 自治性。即分布式操作系统中的多个主机都处于平等地位。

分布式操作系统的一个优点是它的分布式：分布式操作系统可以用较低的成本获得较高的运算性能。分布式操作系统的另一个优点是它的可靠性：由于有多个 CPU 系统，因此当一个 CPU 系统发生故障时，整个系统仍旧能够工作。

1.3 操作系统的运行环境

1.3.1 CPU 运行模式

操作系统可以运行在多种环境下，通常包括传统环境（PC 等常见环境）、网络环境（分布式操作系统等）、嵌入式环境（手机操作系统、电器的操作系统等），这些属于操作系统的硬件环境；此外还有人机接口和操作系统与其他软件的关系，这两个涉及的内容较多，不会作为绪论的知识点考查，考生了解一下即可。

为了避免操作系统及其关键数据（如 PCB 等）受到用户程序有意或无意的破坏，通常将处理器的执行状态分为两种：核心态与用户态。

- **核心态**。核心态又称管态、系统态和内核态，是操作系统管理程序执行时机器所处的状态。它具有较高的特权，能执行包括特权指令的一切指令，能访问所有寄存器和存储区。
- **用户态**。用户态又称目态，是用户程序执行时机器所处的状态，是具有较低特权的执行状态，它只能执行规定的指令，只能访问指定的寄存器和存储区。

划分核心态与用户态之后，这两类程序以及各自的存储空间被严格区分了，且在 CPU 执行时有着完全不同的待遇。用户态程序不能直接调用核心态程序，而是通过执行访问核心态的命令，引起中断，由中断系统转入操作系统内的相应程序，例如，在系统调用时，将由用户态转换到核心态。

特权指令：只能由操作系统内核部分使用，不允许用户直接使用的指令，如 I/O 指令、设置中断屏蔽指令、清内存指令、存储保护指令和设置时钟指令。

操作系统中一些与硬件关联较紧密的模块（如时钟管理、中断处理、设备驱动等）以及运行频率较高的程序（如进程管理、存储器管理、设备管理等）构成了操作系统的内核。内核的指令操作工作在核心态，主要包括以下4个方面的内容。

1）时钟管理。时钟是计算机的各部件中最关键的设备，操作系统通过时钟管理，向用户提供标准的系统时间。另外，通过时钟中断的管理，可以实现进程的切换，如时间片轮转调度。

2）中断机制。键盘或鼠标的输入、进程的管理和调度、系统功能的调用、设备驱动、文件访问等，无不依赖于中断机制。在中断机制中，只有一小部分属于内核，负责保护和恢复中断现场的信息，转移控制权到相关的处理程序。这样可以减少终端的处理时间，提高系统的并行处理能力。

3）原语。原语是一些用于关闭中断的公用小程序，主要有以下特点：

- 处于操作系统最底层，是最接近硬件的部分。
- 程序运行具有原子性，操作只能一气呵成。
- 这些程序的运行时间较短，调用频繁。

4）系统控制的数据结构及处理。在操作系统中，需要一些用来登记状态信息的数据结构，如作业控制块、进程控制块、设备控制块、各类链表、消息队列、缓冲器、空闲登记区、内存分配表等；除此之外还应该定义对这些数据结构的一系列操作：进程管理、存储器管理、设备管理。

1.3.2 中断和异常的处理

中断与异常是一对类似但又有区别的概念。

中断，也称外中断，是系统正常功能的一部分，例如，因进程调度使系统停止当前运行的进程转而执行其他进程，或者因缺少所需资源而中断当前操作，等待资源的到达，在系统处理完其他事情之后会继续执行中断前的进程。

异常，也称内中断，是由错误引起的，如文件损坏、进程越界等。

通常异常会引起中断，而中断未必是由异常引起的。

1.3.3 系统调用

系统调用是操作系统提供的用户接口之一，是由操作系统实现的所有系统调用所构成的集合，即程序接口或应用编程接口（Application Programming Interface，API），是应用程序同系统之间的接口。

操作系统的主要功能是为应用程序的运行创建良好的环境。为了达到这个目的，内核提供了一系列具备预定功能的内核函数，通过一组称为系统调用（System Call）的接口呈现给用户。系统调用把应用程序的请求传给内核，调用相应的内核函数完成所需的处理，并将处理结果返回给应用程序。如果没有系统调用和内核函数，用户将不能编写大型应用程序。操作系统提供的系统调用通常包括进程控制、文件系统控制（文件读写操作和文件系统操作）、系统控制、内存管理、网络管理、socket 控制、用户管理以及进程间通信（信号、消息、管道、信号量和共享内存）。

操作系统执行系统调用的流程如图1-6所示。当用户需要执行系统调用时，首先准备并传递系统调用所需的参数，通过陷入（trap）指令进入操作系统的系统内核，此时将从用户态进入内核态；之后执行相应的系统调用函数，使用特定的系统内核功能；最后将处理结果返回给用户进程，此时将从内核态返回用户态。

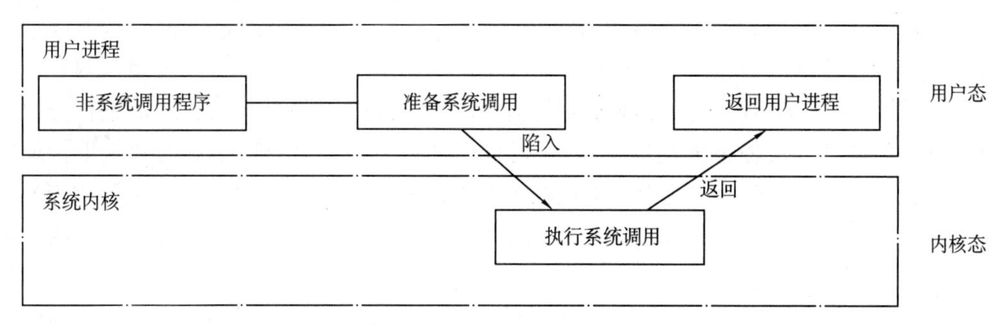

图 1-6 操作系统执行系统调用的流程

1.3.4 程序的链接与装入

程序由高级语言代码转化为在内存中可被计算机执行的指令主要分为三个步骤，如图1-7所示。

编译程序（Compiler）将用户源代码编译成 CPU 可执行的目标代码，产生若干个目标模块（Object Module），即若干程序段。

链接程序（Linker）将编译后形成的一组目标模块（程序段）以及它们所需要的库函数链接在一起，形成一个完整的装入模块（Load Module）。

装入程序（Loader）将装入模块装入物理内存。装入模块虽然具有统一的地址空间，但它仍是以"0"作为起始地址的，要把它装入内存执行，就要确定装入内存的实际物理地址，并修改程序中与地址有关的代码，这一过程叫作**地址重定位**。地址重定位主要是把逻辑地址转换成物理内存绝对地址，这个工作又称为地址映射。

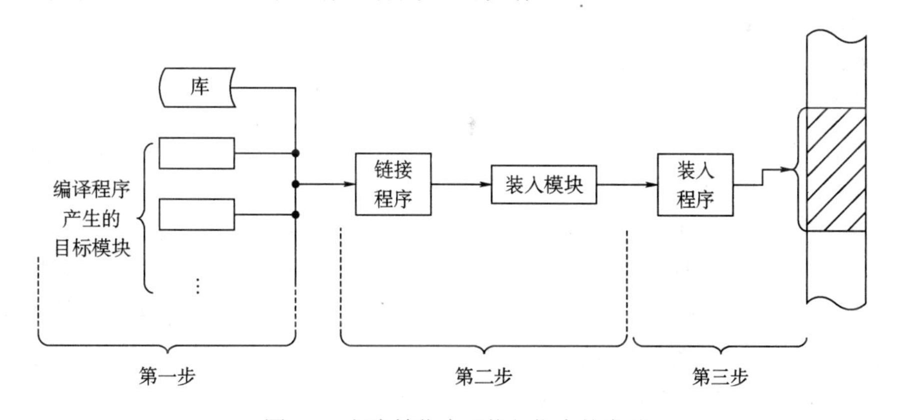

图 1-7 程序转化为可执行指令的步骤

程序的链接有以下三种方式：

1）静态链接： 在程序运行之前，先将各目标模块及它们所需的库函数链接成一个完整的可执行程序，以后不再拆开。

2）装入时动态链接： 在将用户源程序编译后所得到的一组目标模块装入内存时，采用边装入边链接的链接方式。

3）运行时动态链接： 对某些目标模块的链接，在程序执行中，当需要该目标模块时才对它进行的链接。其优点是便于修改和更新，便于实现对目标模块的共享。

模块在装入内存时，同样有以下三种方式：

1）绝对装入：在编译时，如果知道程序将驻留在内存的某个固定位置，则编译程序将产生绝对地址的目标代码。装入程序按照装入模块中的地址，将程序和数据装入内存。由于程序中的逻辑地址与实际内存物理地址完全相同，故无须对程序和数据的地址进行修改。

2）可重定位装入（静态重定位）：在多道程序环境下，多个目标模块的起始地址通常是从“0”开始的，程序中的地址是相对于模块的起始地址，此时应采用可重定位装入方式。根据内存的当前情况，将装入模块装入到内存的适当位置，地址变换在装入时一次完成，所以又称为静态重定位。

静态重定位的两个特点是：首先，在作业装入内存时，必须分配其要求的全部内存空间，如果没有足够的内存，则不能装入该作业；其次，作业一旦装入内存，在运行期间不能在内存中移动，也不能再申请内存空间。

3）动态运行时装入（动态重定位）：若程序在内存中的位置不固定，则需要采用动态的装入方式。装入程序在把装入模块装入内存后，并不立即把装入模块中的相对地址转换为绝对地址，而是把这种地址转换推迟到程序真正要执行时才进行。因此，装入内存后的所有地址均为相对地址，这种方式需要重定位寄存器的支持。

动态重定位的特点是：可以将程序分配到不连续的存储区中，在程序运行之前只装入它的部分代码即可运行，然后在程序运行期间，根据需要动态地申请分配内存。这样便于程序段的共享，可以向用户提供一个比存储空间大得多的地址空间。

1.3.5　程序运行时内存映像与地址空间

装载到内存中的程序代码区域称为程序的内存映像，其按存放内容的不同可以分为 3 个区。

1）程序区：存放程序指令的区域。

2）静态存储区：存放永久数据的区域。

3）动态存储区：存放临时数据的区域。

永久数据是指从程序开始运行一直到程序运行结束始终存在的数据；临时数据是指程序运行的某个阶段存在和使用的数据。永久数据包括全局变量和全局数据；临时数据包括局部变量、局部数组及动态变量和动态数组。

静态存储区还可以分为常量区和静态变量区，动态存储区还可以分为栈区和堆区。常量都放在常量区，全局变量和静态变量存放在静态变量区。自动变量（包括函数的形式参数）存放在栈区，动态变量（如通过 new 关键字申请的数组）存放在堆区。栈区的大小有限，但是堆区的空间非常大，适合开辟大容量的数组。

在多任务的操作系统下，程序区、静态存储区和动态存储区可以不位于连续的空间，这是通过分页式内存管理方式实现的，操作系统为这三个存储区分配一定数量的页面，这些页面在物理存储空间上不连续，但是对应的虚拟地址空间可以是连续的。

1.4　操作系统的体系结构

操作系统的体系结构就是操作系统的组成结构。操作系统的体系结构主要包括模块组合结构、层次结构和微内核结构。

1.4.1 模块组合结构

模块组合结构是软件工程出现以前的早期操作系统以及目前一些小型操作系统的体系结构。操作系统是一个有多种功能的系统程序，可以看作一个整体模块，也可以看作由若干个模块按一定的结构方式组成的系统。系统中的每一个模块都是根据它们要完成的功能来划分的，这些功能模块按照一定的结构方式组合起来，协同完成整个系统的功能。

- **优点**：结构紧密，接口简单直接，系统的效率相对较高。
- **缺点**：首先，这种结构的模块之间可以随意转接，各模块相互牵连，不容易把握好模块的独立性，导致系统的结构不清晰。其次，这种结构的可扩展性较差。在更换一个模块或修改一个模块时，要先弄清模块间的接口，如果要按当初设计的模块接口来设计新的模块，而当初设计的模块接口很可能是随意约定的，那么要做这项工作就存在一定难度。最后，这种结构系统的可适应性差。随着系统规模的不断增大，采用这种结构构造的系统的复杂性会迅速增长，所以它只适用于系统小、模块少、使用环境比较稳定的系统。

1.4.2 层次结构

若要弥补模块组合结构中模块间调用存在的不足，就必须改善模块间毫无规则的相互调用、相互依赖的关系，尤其要清除模块间的循环调用。层次结构的设计就是从这一点出发，力求使模块之间调用的无序变为有序，减少模块调用的无规则性。按层次结构来设计操作系统，就是将操作系统的所有功能模块按功能的调用次序排列成若干层，使得功能模块之间只存在单向调用和单向依赖。

- **优点**：模块间的组织和依赖关系清晰明了，上层功能是建立在下层功能基础之上的，系统的可读性、可适应性以及可靠性都得到了增强。此外，对某一层进行修改或替换时，最多只影响到邻近的两层，便于修改和扩充。
- **缺点**：操作系统的各个功能模块应该放在哪一层，如何有效地进行分层是必须要考虑的问题。

为了增强其适应性，首先，必须把与机器特点紧密相关的软件（如中断处理、输入/输出管理等）放在最底层；其次，将最常用的操作方式放在最内层，而把随着这些操作方式改变的部分放在外层。另外，当前操作系统的设计都是基于进程的概念，通常将为进程提供服务的系统调用模块放在系统的内层。

1.4.3 微内核结构

随着网络技术的普遍应用和发展，很有必要为用户提供一个符合处理分布式信息的分布式系统环境。因此，操作系统可以采用微内核结构。微内核的主要思想是：在操作系统内核中只留下一些最基本的功能，而将其他服务尽可能地从内核中分离出去，由若干个运行在用户态下的进程（即服务器进程）来实现，形成所谓的“客户/服务器”模式，即 C/S 模式。普通用户进程（即客户进程）可通过内核向服务器进程发送请求，以取得操作系统的服务。从微内核结构的主要思想可以看出，它非常适用于分布式系统。

- **优点**：首先，每个服务进程运行在独立的用户进程中，即便某个服务器失败或产生问题，也不会引起系统其他服务器和其他组成部分的崩溃，可靠性好；其次，系统具有很好的灵活性，只要接口规范，操作系统可以方便地增删服务功能；再次，便于维护，即

修改服务器的代码不会影响系统其他部分；最后，这种结构的操作系统适合分布式处理的计算环境。

- **缺点**：这种结构的操作系统效率不高，因为所有的用户进程都要通过微内核相互通信，所以微内核本身就成了系统的“瓶颈”，尤其是通信频繁的系统。

1.5 操作系统的引导

在计算机中，操作系统也是一种程序，和其他程序一样，也是存在于硬盘中的。硬盘通常分为几个区，在安装完一个操作系统或者开机后，需要让计算机在开机时能识别分区中的系统，这个过程就是**系统引导**。操作系统引导的过程就是在保证硬件设备正常后，计算机利用CPU运行特定程序，通过程序识别硬盘分区及分区上的操作系统，最后再通过程序启动操作系统。

如图1-8所示，典型的操作系统引导过程如下：

1）激活CPU：计算机开机，激活CPU，激活的CPU读取ROM（这里的ROM指的不是硬盘，而是计算机主板上的一段只读存储区域，这个区域的程序在主板出厂后是固定的、不可修改的）里的BIOS程序。

2）加载带有操作系统的硬盘：硬件自检完成后，BIOS开始读取Boot Sequence（启动顺序），将控制权转交给启动顺序第一位的存储设备。然后计算机将该存储设备引导扇区的内容加载到内存中。由于计算机不知道哪个才是系统硬盘，只能通过遍历的方式，寻找带有MBR的系统硬盘。

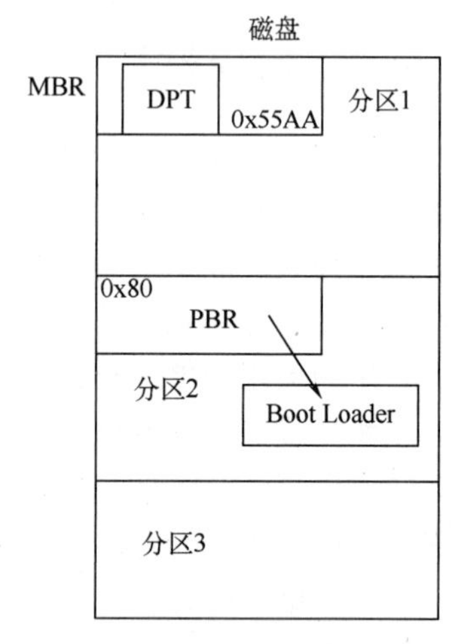

图1-8 操作系统磁盘引导示意

3）加载主引导记录（Master Boot Record，MBR）：硬盘以特定的标识符区分引导硬盘和非引导硬盘。在BIOS将磁盘的第一个扇区载入内存后，如果发现一个扇区的最后两个字节是55AAh，那么这就是一个引导扇区（MBR），这个磁盘即为一块可引导盘，计算机将控制权交给MBR。如果最后两个字节不是55AAh，那么BIOS就检查Boot Sequence的下一个外部存储设备。

4）加载硬盘分区表（Disk Partition Table，DPT）：主引导记录在获得控制权后，需要找出哪个硬盘分区是含有操作系统的，于是开始扫描MBR中的DPT，进而识别含有操作系统的硬盘分区（活动分区）。DPT以特定的标识符来区分活动主分区和非活动主分区。

5）加载硬盘活动分区：由于每个分区都可以安装不同的操作系统，因此MBR必须知道将控制权转交给哪个区。如果分区首字节为0x80h，则表示该主分区是活动分区（有操作系统的分区），控制权将会转交给这个分区。

6）加载分区引导记录（Partition Boot Record，PBR）：计算机会读取硬盘活动分区的第一个扇区，这个扇区叫作分区引导记录。分区引导记录标识了用于引导操作系统的程序位置。分区引导记录的主要作用是，寻找活动分区根目录下的引导操作系统的程序（启动管理器）。

7）加载启动管理器（Boot Loader）：在分区引导记录中搜索到活动分区中的启动管理器，然后加载启动管理器，将控制权交给启动管理器。启动管理器会控制操作系统的启动。

注意：

1）MBR 是磁盘的第一个扇区，它不属于任何的磁盘分区；而 PBR 位于磁盘活动分区的第一个扇区，即它是有磁盘分区归属的。

2）实际上用“候选启动设备队列”来形容 Boot Sequence 会更加合适，Boot Sequence 列举了计算机外部所有可能用于启动的存储介质，包括硬盘、磁盘、U 盘等，但其并不知道每种设备是否有操作系统、可否用于启动。存储介质能否用于启动的唯一标识为：第一个扇区最后两个字节是否为 55AAh。

【例】（2022 考研真题）下列和操作系统初始化相关的是（　　）。

A．创建文件系统根目录

B．设置中断向量表

C．读取索引节点表

D．创建引导扇区

解析：操作系统引导和初始化是两个不同的概念。操作系统引导是在计算机启动时在外部存储上寻找到对应的操作系统。而操作系统初始化是在操作系统初始化程序获取控制权后，加载操作系统的内核、硬件、服务等，从而启动整个操作系统。而中断服务是操作系统提供的服务之一，因此在初始化时需要加载中断向量表至内存。选项 A、D 是在安装操作系统时的工作；选项 C 中，索引节点表是文件系统的一个数据结构，存放于某个磁盘块，其中存储着对应文件的索引磁盘块号，因此只有读取文件时才需要读取索引节点表。（正确选项为 B）

1.6 虚拟机

虚拟机（Virtual Machine）是指通过软件模拟的计算机操作系统。其拥有三个特性：具有完整的操作系统功能；运行在一个完全隔离的环境中；在实体计算机系统中能完成的工作在虚拟机中都能实现。在计算机中创建虚拟机时，需要将实体机的部分硬盘和内存容量作为虚拟机的硬盘和内存容量。用户可以像使用真实的操作系统一样对虚拟机进行操作。

习题与真题

1．在下列选项中，（　　）不属于操作系统提供给用户的可使用资源。

A．中断机制　　B．处理机　　C．存储器　　D．I/O 设备

2．下面说法错误的有（　　）。

Ⅰ．分时系统中，时间片越短越好。

Ⅱ．银行家算法是防止死锁发生的方法之一。

Ⅲ．若无进程处于运行状态，则就绪和等待队列均为空。

A．Ⅰ和Ⅱ　　B．Ⅱ和Ⅲ　　C．Ⅰ和Ⅲ　　D．Ⅰ、Ⅱ和Ⅲ

3．实时操作系统必须在（　　）内处理完来自外部的事件。

A．一个机器周期　　B．被控对象规定时间

C．周转时间　　D．时间片

4．操作系统提供给编程人员的接口是（　　）。

A．库函数　　B．高级语言　　C．系统调用　　D．子程序

5．下列观点中，不是描述操作系统的典型观点的是（　　）。

A．操作系统是众多软件的集合　　B．操作系统是用户和计算机之间的接口

C．操作系统是资源的管理者　　D．操作系统是虚拟机

6．设计实时操作系统时，首先应该考虑系统的（　　）。

A．可靠性和灵活性　　B．实时性和可靠性

C．分配性和可靠性　　D．灵活性和实时性

7．下列选项中，（　　）不是操作系统关心的主要问题。

A．管理计算机裸机

B．设计、提供用户程序与计算机及计算机硬件系统的接口

C．管理计算机中的信息资源

D．高级程序设计语言的编译

8．与早期的操作系统相比，采用微内核结构的操作系统具有很多优点，但是这些优点不包括（　　）。

A．提高了系统的可扩展性　　B．提高了操作系统的运行效率

C．增强了系统的可靠性　　D．使操作系统的可移植性更好

9．下列关于操作系统的论述中，正确的是（　　）。

A．对于批处理作业，必须提供相应的作业控制信息

B．对于分时系统，不一定全部提供人机交互功能

C．从响应角度看，分时系统与实时系统的要求相似

D．在采用分时操作系统的计算机系统中，用户可以独占计算机操作系统中的文件系统

10．操作系统提供了多种界面供用户使用，其中（　　）是专门供应用程序使用的一种界面。

A．终端命令　　B．图形用户窗口

C．系统调用　　D．作业控制语言

11．所谓（　　），是指将一个以上的作业放入内存，并且同时处于运行状态。这些作业共享处理器的时间和外设及其他资源。

A．多重处理　　B．多道程序设计

C．实时处理　　D．并行执行

12．在中断发生后，进入中断处理的程序属于（　　）。

A．用户程序　　B．可能是应用程序，也可能是操作系统程序

C．操作系统程序　　D．既不是应用程序，也不是操作系统程序

13．OS 通常为用户提供 4 种使用接口，它们是终端命令、图标菜单、系统调用和（　　）。

A．计算机高级指令

B．宏命令

C．类似 DOS 的批命令文件或 UNIX 的 shell 文件

D．汇编语言

14．用户程序在目态下使用特权指令引起的中断属于（　　）。

A．硬件故障中断　　B．程序中断

C．外部中断　　D．访管中断

15．若程序正在试图读取某个磁盘的第 100 个逻辑块，使用操作系统提供的接口是（　　）。

A．系统调用　　B．图形用户接口
C．原语　　D．键盘命令

16.（2009年统考真题）在单处理器系统中，可并行的是（　　）。

Ⅰ．进程与进程　　Ⅱ．处理器与设备
Ⅲ．处理器与通道　　Ⅳ．设备与设备
A．Ⅰ、Ⅱ和Ⅲ　　B．Ⅰ、Ⅱ和Ⅳ
C．Ⅰ、Ⅲ和Ⅳ　　D．Ⅱ、Ⅲ和Ⅳ

17.（2010年统考真题）下列选项中，操作系统提供给应用程序的接口是（　　）。

A．系统调用　　B．中断
C．库函数　　D．原语

18.（2011年统考真题）下列选项中，在用户态执行的是（　　）。

A．命令解释程序　　B．缺页处理程序
C．进程调度程序　　D．时钟中断处理程序

19.（2012年统考真题）一个多道批处理系统中仅有 P_1 和 P_2 两个作业，P_2 比 P_1 晚 5ms 到达。它们的计算和I/O操作顺序如下：

P_1：计算 60ms，I/O 80ms，计算 20ms。

P_2：计算 120ms，I/O 40ms，计算 40ms。

若不考虑调度和切换时间，则完成两个作业需要的时间最少是（　　）。

A．240ms　　B．260ms
C．340ms　　D．360ms

20.（2012年统考真题）下列选项中，不可能在用户态发生的事件是（　　）。

A．系统调用　　B．外部中断
C．进程切换　　D．缺页

21.（2012年统考真题）中断处理和子程序调用都需要压栈以保护现场。中断处理一定会保存而子程序调用不需要保存其内容的是（　　）。

A．程序计数器　　B．程序状态字寄存器
C．通用数据寄存器　　D．通用地址寄存器

22.（2013年统考真题）计算机开机后，操作系统最终被加载到（　　）。

A．BIOS　　B．ROM
C．EPROM　　D．RAM

23.（2013年统考真题）下列选项中，会导致用户进程从用户态切换到内核态的操作是（　　）。

Ⅰ．整数除以零　　Ⅱ．sin()函数调用　　Ⅲ．read系统调用

A．仅Ⅰ、Ⅱ　　B．仅Ⅰ、Ⅲ
C．仅Ⅱ、Ⅲ　　D．Ⅰ、Ⅱ和Ⅲ

24.（2014年统考真题）下列指令中，不能在用户态执行的是（　　）。

A．trap指令　　B．跳转指令
C．压栈指令　　D．关中断指令

25.（2015年统考真题）处理外部中断时，应该由操作系统保存的是（　　）。

A．程序计数器（PC）的内容　　B．通用寄存器的内容

C．快表（TLB）中的内容　　　　D．Cache 中的内容

26.（2015 年统考真题）假定下列指令已装入指令寄存器，则执行时不可能导致 CPU 从用户态变为内核态（系统态）的是（　　）。

A．DIV　R0, R1;　　　(R0)/(R1)→R0

B．INT　n;　　　　　产生软中断

C．NOT　R0;　　　　寄存器 R0 的内容取非

D．MOV　R0, addr;　把地址 addr 处的内存数据放入寄存器 R0 中

27.（2016 年统考真题）下列关于批处理系统的叙述中，正确的是（　　）。

Ⅰ．批处理系统允许多个用户与计算机直接交互

Ⅱ．批处理系统分为单道批处理系统和多道批处理系统

Ⅲ．中断技术使得多道批处理系统的 I/O 设备可与 CPU 并行工作

A．仅Ⅱ、Ⅲ　　B．仅Ⅱ　　C．仅Ⅰ、Ⅱ　　D．仅Ⅰ、Ⅲ

28.（2017 年统考真题）执行系统调用的过程包括如下主要操作：

①返回用户态　　　　　　　②执行陷入（trap）指令

③传递系统调用参数　　　　④执行相应的服务程序

正确的执行顺序是（　　）。

A．②→③→①→④　　　　B．②→④→③→①

C．③→②→④→①　　　　D．③→④→②→①

29.（2015 年中科院真题）（　　）不是操作系统的功能。

A．CPU 管理　　　　B．存储管理

C．网络管理　　　　D．数据管理

30.（2015 年中科院真题）下面叙述中，错误的是（　　）。

A．操作系统既能进行多任务处理，又能进行多重处理

B．多重处理是多任务处理的子集

C．多任务是指同一时间内在同一系统中同时运行多个进程

D．一个 CPU 的计算机上也可以进行多重处理

31.（2018 年统考真题）下列关于多任务操作系统的叙述中，正确的是（　　）。

Ⅰ．具有并发和并行的特点

Ⅱ．需要实现对共享资源的保护

Ⅲ．需要运行在多 CPU 的硬件平台上

A．仅Ⅰ　　B．仅Ⅱ　　C．仅Ⅰ、Ⅱ　　D．Ⅰ、Ⅱ、Ⅲ

32.（2019 年统考真题）下列关于系统调用的叙述中，正确的是（　　）。

Ⅰ．在执行系统调用服务程序的过程中，CPU 处于内核态

Ⅱ．操作系统通过提供系统调用避免用户程序直接访问外设

Ⅲ．不同的操作系统为应用程序提供了统一的系统调用接口

Ⅳ．系统调用是操作系统内核为应用程序提供服务的接口

A．仅Ⅰ、Ⅳ　　B．仅Ⅱ、Ⅲ　　C．仅Ⅰ、Ⅱ、Ⅳ　　D．仅Ⅰ、Ⅲ、Ⅳ

33.（2020 年统考真题）下列与中断相关的操作中，由操作系统完成的是（　　）。

Ⅰ．保存被中断程序的断点　　　Ⅱ．提供中断服务

Ⅲ．初始化中断向量表　　　　　Ⅳ．保存中断屏蔽字

A．仅Ⅰ、Ⅱ　　　　B．仅Ⅰ、Ⅱ、Ⅳ

C．仅Ⅲ、Ⅳ　　　　D．仅Ⅱ、Ⅲ、Ⅳ

34．（2021年统考真题）下列指令中，只能在内核态执行的是（　　）。

A．trap指令　　B．I/O指令　　C．数据传送指令　　D．设置断点指令

35．关于现代操作系统的基本特征：______是指两个或两个以上的进程在执行时间上有重叠，即一个进程的第一个操作在另一个进程的最后一个操作完成之前开始。

A．并发性　B．并行性　C．虚拟性　D．交互性　E．共享性

F．异步性　G．透明性　H．鲁棒性　I．可重构性

36．（2022年统考真题）下列选项中，需要在操作系统进行初始化过程中创建的是（　　）。

A．中断向量表　　　　B．文件系统的根目录

C．硬盘分区表　　　　D．文件系统的索引结点表

37．一个分层结构操作系统由裸机、用户、CPU调度、文件管理、作业管理、内存管理、设备管理、命令管理等部分组成。试按层次结构的原则从内到外将各部分重新排列。

38．设内存中有3道程序A、B、C，它们按A、B、C的优先次序执行。它们的计算和I/O操作的时间见表1-1。假设3道程序使用相同设备进行I/O操作，即程序以串行方式使用设备，试画出单道运行和多道运行的时间关系图（调度程序的执行时间忽略不计），并回答在这两种情况下，完成这3道程序分别需要多长时间（多道运行时采用抢占式调度策略）。

表1-1　程序执行情况　　　　（单位：ms）

操作	程序		
	A	B	C
计算	30	60	20
I/O操作	40	30	40
计算	10	10	20

39．假设一台计算机有32MB内存，操作系统占用2MB，每个用户进程占用10MB。用户进程等待I/O的时间为80%，问CPU的利用率为多少？若再增加32MB内存，则CPU的利用率又为多少？

40．“虚拟”体现在操作系统的各方面应用当中，请举出两个“虚拟”的例子。

41．在一个分时操作系统中，有一个程序的功能如下：

1）将文本数据从文件中读出。

2）排序。

3）将排好序的数据写入文件。

试从分时操作系统对资源管理的角度以及进程的生命周期两方面，论述该程序从开始执行到结束，操作系统为其提供服务与控制的全过程。

42．试分别说明操作系统与硬件、操作系统与其他系统软件之间的关系，并画出操作系统的层次关系。

43．对于一个正确运转的计算机系统，保护操作系统是非常重要的。但为了向用户提供更大的灵活性，应尽可能少地对用户加以限制。下面列出的各操作通常是加以保护的。试问至少有哪几条指令需加以保护？

1）改变成用户方式。

2）改变成系统方式。

3）从存放操作系统的存储区读取数据。

4）将数据写到存放操作系统的存储区上。

5）从存储操作系统的存储区取指令。

6）打开计时器。

7）关闭计时器。

44．试说明库函数与系统调用的区别和联系。

45．某操作系统具有分时兼批处理的功能，试设计一个合理的队列调度策略，使得分时作业响应快，批处理作业也能及时得到响应。

46．（2021 年统考真题）某计算机用硬盘作为启动盘，硬盘第一个扇区存放主引导记录，其中包含磁盘引导程序和分区表。磁盘引导程序用于选择要引导哪个分区的操作系统，分区表记录硬盘上各分区的位置等描述信息。硬盘被划分成若干个分区，每个分区的第一个扇区存放分区引导程序，用于引导该分区中的操作系统。系统采用多阶段引导方式，除了执行磁盘引导程序和分区引导程序外，还需要执行 ROM 中的引导程序。请回答下列问题：

1）系统启动过程中操作系统的初始化程序、分区引导程序、ROM 中的引导程序、磁盘引导程序的执行顺序是什么？

2）把硬盘制作为启动盘时，需要完成操作系统的安装、磁盘的物理格式化、逻辑格式化、对磁盘进行分区，执行这 4 个操作的正确顺序是什么？

3）磁盘扇区的划分和文件系统根目录的建立分别是在第 2）问的哪个操作中完成的？

习题与真题答案

1．A。操作系统作为计算机系统资源的管理者，管理着各种各样的硬件和软件资源。归纳起来可将资源分为 4 类：处理器、存储器、I/O 设备以及信息（数据和程序）。中断机制包括硬件的中断装置和操作系统的中断处理服务程序，因此中断机制并不能说是一种资源。因此本题选 A。

2．D。Ⅰ错误，时间片设得太短会导致过多的进程切换，降低了 CPU 的效率；而设得太长又可能引起对短的交互请求的响应变差。

Ⅱ错误，防止死锁和避免死锁是两种方法，实质上都是通过施加某些限制条件的方法来预防发生死锁。两者的主要差别在于：防止死锁所施加的限制条件较严格。防止死锁的办法是破坏死锁产生的必要条件，如摒弃“请求和保持”条件、摒弃“不剥夺”条件和摒弃“环路等待”条件。而银行家算法属于避免死锁算法。

Ⅲ 错误，发生死锁时，无进程处于运行状态，而等待队列不为空。

3．B。不同类型的操作系统对时间的要求不同，反映各自的系统特点。实时系统的时间要求是根据被控对象来确定的，而时间片通常是分时系统的时间要求。

4．C。系统调用是操作系统提供给编程人员的唯一接口。系统调用在高级语言中常以函数形式提供给程序员。其他选项都错在范围和限定上。

5．A。B、C、D 选项是对操作系统描述的 3 个典型的观点，A 选项只是从软件的量上予以说明，没有说出操作系统的真正作用。

6．B。实时操作系统（RTOS）是指当外界事件或数据产生时，能够接收并以足够快的速度予以处理，其处理的结果又能在规定的时间内来控制生产过程或对处理系统做出快速响应，并控制所有实时任务协调一致运行的操作系统。因此，**提供及时响应和高可靠性是其主要特点**。

7. D。高级程序设计语言不属于操作系统关心的主要问题，操作系统关心的问题都与硬件和系统资源有关。高级程序设计语言的实现依赖于编译器（或解释器），编译器的功能是将用高级程序设计语言写成的代码进行语法、语义检查，优化并生成中间代码，最后生成目标代码，目标代码便可在目标机器上直接运行。

8. B。微内核结构不能提高系统的运行效率，其他都是微内核结构的优点。

9. A。分时系统必须有交互功能，实时系统对响应的要求比分时系统更高。在分时系统中，用户不会独占文件系统，这是多用户共享的。

10. C。系统调用是应用程序同系统之间的接口，其余各项都是专门供用户使用的。

11. B。多道程序设计技术是在内存中同时存放两道或两道以上的作业，这些作业同时处于运行状态，且它们在管理程序控制下相互穿插运行。这些作业共享处理器、外设以及其他资源。

12. C。中断处理程序只能是操作系统程序，不可能是应用程序。中断处理属于系统中会对系统产生重大影响的动作，因此只允许核心态程序执行；而应用程序通常指用户程序，运行在用户态下，不能进行这些操作。

13. C。操作系统作为用户与计算机硬件系统之间的接口，用户可通过以下 3 种方式使用计算机：①命令方式；②系统调用方式；③图形、窗口方式。题干中所说的终端命令属于①，图标菜单属于③，系统调用属于②。而 C 选项中的批处理命令就是把一批终端命令放在一个文本里，然后批量执行。UNIX 的 shell 文件也是类似的，因此 C 选项属于命令方式。因此本题选 C。

宏命令一般是指用户与应用程序之间的接口。

14. D。程序在目态下，即在执行用户程序时引起的中断属于来自 CPU 的中断，不是硬件故障中断和外部中断。特权指令指的是只允许管态下使用的指令，因此目态下对特权指令的使用会实现从目态到管态的改变，即会产生访管中断。

硬件故障中断是由硬件故障引起的中断，例如，在使用打印机时打印机突然断电，造成硬件异常所引起的中断。

程序中断是指程序在执行过程中产生的一般中断，例如，当程序有使用磁盘等要求时产生的中断，如果本题中用户程序使用的不是特权指令而是一般指令，则产生的中断就应该是这种。

外部中断是指由外部事件引起的中断，如单击鼠标和键盘输入等操作引起的中断。

15. A。操作系统作为用户与计算机硬件系统之间的接口，用户可通过 3 种方式使用计算机：①命令方式；②系统调用方式；③图形、窗口方式。

而系统调用按功能可分为 6 类，包括进程管理、文件操作、设备管理、主存管理、进程通信和信息维护。本题所需要的接口就属于文件操作相关的调用。

16. D。在多道程序设计下，宏观上进程是同时运行的，但是在微观上，单处理器（此处不含多核的情况）某时刻只能处理一个进程，所以进程与进程之间不能并行执行。处理器、通道、设备都能并行执行，如同时打印（设备）、计算（处理器）、传输数据（通道控制内存与外存间数据交换）。

这里要注意区别并发与并行的含义（见 1.1.3 小节操作系统的特征中有关并发性的内容），

并行性是指两个或多个事件在同一时刻发生；而并发性是指两个或多个事件在同一时间间隔内发生。虽然同时刻只能处理一个进程，但多个进程可以并发执行。

17．A。操作系统提供两类接口：一类是命令接口（包括图形接口，即图形化的命令接口），如用户通过键盘命令和鼠标命令来操作计算机；另一类是程序接口，它提供一组系统调用，用户可以通过运行一些应用程序来访问操作系统的资源。

实际上，在本题的 4 个选项中，只有 A 选项是操作系统提供的接口。系统调用是能完成特定功能的子程序，当应用程序要求操作系统提供某种服务时，便调用具有相应功能的系统调用。库函数则是高级语言中提供的与系统调用对应的函数（也有些库函数与系统调用无关），目的是隐藏指令的细节，使系统调用更为方便、抽象。但要注意，库函数属于用户程序而非系统调用，是系统调用的上层；中断及原语是计算机系统底层的基础功能，属于系统调用的下层。

系统提供封装好的系统调用供应用程序使用，应用程序无须考虑系统底层的内容，仅考虑上层的操作即可；中断是系统内部对于事件响应的机制，对于应用程序来说是透明的，不会提供给应用程序直接使用；同样，库函数和原语都是面对操作系统底层的，不会直接提供给应用程序。

18．A。缺页处理与时钟中断都属于中断，会对系统造成影响，因此只能在核心态执行。进程调度属于系统的一部分，也只能在核心态执行。命令解释程序属于命令接口，是操作系统提供给用户所使用的接口，因此可以在用户态执行。

CPU 状态分为核心态和用户态，核心态又称特权态、系统态或管态。通常，操作系统在管态下运行，CPU 在管态下可以执行指令系统的全集。用户态又称常态或目态，机器处于用户态时，程序只能执行非特权指令，用户程序只能在用户态下运行。

CPU 将指令分为特权指令和非特权指令，对于那些危险的指令，只允许操作系统及其相关模块使用，普通的应用程序不能使用。

常见的特权指令有以下几种：

- 有关对 I/O 设备使用的指令，如启动 I/O 设备指令、测试 I/O 设备工作状态和控制 I/O 设备动作的指令等。
- 有关访问程序状态的指令，如对程序状态字（PSW）的指令等。
- 存取特殊寄存器指令，如存取中断寄存器、时钟寄存器等指令。
- 其他特权指令。

本题中 B、D 选项都是要修改中断寄存器，C 选项要修改程序状态字。

19．B。画出 P_1 和 P_2 的运行甘特图（见图 1-9）。P_2 晚到，因此先从 P_1 开始执行，由图 1-9 可知，最少时间为 260ms。

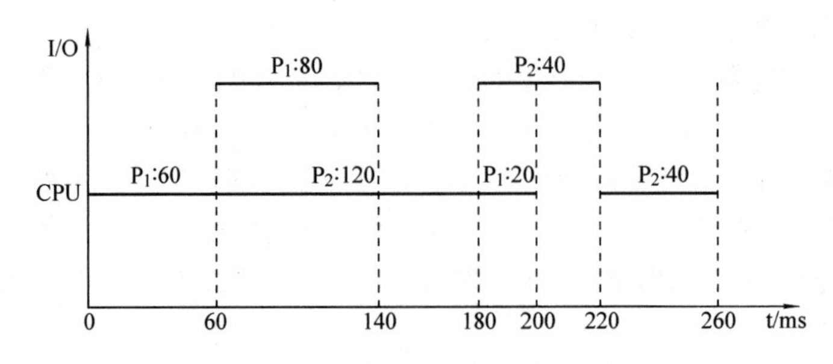

图 1-9　P_1 和 P_2 的运行甘特图

20．C。判断能否在用户态执行的关键在于事件是否会执行特权指令。

首先看 A 选项，系统调用是系统提供给用户程序调用内核函数的，当用户程序执行系统调用时，会使 CPU 状态从用户态切换至核心态并执行内核函数，执行结束之后将控制权还给用户程序，且 CPU 状态从核心态切换至用户态。从这个过程可以看出，虽然系统调用的执行过程中 CPU 需要切换至核心态，但系统调用（或者引用、调用）是在用户态发生的，是系统特意为用户态设计的，因此系统调用可以发生在用户态。

B 选项为外部中断，很多考生会被“中断”二字影响，认为涉及中断的都应该是核心态的事情，而不能在用户态执行，因此选错。中断在系统中经常发生，如键盘输入会引发外部中断（外部中断是指由外部事件引起的中断，如单击鼠标和键盘输入等操作引起的中断），进程缺页会产生缺页中断等，这些都经常发生在用户进程中，自然这些也都是用户态的事件。以键盘输入举例，一个用户进程需要用户输入一串命令，当用户用键盘输入时会引发外部中断（此时 CPU 还是用户态），此时系统会切换至核心态执行中断处理程序（这时 CPU 转变为核心态），处理程序处理之后将输入结果返回给用户程序并将 CPU 状态切换为用户态，中断处理结束。由此过程可见，中断的发生和处理与系统调用类似，都是发生在用户态，通过切换至核心态完成对应功能，然后返回至用户态。系统调用和中断的发生是在用户态，处理是在核心态。

再来看 D 选项，缺页与 B 选项类似，用户态执行进程缺页时会产生缺页中断（中断发生在用户态），然后系统转入核心态进行缺页中断处理，再返回用户态，将控制权交还给用户进程。因此 D 选项也可以发生在用户态。

根据排除法可知答案是 C，下面解释为什么进程切换不能发生在用户态。进程切换实际上是对程序状态的修改，因此要修改程序状态字，这是特权指令，必须在核心态执行。

21．B。本题考查的是中断处理和子程序调用所保存内容的区别，考生可以先从两者的不同作用来考虑。

中断的发生通常是突然的，如地址越界等，往往是系统无法预知的（外部输入中断也是无法预知的，计算机不会知道用户什么时候用键盘输入）。当系统发生中断时要转入中断处理程序，处理完之后要返回到发生中断时的指令处继续执行，由于处理中断时 CPU 可能会切换状态（如果在核心态发生中断则始终为核心态，不需要切换），因此中断处理返回时就需要还原当时的程序状态，包括处理器信息等，这就用到了程序状态字寄存器所存储的内容。程序状态字寄存器用于记录当前处理器的状态和控制指令的执行顺序，并且保留和指示与运行程序有关的各种信息，其主要作用是实现程序状态的保护和恢复，所以中断处理时一定要将 PSW 压栈保存。

子程序调用是系统能够预知的，而且子程序调用通常是在进程内部执行，不会更改程序状态，即便更改程序状态，只要更新寄存器就行，而不需要保存，因为一切都是系统预料到的，不需要保护和恢复，所以，子程序调用主要保存局部参数信息等，不需要将程序状态字压栈。

中断处理和子程序调用对其他 3 个选项的操作都是相同的。

22．D。用户平时开机时首先启动的是存于主板上 ROM 中的 BIOS 程序（它被固化在主板的 ROM 芯片上，保存着计算机最基本的输入/输出程序、开机后自检程序和系统自启动程序，其主要功能是为计算机提供最底层的、最直接的硬件设置和控制），其次再由它去调用硬盘中的操作系统（如 Windows 系统），将操作系统的程序自动加载到内存中的系统区，这段

区域是 RAM，答案选 D。

23．B。当一个任务（进程）执行系统调用而陷入内核代码中执行时，我们就称进程处于内核运行态（或简称为内核态）。此时，处理器处于特权级最高的（0 级）内核代码中执行。当进程处于内核态时，执行的内核代码会使用当前进程的内核栈。每个进程都有自己的内核栈。当进程在执行用户自己的代码时，则称其处于用户运行态（用户态），即此时处理器在特权级最低的（3 级）用户代码中运行。当正在执行用户程序时突然被中断程序中断，此时用户程序也可以象征性地称为处于进程的内核态，因为中断处理程序将使用当前进程的内核栈。这与处于内核态的进程的状态有些类似：

- 用系统调用时进入核心态。Linux 对硬件的操作只能在核心态，这可以通过写驱动程序来控制。在用户态操作硬件会造成 core dump。
- 要注意区分系统调用和一般的函数。系统调用由内核提供，如 read()、write()、open() 等。而一般的函数由软件包中的函数库提供，如 sin()、cos()等。在语法上两者没有区别。
- 一般情况下，系统调用运行在核心态，函数运行在用户态。但也有一些函数在内部使用了系统调用（如 fopen()），这样的函数在调用系统调用时进入核心态，其他时候运行在用户态。

经过上述讲解，我们来看选项Ⅰ，整数除以零，会引发中断，进入内核态。

选项Ⅱ，sin()函数调用，是由软件包中的函数库提供，在用户态下即可执行。

选项Ⅲ，系统调用，肯定需要进入内核态。

综上所述，本题应选 B。

24．D。trap 指令、跳转指令和压栈指令均可以在用户态执行，其中 trap 指令负责由用户态转换成为内核态。而关中断指令为特权指令，必须在核心态才能执行，选 D。

25．B。在外部中断处理过程中，程序计数器的内容由中断隐指令自动保存，通用寄存器的内容由操作系统保存。

26．C。A 选项中若 R1 中的内容为 0，则会出现内中断，从用户态变为内核态；B 选项软中断在内核态执行；C 选项寄存器取非不会产生中断，且不属于其他操作系统内核，故不会变为内核态；D 选项 addr 是主存地址，访存需要进入内核态。

27．A。在批处理系统中，将作业依次以脱机输入方式输入到磁带上，监督程序依次执行磁带上的作业，作业执行时用户无法干预其运行，Ⅰ错误。批处理系统按照发展历程可分为单道批处理系统和多道批处理系统，主要区别为内存中同时存在单个或多个作业，Ⅱ正确。多道批处理系统中的一道程序因 I/O 请求而暂停执行时，借助中断技术，CPU 转而去运行另一道程序，Ⅲ正确。

28．C。正如 1.3.3 节系统调用提到的执行流程一样，执行系统调用时，首先将系统调用所需的参数传递至系统内核，然后通过陷入指令进入内核态，将返回地址压入栈中以备使用，接下来 CPU 执行相应的内核态服务程序，最后返回用户态。C 正确。

29．C。操作系统的主要功能包括处理器（CPU）管理、存储器管理、文件管理和设备管理。数据管理属于文件管理的范畴。网络管理不是操作系统的功能，故选 C。

30．B。考查并行和并发的概念，多重处理即并行执行，多任务处理即多个进程并发执行。操作系统既可以支持并发执行，也可以支持并行执行，A 正确。并行执行与并发执行不存在包含关系，B 错误。在同一时间间隔内，系统中同时运行多个进程是并发执行的基本概念，C 正确。一个 CPU 可以采用多核架构，可以实现并行执行，D 正确。

★注：中科院 863 的考纲中加入了多处理器与分布式系统的要求，故本题对于非中科院考生来说有超纲的情况，只需做简单了解。

31．C。多任务操作系统的特点是并发和并行。并行是指同一时刻有多项任务同时执行，并发是指同一时间段内多项任务相继执行。一个 CPU 也可通过划分时间片的方式运行多任务，Ⅲ错误。综上，Ⅰ、Ⅱ正确，Ⅲ错误，故选 C。

32．C。调用操作系统的服务可以在用户态执行，但执行系统调用服务程序时操作系统必须处于内核态，Ⅰ正确；用户程序通过系统调用使用操作系统的设备管理服务，Ⅱ正确；操作系统不同，其为用户提供的功能可能不同，即为应用程序提供的系统调用接口也不同，Ⅲ错误；系统调用是操作系统内核为应用程序提供服务的接口，Ⅳ正确。

33．D。中断的保存硬件和软件分别都要保存部分寄存器内容，硬件保存程序计数器 PC，操作系统保存程序状态字 PSW，不仅仅由操作系统单独完成，Ⅰ错误。

34．B。在内核态下，CPU 可执行任何指令，在用户态下 CPU 只能执行非特权指令，而特权指令只能在内核态下执行。常见的特权指令有：①有关对 I/O 设备操作的指令；②有关访问程序状态的指令；③存取特殊寄存器的指令；④其他指令。A、C 和 D 选项都是提供给用户使用的指令，可以在用户态执行，只是可能会使 CPU 从用户态切换到内核态。故选 B。

35．A。考查操作系统的基本特征。并发性是指宏观上在一段时间内有多道程序同时运行，但在单处理器系统中，每一时刻仅有一道程序在执行，故微观上这些程序是交替执行的。本题中提到两个或两个以上进程在执行时间上有重叠，即符合并发性的定义，故选 A。

36．A。当操作系统启动并进行初始化时，其中一个关键步骤是建立“中断向量表”。这个表格是为了处理各种中断而存在的。一旦 CPU 检测到某个中断信号，它会查看中断向量表，找到相应的中断号，然后跳转到与之对应的中断处理程序执行。因此，A 选项是正确的。

另外，对于 B、C 和 D 选项的内容，它们并不是在操作系统初始化的时候创建的。具体来说，硬盘分区表是在硬盘进行逻辑格式化时创建的。而文件系统的根目录和索引结点表是在某个硬盘分区初始化特定文件系统时建立的，如 UNIX 文件系统（UFS）。

所以，A 选项是在操作系统初始化过程中创建的，而 B、C 和 D 选项是在其他时机进行的。

37.【解析】采用层次结构方法可以将操作系统的各种功能分为不同的层次，即将整个操作系统看作由若干层组成，每一层都提供一组功能，这些功能只依赖于该层以内的各层次，最内层部分是机器硬件本身提供的各种功能。操作系统的这种层次结构如图 1-10 所示。在图 1-10 中，同机器硬件紧挨着的是操作系统的内核，它是操作系统的最内层。内核包括中断处理、设备驱动、CPU 调度以及进程控制与通信等功能，其目的是提供一种进程可以存在和活动的环境。内核以外依次是存储管理层、I/O 管理层、文件管理层、作业管理层、命令管理层。它们提供各种资源管理功能并为用户提供各种服务。命令管理层是操作系统提供给用户的接口层，因而在操作系统的最外层。

从描述可以看出，按层次结构原则，计算机层次从内到外依次为：裸机、CPU 调度、内存管理、设备管理、文件管理、作业管理、命令管理、用户。

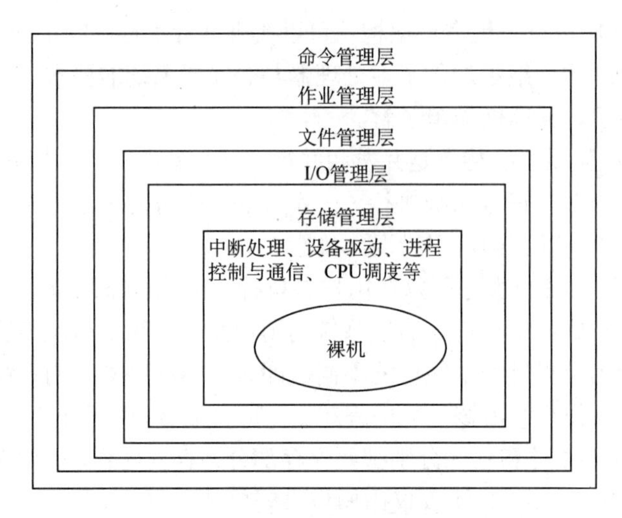

图 1-10 操作系统层次结构

38.【解析】若采用单道方式运行这 3 道程序，则运行次序为 A、B、C，即程序 A 先进行 30ms 的计算，再完成 40ms 的 I/O 操作，最后再进行 10ms 的计算；接下来程序 B 先进行 60ms 的计算，再完成 30ms 的 I/O 操作，最后再进行 10ms 的计算；然后程序 C 先进行 20ms 的计算，再完成 40ms 的 I/O 操作，最后再进行 20ms 的计算。至此，3 道程序全部运行完毕。

若采用多道方式运行这 3 道程序，因系统按照 A、B、C 的优先次序执行，则在运行过程中，无论使用 CPU 还是 I/O 设备，A 的优先级最高，B 的优先级次之，C 的优先级最低，即程序 A 先进行 30ms 的计算，再完成 40ms 的 I/O 操作（与此同时，程序 B 进行 40ms 的计算），最后再进行 10ms 的计算（此时程序 B 等待，程序 B 的第一次计算已经完成 40ms，还剩余 20ms）；接下来程序 B 先进行剩余 20ms 的计算，再完成 30ms 的 I/O 操作（与此同时，程序 C 进行 20ms 的计算，然后等待 I/O 设备），最后再进行 10ms 的计算（此时程序 C 执行 I/O 操作 10ms，其 I/O 操作还需 30ms）；然后程序 C 先进行 30ms 的 I/O 操作，最后再进行 20ms 的计算。至此，3 道程序全部运行完毕。

单道方式运行时，其程序运行时间关系图如图 1-11 所示，总运行时间如下：

$$(30+40+10+60+30+10+20+40+20)\text{ms}=260\text{ms}$$

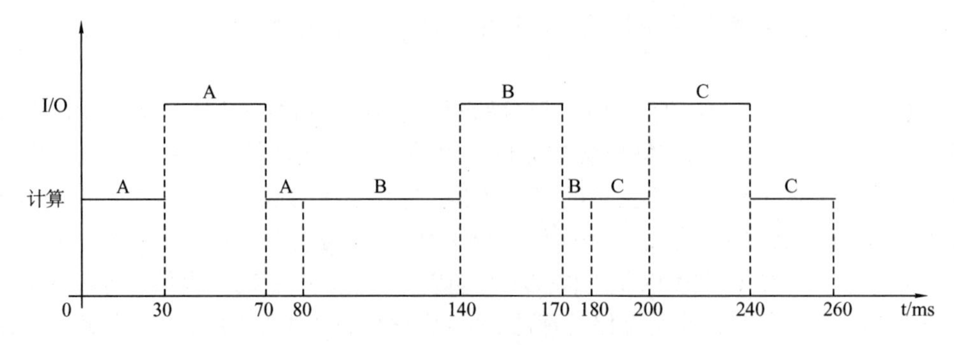

图 1-11 单道方式运行时的程序运行时间关系图

多道方式运行时，其程序运行时间关系图如图 1-12 所示，总运行时间如下：

$$(30+40+10+20+30+10+30+20)\text{ms}=190\text{ms}$$

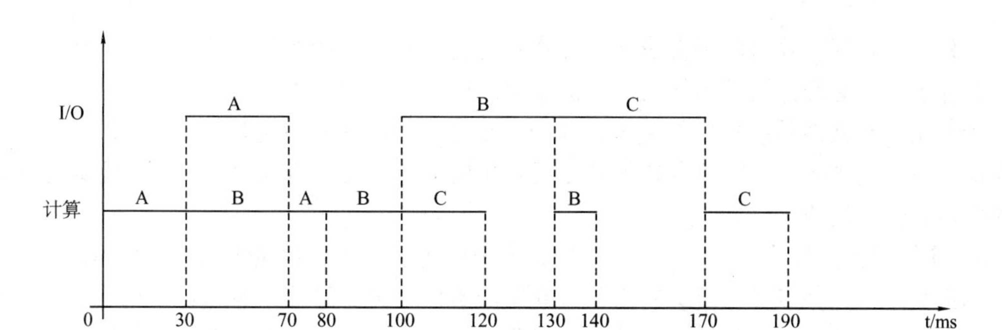

图 1-12 多道方式运行时的程序运行时间关系图

39.【解析】只有当所有进程都在等待 I/O 时，CPU 才会空闲下来。因此需要算出所有进程都在等待 I/O 这种情况发生的概率。本题给出的条件为“用户进程等待 I/O 的时间为 80%”，也就是说进程等待 I/O 的概率为 80%，那么 n 个进程都同时等待 I/O 的概率就为$(80\%)^n$，则 CPU 的利用率 u 可表示为

$$u=1-(80\%)^n=1-(0.8)^n$$

在内存为 32MB 时，可容纳(32−2)/10=3 个用户进程，CPU 利用率为

$$u=1-(0.8)^3=48.8\%$$

当内存再增加 32MB 时，可容纳(32+32−2)/10=6 个用户进程，CPU 利用率为

$$u=1-(0.8)^6=73.8\%$$

40.【解析】

① 由于一台计算机配置了操作系统和其他软件，因此比一台裸机功能更强大，使用更方便，称为虚拟机。由于操作系统自身包含了若干层软件，因此该计算机系统又可称为多层虚拟机。

② 如在多道分时系统中，利用多道程序设计技术可以把一台物理上的 CPU 虚拟为多台逻辑上的 CPU，而供多个终端用户使用。

③ 虚拟存储器，仅把作业的一部分装入内存便可运行作业，从逻辑上对内存容量进行了扩充。又如在设备管理中虚拟设备技术的使用，可将一台物理设备变换为若干台逻辑上的对应物。

41.【解析】从文件中读数据时，通过 read 系统调用完成。它首先创建一条消息，其中包含 fd（文件描述符）、buffer（缓冲区）、nbytes（大小）等参数，以及表示 READ 类型的消息码。然后将这条消息送给文件系统，并阻塞该进程以等待文件系统的响应。文件系统在收到消息后，以消息类型为下标查找过程表，调用相应过程处理读请求。数据输入完成后，操作系统切换到排序进程，开始进行排序工作。

在排序工作结束后，操作系统调用 write 系统调用来完成。write 系统调用将进程缓冲区中的数据写到与文件描述符关联的文件中，和 read 系统调用非常相似，同样需要 3 个参数：fd、buffer、nbytes。两个系统调用都返回其成功传送的字节数，或者发送一个错误条件的信号并返回−1。

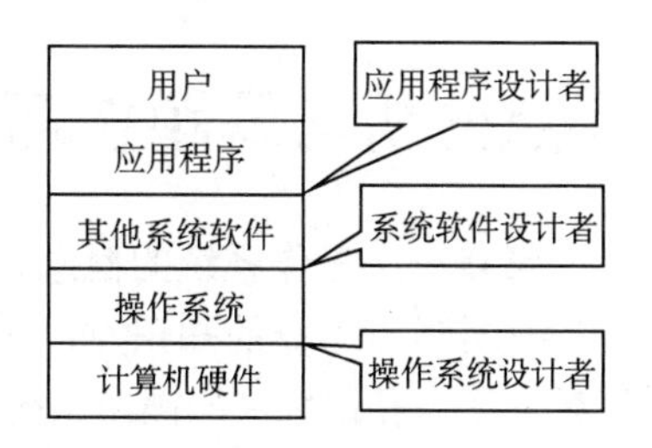

图 1-13 计算机系统的层次关系

42.【解析】

图 1-13 为计算机系统的层次关系。

操作系统与硬件的关系：操作系统是覆盖在硬件上的第

一层软件，它管理计算机的硬件资源。操作系统为用户完成所有与硬件相关的操作，从而极大地方便了用户对硬件资源的使用，并提高了硬件资源的利用率。

操作系统与其他系统软件的关系：操作系统是一种特殊的系统软件，其他的系统软件运行在操作系统的基础之上，可获得操作系统提供的大量服务，也就是说，操作系统是其他系统软件与硬件之间的接口。

43.【解析】操作 2）、4）应加以保护。因为这两条操作是对操作系统本身的内容加以修改。如果交由用户任意操作就会对操作系统造成破坏并最终导致系统运行出错或系统崩溃，所以应在任何情况下加以保护。其他几种操作在一般情况下也应加以保护，但即使这些操作交由用户操作，也不会出现像上述两种操作那样的破坏性。

44.【解析】

区别：库函数是语言或应用程序的一部分，可以运行在用户空间中。而系统调用是操作系统的一部分，是内核提供给用户的程序接口，运行在内核空间中。

联系：许多库函数都会使用系统调用来实现功能。没有使用系统调用的库函数，执行效率通常比系统调用高，因为使用系统调用时，需要上下文的切换以及状态的转换（从用户态转为核心态）。

45.【解析】

可设计两个优先级队列。分时作业进入高优先级队列，采用短时间片的时间轮转法调度。当高优先级队列空时，调度低优先级的成批作业，并给予较长的时间片。

46.【解析】

1）执行顺序依次是 ROM 中的引导程序、磁盘引导程序、分区引导程序、操作系统的初始化程序。启动系统时，首先运行 ROM 中的引导代码（Bootstrap）。为执行某个分区的操作系统的初始化程序，需要先执行磁盘引导程序以指示引导到哪个分区，然后执行该分区的引导程序，用于引导该分区的操作系统。

2）4 个操作的执行顺序依次是磁盘的物理格式化、对磁盘进行分区、逻辑格式化、操作系统的安装。磁盘只有通过分区和逻辑格式化后才能安装系统和存储信息。物理格式化（又称低级格式化，通常出厂时就已完成）的作用是为每个磁道划分扇区，安排扇区在磁道中的排列顺序，并对已损坏的磁道和扇区做“坏”标记等。随后将磁盘的整体存储空间划分为相互独立的多个分区（如 Windows 中划分 C 盘、D 盘等），这些分区可以用作多种用途，如安装不同的操作系统和应用程序、存储文件等。然后进行逻辑格式化（又称高级格式化），其作用是对扇区进行逻辑编号、建立逻辑盘的引导记录、文件分配表、文件目录表和数据区等。最后才是操作系统的安装。

3）由上述解析可知，磁盘扇区的划分是在磁盘的物理格式化操作中完成的，文件系统根目录的建立是在逻辑格式化操作中完成的。

考点分析与解题技巧

考点一 操作系统的概念、功能、特征和层次结构

这类考点考查的知识点以记忆性的知识点为主，考生应该对此类考点中的知识点有较为清楚的认识和记忆，如操作系统的功能包括哪些（处理器管理、存储器管理、设备管理、文件管理和用户接口），其中每种功能提供哪些服务。另外，对部分较难理解或容易混淆的知识点

应该结合理解进行记忆，如并发性（与并行性区分）是此类考点中考查频度最高的操作系统特征。

考点的考查形式一般以选择题或简答题为主，题目都比较直接，只要理解并记忆相应知识点，对号入座，即可拿到分数。

考点二　操作系统的发展与分类

与考点一类似，这类考点考查的知识点仍然是以记忆性的知识点为主，但考生需要注意的是，这类考点经常会考查对某一类操作系统中具体特征的理解，包括优缺点，如考查单道批处理系统自动性的表现形式等。考生应该对各类操作系统的特征有一定的理解。

考点的考查形式一般以选择题或简答题为主，题目相对于考点会有一定的变化，往往结合具体事例进行阐述，需要对考点中的知识点有较好的理解，进而对选项进行分析判断，或对提问进行必要简答。

考点三　操作系统的软硬件运行环境：用户态与核心态、中断与异常、系统调用

这是本章中最重要的一个考点，考查频度很高，且很容易丢分。这类考点主要考查对这部分知识点的概念理解，且可以综合考查，如习题与真题14题中，首先应该判断出使用特权指令需要用到系统调用来切换至核心态，再思考系统调用属于哪种中断，实际上结合了用户态与核心态、中断与异常以及系统调用进行考查，有时题目甚至会结合其他章节的内容进行考查。

这类考点的考查形式一般以选择题为主，解答这部分题目时，在对知识点的概念有一定理解的基础上，将题目描述与各知识点对应，分析题目考查的知识点有哪些，再将这些知识点联系起来进行分析，环环相扣，层层递进，最终得到正确答案。

另外，由于这类考点综合性较强，考生复习这部分知识点时也应该多思考相关知识点之间的联系，通过做题分析哪些知识点可以结合后再进行考查也是必要的。

考点四　操作系统体系结构的基本概念

这类考点的考查频度不高，一般仅考查有限的三大体系结构的概念理解，包括特征等知识点。

考查形式一般以选择题和简答题为主，需要考生进行记忆，解题时直接作答即可。

第2章　进程管理

大纲要求

（一）进程与线程

1．进程概念

2．进程的状态与转换

3．进程控制

4．进程组织

5．进程通信：共享存储系统、消息传递系统、管道通信

6．线程概念与多线程模型

（二）处理器调度

1．调度的基本概念

2．调度时机、切换与过程

3．调度的基本准则

4．调度方式

5．典型调度算法

先来先服务调度算法、短作业（短进程、短线程）优先调度算法、时间片轮转调度算法、优先级调度算法、高响应比优先调度算法以及多级反馈队列调度算法。

（三）同步与互斥

1．进程同步的基本概念

2．实现临界区互斥的基本方法

软件实现方法、硬件实现方法。

3．信号量

4．经典同步问题

生产者-消费者问题、读者-写者问题、哲学家进餐问题。

5．管程

（四）死锁

1．死锁概念

2．死锁处理策略

3．死锁预防

4．死锁避免

系统安全状态、银行家算法。

5．死锁检测和解除

核心考点

1．（★★★）进程的概念、进程与程序的异同、进程的组织结构（PCB 的构造与功能）；

线程的概念及其与进程的异同。

2.（★★★）进程的3个状态及其转换；引起转换的典型事件。

3.（★★★）处理器三级调度及之间的比较，典型的调度算法以及进程在不同调度算法下的执行顺序的确定、周转时间、等待时间等的计算。

4.（★★★）临界区与临界资源、抢占式与非抢占式调度、进程同步与互斥的区别。

5.（★★★★★）实现进程互斥的软件方法，用信号量保证进程之间的同步与互斥，几种常见的进程同步问题。

6.（★★★★）死锁的概念，发生死锁的4个必要条件，处理死锁的方法（死锁预防与死锁避免等），银行家算法。

知识点讲解

2.1 进程与线程

2.1.1 进程的引入

在计算机操作系统中，进程是资源分配的基本单位，也是独立运行的基本单位，人们还可以用进程的观点来研究操作系统。显然，进程这一概念在操作系统中极为重要（进程是资源分配的基本单位，这一点一定要记牢，这是与线程的主要区别）。

1．前趋图

前趋图是一个有向无循环图，图2-1中的每个结点可以表示一条语句、一个程序段或一个进程，结点间的有向边表示两个结点之间存在的偏序或前趋关系“→”：

$$\rightarrow=\{(P_i, P_j)|P_i \text{必须在} P_j \text{开始执行之前完成}\}$$

若$(P_i, P_j) \in \rightarrow$，可以写成$P_i \rightarrow P_j$，则称$P_i$是$P_j$的直接前驱，$P_j$是$P_i$的直接后继。若存在一个序列$P_i \rightarrow P_j \rightarrow \cdots \rightarrow P_k$，则称$P_i$是$P_k$的前驱（即前驱具有传递性）。在前趋图中，没有前驱的结点称为初始结点，没有后继的结点称为终止结点。图2-1中给出了一个示例，图中作业I的输入操作、计算操作和打印操作分别用I_i、C_i和P_i表示。

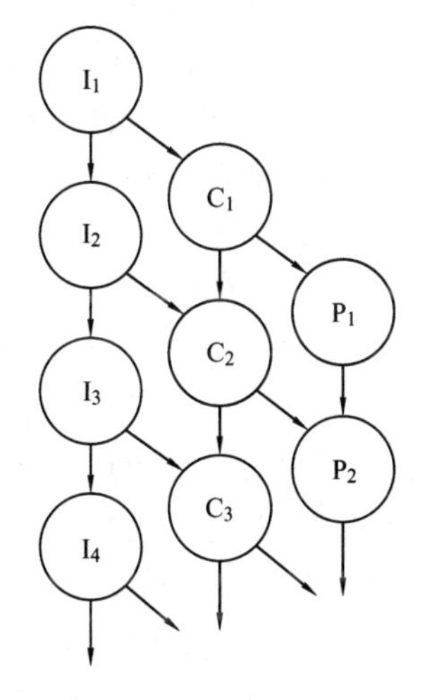

图2-1 前趋图示例

2．程序的顺序执行

一个程序通常由若干程序段组成，它们必须按照某种先后次序执行，仅当前一个操作执行完后才能执行后续操作，这类计算过程就是程序的顺序执行过程。例如，在处理一个作业时，总是先输入用户的程序和数据，然后再进行计算，最后将所得结果打印出来。

程序顺序执行时有如下特征：

- **顺序性**。处理器的操作严格按照程序所规定的顺序执行，即每一个操作必须在下一个操作开始之前结束。
- **封闭性**。程序一旦开始运行，其执行结果不受外界因素的影响。因为程序在运行时独占系统的各种资源，所以这些资源的状态（除初始状态外）只有本程序才能改变。

- **可再现性**。只要程序执行时的初始条件和执行环境相同，当程序重复执行时，都将获得相同的结果（即程序的执行结果与时间无关）。

3．程序的并发执行

仍以图 2-1 为例，在同一作业中，作业的输入操作、计算操作和打印操作必须顺序执行，但对一批作业而言，情况就不一样了，例如，在作业 1 的输入操作完成后可以进行该作业的计算操作；与此同时，也可以进行作业 2 的输入操作，这使得作业 1 的计算操作和作业 2 的输入操作同时进行。

程序的并发执行是指若干个程序（或程序段）同时在系统中运行，这些程序（或程序段）的执行在时间上是重叠的，即一个程序（或程序段）的执行尚未结束，另一个程序（或程序段）的执行已经开始。

程序的并发执行虽然提高了系统的处理能力和资源利用率，但也带来了一些新问题，产生了一些与顺序执行时不同的特征：

- **间断性**。程序在并发执行时，由于它们共享资源或为完成同一项任务而相互合作，致使并发程序之间形成了相互制约的关系。在图 2-1 中，若 C_1 未完成，则不能进行 P_1，致使作业 1 的打印操作暂停运行，这是由相互合作完成同一项任务而产生的直接制约关系；若 I_1 未完成，则不能进行 I_2，致使作业 2 的输入操作暂停运行，这是由共享资源而产生的间接制约关系。这种相互制约关系将导致并发程序具有“执行—暂停执行—执行”这种间断性的活动规律。
- **失去封闭性**。程序在并发执行时，多个程序共享系统中的各种资源，因而这些资源的状态将由多个程序来改变，致使程序的运行失去封闭性。这样一个程序在执行时，必然会受到其他程序的影响，例如，当处理器被某程序占用时，其他程序必须等待。
- **不可再现性**。程序并发执行时，由于失去了封闭性，也将导致失去其运行结果的可再现性，例如，有两个循环程序 A 和 B，它们共享一个变量 N。程序 A 每执行一次，都要执行 N=N+1 的操作；程序 B 每执行一次，都要执行 print(N)操作，然后执行 N=0。由于程序 A 和程序 B 的执行都以各自独立的速度向前推进，因此程序 A 的 N=N+1 操作既可以发生在程序 B 的 print(N)操作和 N=0 操作之前，也可以发生在其后或中间。假设某时刻 N 的值为 n，对于 N=N+1 出现在 B 的两个操作之前和之后两种情况（见图 2-2），执行完一个循环后，打印出来的 N 值分别为 n+1 和 n。

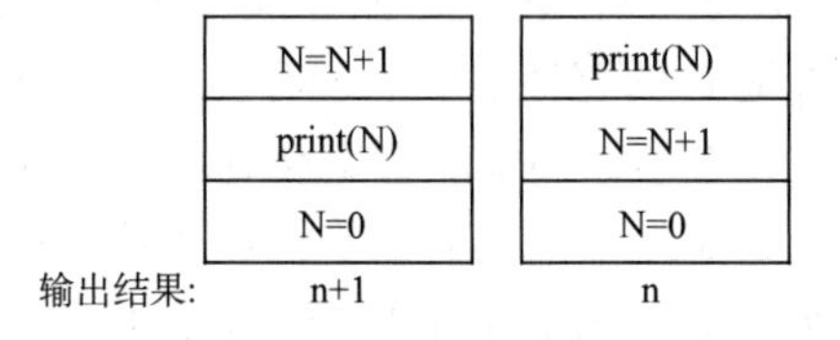

图 2-2 输出结果举例

★注：此处仅为了举例说明不可再现性，如果考虑程序 A 语句出现在程序 B 的两语句之间以及多次循环，则可能出现的结果会更多。

4．程序并发执行的条件

程序并发执行时具有结果不可再现的特征，这并不是使用者希望看到的结果。为此，要求程序在并发执行时必须保持封闭性和可再现性。由于并发执行失去封闭性是共享资源的影响，因此现在要做的工作是消除这种影响。

1966 年，Bernstein 给出了程序并发执行的条件。为了描述方便，先定义一些表示方法：

$R(p_i)=\{a_1, a_2, \cdots, a_m\}$，表示程序 p_i 在执行期间所需引用的所有变量的集合，称为读集。

$W(p_i)=\{b_1, b_2, \cdots, b_n\}$，表示程序 p_i 在执行期间要改变的所有变量的集合，称为写集。

若两个程序 p_1 和 p_2 能满足下述 3 个条件，它们便可以并发执行且其结果具有可再现性。

因该条件由 Bernstein 提出，故又称为 Bernstein 条件。

1）$R(p_1) \cap W(p_2) = \varnothing$（空集）。

2）$R(p_2) \cap W(p_1) = \varnothing$。

3）$W(p_1) \cap W(p_2) = \varnothing$。

其中，前两个条件保证一个程序在两次读操作之间存储器中的数据不会发生变化；最后一个条件保证程序写操作的结果不会丢失。只要同时满足这 3 个条件，并发执行的程序就可以保持封闭性和可再现性。但这并没有解决所有问题，在实际程序执行过程中很难对这 3 个条件进行检查，因此 Bernstein 条件只是理想化的状态。

2.1.2 进程的定义及描述

在多道程序环境下，程序的并发执行破坏了程序的封闭性和可再现性，使得程序和计算不再一一对应，程序活动不再处于一个封闭系统中，程序的运行出现了许多新的特征。在这种情况下，程序这种静态概念已经不能如实地反映程序活动的这些特征，为此引入了一个新的概念——进程。

1．进程的定义

进程的概念从提出之后，许多人都对进程有过各式各样的定义，这里给出几种比较容易理解又能反映进程实质的定义：

- 进程是程序在处理器上的一次执行过程。
- 进程是可以和别的进程并行执行的计算。
- 进程是程序在一个数据集合上的运行过程，是系统进行资源分配和调度的一个独立单位。
- 进程可定义为一个数据结构及能在其上进行操作的一个程序。
- 进程是一个程序关于某个数据集合在处理器上顺序执行所发生的活动。

上述这些描述从不同角度对进程进行了阐述，尽管各有侧重，但本质是相同的。

2．进程的特征

进程具有以下几个基本特征：

- 动态性。进程是程序在处理器上的一次执行过程，因而是动态的。动态特性还表现在它因创建而产生，由调度而执行，因得不到资源而暂停，最后因撤销而消亡。
- 并发性。并发性是指多个进程同时存在于内存中，能在一段时间内同时运行。引入进程的目的是使程序能与其他程序并发执行，以提高资源的利用率。
- 独立性。进程是一个能独立运行的基本单位，也是系统进行资源分配和调度的独立单位。
- 异步性。异步性是指进程以各自独立的、不可预知的速度向前推进。
- 结构特征。为了描述和记录进程的运动变化过程，并使之能正确运行，应为每个进程配置一个进程控制块（Process Control Block，PCB）。这样从结构上看，每个进程都由程序段、数据段和一个进程控制块组成。

3．▲进程和程序的关系

进程和程序是两个密切相关但又有所不同的概念，它们在以下几个方面存在区别和联系：

- 进程是动态的，程序是静止的。进程是程序的执行，每个进程包含了程序段和数据段以及进程控制块（PCB），而程序是有序代码的集合，无执行含义。

- 进程是暂时的，程序是永久的。进程是一个状态变化的过程，程序可以长久保存。
- 进程与程序的组成不同。进程的组成包括程序段、数据段和进程控制块。
- 通过多次执行，一个程序可以产生多个不同的进程；通过调用关系，一个进程可以执行多个程序。进程可创建其他进程，而程序不能形成新的程序。
- 进程具有并行特性（独立性、异步性），程序则没有。

📖 补充知识点：什么是进程映像？进程映像与进程的关系是什么？

解析：由程序段、相关数据段和 PCB 三部分构成了进程映像，也叫进程实体。进程映像是静态的，进程是动态的，进程是进程实体的运行过程。

4．进程和作业的区别

作业是用户需要计算机完成某项任务而要求计算机所做工作的集合。一个作业的完成要经过作业提交、作业收容、作业执行和作业完成 4 个阶段。而进程是已提交完毕的作业的执行过程，是资源分配的基本单位。两者的主要区别如下：

- 作业是用户向计算机提交任务的任务实体。在用户向计算机提交作业之后，系统将它放入外存中的作业等待队列中等待执行；而进程则是完成用户任务的执行实体，是向系统申请分配资源的基本单位。任一进程，只要它被创建，总有相应的部分存在于内存中。
- 一个作业可由多个进程组成，且必须至少由一个进程组成，但一个进程不能构成多个作业。
- 作业的概念主要用在批处理系统中。像 UNIX 这样的分时系统则没有作业的概念；而进程的概念则用在几乎所有的多道程序系统中。

5．进程的组成

进程一般由以下几个部分组成：

- 进程控制块（PCB）。每个进程均有一个 PCB，它是一个既能标识进程的存在、又能刻画执行瞬间特征的数据机构。当进程被创建时，系统为它申请和构造一个相应的 PCB。
- 程序段。程序段是进程中能被进程调度程序调度到 CPU 上执行的程序代码段，能实现相应的特定功能。
- 数据段。一个进程的数据段可以是进程对应的程序加工处理的原始数据，也可以是程序执行时产生的中间或结果数据。

系统根据 PCB 感知进程的存在。PCB 是进程存在的唯一标志。一般来说，根据操作系统的要求不同，PCB 所包含的内容多少会有些不同，但通常都包括下面所列出的内容：

- 进程标识符（PID）。每个进程都有唯一的进程标识符，以区别于系统内部的其他进程。在创建进程时，由系统为进程分配唯一的进程标识号。在 Windows 7 系统下，打开任务管理器，依次单击“查看”→“选择列”，勾选“PID（进程标识符）”，即可在任务管理器中查看到进程 PID 信息，通常是纯数字。这里看到的 PID 是内部标识符，为了区别于外部标识符。
- 进程当前状态。说明进程的当前状态，以作为进程调度程序分配处理器的依据。
- 进程队列指针。用于记录 PCB 队列中下一个 PCB 的地址。系统中的 PCB 可能组织成多个队列，如就绪队列、阻塞队列等。
- 程序和数据地址。指出进程的程序和数据所在的地址。
- 进程优先级。反映进程要求 CPU 的紧迫程度。优先级高的进程可以优先获得处理器。
- CPU 现场保护区。当进程因某种原因释放处理器时，CPU 现场信息（如指令计数器、状态寄存器、通用寄存器等）被保存在 PCB 的该区域中，以便该进程在重新获得处理器后能继续执行。

- 通信信息。记录进程在执行过程中与别的进程所发生的信息交换情况。
- 家族联系。有的系统允许进程创建子进程，从而形成一个进程家族树。在 PCB 中，本进程与家族的关系是必须指明的，如它的子进程与父进程的标识。
- 占有资源清单。进程所需资源及当前已分配资源清单。

在一个系统中，通常存在着很多进程，有的处于就绪状态，有的处于阻塞状态，且阻塞的原因各不相同。为了方便进程的调度和管理，需要将各进程的 PCB 用适当的方法组织起来。目前常用的组织方式有链接方式和索引方式。

★为什么说 PCB 是进程存在的唯一标志？

首先来看 PCB 的作用：

PCB 是系统为每个进程定义的一个数据结构，其作用是使程序（含数据）能独立运行。PCB 使一个在多道程序环境下不能独立运行的程序（含数据）成为一个能独立运行的基本单位，一个能与其他进程并发执行的进程，因此 **PCB 的作用是保证程序的并发执行**。创建进程，实质上是创建进程的 PCB；而撤销进程，实质上是撤销进程的 PCB。

其次来解释为什么 PCB 是进程存在的唯一标志。

在系统调度到某进程后，要根据其 PCB 中所保存的处理机状态信息，设置该进程恢复运行的现场，并根据其 PCB 中的程序和数据的内存地址，找到其程序和数据。进程在执行过程中，当需要和与之合作的进程实现同步、通信或访问文件时，也都需要访问 PCB。当进程由于某种原因暂停执行时，需将其断点的处理机环境保存在 PCB 中。可见，在进程的整个生命周期中，**系统总是通过 PCB 对进程进行控制**，亦即系统根据进程的 PCB 感知该进程的存在，所以，PCB 是进程存在的唯一标志。

2.1.3 进程的状态与转换

进程的状态与转换是经常考查的一个知识点，其核心是进程的 5 种基本状态及其转换原因。挂起以及创建和退出状态等可以略过，通常不作为考查对象。

1. 进程的 5 种基本状态

在进程的运行过程中，由于系统中多个进程的并发运行及相互制约的结果，使得进程的状态不断发生变化。通常，一个运行中的进程至少可划分为 5 种基本状态。

- 就绪状态。进程**已获得了除处理器以外的所有资源**，一旦获得处理器，就可以立即执行，此时进程所处的状态为就绪状态。
- 执行状态（运行状态）。当一个进程获得必要的资源并正在 CPU 上执行时，该进程所处的状态为执行状态。
- 阻塞状态（等待状态）。正在执行的进程，由于发生某事件而暂时无法执行下去（如等待 I/O 完成），此时进程所处的状态为阻塞状态。**当进程处于阻塞状态时，即使把处理器分配给该进程，它也无法运行。**

★注：在做题时，要特别注意区分就绪状态与阻塞状态，区分两者的关键在于当分配给该进程处理器时，是否能立即执行，若能立即执行，则处于就绪状态；反之，则为阻塞状态。例如，在时间片轮转调度中，时间片用完后，进程转换为就绪状态而非阻塞状态；而当进程需要某些数据才能执行而没有获得时，进程转换为阻塞状态，即使此时给其分配处理器，仍然会因缺少数据而不能执行。

- 创建状态。进程正在被创建，尚未转到就绪状态。申请空白的 PCB，并向 PCB 中填写一些控制和管理进程的信息；然后由系统为该进程分配运行时所需的资源；最后把该进程转入就绪状态。
- 结束状态（删除状态）。进程正在从系统中消失，可能是正常结束或其他原因中断退出运行。

2．进程状态的相互转换

进程并非固定处于某一状态，其状态会随着自身的推进和外界条件的变化而发生变化。通常，可以用一个进程状态变化图来说明系统中每个进程可能具备的状态，以及这些状态发生转换的可能原因。图 2-3 给出了进程的 5 种基本状态以及其中 3 种状态之间转换的典型原因。

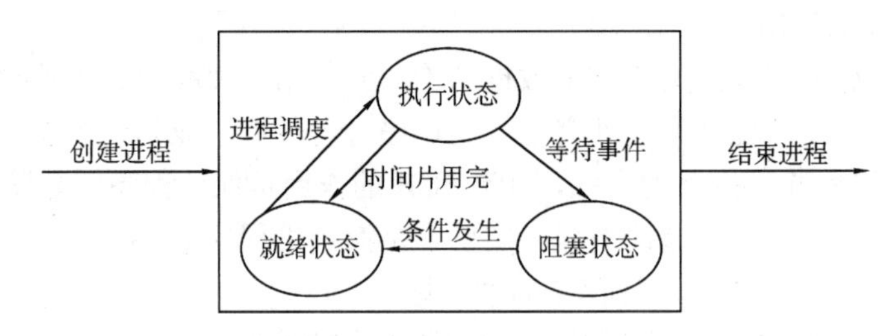

图 2-3 进程状态的相互转换

如图 2-3 所示，状态转换的典型原因如下：

- 就绪状态→执行状态。一个进程被进程调度程序选中。
- 执行状态→阻塞状态。请求并等待某个事件发生。
- 执行状态→就绪状态。时间片用完或在抢占式调度中有更高优先级的进程变为就绪状态。
- 阻塞状态→就绪状态。进程因为等待的某个条件发生而被唤醒。

从上述的状态转换的原因可以得出以下结论：

- 进程状态的转换并非都是可逆的，进程既不能从阻塞状态变为执行状态，也不能从就绪状态变为阻塞状态。
- 进程之间的状态转换并非都是主动的，在很多情况下都是被动的，只有从执行状态到阻塞状态是程序的自我行为（因事件而主动调用阻塞原语），其他都是被动的。例如，从执行状态到就绪状态，通常是由时钟中断引起的（时间片用完）；从阻塞状态到就绪状态，是上一个使用处理器的进程把一个阻塞进程唤醒的。
- 进程状态的唯一性。一个具体的进程在任何一个指定的时刻必须且只能处于一种状态。

★注： 一定要记住，执行状态只能由就绪状态转换，而无法由阻塞状态直接转换。处于阻塞状态的进程在期待的事件发生之后，是转换为就绪状态而非执行状态，因为还没有经过进程调度得到处理器，所以在判断进程状态时处理器是一个关键因素，这一点要牢记。

2.1.4 进程的控制

进程控制的职责是对系统中的所有进程实施有效的管理，其功能包括进程的创建、进程的撤销、进程的阻塞与唤醒等。这些功能一般是由操作系统的内核来实现的。下面介绍和进程相关的基本概念。

1．进程的创建

（1）进程前趋图

一个进程可以创建若干个新进程，新创建的进程又可以创建子进程，为了描述进程之间的创建关系，引入了如图2-4所示的进程前趋图。

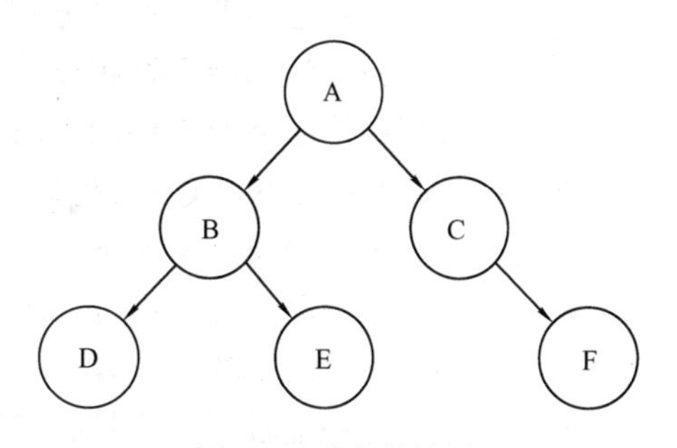

图2-4 进程前趋图

进程前趋图又称为进程树或进程家族树，是描述进程家族关系的一棵有向树。图中的结点表示进程，若进程A创建了进程B，则从结点A有一条有向边指向结点B，说明进程A是进程B的父进程，进程B是进程A的子进程，创建父进程的进程称为祖父进程，从而形成了一棵进程家族树，把树的根结点称为进程家族的祖先。例如，若进程A创建了子进程B、C，进程B又创建了自己的子进程D、E，进程C创建了自己的子进程F，则构成了一棵如图2-4所示的进程家族树，其中进程A是该进程家族的祖先。

（2）创建原语

在多道程序环境中，只有进程才可以在系统中运行。为了使一个程序能运行，必须为它创建进程。导致进程创建的事件有用户登录、作业调度和请求服务。

- 用户登录。在分时系统中，用户在终端输入登录信息，系统检测并通过之后就会为该终端用户建立新进程并插入到就绪队列。
- 作业调度。在批处理系统中，当作业调度程序按一定的算法调度到某个作业时，便将该作业装入内存，为其分配资源并创建进程，并插入到就绪队列。
- 请求服务。基于进程的需要，由其自身创建一个新进程并完成特定任务。

进程创建是通过创建原语来实现的。其主要操作过程如下：

- 先向系统申请一个空闲PCB，并指定唯一的进程标识符（PID）。
- 为新进程分配必要的资源。
- 将新进程的PCB初始化。为新进程的PCB填入进程名、家族信息、程序数据地址、优先级等信息。
- 将新进程的PCB插入到就绪队列。

2．进程的撤销

一个进程在完成其任务后应予以撤销，以便及时释放它所占用的各类资源。撤销原语可采用两种策略：一种是只撤销一个具有指定标识符的进程；另一种是撤销指定进程及其所有子孙进程。导致进程撤销的事件有进程正常结束、进程异常结束及外界干预等。

撤销原语的功能是撤销一个进程，其主要操作过程如下：

- 先从PCB集合中找到被撤销进程的PCB。
- 若被撤销进程正处于执行状态，则应立即停止该进程的执行，设置重新调度标志，以便进程撤销后将处理器分配给其他进程。
- 对后一种撤销策略，若被撤销进程有子孙进程，还应将该进程的子孙进程予以撤销。
- 回收被撤销进程所占有的资源，或者归还给父进程，或者归还给系统。最后，回收它的PCB。

3．进程的阻塞与唤醒

阻塞原语（P 原语）的功能是将进程由执行状态转为阻塞状态，而唤醒原语（V 原语）

的功能则是将进程由阻塞状态变为就绪状态。

★注：这里要注意这两个原语分别将进程由什么状态转变为什么状态，不能简单地认为阻塞原语和唤醒原语的功能正好相反。

当一个进程期待的某一事件尚未出现时，该进程调用阻塞原语将自己阻塞起来。

★注：注意此处是由该进程自身调用原语阻塞自己的，是一种主动行为。

阻塞原语的主要操作过程如下：

- 首先停止当前进程的运行。因该进程正处于执行状态，故应中断处理器。
- 保存该进程的 CPU 现场，以便之后可以重新调用该进程并从中断点开始执行。
- 停止运行该进程，将进程状态由执行状态改为阻塞状态，然后将该进程插入到相应事件的等待队列中。
- 转到进程调度程序，从就绪队列中选择一个新的进程投入运行。

对处于阻塞状态的进程，当该进程期待的事件出现时，由发现者进程调用唤醒原语将阻塞的进程唤醒，使其进入就绪状态。

★注：此处是由发现者进程调用唤醒原语，而不是被阻塞进程本身调用，因此唤醒对于阻塞进程是一种被动行为。

唤醒原语的主要操作过程如下：

- 将被唤醒进程从相应的等待队列中移出。
- 将状态改为就绪并插入相应的就绪队列。

应当注意的是：一个进程由执行状态变为阻塞状态，是由这个进程自己调用阻塞原语去完成的；而进程由阻塞状态转变为就绪状态，则是由另一个发现者进程调用唤醒原语实现的，一般这个发现者进程与被唤醒进程是合作的并发进程。

4．进程切换

进程切换是指处理器从一个进程的运行转到另一个进程的运行，在这个过程中，进程的运行环境产生了实质性的变化。

进程切换的过程如下：

- 保存处理及上下文，包括程序计数器和其他寄存器。
- 更新 PCB 信息。
- 把进程的 PCB 移入相应队列，如就绪、某事件的阻塞队列等。
- 选择另一个进程执行，更新其 PCB。
- 更新内存管理的数据结构。
- 恢复处理器上下文。

★注：注意此处与调度的区别，调度是决定将系统资源分配给哪个进程，进程切换是实际分配系统资源。另外需要注意，进程切换一定会产生中断，进行处理器模式切换，即从用户态进入内核态，之后又回到用户态；但处理器模式切换不一定产生进程切换，如系统调用同样会从用户态进入内核态，之后回到用户态，但在逻辑上，仍然是同一进程占用处理器执行。

2.1.5 进程通信

进程通信是指进程之间的信息交换。进程的互斥与同步就是一种进程间的通信方式。由于进程互斥与同步交换的信息量较少且效率较低，因此称这两种进程通信方式为低级进程通信方式。相应地，也可以将 P、V 原语称为两条低级进程通信原语。

目前，高级进程通信方式可以分为 3 大类：共享存储器系统、消息传递系统和管道通信系统。

1. 共享存储器系统

为了传输大量数据，在存储器中划出一块共享存储区，多个进程可以通过对共享存储区进行读写来实现通信。在通信前，进程向系统申请建立一个共享存储区，并指定该共享存储区的关键字。若该共享存储区已经建立，则将该共享存储区的描述符返回给申请者。然后，申请者把获得的共享存储区附接到进程上。这样，进程便可以像读写普通存储器一样读写共享存储区了。

2. 消息传递系统

在消息传递系统中，进程间以消息为单位交换数据，用户直接利用系统提供的一组通信命令（原语）来实现通信。操作系统隐藏了通信的实现细节，简化了通信程序，得到了广泛应用。根据实现方式的不同，消息传递系统可以分为以下两类：

- 直接通信方式。发送进程直接把消息发送给接收进程，并将它挂在接收进程的消息缓冲队列上，接收进程从消息缓冲队列中取得消息。
- 间接通信方式。发送进程把消息发送到某个中间实体（通常称为信箱）中，接收进程从中取得消息。这种通信方式又称为信箱通信方式。该通信方式广泛应用于计算机网络中，与之相应的通信系统称为电子邮件系统。

3. 管道通信系统

管道是用于连接读进程和写进程以实现它们之间通信的共享文件。向管道提供输入的发送进程（即写进程）以字符流形式将大量的数据送入管道，而接收管道输出的进程（即读进程）可以从管道中接收数据。

★注：管道是一个共享文件，不能单纯地从字面上仅将管道理解为一个传输通道。

2.1.6 线程

线程是近年来操作系统领域出现的一种非常重要的技术，其重要程度丝毫不亚于进程。线程的引入提高了程序并发执行的程度，从而进一步提高了系统吞吐量。

1. 线程的概念

（1）线程的引入

如果说在操作系统中引入进程的目的是使多个程序并发执行，以改善资源利用率及提高系统吞吐量，那么，在操作系统中再引入线程，则是为了减少程序并发执行时所付出的时空开销，使操作系统具有更好的并发性。为了说明这一点，下面来回顾一下进程的两个基本属性。

- 进程是一个拥有资源的独立单元。
- 进程同时又是一个可以被处理器独立调度和分配的单元。

上述两个属性构成了程序并发执行的基础。然而，为了使进程能并发执行，操作系统还必须进行一系列的操作，如创建进程、撤销进程和进程切换。在进行这些操作时，操作系统要为进程分配资源及回收资源，为运行进程保存现场信息，这些工作都需要付出较多的时空开销。正因如此，在系统中不宜设置过多的进程，进程切换的频率也不宜太高，这就限制了系统并发程度的进一步提高。

为了使多个程序更好地并发执行，并尽量减少操作系统的开销，不少操作系统研究者考

虑将进程的两个基本属性分离开来，分别交由不同的实体来实现。为此，操作系统设计者引入了线程，让线程去完成第二个基本属性的任务，而进程只完成第一个基本属性的任务。

（2）线程的定义

线程的定义与进程类似，存在多种不同的提法。这些提法可以相互补充对线程的理解。

- 线程是进程内的一个执行单元，比进程更小。
- 线程是进程内的一个可调度实体。
- 线程是程序（或进程）中相对独立的一个控制流序列。
- 线程本身不能单独运行，只能包含在进程中，只能在进程中执行。

综上所述，不妨将线程定义为：线程是进程内一个相对独立的、可调度的执行单元。线程自己基本上不拥有资源，只拥有一点在运行时必不可少的资源（如程序计数器、一组寄存器和栈），但它可以与同属一个进程的其他线程共享进程拥有的全部资源。

多线程是指一个进程中有多个线程，这些线程共享该进程资源。这些线程驻留在相同的地址空间中，共享数据和文件。如果一个线程修改了一个数据项，其他线程可以了解和使用此结果数据。一个线程打开并读一个文件时，同一进程中的其他线程也可以同时读此文件。

（3）线程的实现

在操作系统中有多种方式可实现对线程的支持。最自然的方法是由操作系统内核提供线程的控制机制。在只有进程概念的操作系统中，可由用户程序利用函数库提供线程的控制机制。还有一种做法是同时在操作系统内核和用户程序两个层次上提供线程的控制机制。

内核级线程是指依赖于内核，由操作系统内核完成创建和撤销工作的线程。在支持内核级线程的操作系统中，内核维护进程和线程的上下文信息并完成线程的切换工作。一个内核级线程由于 I/O 操作而阻塞时，不会影响其他线程的运行。这时，处理器时间片分配的对象是线程，所以有多个线程的进程将获得更多处理器时间。

用户级线程是指不依赖于操作系统核心，由应用进程利用线程库提供创建、同步、调度和管理线程的函数来控制的线程。由于用户级线程的维护由应用进程完成，不需要操作系统内核了解用户级线程的存在，因此可用于不支持内核级线程的多进程操作系统，甚至是单用户操作系统。用户级线程切换不需要内核特权，用户级线程调度算法可针对应用优化。许多应用软件都有自己的用户级线程。由于用户级线程的调度在应用进程内部进行，通常采用非抢占式和更简单的规则，也无须用户态/核心态切换，因此速度特别快。当然，由于操作系统内核不了解用户线程的存在，当一个线程阻塞时，整个进程都必须等待。这时处理器时间片是分配给进程的，当进程内有多个线程时，每个线程的执行时间都相对减少。

有些操作系统提供了上述两种方法的组合实现。在这种系统中，内核支持多线程的建立、调度与管理；同时，系统中又提供使用线程库的便利，允许用户应用程序建立、调度和管理用户级的线程。由于同时提供内核线程控制机制和用户线程库，因此可以很好地将内核级线程和用户级线程的优点结合起来。

（4）线程锁

线程锁有：互斥锁、条件锁、自旋锁、读写锁。一般而言，锁的功能越强大，性能就越低。

1）互斥锁。互斥锁是用于控制多个线程对它们之间共享资源互斥访问的一个信号量。

2）条件锁。条件锁是一种条件变量。某一个线程因为某个条件满足时可以使用条件锁使该线程处于阻塞状态。一旦条件满足，则以“信号量”的方式唤醒一个因为该条件而被阻塞的线程。

3）自旋锁。与互斥锁类似，但有所不同。某线程在申请互斥锁而不得时，会转而执行其他任务，在申请自旋锁而不得时，会不停地循环检测。

4）读写锁。已经实现的读者-写者操作模型的锁。

2. 线程的状态与转换

和进程一样，线程也有自己的生命周期，在其生命周期中一共有7种状态：

1）初始(NEW)：新创建了一个线程对象，但还没有调用start()方法。

2）就绪状态(READY)：线程对象创建后，调用该线程的 start()方法，该线程就进入了“可运行线程池”中，变得可运行，只需等待获取CPU的使用权即可运行。即在就绪状态的线程除CPU之外，其他运行所需的资源都已全部获得。由于刚被创建的线程在进入就绪状态之前肯定没有处于运行状态，所以它不能自己调用start()方法，而是由其他处于运行状态的线程来调用。

3）运行状态(RUNNING)：就绪状态的线程获得CPU后，开始执行该线程的代码。

说明：有些系统中将2）和3）合并为一个状态，命名为可运行状态（RUNNABLE）。

4）阻塞(BLOCKED)：线程由于某种原因放弃CPU的使用权，暂时停止运行。

5）等待(WAITING)：当线程调用 wait()方法后则进入等待状态（进入等待队列），进入到这个状态会释放所占有的资源，与阻塞不同，这个状态是不能被自动唤醒的，必须依赖其他线程调用notify()方法才能被唤醒。

6）超时等待(TIMED_WAITING)：该状态不同于但类似于等待状态，其中的区别只在于是否有时间的限制，即该状态下的线程在等待一定时间后会被唤醒，当然也可以在没到这个时间之前被notify()方法唤醒。

7）终止(TERMINATED)：表示该线程已经执行完毕。

图2-5展示了线程状态间的转换。

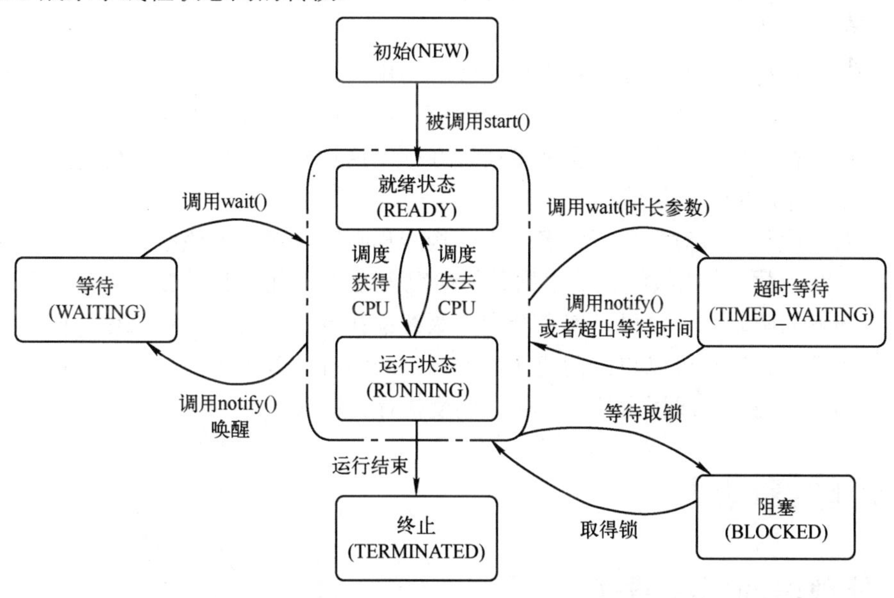

图2-5 线程状态间的转换

3. ▲线程与进程的比较

由于进程与线程密切相关，因此有必要对进程与线程的异同进行比较。

- **调度**。在传统的操作系统中，拥有资源和独立调度的基本单位都是进程。而在引入线程的操作系统中，线程是独立调度的基本单位，进程是拥有资源的基本单位。在同一个进程中，线程的切换不会引起进程切换。在不同进程中进行线程切换，如从一个进程内的线程切换到另一个进程的线程中，将会引起进程切换。
- **拥有资源**。不论是传统操作系统还是设有线程的操作系统，进程都是拥有资源的基本单位，而线程不拥有系统资源（也有一点必不可少的资源，并非什么资源都没有），但线程可以访问其隶属进程的系统资源。
- **并发性**。在引入线程的操作系统中，不仅进程之间可以并发执行，而且同一进程内的多个线程之间也可以并发执行。这使得操作系统具有更好的并发性，大大提高了系统的吞吐量。
- **系统开销**。由于创建进程或撤销进程时，系统都要为之分配或回收资源，如内存空间、I/O 设备等，操作系统所付出的开销远大于创建或撤销线程时的开销。类似地，在进行进程切换时，涉及整个当前进程 CPU 环境的保存及新调度到进程的 CPU 环境的设置；而线程切换时，只需保存和设置少量寄存器内容，因此开销很小。另外，由于同一进程内的多个线程共享进程的地址空间，因此，多线程之间的同步与通信非常容易实现，甚至无须操作系统的干预。

4. 多线程模型

有些系统同时支持用户级线程和内核级线程，因此根据用户级线程和内核级线程连接方式的不同产生了 3 种不同的多线程模型。

- **多对一模型。**多对一模型将多个用户级线程映射到一个内核级线程上。在采用该模型的系统中，线程在用户空间进行管理，效率相对较高。但是，由于多个用户级线程映射到一个内核级线程，只要一个用户级线程阻塞，就会导致整个进程阻塞。而且由于系统只能识别一个线程（内核级线程），因此即使有多处理器，该进程的若干个用户级线程也只能同时运行一个，不能并行执行。
- **一对一模型。**一对一模型将内核级线程与用户级线程一一对应。这样做的好处是当一个线程阻塞时，不影响其他线程的运行，因此一对一模型的并发性比多对一模型要好。而且这样做之后，在多处理器上可以实现多线程并行。这种模型的缺点是创建一个用户级线程时需要创建一个相应的内核级线程。
- **多对多模型。**多对多模型将多个用户级线程映射到多个内核级线程（内核级线程数不多于用户级线程数，内核级线程数根据具体情况确定）。采用这样的模型可以打破前两种模型对用户级线程的限制，不仅可以使多个用户级线程在真正意义上并行执行，而且不会限制用户级线程的数量。用户可以自由创建所需的用户级线程，多个内核级线程根据需要调用用户级线程，当一个用户级线程阻塞时，可以调度执行其他线程。

2.2 处理器调度

2.2.1 处理器的三级调度

调度是操作系统的一个基本功能，几乎所有的资源在使用前都需要调度。由于 CPU 是计算机的首要资源，因此调度设计均围绕如何能够高效利用 CPU 展开。

在多道程序环境下，一个作业从提交到执行，通常都要经历多级调度，如高级调度、中级调度和低级调度。而系统的运行性能在很大程度上都取决于调度，因此调度便成为多道程序的关键。

在不同操作系统中，所采用的调度层次不完全相同。在一些系统中仅采用一级调度，而在另一些系统中则可能采用两级或三级调度，在执行调度时所采用的调度算法也可能不同。图 2-6 给出了调度层次的示意图，由此可以看出，一个作业从提交开始直到完成，往往要经历三级调度。

1．高级调度（作业调度）

高级调度又称为宏观调度、作业调度或者长程调度，其主要任务是按照一定的原则从外存上处于后备状态的作业中选择一个或者多个，给它们分配内存、输入/输出设备等必要资源，并建立相应的进程，以使该作业具有获得竞争处理器的权利（作业是用户在一次运算过程或一次事务处理中要求计算机所做工作的总和）。作业调度的运行频率较低，通常为几分钟一次。

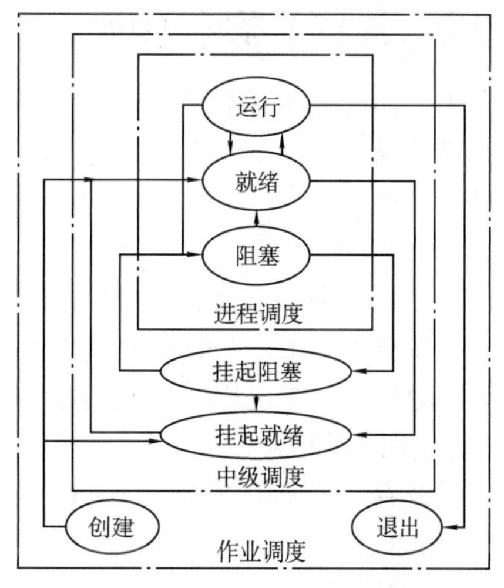

图 2-6 调度层次的示意图

在批处理系统或通用操作系统中的批处理部分，新提交的作业先存放在磁盘上，因此需要通过作业调度将它们分批装入内存。而在其他类型的操作系统中，通常不需要配置作业调度。

每次执行作业调度时，我们都需要解决两个问题：第一，调度程序必须决定操作系统可以接纳多少个作业；第二，调度程序必须决定接纳哪些作业。下面简单分析一下这两个问题。

作业调度每次要接纳多少个作业进入内存取决于多道程序的并发程度，即允许有多少个作业同时在内存中运行。当内存中可以同时运行的作业太多时，可能会影响到系统的服务质量，如导致周转时间太长。而当内存中同时运行的作业太少时，又会导致系统资源利用率和吞吐量下降。因此，多道程序的并发程度应根据系统的规模和运行速度来确定。

应将哪些作业从外存调入内存取决于所采取的调度算法。最简单的调度算法是先来先服务调度算法，它将最早进入外存的作业最先调入内存；较常用的一种调度算法是短作业优先调度算法，它将外存上执行时间最短的作业最先调入内存；此外还有其他调度算法。

2．中级调度

中级调度又称为中程调度或者交换调度，引入中级调度是为了提高内存利用率和系统吞吐量，其主要任务是按照给定的原则和策略，将处于外存对换区中的具备运行条件的进程调入内存，并将其状态修改为就绪状态，挂在就绪队列上等待；或者将处于内存中的暂时不能运行的进程交换到外存对换区，此时的进程状态称为挂起状态。中级调度主要涉及内存管理与扩充（其实中级调度可以理解为在换页时将页面在外存与内存之间调度），因此会在存储管理部分对其进行介绍。

3．低级调度（进程调度）

低级调度又称为微观调度、进程调度或者短程调度，其主要任务是按照某种策略和方法从就绪队列中选取一个进程，将处理器分配给它。进程调度的运行频率很高，一般隔几十毫秒要运行一次。后面将对此进行详细讲解。

★**注：**由于作业调度与进程调度有时容易混淆，特总结高级调度（作业调度）与低级调度（进程调度）的区别如下：

- 作业调度为进程被调用做准备，进程调度使进程被调用。换言之，作业调度的结果是为作业创建进程，而进程调度的结果是进程被执行。
- 作业调度次数少，进程调度频率高。
- 有的系统可以不设置作业调度，但进程调度必须有。

2.2.2 调度的基本原则

不同调度算法有不同的调度策略，这也决定了调度算法对不同类型的作业影响不同。在选择调度算法时，我们必须考虑不同算法的特性。为了衡量调度算法的性能，人们提出了一些评价标准。

1. CPU 利用率

CPU 是系统最重要、也是最昂贵的资源，其利用率是评价调度算法的重要指标。在批处理以及实时系统中，一般要求 CPU 的利用率要达到比较高的水平，不过对于 PC 和某些不强调利用率的系统来说，CPU 利用率并不是最主要的。

2. 系统吞吐量

系统吞吐量表示单位时间内 CPU 完成作业的数量。对长作业来说，由于它要占用较长的 CPU 处理时间，因此会导致系统吞吐量下降；而对短作业来说，则相反。

3. 响应时间

相对于系统吞吐量和 CPU 利用率来说，响应时间主要是面向用户的。在交互系统中，尤其在多用户系统中，多个用户同时对系统进行操作，都要求在一定时间内得到响应，不能使某些用户的进程长期得不到调用。因此，从用户角度看，调度策略要保证尽量短的响应时间，使响应时间在用户的接受范围内。

4. 周转时间

从每个作业的角度来看，完成该作业的时间是至关重要的，通常用周转时间或者带权周转时间来衡量。

（1）周转时间

周转时间是指作业从提交至完成的时间间隔，包括等待时间和执行时间。周转时间 T_i 用公式表示为

$$作业\ i\ 的周转时间\ T_i=作业\ i\ 的完成时间-作业\ i\ 的提交时间$$

（2）平均周转时间

平均周转时间是指多个作业（如 n 个作业）周转时间的平均值。平均周转时间 T 用公式表示为

$$T=（T_1+T_2+\cdots+T_n）/n$$

（3）带权周转时间

带权周转时间是指作业周转时间与运行时间的比。作业 i 的带权周转时间 W_i 用公式表示为

$$W_i=作业\ i\ 的周转时间/作业\ i\ 的运行时间$$

（4）平均带权周转时间

与平均周转时间类似，平均带权周转时间是多个作业的带权周转时间的平均值。公式略。

2.2.3 进程调度

在多道程序系统中，用户进程数往往多于处理器数，这将导致用户进程争夺处理器。此外，系统进程同样需要使用处理器。因此，系统需要按照一定的策略动态地把处理器分配给就绪队列中的某个进程，以便使之执行。处理器分配的任务由进程调度程序完成。

1．进程调度的功能

- **记录系统中所有进程的有关情况以及状态特征。**为了实现进程调度，进程管理模块必须将系统中各进程的执行情况和状态特征记录在各个进程的 PCB 中，同时还应根据各个进程的状态特征和资源需求等信息将进程的 PCB 组织成相应的队列，并依据运行情况将进程的 PCB 在不同状态队列之间转换。进程调度模块通过 PCB 的变化来掌握系统中所有进程的执行情况和状态特征。
- **选择获得处理器的进程。**按照一定的策略选择一个处于就绪状态的进程，使其获得处理器执行。根据不同的系统设计目标，有各种各样的选择策略。例如，先来先服务调度算法、时间片轮转调度算法等。这些选择策略决定了调度算法的性能。
- **处理器分配。**当正在运行的进程由于某种原因要放弃处理器时，进程调度程序应保护当前运行进程的 CPU 现场，将其状态由运行变成就绪或阻塞，并插入到相应队列中去；同时，恢复程序还应根据一定原则从就绪队列中挑选出一个进程，把该进程从就绪队列中移出，恢复其 CPU 现场，并将其状态改为运行。

2．引起进程调度的原因

- 当前运行进程运行结束。因任务完成而正常结束，或者因出现错误而异常结束。
- 当前运行进程因某种原因，如 I/O 请求、P 操作、阻塞原语等，从运行状态进入阻塞状态。
- 执行完系统调用等系统程序后返回用户进程，这时可以看作系统进程执行完毕，从而可以调度一个新的用户进程。
- 在采用抢占调度方式的系统中，若有一个具有更高优先级的进程要求使用处理器，则使当前运行进程进入就绪队列（这与调度方式有关）。
- 在分时系统中，分配给该进程的时间片已用完（这与系统类型有关）。

3．不能进行进程调度的情况

- 处理中断的过程中。中断处理过程复杂，在实现上很难做到进程切换，且中断处理是系统工作的一部分，逻辑上不属于某一进程，不应被剥夺处理器资源。
- 在操作系统内核程序临界区中。进程进入临界区后，需要独占式地访问共享数据，理论上必须加锁，以防止其他并行程序进入，在解锁前不应切换到其他进程运行，以加快该共享数据的释放。
- 其他需要完全屏蔽中断的原子操作过程中。如加锁、解锁、中断现场保护、恢复等原子操作。原子操作不可再分，必须一次完成，不能进行进程切换。

4．进程调度的方式

进程调度方式是指当某一个进程正在处理器上执行时，若有某个更为重要或紧迫的进程需要进行处理（即有优先级更高的进程进入就绪队列），此时应如何分配处理器。通常有以下两种进程调度方式：

- **抢占方式。**又称为可剥夺方式。这种调度方式是指当一个进程正在处理器上执行时，

若有某个优先级更高的进程进入就绪队列，则立即暂停正在执行的进程，将处理器分配给新进程。

- **非抢占方式。**又称为不可剥夺方式。这种方式是指当某一个进程正在处理器上执行时，即使有某个优先级更高的进程进入就绪队列，仍然让正在执行的进程继续执行，直到该进程完成或因发生某种事件而进入完成或阻塞状态时，才把处理器分配给新进程。

5. 进程上下文切换

进程的上下文是指进程运行所依赖的环境，其不仅包括虚拟内存、栈、全局变量等用户空间的资源，还包括内核堆栈、寄存器等内核空间的状态。进程上下文切换比系统调用多一步：在保存当前进程的内核状态和 CPU 寄存器之前，需要先把该进程的虚拟内存、栈等保存下来；在加载了下一个进程的内核状态后，还需要刷新进程的虚拟内存和用户栈。

进程上下文的切换流程主要包括以下 3 个步骤：

1）挂起进程，将这个进程的上下文信息存储于内存的 PCB 中。

2）在 PCB 中检索下一个进程的上下文并将其在 CPU 的寄存器中恢复。

3）CPU 跳转至程序计数器所指向的位置执行，恢复该进程。

2.2.4 常见调度算法

进程调度的核心问题是采用什么样的算法将处理器分配给进程。下面介绍几种常用的进程调度算法。标题括号中的内容表示该调度算法的适用范围。

1. 先来先服务调度算法（作业调度、进程调度）

先来先服务调度算法（FCFS）是一种最简单的调度算法，可以用于作业调度与进程调度。其基本思想是按照进程进入就绪队列的先后次序来分配处理器。先来先服务调度算法采用非抢占的调度方式，即一旦一个进程（或作业）占有处理器，它就一直运行下去，直到该进程（或作业）完成其工作或因等待某一事件而不能继续执行时才释放处理器。

从表面上看，先来先服务调度算法对于所有进程（或作业）是公平的，即按照它们到来的先后次序进行服务。但假设有等数量的长进程（10t）和短进程（t），因为数量相等，所以谁先到的概率也相等。当长进程先来时，短进程的等待时间为 10t，而当短进程先来时，长进程的等待时间仅为 t。所以先来先服务调度算法有利于长进程（作业），不利于短进程（作业）。

现在，先来先服务调度算法已经很少作为主要的调度策略，尤其是不能作为分时系统和实时系统的主要调度策略，但它常被结合在其他调度策略中使用。例如，在使用优先级作为调度策略的系统中，往往对多个具有相同优先级的进程或作业按照先来先服务原则进行处理。

2. 短作业优先调度算法（作业调度、进程调度）

短作业优先（SJF）调度算法用于进程调度时被称为短进程优先调度算法，该算法既可以用于作业调度，也可以用于进程调度。

短作业（或进程）优先调度算法的基本思想就是把处理器分配给最快完成的作业（或进程）。

在作业调度中，短作业优先调度算法每次从后备作业队列中选择估计运行时间最短的一个或几个作业调入内存，分配资源，创建进程并放入就绪队列。

在进程调度中，短进程优先调度算法每次从就绪队列中选择估计运行时间最短的进程，将处理器分配给它，使该进程运行并直到完成或因某种原因阻塞才释放处理器。

可以证明，在所有作业同时到达时，SJF 调度算法是最佳算法，平均周转时间最短（如果短进程先执行，长进程等待时间较长进程先执行的情况要短很多，因此平均等待时间最短，而进程运行时间是确定不变的）。但该算法很显然对长作业不利，当有很多短作业不断进入就绪队列时，长作业会因长期得不到调度而产生“饥饿”现象（“饥饿”现象是指在一段时间内，进程得不到调度执行或得不到所需资源）。

3．优先级调度算法（作业调度、进程调度）

优先级调度算法是一种常用的进程调度算法，既可用于作业调度，也可用于进程调度。其基本思想是把处理器分配给优先级最高的进程。**该算法的核心问题是如何确定进程的优先级。**

进程的优先级用于表示进程的重要性，即运行的优先性。进程的优先级通常分为两种：静态优先级和动态优先级。

静态优先级是在创建进程时确定的，确定之后在整个进程运行期间不再改变。确定静态优先级的依据有以下几种：

- **按进程类确定**。通常，系统中有两类进程，即系统进程和用户进程。系统中各进程的运行速度以及系统资源的利用率在很大程度上依赖于系统进程。例如，若系统中某种共享输入/输出设备由一个系统进程管理，那么使用这种设备的所有进程的运行速度都依赖于这一个系统进程。所以，系统进程的优先级应高于用户进程。在批处理与分时结合的系统中，为了保证分时用户的响应时间，前台作业的进程优先级应高于后台作业的进程。
- **按作业的资源要求确定**。根据作业要求系统提供的资源，如处理器时间、内存大小、I/O 设备的类型及数量等来确定作业的优先级。由于作业的执行时间事先难以确定，因此只能根据用户提出的估计时间来确定。进程所申请的资源越多，估计的运行时间越长，进程的优先级越低。
- **按用户类型和要求确定**。计算机系统的用户可按不同标准分类，但通常与用户类型和收费标准有关。用户的收费标准越高，则该用户作业对应进程的优先级也越高。例如，租用服务器，租金越贵的服务器在该服务器提供商的所有服务器中的优先级越高。

动态优先级是指在创建进程时，根据进程的特点及相关情况确定一个优先级，在进程运行过程中再根据情况的变化调整优先级。确定动态优先级的依据有以下几种：

- **根据进程占用 CPU 时间的长短来决定**。一个进程占用 CPU 的时间越长，则优先级越低，再次获得调度的可能性就越小；反之，一个进程占用 CPU 的时间越短，则优先级越高，再次获得调度的可能性就越大。
- **根据就绪进程等待 CPU 时间的长短来决定**。一个就绪进程在就绪队列中等待的时间越长，则优先级越高，获得调度的可能性就越大；反之，一个就绪进程在就绪队列中等待的时间越短，则优先级越低，获得调度的可能性就越小。

基于优先级的调度算法还可以按调度方式的不同分为非抢占优先级调度算法和抢占优先级调度算法。

- **非抢占优先级调度算法的实现思想是系统一旦将处理器分配给就绪队列中优先级最高的进程，该进程便会一直运行下去，直到由于其自身原因（任务完成或申请设备等）主动让出处理器时，才将处理器分配给另一个当前优先级最高的进程。**
- **抢占优先级调度算法的实现思想是将处理器分配给优先级最高的进程，并使之运行。在进程运行过程中，一旦出现了另一个优先级更高的进程（如一个更高优先级进程因等待的事件发生而变为就绪状态），进程调度程序就停止当前的进程，而将处理器分配给新出现的优先级更高的进程。**

★注：在优先级相同的情况下，通常按照先来先服务或者短作业优先的顺序执行。

4. 时间片轮转调度算法（进程调度）

在分时系统中，进程调度通常采用时间片轮转调度算法。在时间片轮转调度算法中，系统将所有的就绪进程按到达时间的先后次序排成一个队列，进程调度程序总是选择队列中的第一个进程执行，并规定执行一定时间，称为时间片（如 100ms）。当该进程用完这一时间片时（即使进程并未执行结束），系统将它送至就绪队列队尾，再把处理器分配给下一个就绪进程。这样，处于就绪队列中的进程就可以依次轮流获得一个时间片的处理时间，然后重新回到队列尾部排队等待执行，如此不断循环，直至完成。

在时间片轮转调度算法中，时间片的大小对系统性能的影响很大。如果时间片设置得太大，所有进程都能在一个时间片内执行完毕，那么时间片轮转调度算法就退化为先来先服务调度算法；如果时间片设置得太小，那么处理器将在进程之间频繁切换，处理器真正用于运行用户进程的时间将减少。因此，时间片的大小应设置适当。

时间片的大小通常由以下因素确定：

- 系统的响应时间。**分时系统必须满足系统对响应时间的要求**，系统响应时间与时间片的关系可以表示为

$$T=N\times q$$

其中，T 为系统的响应时间，q 为时间片的大小，N 为就绪队列中的进程数。根据这个关系可以得知，若系统中的进程数一定，时间片的大小与系统响应时间成正比。

- 就绪队列中的进程数目。在响应时间固定的情况下，就绪队列中的进程数与时间片的大小成反比。
- 系统的处理能力。通常要求用户键入的常用命令能够在一个时间片内处理完毕。因此，计算机的速度越快，单位时间内可处理的命令就越多，时间片就可以越小。

5. 高响应比优先调度算法（作业调度）

高响应比优先调度算法综合了先来先服务与短作业优先两种调度算法的特点，即考虑了作业的等待时间和作业的运行时间两个因素，弥补了之前两种调度算法只考虑其中一个因素的不足。

高响应比优先调度算法主要用于作业调度。其基本思想是每次进行作业调度时，先计算就绪队列中的每个作业的响应比，挑选响应比最高的作业投入运行。响应比的计算公式为

$$响应比=作业响应时间/估计运行时间$$

即

$$响应比=（作业等待时间+估计运行时间）/估计运行时间$$

由公式可以看出，该算法有利于短作业（作业等待时间相同时，估计运行时间越短，响应比越高），同时考虑长作业（只要作业等待时间足够长，响应比就会变为最高）。该算法对于短作业和长作业都有考虑，但由于要计算每个后备作业的响应比，因此增加了系统开销。

6. 多级队列调度算法（进程调度）

多级队列调度算法的基本思想是根据进程的性质或类型，将就绪队列划分为若干个独立的队列，每个进程固定地分属于一个队列。每个队列采用一种调度算法，不同的队列可以采用不同的调度算法。例如，为交互型任务设置一个就绪队列，该队列采用时间片轮转调度算法；再如，为批处理任务另外设置一个就绪队列，该队列采用先来先服务调度算法。

7. ▲多级反馈队列调度算法（进程调度）

多级反馈队列调度算法是时间片轮转调度算法和优先级调度算法的综合与发展。通过动态调整进程优先级和时间片的大小，多级反馈队列调度算法可兼顾多方面的系统目标。例如，为提高系统吞吐量和缩短平均周转时间而照顾短进程；为获得较好的 I/O 设备利用率和缩短响应时间而照顾 I/O 型进程；同时，也不必事先估计进程的执行时间。

多级反馈队列调度算法的示意图如图 2-7 所示。

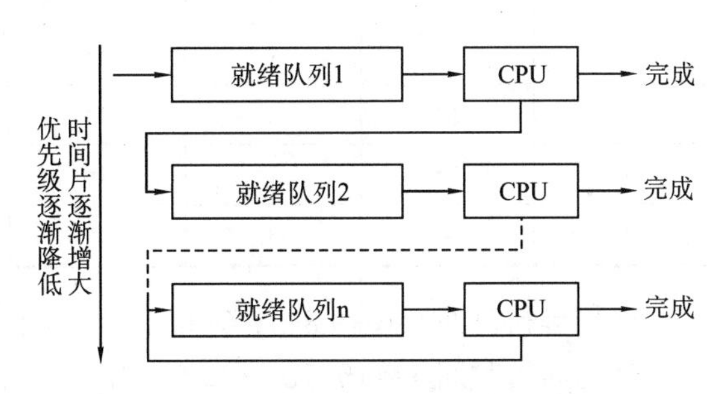

图 2-7 多级反馈队列调度算法的示意图

首先，应设置多个就绪队列，并为每个队列赋予不同的优先级。第一个队列的优先级最高，第二个队列的优先级次之，其余队列的优先级逐次降低。

其次，每个队列中的进程执行时间片的大小也各不相同，进程所在队列的优先级越高，其相应的时间片就越短。通常，第 i+1 队列的时间片是第 i 队列时间片的两倍。

再次，当一个新进程进入系统时，应先将其放入第一个队列末尾，按先来先服务的原则排队等待调度。当轮到该进程执行时，如能在此时间片内完成，便可准备撤离系统；如果该进程在一个时间片结束时尚未完成，调度程序便将该进程转入第二个队列的末尾，再同样按照先来先服务的原则等待调度执行；如果该进程在第二个队列中运行一个时间片后仍未完成，再以同样方法转入第三个队列。**如此下去，最后一个队列中使用时间片轮转调度算法。**

最后，仅当第一个队列空闲时，调度程序才调度第二个队列中的进程运行；仅当第一个至第 i−1 个队列均为空时，才会调度第 i 个队列中的进程运行。当处理器正在为第 i 个队列中的某进程服务时，若又有新进程进入优先级较高的队列中，则此时新进程将抢占正在运行进程的处理器，即由调度程序把正在执行的进程放回第 i 个队列末尾，并重新将处理器分配给新进程。

【例 2-1】 设有一组进程，它们的到达时间、需要占用 CPU 的时间及优先级见表 2-1。

分别采用调度算法 FCFS（先来先服务）、SJF（最短作业优先）和非抢占式优先级（数值小的优先级大），求平均等待时间是多少？平均周转时间是多少？平均带权周转时间是多少？

表 2-1 进程调度信息表

进程	到达时间	CPU 时间	优先级
P_1	3	10	3
P_2	3.2	1	1
P_3	3.4	2	3
P_4	3.8	1	4
P_5	4	5	2

解析：

FCFS：各进程的等待时间、周转时间、带权周转时间见表 2-2。

表 2-2 FCFS 调度算法的性能

进程	到达时间	运行时间	开始时间	等待时间	完成时间	周转时间	带权周转时间
P_1	3	10	3	0	13	10	1
P_2	3.2	1	13	9.8	14	10.8	10.8
P_3	3.4	2	14	10.6	16	12.6	6.3
P_4	3.8	1	16	12.2	17	13.2	13.2
P_5	4	5	17	13	22	18	3.6

平均等待时间 t=(0+9.8+10.6+12.2+13)/5=9.12

平均周转时间 T=(10+10.8+12.6+13.2+18)/5=12.92

平均带权周转时间 W=(1+10.8+6.3+13.2+3.6)/5=6.98

SJF：各进程的等待时间、周转时间、带权周转时间见表 2-3。

表 2-3 SJF 调度算法的性能

进程	到达时间	运行时间	开始时间	等待时间	完成时间	周转时间	带权周转时间
P_1	3	10	3	0	13	10	1
P_2	3.2	1	13	9.8	14	10.8	10.8
P_3	3.4	2	15	11.6	17	13.6	6.8
P_4	3.8	1	14	10.2	15	11.2	11.2
P_5	4	5	17	13	22	18	3.6

平均等待时间 t=(0+9.8+11.6+10.2+13)/5=8.92

平均周转时间 T=(10+10.8+13.6+11.2+18)/5=12.72

平均带权周转时间 W=(1+10.8+6.8+11.2+3.6)/5=6.68

非抢占式优先级：各进程的等待时间、周转时间、带权周转时间见表 2-4。

表 2-4 非抢占式优先级调度算法的性能

进程	到达时间	运行时间	开始时间	等待时间	完成时间	周转时间	带权周转时间
P_1	3	10	3	0	13	10	1
P_2	3.2	1	13	9.8	14	10.8	10.8
P_3	3.4	2	19	15.6	21	17.6	8.8
P_4	3.8	1	21	17.2	22	18.2	18.2
P_5	4	5	14	10	19	15	3

平均等待时间 t=(0+9.8+15.6+17.2+10)/5=10.52

平均周转时间 T=(10+10.8+17.6+18.2+15)/5=14.32

平均带权周转时间 W=(1+10.8+8.8+18.2+3)/5=8.36

2.3 同步与互斥

2.3.1 进程同步的基本概念

接下来进入到本章的关键部分——进程同步。在学习进程同步之前，先介绍一些关键的概念。

1．两种形式的制约关系

（1）间接相互制约关系（互斥）

若某一进程要求使用某种资源，而该资源正被另一进程使用，并且该资源不允许两个进程同时使用，那么该进程只好等待已占用资源的进程释放资源后再使用。这种制约关系的基本形式是“进程—资源—进程”。

这种制约关系源于多个同种进程需要互斥地共享某种系统资源（如打印机），互斥是设置在同种进程之间以达到互斥地访问资源的目的（如在生产者-消费者问题中，生产者与生产者之间需要互斥地访问缓冲池）。

（2）直接相互制约关系（同步）

某一进程若收不到另一进程给它提供的必要信息就不能继续运行下去，这种情况表明了两个进程之间在某些点上要交换信息，相互交流运行情况。这种制约关系的基本形式是“进程-进程”。

这种制约主要源于进程间的合作，同步设置在不同进程之间以达到多种进程间的同步（如在生产者-消费者问题中，生产者可以生产产品并放入缓冲池，消费者从缓冲池取走产品进行消费，若生产者没有生产产品，则消费者无法进行消费）。

★注：区分互斥与同步时只需记住，只要是同类进程即为互斥关系，不同类进程即为同步关系，例如，消费者与消费者就是互斥关系，消费者和生产者就是同步关系。

2．临界资源与临界区

进程在运行过程中，一般会与其他进程共享资源，而有些资源的使用具有排他性。把**同时仅允许一个进程使用的资源**称为临界资源。许多物理设备都属于临界资源，如打印机、绘图机等。

为了保证临界资源的正确使用，我们可以把临界资源的访问过程分成图2-8所示的4部分。这4部分都属于要访问临界资源的进程，是进程中的一部分代码。

图2-8 临界资源的访问过程

- 进入区。为了进入临界区使用临界资源，在进入区要检查是否可以进入临界区；如果可以进入临界区，通常设置相应的“正在访问临界区”标志，以阻止其他进程同时进入临界区。
- **临界区。进程中用于访问临界资源的代码，又称临界段。**
- 退出区。临界区后用于将“正在访问临界区”标志清除的部分。
- 剩余区。进程中除上述3部分以外的其他部分。

1）临界资源和临界区是两个比较容易混淆的概念，有人可能会理解为临界区就是临界资源所在地址，这样理解显然是错误的。简单来说，临界资源是一种系统资源，需要不同进程互斥访问，而临界区则是每个进程中访问临界资源的一段代码，是属于对应进程的，临界区

的前后需要设置进入区和退出区以进行检查和恢复。临界区和临界资源是不同的，临界资源是必须互斥访问的资源，这种资源同时只能被一个进程所使用，但需要这种资源的进程不止一个，因此需要对使用临界资源的进程进行管理，这也就产生了临界区的概念。

2）这里还要弄清楚一个概念：**每个进程的临界区代码可以不相同。**由于临界区代码要访问临界资源，因此要在进入临界区之前（也就是执行临界区代码之前）进行检查，**至于每个进程对临界资源进行怎样的操作，这和临界资源及互斥同步管理是无关的，**例如，磁带机是明显的临界资源，有两个进程都要对其进行操作，A 要写磁带前半部分，B 要读磁带后半部分，这两个进程对磁带操作的部分就是这两个进程各自的临界区，不能同时执行，内容也是不相同的，不可认为临界资源相同，访问这些资源的代码也是相同的。

3．互斥的概念与要求

根据互斥的定义，当一个进程进入临界区使用临界资源时，另一个进程必须等待，直到占用该临界资源的进程退出临界区后，才允许新的进程访问该临界资源。为了禁止两个进程同时进入临界区，软件算法或同步机构都应遵循以下准则：

- **空闲让进**。当没有进程处于临界区时，可以允许一个请求进入临界区的进程立即进入自己的临界区。
- **忙则等待**。当已有进程进入其临界区时，其他试图进入临界区的进程必须等待。
- **有限等待**。对要求访问临界资源的进程，应保证能在有限的时间内进入自己的临界区。
- **让权等待**。当一个进程因为某些原因不能进入自己的临界区时，应释放处理器给其他进程。

4．同步的概念与实现机制

一般来说，一个进程相对另一个进程的运行速度是不确定的。也就是说，进程之间是在异步环境下运行的。但是相互合作的进程需要在某些关键点上协调它们的工作。所谓进程同步，是指多个相互合作的进程在一些关键点上可能需要互相等待或互相交换信息，这种相互制约关系称为进程同步。可以用信号量实现同步（将在后面详细介绍）。

2.3.2 互斥实现方法

锁是由操作系统实现的一种线程间互斥的机制，可以保证持有锁的线程处于临界区中，但是锁不能保证同步，因此锁通常又称为互斥锁。

条件变量是与互斥锁相关联的一种用于线程之间关于共享数据状态改变的通信机制。它将解锁和挂起封装成为原子操作。线程等待一个条件变量时，会解开与该条件变量相关的锁，因此，使用条件变量等待的前提之一就是保证互斥量加锁。线程醒来之后，该互斥量会被自动加锁，所以在完成相关操作之后需要解锁。

条件变量之所以要和互斥锁一起使用，是因为互斥锁只有两种状态，即锁定与非锁定，而条件变量可以通过允许线程阻塞和等待另一个线程发送信号来弥补互斥锁的不足，所以互斥锁和条件变量通常一起使用。

总结来说，互斥锁用来规范线程对共享数据的竞争使用；条件变量用来对线程同步，即用来协调各个线程合作完成某个任务。

互斥既可以用软件方法来实现，也可以用硬件方法来实现。

1．软件方法

对临界区互斥访问技术的研究始于 20 世纪 60 年代，早期主要从软件方法上进行研究，下面介绍这些软件方法。它们有的是正确的，有的是不正确的。介绍这些方法是为了说明用软件方法解决互斥和同步问题的困难性和复杂性。例如，有两个进程 P_0 和 P_1，互斥地共享某个资源。P_0 和 P_1 是循环进程，它们执行一个无限循环程序，每次在一个有限的时间间隔使用资源。

★注：临界区互斥的软件实现方法在历年来各学校的操作系统考题中都出现过，通常作为选择题出现，用来考查同步机制的 4 个准则。统考以来，在 2010 年真题第 27 题以选择题的形式考查过，这里比较详细地介绍一下，旨在帮助考生熟悉和理解 4 个准则以及同步机制的实现过程。

算法 1：设置一个公用整型变量 turn，用来表示允许进入临界区的进程标识。若 turn 为 0，则允许进程 P_0 进入临界区；否则循环检查该变量，直到 turn 变为本进程标识；在退出区，修改允许进入进程的标识 turn 为 1。进程 P_1 的算法与此类似。两个进程的程序结构如下：

```
int turn=0;
P0:{
    Do{
        While(turn!=0);              //当 turn 不为 0 时循环检查，直到为 0（进入区）
        进程 P0 的临界区代码 CS0;       //临界区
        turn=1;                      //退出区
        进程 P0 的其他代码;
        }
        While(true)                  //循环执行这段代码
    }
P1:{
    Do{
        While(turn!=1);              //进入区
        进程 P1 的临界区代码 CS1;       //临界区
        turn=0;                      //退出区
        进程 P1 的其他代码;
        }
        While(true)
}
```

此方法可以保证互斥访问临界资源，但存在的问题是强制两个进程以交替次序进入临界区，很容易造成资源利用不充分。例如，当进程 P_0 退出临界区后将 turn 置为 1，以便允许进程 P_1 进入临界区，但如果进程 P_1 暂时并未要求访问该临界资源，而 P_0 又想再次访问临界资源，则它将无法进入临界区。可见，此算法不能保证实现“空闲让进”准则。

算法 2：设置标志数组 flag[]表示进程是否在临界区中执行，初值均为假。在每个进程访问该临界资源之前，先检查另一个进程是否在临界区中，若不在，则修改本进程的临界区标志为真并进入临界区，在退出区修改本进程临界区标志为假。两进程的程序结构如下：

```
enum boolean{ false, true} ;       //设置数组元素类型
boolean flag[ 2] ={ false, false} ; //设置标志数组
P0:{
    Do{
        While flag[ 1] ;           //flag[ 1] 为真表示 P1 在访问临界区，P0 等待（进入区）
```

```
        flag[0]=true;               //进入区
        进程 P0 的临界区代码 CS0;     //临界区
        flag[0]=false;              //退出区
        进程 P0 的其他代码;
      }
    While(true)
}
P1:{
    Do{
        While flag[0];              //flag[0] 为真表示 P0 在访问临界区，P1 等待（进入区）
        flag[1]=true;               //进入区
        进程 P1 的临界区代码 CS1;     //临界区
        flag[1]=false;              //退出区
        进程 P1 的其他代码;
      }
    While(true)
}
```

此算法解决了“空闲让进”的问题，但又出现了新问题，即当两个进程都未进入临界区时，它们各自的访问标志都为 false，若此时刚好两个进程同时都想进入临界区，并且都发现对方的标志值为 false（当两进程交替执行了检查语句后，都满足 flag[]=false 的条件），于是两个进程同时进入了各自的临界区，这就违背了临界区的访问规则“忙则等待”。

算法 3： 本算法仍然设置标志数组 flag[]，但标志用来表示进程是否希望进入临界区，每个进程在访问临界资源之前，先将自己的标志设置为真，表示希望进入临界区，然后检查另一个进程的标志。若另一个进程的标志为真，则进程等待；反之，则进入临界区。两进程的程序结构如下：

```
enum boolean{false, true};
boolean flag[2]={false, false};
P0:{
    Do{
        flag[0]=true;             //进入区
        While flag[1];            //flag[1] 为真表示 P1 希望访问临界区，P0 等待（进入区）
        进程 P0 的临界区代码 CS0;  //临界区
        flag[0]=false;            //退出区
        进程 P0 的其他代码;
      }
    While(true)
}
P1:{
    Do{
        flag[1]=true;             //进入区
```

```
        While flag[ 0] ;          //flag[ 0] 为真表示 P0 希望访问临界区，P1 等待（进入区）
        进程 P1 的临界区代码 CS1;  //临界区
        flag[ 1] =false;          //退出区
        进程 P1 的其他代码;
      }
    While(true)
}
```

此算法可以有效防止两进程同时进入临界区，但存在两个进程都进不了临界区的问题，即当两个进程同时想进入临界区时，它们分别将自己的标志位设置为 true，并且同时去检查对方的状态，发现对方也要进入临界区，于是都阻塞自己，结果导致两者都无法进入临界区，造成“死等”现象，这就违背了“有限等待”准则。

算法 4：本算法的思想是算法 3 和算法 1 的结合。标志数组 flag[]表示进程是否希望进入临界区或是否在临界区中执行。此外，还设置了一个 turn 变量，用于表示允许进入临界区的进程标识。两进程的程序结构如下：

```
enum boolean{ false, true} ;
boolean flag[ 2] ={ false, false} ;
int turn;
P0:{
    Do{
        flag[ 0] =true;      //进入区
        turn=1;              //此时 P0 未进入临界区，仍然允许 P1 进入临界区（进入区）
        While (flag[ 1]  && turn==1);  //进入区
                                       //flag[ 1] 为真表示 P1 希望访问临界区，turn 为 1
                                       //表示 P1 可以进入临界区，因此 P0 等待
        进程 P0 的临界区代码 CS0;        //临界区
        flag[ 0] =false;               //表示 P0 退出访问临界区（退出区）
        进程 P0 的其他代码;
      }
    While(true)
      }
P1:{
    Do{
        flag[ 1] =true;      //进入区
        turn=0;              //此时 P1 未进入临界区，仍然允许 P0 进入临界区（进入区）
        While (flag[ 0]  && turn==0);  //进入区
                                       //flag[ 0] 为真表示 P0 希望访问临界区，turn 为 0
                                       //表示 P0 可以进入临界区，因此 P1 等待
        进程 P1 的临界区代码 CS1;        //临界区
        flag[ 1] =false;               //表示 P1 退出访问临界区（退出区）
        进程 P1 的其他代码;
```

```
    }
  While(true)
  }
```

至此，算法 4 可以完全正常工作，利用 flag[]解决临界资源的互斥访问，而利用 turn 解决“饥饿”现象。

★注：上述内容中，前 3 个算法分别违背了 4 个准则中的“空闲让进”“忙则等待”和“有限等待”准则，对于让权等待则没有具体涉及。下面简单介绍一种违背“让权等待”准则的情况——“忙等”。所谓“忙等”，是指“不让权”的等待，也就是说，进程因为某事件的发生而无法继续执行时，仍然不释放处理器，并通过不断执行循环检测指令来等待该事件的完成，以便能够继续执行。“忙等”的主要缺点是浪费 CPU 的时间，另外还可能引起预测不到的后果，例如，某个采取高优先权调度且不剥夺的系统，目前两个进程共享某个临界资源，进程 A 的优先级高，进程 B 的优先级低，此时 B 正在访问临界资源（即处于临界区内），而 A 也要进入自己的临界区，由于 A 的优先级较高，B 所等待的事件可能会因 A 的存在而迟迟得不到处理，而 B 又一直占用处理器，因此两进程都无法向前推进，导致“忙等”。

从上面的软件实现方法可以看出，对于两个进程间的互斥，最主要的问题就是标志的检查和修改不能作为一个整体来执行，因此容易导致无法保证互斥访问的问题。

2．硬件方法

★注：硬件方法在考题中基本不出现，考生简单了解即可。

完全利用软件方法实现进程互斥有很大的局限性，现在已经很少单独采用软件方法。硬件方法的主要思想是用一条指令完成标志的检查和修改这两个操作，因而保证了检查操作与修改操作不被打断；或通过中断屏蔽的方式来保证检查和修改作为一个整体执行。

硬件方法主要有两种：一种是中断屏蔽；另一种是硬件指令。在计算机组成原理中会详细讲解中断与指令，操作系统中涉及较少，因此不展开叙述。

与前面的软件实现方法相比，由于硬件方法采用的处理器指令能够很好地把检查和修改操作结合成一个不可分割的整体，因此具有明显的优点。具体而言，硬件方法的优点体现在以下几个方面：

- 适用范围广。硬件方法适用于任何数目的进程，在单处理器和多处理器环境中完全相同。
- 简单。硬件方法的标志设置简单，含义明确，容易验证其正确性。
- 支持多个临界区。当一个进程内有多个临界区时，只需为每个临界区设立一个布尔变量。

硬件方法有诸多优点，但也有一些自身无法克服的缺点。这些缺点主要包括进程在等待进入临界区时要耗费处理器时间，不能实现“让权等待”（需要软件配合进行判断）；进入临界区的进程的选择算法用硬件实现有一些缺陷，可能会使一些进程一直选不上，从而导致“饥饿”现象。

2.3.3 信号量

虽然前面讲解的软件及硬件方法都可以解决互斥问题，但它们都存在缺点。软件方法的算法太复杂，效率不高、不直观，而且存在“忙等”现象（在进入区时会持续检测标志变量）。就硬件方法而言，对于用户进程，中断屏蔽方法不是一种合适的互斥机制；硬件指令方法有不能实现“让权等待”等缺点。

荷兰著名的计算机科学家 Dijkstra 于 1965 年提出了一个同步机构，称为信号量，其基本思想是在多个相互合作的进程之间使用简单的信号来同步。

1. 信号量及同步原语

信号量是一个确定的二元组（s, q），其中 s 是一个具有**非负初值**的整型变量，q 是一个初始状态为空的队列。整型变量 s 表示系统中某类资源的数目，当其值大于 0 时，表示系统中当前可用资源的数目；当其值小于 0 时，其绝对值表示系统中因请求该类资源而被阻塞的进程数目。除信号量的初值外，信号量的值仅能由 P 操作（又称为 wait 操作）和 V 操作（又称为 signal 操作）改变。操作系统利用它的状态对进程和资源进行管理。

一个信号量的建立必须经过说明，即应该准确说明 s 的意义和初值（**★注：**这个初值不是一个负值）。每个信号量都有相应的一个队列，在建立信号量时队列为空。

设 s 为一个信号量，P(s)执行时主要完成以下动作：先执行 s=s-1；若 s≥0，则该进程继续运行；若 s<0，则阻塞该进程，并将它插入该信号量的等待队列中。

V(s)执行时主要完成下述动作：先执行 s=s+1；若 s>0，则该进程继续执行；若 s≤0，则从该信号量等待队列中移出第一个进程，使其变为就绪状态并插入就绪队列，然后再返回原进程继续执行。

两个原语所执行的操作可用下面的函数描述（**★注：**此处以记录型信号量为例进行介绍，下面会说明信号量的分类）：

```
struct semaphore {              //信号量由二元组构成，整型变量和等待队列
    int count;
    queueType queue;
}
wait (semaphore s)              //P 操作
{
    s.count --;
    if(s.count<0)
    {
        阻塞该进程;
        将该进程插入等待队列 s.queue;
    }
}
signal (semaphore s)            //V 操作
{
    s.count ++;
    if(s.count<=0)
    {
        从等待队列 s.queue 取出第一个进程 P;
        将 P 插入就绪队列;
    }
}
```

★注：P、V 操作均为不可分割的原子操作，这保证了对信号量进行操作的过程不会被打断或阻塞。P 操作相当于申请资源，V 操作相当于释放资源。P 操作和 V 操作在系统中一定是成对出现的，但未必在一个进程中，可以分布在不同进程中。

2．信号量的分类

（1）整型信号量

整型信号量是一个整型量 s，除初始化外，仅能通过标准的原子操作 P 和 V 来访问。整型信号量引入了 P、V 操作，但是在进行 P 操作时，若无可用资源，则进程持续对该信号量进行测试，存在“忙等”现象，未遵循“让权等待”准则。

（2）记录型信号量（资源信号量）

为了解决整型信号量存在的“忙等”问题，添加了链表结构，用于链接所有等待该资源的进程，记录型信号量正是因采用了记录型的数据结构而得名。

当进程对信号量进行 P 操作时，若此时无剩余资源可用，则进程自我阻塞，放弃处理器，并插入到等待链表中。可见，该机制遵循“让权等待”准则。当进程对信号量进行 V 操作时，若链表中仍有等待该资源的进程，则唤醒链表中的第一个等待进程。

如果信号量初值为 1，表示该资源为同时只允许一个进程访问的临界资源。

近年来，由于 AND 型信号量与信号量集在考试中从未涉及，而且这两项的内容是对前面两种信号量的扩充，因此可以略过，不必在此浪费时间。

3．信号量的应用

信号量可以用来实现进程互斥和描述前趋关系，前趋关系不是考查重点，考生稍作了解即可。这里只介绍实现进程同步与互斥的简单例子。

（1）实现进程同步

假设存在并发进程 P_1 和 P_2。P_1 中有一条语句 S_1，P_2 中有一条语句 S_2，要求 S_1 必须在 S_2 之前执行。这种同步问题使用信号量就能得到很好的解决。

```
semaphore N=0;          //设置信号量并设置初值为 0
P1()
{
    …
    S1;
    V(N);
    …
}
P2()
{
    …
    P(N);
    S2;
    …
}
```

（2）实现进程互斥

假设有进程 P_1 和 P_2，两者有各自的临界区，但系统要求同时只能有一个进程进入自己的临界区。这里使用信号量可以很方便地解决临界区的互斥进入。设置信号量N，初值为1（即可用资源数为1），只需要将临界区放在P(N)和V(N)之间即可实现两进程的互斥进入。

```
semaphore N=1;
P1()
{
    …
    P(N);
    P1的临界区代码;
    V(N);
    …
}
P2()
{
    …
    P(N);
    P2的临界区代码;
    V(N);
    …
}
```

若有两个或者多个进程需要互斥访问某资源，可以设置一个初值为1的信号量，在这些进程的访问资源的代码前后分别对该信号量进行P操作和V操作，即可保证进程对该资源的互斥访问。

2.3.4 经典同步问题

进程同步问题历来是操作系统考核的重点，基本以3种经典同步问题及其衍生问题为主要考查内容。下面将详细介绍这3种经典同步问题，并在后面的练习中提及一些衍生问题。另外，理发师问题近年来涉及得越来越多，因此也将在这部分进行具体讲解。

1．生产者-消费者问题

生产者-消费者问题是著名的进程同步问题。它描述的是一组生产者向一组消费者提供产品，他们共享一个有界缓冲区，生产者向其中投入产品，消费者从中取走产品。这个问题是许多相互合作进程的一种抽象。例如，在输入时，输入进程是生产者，计算进程是消费者；在输出时，计算进程是生产者，打印进程是消费者。

为解决这一问题，应当设置两个同步信号量：一个说明空缓冲区数目，用empty表示，初值为有界缓冲区大小n；另一个说明满缓冲区数目（即产品数目），用full表示，初值为0。此外，还需要设置一个互斥信号量mutex，初值为1，以保证多个生产者或者多个消费者互斥地访问缓冲池。

生产者-消费者问题的同步程序结构描述如下：

```
Semaphore full=0;                          //满缓冲区数目
Semaphore empty=n;                         //空缓冲区数目
Semaphore mutex=1;                         //对有界缓冲区进行操作的互斥信号量
```

```
Producer()
{
    while(true)
    {
        Produce an item put in nextp;     //nextp 为临时缓冲区
        P(empty);                         //申请一个空缓冲区
        P(mutex);                         //申请使用缓冲池
        将产品放入缓冲池;
        V(mutex);                         //缓冲池使用完毕，释放互斥信号量
        V(full);                          //增加一个满缓冲区
    }
}
Consumer()
{
    while(true)
    {
        P(full);                          //申请一个满缓冲区
        P(mutex);                         //申请使用缓冲池
        取出产品;
        V(mutex);                         //缓冲池使用完毕，释放互斥信号量
        V(empty);                         //增加一个空缓冲区
        Consumer the item in nextc;       //消费掉产品
    }
}
```

★特别注意如下内容：

- **P(full)/P(empty)与 P(mutex)的顺序不可颠倒，必须先对资源信号量进行 P 操作，再对互斥信号量进行 P 操作，否则会导致死锁。**例如，此时缓冲区已满，而生产者先 P（mutex），取得缓冲池访问权，再 P（empty），此时由于缓冲池已满，empty=0，导致 P（empty）失败，生产者进程无法继续推进，始终掌握缓冲池访问权而无法释放，因而消费者进程无法取出产品，导致死锁。而 V(full)/V(empty)与 V(mutex)的顺序则没有要求，其顺序可以颠倒。这个问题可以延伸到几乎所有关于 P、V 操作的习题中，在有多个信号量同时存在的情况下，P 操作往往是不能颠倒顺序的，必须先对资源信号量进行 P 操作，再对互斥信号量进行 P 操作，这样可以在占有信号量访问权时保证有资源可以使用，否则会产生占用使用权而无资源可用的“死等”现象。
- **关于 mutex 互斥信号量的设置是否必要的问题。**在生产者和消费者都唯一的问题中，生产者与消费者是同步关系，生产者与消费者之间使用 empty 与 full 两个资源信号量进行同步，一定满足“放完才能取”的条件，因此此时互斥信号量 mutex 可以去掉。但在多生产者和多消费者的情况下，需要保证多个生产者或者多个消费者互斥地访问缓冲池，否则会导致出错。例如，两个生产者执行了 P（empty）操作，此时第一个生产者执行 buffer(in)=nextp，这时第二个生产者也执行这条语句，由于第一个生产者没有来得及执行 in=(in+1)% n，即没有使指针后移，导致第二个生产者的数据覆盖掉第一个生产者的数据，而不是放在第一个数据的下一个缓冲区，接下来两个进程分别执行一次后移指针操作，这样就导致了有一个空缓冲区（本来应当放置第二个数据的缓冲区）被当作已有数据缓冲区对待，从而出错。因此，在多生产者或多消费者的情况下，必须设置 mutex 互斥信号量，以保证对缓冲池的互斥访问。

这里可记住一点：只要有多个同类进程（同类进程是指使用同一个记录型信号量的进程，如若干消费者进程都在使用 empty 信号量），就一定需要互斥信号量；若同类进程只有一个，则记录型信号量即可完成进程同步。换句话说，互斥信号量是给同类进程准备的。

2．读者-写者问题

在读者-写者问题中，有一个许多进程共享的数据区，这个数据区可以是一个文件或者主存的一块空间，有一些只读取这个数据区的进程（读者）和一些只往数据区写数据的进程（写者）。此外还需要满足以下条件：

- 任意多个读者可以同时读这个文件。
- 一次只能有一个写者可以往文件中写（写者必须互斥）。
- 如果一个写者正在进行操作，禁止任何读进程读文件和其他任何写进程写文件。

需要分多种情况来实现该问题：读者优先、公平情况和写者优先。

（1）读者优先算法

一个读者试图进行读操作时，如果这时正有其他读者在进行读操作，他可以直接开始读操作，而不需要等待。由于只要有读者在进行读操作，写者就不能够写，但后续读者可以直接进行读操作，因此只要读者陆续到来，读者一到就能够开始读操作，而写者进程只能等待所有读者都退出才能够进行写操作，这就是读者优先。

要解决此问题，需要设置如下几个信号量：设置记录读者数量的整型变量 readcount，初值为 0，当其值大于 0 时，表明有读者存在，写者不能进行写操作；设置互斥信号量 rmutex，初值为 1，用于保证多个读者进程对于 readcount 的互斥访问；设置互斥信号量 mutex，初值为 1，用于控制写者进程对于数据区的互斥访问。算法如下：

```
semaphore rmutex=1;          //初始化信号量 rmutex，保证对于 readcount 的互斥访问
semaphore mutex=1;           //初始化信号量 mutex，保证对于数据区的写互斥
int readcount=0;             //用于记录读者数量，初值为 0
reader()
{
    while(true)              //循环执行这段代码
    {
        P(rmutex);           //申请 readcount 的使用权
        if(readcount==0)      //如果此为第一个读者，要阻止写者进入
            P(mutex);
        readcount++;         //读者数量加 1
        V(rmutex);           //释放 readcount 的使用权，允许其他读者使用
        进行读操作;
        P(rmutex);           //申请 readcount 的使用权，要对其进行操作
        readcount--;         //读者数量减 1
        if(readcount==0)
```

```
            V(mutex);           //若没读者了，则允许写者进入
        V(rmutex);              //释放 readcount 的使用权，允许其他读者使用
    }
}
writer()
{
    while(true)                 //循环执行这段代码
    {
        P(mutex);               //申请对数据区进行访问
        进行写操作;
        V(mutex);               //释放数据区，允许其他进程读写
    }
}
```

（2）公平情况算法（按照到达顺序进行操作）

进程的执行顺序完全按照到达顺序，即一个读者试图进行读操作时，如果有写者正等待进行写操作或正在进行写操作，后续读者要等待先到达的写者完成写操作后才能开始读操作。

要解决此问题，与读者优先算法相比，需要增设一个信号量 wmutex，其初值为 1，用于表示是否存在正在写或者等待的写者，若存在，则禁止新读者进入。算法如下：

```
semaphore mutex=1;              //初始化 mutex，用于控制互斥访问数据区
semaphore rmutex=1;             //初始化 rmutex，用于读者互斥访问 readcount
semaphore wmutex=1;             //初始化 wmutex，用于存在写者时禁止新读者进入
int readcount=0;                //用于记录读者数量，初值为 0
reader()
{
    while(true)
    {
        P(wmutex);              //检测是否有写者存在，无写者时进入
        P(rmutex);              //申请使用 readcount
        if(readcount==0)        //如果此为第一个读者，要阻止写者进入
            P(mutex);
        readcount++;            //读者数量加 1
        V(rmutex);              //释放 readcount 的使用权，允许其他读者使用
        V(wmutex);              //恢复 wmutex
        进行读操作;
        P(rmutex);              //申请 readcount 的使用权，要对其进行操作
        readcount--;            //读者数量减 1
        if(readcount==0)
            V(mutex);           //如果没读者了，释放数据区，允许写者进入
        V(rmutex);              //释放 readcount 的使用权，允许其他读者使用
    }
```

```
    }
    writer()
    {
        while(true)
        {
            P(wmutex);              //检测是否有其他写者存在，无写者时进入
            P(mutex);               //申请对数据区进行访问
            进行写操作;
            V(mutex);               //释放数据区，允许其他进程读写
            V(wmutex);              //恢复 wmutex
        }
    }
```

★**注**：在本算法中，由于存在互斥信号量 wmutex，因此当第一个写者到来时，就会占用该信号量，从而阻止了后续其他读者的进入请求，只有当之前申请写操作的写者进入数据区完成写操作之后，才会释放 wmutex 信号量，后续读者才能够进入（实际上在这个算法中，将读写两种进程放在平等的地位，完全按照进程到达的顺序来执行。设置 wmutex 信号量的目的在于控制进程按照顺序来进行操作，避免读进程的优先）。

（3）写者优先算法

有的书把公平情况算法也叫作写者优先，但并不是真正意义上的写者优先，只是按照到达顺序进行读写操作而已。若要实现真正的写者优先（即当写者和读者同时等待时，后续写者到达时可以插队到等待的读者之前，只要等待队列中有写者，不管何时到达，都优先于读者被唤醒），则需要增设额外的信号量进行控制。

为了达到这一目的，需要增设额外的一个信号量 readable，用于控制写者到达时可以优先于读者进入临界区，当有写者到达时，只需要等待前面的写者写完就可以直接进入临界区，而不论读者是在该写者之前还是之后到达。另外，需要增设一个整数 writecount 用于统计写者的数量。与之前的算法相比，wmutex 的作用有所变化，现在是用于控制写者互斥访问 writecount。算法如下：

```
semaphore mutex=1;                  //初始化 mutex，用于控制互斥访问数据区
semaphore rmutex=1;                 //初始化 rmutex，用于读者互斥访问 readcount
semaphore wmutex=1;                 //初始化 wmutex，用于写者互斥访问 writecount
semaphore readable=1;               //初始化 readable，用于表示当前是否有写者
int readcount=0，writecount=0;      //用于记录读者和写者数量，初值均为 0
reader()
{
    P(readable);                    //检查是否存在写者，若没有，则占用，进行后续操作
    P(rmutex);                      //占用 rmutex，准备修改 readcount
    if (readcount==0)  P(mutex);    //若是第一个读者，则占用数据区
    readcount++;                    //读者数量加 1
    V(rmutex);                      //释放 rmutex，允许其他读者访问 readcount
    V(readable);                    //释放 readable，允许其他读者或写者占用
```

```
    读操作;
    P(rmutex);                          //占用 rmutex，准备修改 readcount
    readcount--;                        //读者数量减 1
    if (readcount==0)  V(mutex); //若为最后一个读者，则释放数据区
    V(rmutex);                          //释放 rmutex，允许其他读者访问 readcount
}
writer()
{
    P(wmutex);                          //占用 wmutex，准备修改 writecount
    if (writecount==0) P(readable);//若为第一个写者，则阻止后续读者进入
    writecount++;                       //写者数量加 1
    V(wmutex);                          //释放 wmutex，允许其他写者修改 writecount
    P(mutex);                           //等当前正在操作的读者或写者完成后，占用数据区
    写操作;
    V(mutex);                           //写完，释放数据区
    P(wmutex);                          //占用 wmutex，准备修改 writecount
    writecount--;                       //写者数量减 1
    if (writecount==0) V(readable);//若为最后一个写者，则允许读者进入
    V(wmutex);                          //释放 wmutex，允许其他写者修改 writecount
}
```

本方法增设了 readable 信号量，用于实现写者插队的目的。当第一个写者到达时，申请占用 readable 信号量，占用成功之后就一直占用，后续到达的读者进程会因申请不到 readable 信号量而阻塞，而后续写者到达时，由于不需要申请 readable 信号量，因此排在了这个写者的后面，从而达到插队的目的。直到所有写者都已经写完，最后一个写者释放了 readable 信号量之后，读者才能够继续执行读操作。当有新的写者到达时，继续占用 readable 信号量，阻止后续的读者进行读操作，重复进行此过程。此算法真正实现了写者优先，新写者也可以优先于先到的等待读者占用数据区进行操作。

3. 哲学家进餐问题

5 个哲学家围绕一张圆桌而坐，桌子上放着 5 根筷子，每两个哲学家之间放一根；哲学家的动作包括思考和进餐，进餐时需要同时拿起他左边和右边的两根筷子，思考时则同时将两根筷子放回原处。哲学家进餐问题可以看作并发进程执行时处理临界资源的一个典型问题。

筷子是临界资源，不能同时被两个哲学家一起用，因此使用一个信号量数组来表示筷子（**哲学家按照编号逆时针围桌而坐，0 号哲学家左手筷子为 0 号筷子，右手筷子为 1 号筷子，依次类推**）。

```
semaphore Fork[5]={1,1,1,1,1}; //5 根筷子信号量初值都为 1
philosopher(int i)  //i=1,2,3,4,5
{
    while(true)
    {
```

```
        思考;
        想吃饭;
        P(Fork[ i % 5]);              //拿起左边筷子
        P(Fork[ (i + 1) % 5]);        //拿起右边筷子
        进餐;
        V(Fork[ i % 5]);              //放下左边筷子
        V(Fork[ (i + 1) % 5]);        //放下右边筷子
    }
}
```

这种解法存在问题，会导致死锁（假如 5 个哲学家同时饥饿而各自拿左边的筷子时，会导致 5 根筷子均被占用，当他们试图拿右边的筷子时，都将因没有筷子而“无限等待”)。对于这种死锁问题，可以采用如下几种解决方法：①最多只允许 4 个哲学家同时进餐。②仅当一个哲学家左右两边的筷子同时可用时，他才可以拿起筷子。③将哲学家编号，要求奇数号的哲学家先拿左边筷子，偶数号的哲学家先拿右边筷子。现给出最后一种方法的解法：规定奇数号的哲学家先拿左边筷子，然后拿右边筷子；偶数号的哲学家则相反。算法如下：

```
semaphore Fork[ 5] ={ 1,1,1,1,1} ;
philosopher(int i)  //i=1,2,3,4,5
{
    while(true)
    {
        思考;
        想吃饭;
        If(i % 2 !=0)                 //判断是否为奇数号哲学家
        {                             //若为奇数号哲学家，则先拿左边筷子
            P(Fork[ i]);
            P(Fork[ (i + 1) % 5]);
            进餐;
            V(Fork[ i]);
            V(Fork[ (i + 1) % 5]);
        }
        else                          //若为偶数号哲学家，则先拿右边筷子
        {
            P(Fork[ (i + 1) % 5]);
            P(Fork[ i]);
            进餐;
            V(Fork[ (i + 1) % 5]);
            V(Fork[ i]);
        }
    }
}
```

4．理发师问题

理发店有一位理发师、一把理发椅和若干供顾客等候用的凳子（这里假设有 n 个凳子）。若没有顾客，则理发师在理发椅上睡觉，当一个顾客到来时，他必须先叫醒理发师。若理发师正在给顾客理发，如果有空凳子，该顾客等待；如果没有空凳子，顾客就离开。要为理发师和顾客各设计一段程序来描述其活动。

对本题有两种思路：一种是将理发椅与等待用的凳子分别看作两种不同的资源；另一种是将理发椅和凳子看成统一的一种椅子资源。第一种思路所用代码写起来有些复杂，但是容易想到；第二种思路代码量较少，但不容易想明白。下面分别对这两种思路进行介绍。

（1）第一种思路

初步整理出理发师与顾客的工作流程（见图 2-9）。第一步需要考虑等待的顾客数（坐在凳子上的顾客数），设置一个整型变量 waiting（初值为 0），当一个顾客到达时，waiting 增加 1，当一个顾客理发结束后，waiting 减 1；第二步考虑对 waiting 的互斥操作，设置一个信号量 mutex（初值为 1）；第三步需要考虑空凳子数量，每个空凳子都是一个临界资源，设置一个信号量 wchair（初值为 n）；第四步考虑是否有顾客坐在理发椅上，理发椅是一个临界资源，设置一个信号量 bchair（初值为 1）；第五步考虑顾客和理发师的同步操作，设置 ready 和 finish 两个信号量（初值均为 0），前者表示顾客是否准备好，后者表示理发师是否完成理发。

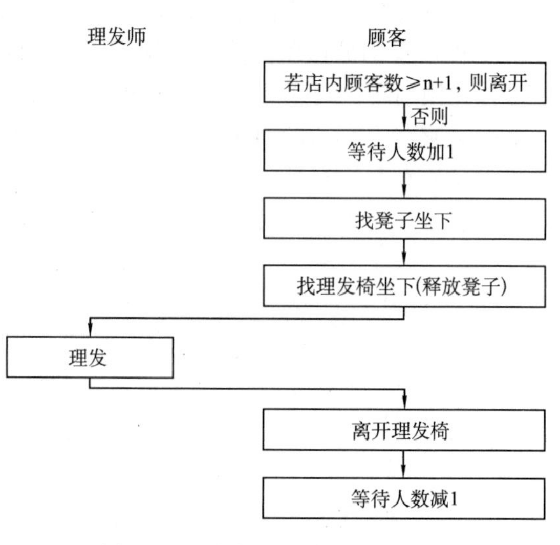

图 2-9　理发师与顾客的工作流程

理发师问题的算法描述如下：

```
int waiting=0;                      //顾客数量，包括正在理发的，最大为n+1
semaphore mutex=1;                  //用于互斥操作 waiting
semaphore bchair=1;                 //代表理发椅的信号量
semaphore wchair=n;                 //代表凳子的信号量
semaphore ready=finish=0;           //用于同步理发师与顾客的信号量
barber()                            //理发师进程
{
    while(true)
    {
        P(ready);                   //有顾客坐在理发椅上准备好了
        理发;
        V(finish);                  //理发完毕，提醒顾客离开
    }
}
customer()                          //顾客进程
```

```
{
    P(mutex);                          //申请使用 waiting 变量
    if(waiting <=n)                    //如果还有空位置（包括理发椅和凳子），就留下
    {
        waiting++;                     //顾客人数加 1
        V(mutex);                      //允许其他顾客使用 waiting 变量
    }
    else                               //如果没有空位置了
    {
        V(mutex);                      //允许其他顾客使用 waiting 变量
        离开;                          //顾客离开，顾客进程结束，不再继续执行
    }
    P(wchair);                         //先找一个空凳子坐下
    P(bchair);                         //再等待理发椅空闲后坐上理发椅
    V(wchair);                         //释放刚才坐的凳子
    V(ready);                          //告诉理发师自己准备好了
    P(finish);                         //等待理发完成
    V(bchair);                         //释放理发椅
    P(mutex);                          //申请使用 waiting 变量
    waiting--;                         //顾客人数减 1
    V(mutex);                          //允许其他顾客使用 waiting 变量
}
```

这种解法将顾客人数、凳子、理发椅看作 3 种不同的量，分别考虑。对于考生来说，这种思路最自然，通过梳理顾客与理发师所做操作的流程，比较容易得出顾客与理发师之间的同步关系。在顾客进程中，考虑的变量比较多，因为和顾客有关的量为顾客人数、凳子和理发椅，所以要考虑清楚顾客对于这 3 个量的影响，何时增减，如有时会因忽略顾客坐上理发椅后要释放凳子（V(wchair)）这一步骤而导致错误。这类错误可以通过检查信号量的 P、V 操作是否成对的方法来避免。

（2）第二种思路

第二种思路与第一种思路的区别在于将理发椅、凳子、顾客数量统一为一个变量。因为顾客来了自然优先占用理发椅，其次是凳子，再次就是离开，所以可以将顾客数量上限设置为理发椅与凳子的和（即 n+1），当顾客数量达到此值后，再到达的顾客就离开了。而理发师的工作也很简单，只要有顾客，就一直理发，顾客会自动从凳子上离开坐到理发椅上，若将凳子与理发椅统一，则可以看作理发师不停地为每个座位上的顾客理发，而顾客只要坐下之后就不再移动。由此思路，只需要设置一个表示座位的整型变量 chairs，初值为 n+1，用来判断顾客是否要离开；设置一个用于互斥访问 chairs 的互斥信号量 mutex，初值为 1；设置用于记录顾客数量的信号量 ready，初值为 0，表示当前要等待理发的顾客数量（包括正在理发的顾客），其作用类似于第一种思路中的 ready 信号量；设置用于理发师通知顾客自己有空的信号量 finish，初值为 1，表示理发师初始状态为空闲。算法如下：

```
int chairs=n + 1;                      //为顾客准备的凳子和理发椅的数量
```

```
semaphore ready=0;                 //表示等待理发的顾客数量，初值为 0
semaphore finish=1;                //理发师初始状态为空闲
semaphore mutex=1;                 //互斥信号量
barber()
{
    while(true)
    {                              //理完一人，查看是否还有顾客
        P(ready);                  //看看有没有顾客，如果没有就阻塞
        理发;
        P(mutex);                  //理发结束，对 chairs 进行操作
        chairs++;                  //顾客走掉，座位空余出一个
        V(mutex);                  //允许其他进程访问 chairs
        V(finish);                 //理发师空闲，可以为下一个顾客理发
    }
}
customer()
{
    P(mutex);                      //申请使用 chairs 变量
    if (chairs > 0)                //如果当前有空余座位
    {
        chairs--;                  //占用一个位置
        V(mutex);                  //允许其他进程访问 chairs
        V(ready);                  //等待理发，唤醒理发师
        P(finish);                 //当理发师空闲时开始理发
    }
    else                           //没有空余座位，准备离开
        V(mutex);                  //释放 mutex，允许其他进程访问 chairs
}
```

📖 补充知识点：信号量机制问题的解题步骤分析。

解析：与本节知识点讲解的思路一致，可以按照以下 3 个步骤分析信号量机制问题。

1）关系分析。首先应该确定问题中存在哪些同步关系。只要存在一对同步关系，往往就需要一种资源信号量，资源信号量的初值应设置为题目中的对应资源数量。题目中的每一句话一般都暗示一种同步关系或暗示一类资源，考生亦可按照共享资源的种类进行同步关系的分析。同步关系不仅可能存在于两种角色之间（如生产者和消费者），也可能存在于同一角色之间（如生产者与生产者，这里仅做可能性举例，实际上生产者之间无同步关系）。

2）确定临界资源。访问临界资源的代码称为临界区，由于临界资源每次只允许一个进程访问，因此访问临界资源时需要用到互斥信号量，互斥信号量的初值为 1，一般使用 mutex 作为互斥信号量的名称。临界区的通用写法为：

```
P(mutex)
访问临界资源
V(mutex)
```

需要注意的是，如果访问临界资源时，还有其他同步关系或互斥关系的限制(加锁)，与此限制有关的资源信号量的 P、V 操作一般写在上述通用临界区代码之外。假设其资源信号量为 N，则临界区的变形写法为：

```
P(N)(可有可无，根据问题中的同步互斥关系决定)
P(mutex)
访问临界资源
V(mutex)
V(N)(可有可无，根据问题中的同步互斥关系决定)
```

3）整理思路。确定问题中不同角色进程的具体代码及其所用到的信号量，完成信号量机制问题的解答。在进行作答时，可以将 P 操作（wait 操作）看作是将此类资源数量减 1，将 V 操作（signal 操作）看作是将此类资源数量加 1。

★注 1：利用信号量和 P、V 操作实现进程同步互斥时应当注意以下几点。

① 实现同步互斥的 P、V 操作必须成对出现，先进行 P 操作进入临界区，后进行 V 操作退出临界区。对于同步关系的多个进程，要检查每个信号量 P、V 操作的成对性。

② P、V 操作要分别紧靠临界区的头尾部，临界区的代码要尽量短，不能有死循环。

③ 通常用于互斥的信号量初值设为 1，表示同时只能有 1 个进程访问。

★注 2：可能会有考生在解决同步互斥问题时，对该不该添加循环语句和如何表达并发进程有一些疑问。

首先是关于循环语句的问题，是否要添加循环语句要根据实际进程类型来判断。例如，在生产者-消费者问题中，由于生产者和消费者是在不断生产和消费的，因此生产和消费的代码就要循环执行，这时就要在这种代码中加入循环语句（通常用 while 语句）来保证代码的不断执行。如果题目要求在某些条件下停止执行，只要在循环内的合适位置加入 break 语句就可以了。有些题目的进程是不需要循环执行的，如理发师问题中的顾客进程，一个顾客通常是理发结束之后就离开，即顾客进程只要执行完一次之后就结束，类似这种进程的代码就只需执行一次，因此不需要添加循环语句（顾客不可能一直要理发，这不符合常理）。

其次是进程推进方式的表示，在题目中有些进程是要并发执行的，有些则是有前趋关系的。具有前趋关系的进程易于表达，用信号量就可以处理，在前趋进程加入释放信号量语句，在后继进程添加请求该信号量的语句即可。当进程间关系为并发时，用 cobegin 与 coend 即可表示进程的并发执行，前面的若干同步互斥问题均采用了这种方法。

2.3.5 管程

用信号量机制可以实现进程间的同步和互斥，但由于信号量的控制分布在整个程序中，其正确性分析很困难，使用不当还可能导致进程死锁。针对信号量机制中存在的这些问题，Dijkstra 于 1971 年提出为每个共享资源设立一个“秘书”来管理对它的访问。一切来访者都要通过“秘书”，而“秘书”每次仅允许一个来访者（进程）访问共享资源。这样既便于系统

管理共享资源，又能保证互斥访问和进程间的同步。1973 年，Hanson 和 Hoare 又把“秘书”概念发展为管程概念。

管程定义了一个数据结构和能为并发进程所执行的一组操作，这组操作能同步进程和改变管程中的数据。由管程的定义可知，管程由局部于管程的共享数据结构说明、操作这些数据结构的一组过程以及对局部于管程的数据结构设置初值的语句组成（★**注**：此处的“局部于”的含义为这些数据结构仅定义在管程内部，其作用范围仅在管程范围内）。管程把分散在各个进程中互斥访问公共变量的临界区集中起来，提供对它们的保护。

管程有以下基本特征：

- 局部于管程的数据只能被局部于管程内的过程所访问。
- 一个进程只有通过调用管程内的过程才能进入管程访问共享数据。
- 每次仅允许一个进程在管程内执行某个内部过程，即进程互斥地通过调用内部过程进入管程。其他想进入管程的过程必须等待，并阻塞在等待队列。

由于管程是一个语言成分，因此管程的互斥访问完全由编译程序在编译时自动添加，而且保证正确。

为实现进程间的同步，管程还必须包含若干用于同步的设施。例如，一个进程因调用管程内的过程而进入管程，在该过程的执行过程中，若进程要求的某共享资源目前没有，则必须将该进程阻塞，于是必须有使该进程阻塞并且使它离开管程以便其他进程可以进入管程执行的设施；类似地，当被阻塞进程等待的条件得到满足时，必须使阻塞进程恢复运行，允许它重新进入管程并从断点（阻塞点）开始执行。

因此，在管程定义中还应包含以下支持同步的设施：

- 局限于管程并仅能从管程内进行访问的若干条件变量，用于区别各种不同的等待原因。
- 在条件变量上进行操作的两个函数过程 wait 和 signal。wait 将调用此函数的进程阻塞在与该条件变量相关的队列中，并使管程可用，即允许其他进程进入管程。signal 唤醒在该条件变量上阻塞的进程，若有多个这样的进程，则选择其中的一个进程唤醒；若该条件变量上没有阻塞进程，则什么也不做。管程的 signal 过程必须在 wait 过程调用之后调用。

2.4 死锁

2.4.1 死锁的概念

在多道程序系统中，虽然多个进程的并发执行改善了系统资源的利用率，并提高了系统的处理能力，然而，多个进程的并发执行也带来了新的问题——**死锁**。

当多个进程因竞争系统资源或相互通信而处于永久阻塞状态时，若无外力作用，这些进程都将无法向前推进。这些进程中的每一个进程，均无限期地等待此组进程中某个其他进程占有的、自己永远无法得到的资源，这种现象称为死锁。

下面通过几个例子来说明死锁现象。

- 某系统中只有一台打印机和一台输入设备，进程 P_1 正在占用输入设备，同时又提出了使用打印机的请求，但此时打印机正被进程 P_2 占用。而 P_2 在未释放打印机之前，又提出请求使用正被 P_1 占用着的输入设备。这样，两个进程相互无休止地等待下去，均无法继续执行，此时两个进程陷入死锁状态。

- 在生产者-消费者问题中，若交换生产者进程中两个P操作的顺序，则有可能出现死锁。改动后的生产者-消费者问题描述如下：

```
Semaphore full=0;                           //满缓冲区的数目
Semaphore empty=n;                          //空缓冲区的数目
Semaphore mutex=1;                          //对有界缓冲区进行操作的互斥信号量
Buffer array[ 0,…,n-1];                     //存放产品的缓冲区
Int in=0,out=0;                             //缓冲池的指针，指示生产者和消费者的存取位置
Producer()
{
    while(true)
    {
        Produce an item put in nextp;//nextp为临时缓冲区
        P(mutex);                           //此处调换顺序//
        P(empty);                           //此处调换顺序//
        Buffer(in)=nextp;                   //将产品放入缓冲池
        in=(in+1) % n;                      //指针后移
        V(mutex);                           //缓冲池使用完毕，释放互斥信号量
        V(full);                            //增加一个满缓冲区
    }
}
Consumer()
{
    while(true)
    {
        P(full);                            //申请一个满缓冲区
        P(mutex);                           //申请使用缓冲池
        nextc=buffer(out);                  //取出产品
        out=(out+1) % n;                    //指针后移
        V(mutex);                           //缓冲池使用完毕，释放互斥信号量
        V(empty);                           //增加一个空缓冲区
        Consumer the item in nextc;         //消费掉产品
    }
}
```

交换生产者进程中两个P操作的次序，一般情况下不会出现死锁，但在特殊情况下会出现死锁。例如，在某一时刻缓冲区中已装满了产品且缓冲区中没有进程工作（这时信号量full的值为n，信号量empty的值为0，信号量mutex的值为1），若系统此时调度生产者进程运行，生产者进程生产了一个产品，执行P(mutex)并顺利进入临界区（这时mutex的值为0），随后它执行P(empty)时因没有空闲缓冲区而受阻等待，等待消费者进程进入缓冲区取走产品以释放出缓冲区；消费者进程执行P(full)后再执行P(mutex)时，因缓冲区被生产者进程占据

而无法进入。这样就形成了生产者进程在占有临界资源的情况下等待消费者进程取走产品，而消费者进程又无法进入临界区取走产品的僵局，此时两进程陷入死锁。

可以由死锁的定义和上述例子得到如下结论：

- 参与死锁的进程至少有两个。
- 每个参与死锁的进程均等待资源。
- 参与死锁的进程中至少有两个进程占有资源。
- 死锁进程是系统中当前进程集合的一个子集。

2.4.2　死锁产生的原因和必要条件

1．资源分类

操作系统是一个资源管理程序，它负责分配不同类型的资源给进程使用。现代操作系统所管理的资源类型十分丰富，并且可以从不同的角度出发对其进行分类，例如，可以把资源分为可剥夺资源和不可剥夺资源。

- 可剥夺资源是指虽然资源占用者进程需要使用该资源，但另一个进程可以强行把该资源从占用者进程处剥夺来归自己使用。
- 不可剥夺资源是指除非占用者进程不再需要使用该资源而主动释放资源，其他进程不得在占用者进程使用资源过程中强行剥夺。

一个资源是否属于可剥夺资源，完全取决于资源本身的性质，例如，打印机在一个打印任务未结束之前是无法被其他打印任务剥夺的，因此它是不可剥夺资源；而主存和 CPU 却是可剥夺资源。

要研究资源分配，必须弄清资源的类型，资源的不同使用性质是引起系统死锁的原因，如对可剥夺资源的竞争不会引起进程死锁，而对其他类型资源的竞争则有可能导致死锁。

2．死锁产生的原因

死锁产生的原因是资源竞争。若系统中只有一个进程在运行，所有资源为这个进程独享，则不会出现死锁现象。当系统中有多个进程并发执行时，若系统中的资源不足以同时满足所有进程的需要，则会引起进程对资源的竞争，从而可能导致死锁的产生。图 2-10 给出了两个进程竞争资源的情况。

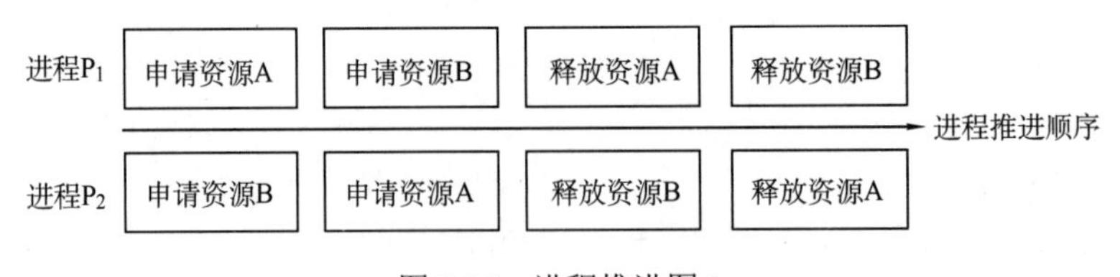

图 2-10　进程推进图 1

在图 2-10 中，假定进程 P_1 和 P_2 分别申请到了资源 A 和资源 B，现在进程 P_1 又提出使用资源 B 的申请，由于资源 B 已被进程 P_2 占用，因此进程 P_1 阻塞；而进程 P_2 可以继续运行，进程 P_2 在运行中又提出使用资源 A 的申请，由于资源 A 已经被进程 P_1 占用，因此进程 P_2 阻塞。于是进程 P_1、P_2 都因资源得不到满足而进入阻塞状态，从而使进程陷入死锁。

虽然资源竞争可能导致死锁，但是资源竞争并不等于死锁，只有在进程运行过程中请求和释放资源的顺序不当时（即进程的推进顺序不当时），才会导致死锁。在图 2-10 中，若进

程 P_1 和 P_2 按照下列顺序执行：P_1 申请 A，P_1 申请 B，P_1 释放 A，P_1 释放 B；P_2 申请 B，P_2 申请 A，P_2 释放 B，P_2 释放 A，则两个进程均可顺利完成，不会发生死锁。图 2-11 中的路径①表示了这种情况。类似地，若按照路径②和③所示的顺序推进也不会产生死锁，但按照路径④所示的顺序推进则会产生死锁。

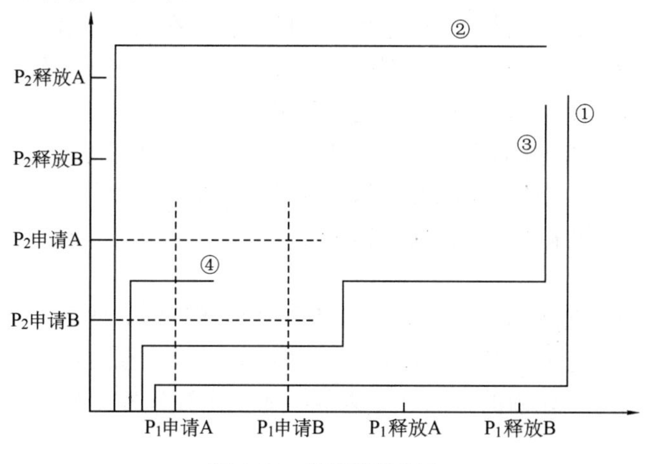

图 2-11　进程推进图 2

图 2-11 中的路径③与路径①的结果是相同的，二者的区别在于 P_2 申请 B 时 P_1 还未释放 B，所以 P_2 阻塞，直到 P_1 释放 B 之后才唤醒继续执行。

由此可知，死锁产生的原因是系统资源不足和进程推进顺序不当。

系统资源不足是产生死锁的根本原因，设计操作系统的目的就是使并发进程共享系统资源。而进程推进顺序不当是产生死锁的重要原因，当系统资源刚好够进程使用时，进程的推进顺序不当就很容易导致进程彼此占用对方需要的资源，从而导致死锁。

3．死锁产生的必要条件

从上面的论述中可以推出，死锁产生的必要条件有以下 4 条：

- **互斥条件**。进程要求对所分配的资源进行排他性控制，即在一段时间内某种资源仅为一个进程所占用。
- **不剥夺条件**。进程所获得的资源在未使用完毕之前，不能被其他进程强行夺走，即只能由获得该资源的进程自己来释放。
- **请求与保持条件**。进程每次申请它所需的一部分资源，在等待分配新资源的同时，进程继续占用已经分配到的资源。请求与保持条件也称为部分分配条件。
- **环路等待条件**。存在一种进程资源的循环等待链，而链中的每一个进程已经获得的资源同时被链中的下一个进程所请求。

要产生死锁，这 4 个条件缺一不可，因此可以通过破坏其中的一个或几个条件来避免死锁的产生。

2.4.3　处理死锁的基本方法

目前用于处理死锁的方法主要有以下 4 种：

- **鸵鸟算法**。像鸵鸟一样对死锁视而不见，即不理睬死锁。
- **预防死锁**。通过设置某些限制条件，从而破坏产生死锁的 4 个必要条件中的一个或几个来预防死锁的产生。

● **避免死锁**。在资源的动态分配过程中，用某种方法防止系统进入不安全状态，从而避免死锁的产生。

● **检测及解除死锁**。通过系统的检测机构及时检测出死锁的发生，然后采取某种措施解除死锁。

这里要注意区分后 3 种方法的不同之处。**预防死锁**是在调度方式上破坏死锁产生的必要条件，使系统无法产生死锁，如采用可剥夺式的进程调度方法，优先级高的进程总能得到资源并完成运行，因此系统不会产生死锁；**避免死锁**是在动态分配过程中，预知系统是否会进入不安全状态，若该资源分配有可能产生死锁，则不进行这种分配，后面要讲到的银行家算法就是一种避免死锁的方法；而**检测及解除死锁**是一种比较被动的方法，是在检测到死锁已经发生之后进行处理，如采用剥夺死锁进程的资源等方法强制进程释放资源或结束死锁进程来解除死锁状态。

上述这 3 种方法有着不同的特点，如在不能够破坏死锁必要条件的情况下，就无法采用预防死锁的方法，只能采用其他方法；当系统进程过多，预测系统是否进入不安全状态的成本过高时，采用避免死锁的方法并不划算，不如等死锁发生后采用检测及解除死锁的方法。

现实中的操作系统并非都采用以上 3 种处理方法，相反，很多操作系统认为死锁不可能发生，对死锁不进行任何处理（这种说法不够积极，即对死锁采用鸵鸟算法），如 UNIX。

★**注：**死锁避免和死锁预防不是同一个概念。

死锁预防和死锁避免都是在死锁发生之前采取措施，但是它们之间还是有很大区别的。死锁预防对系统加的限制条件通常很严格，对系统的并发性会产生很大的副作用，此后不需要再运行什么算法来计算死锁发生的可能性；死锁避免对系统所加的限制条件则相对宽松，有利于进程的并发执行，但是死锁避免往往在资源被分配出去之前要计算分配之后系统是否安全。

这里将死锁检测和死锁解除归为一种方法，有些资料上将这两种方法分开作为不同的解决死锁的策略，但也是有 4 种方法，不过是直接忽略了鸵鸟算法而已。

2.4.4 死锁的预防

根据以上讨论，要想防止死锁的发生，只需破坏死锁产生的 4 个必要条件之一即可。下面具体分析与这 4 个条件相关的技术。

1．互斥条件

为了破坏互斥条件，就要允许多个进程同时访问资源。但是这会受到资源本身固有特性的限制，有些资源根本不能同时访问，只能互斥访问，如打印机就不允许多个进程在其运行期间交替打印数据，只能互斥使用。由此看来，通过破坏互斥条件来防止死锁的发生是不大可能的。

2．不剥夺条件

为了破坏不剥夺条件，可以制定这样的策略：对于一个已经获得了某些资源的进程，若新的资源请求不能立即得到满足，则它必须释放所有已经获得的资源，以后需要资源时再重新申请。这就意味着一个进程已获得的资源在运行过程中可以被剥夺，从而破坏了不剥夺条件。该策略实现起来比较复杂，释放已获得资源可能造成前一段工作的失效，重复申请和释放资源会增加系统的开销，降低系统吞吐量。这种方法通常不会用于剥夺资源之后代价较大的场合，如不会用于对打印机的分配，在一个进程正在打印时，不会采用剥夺的方法来解除死锁。

3．请求与保持条件

为了破坏请求与保持条件，可以采用预先静态分配方法。预先静态分配法要求进程在其运行之前一次性申请所需要的全部资源，在它的资源未满足前，不投入运行。一旦投入运行后，这些资源就一直归它所有，也不再提出其他资源请求，这样就可以保证系统不会发生死锁。这种方法既简单又安全，但降低了资源利用率，因为采用这种方法必须事先知道该作业（或进程）所需要的全部资源，即使有的资源只能在运行后期使用，甚至有的资源在正常运行中根本不用，也不得不预先统一申请，结果导致系统资源不能被充分利用。

以打印机为例，一个作业可能只在最后完成时才需要打印计算结果，但在作业运行前就需要把打印机分配给它，那么在该作业的整个执行过程中，打印机基本处于闲置状态，而其他等待打印机的进程迟迟不能开始运行，进而导致其他进程产生“饥饿”现象（“饥饿”现象参看2.4.7小节）。

4．环路等待条件

为了破坏环路等待条件，可以采用有序资源分配法。有序资源分配法是将系统中的所有资源都按类型赋予一个编号（如打印机为1，磁带机为2），要求每一个进程均严格按照编号递增的次序请求资源，同类资源一次申请完。也就是说，只要进程提出请求资源R_i，则在以后的请求中只能请求排在R_i后面的资源（i为资源编号），不能再请求编号排在R_i前面的资源。对资源请求做了这种限制后，系统中不会再出现几个进程对资源的请求形成环路的情况。

这种方法由于对各种资源编号后不宜修改，从而限制了新设备的增加；不同作业对资源使用的顺序也不会完全相同，即便系统对资源编号考虑到多数情况，但总会有与系统编号不符的作业，从而造成资源浪费；对资源按序使用也会增加程序编写的复杂性。

2.4.5 死锁的避免

在预防死锁的方法中所采用的几种策略，总的来说都施加了较强的限制条件，虽然实现起来较为简单，却严重损害了系统性能。在避免死锁的方法中，所施加的限制条件较弱，有可能获得较好的系统性能。在该方法中把系统的状态分为安全状态与不安全状态，只要能使系统始终处于安全状态，便可以避免死锁的发生。

1．安全状态与不安全状态

在避免死锁的方法中，允许进程动态地申请资源，系统在进行资源分配之前，先计算资源分配的安全性。若此次分配不会导致系统进入不安全状态，便将资源分配给进程，否则进程必须等待。

若在某一时刻，系统能按某种顺序为每个进程分配其所需的资源，直至最大需求，使每个进程都可顺利完成，则称此时的系统状态为安全状态，称该序列为安全序列。若某一时刻系统中不存在这样的一个安全序列，则称此时的系统状态为不安全状态。需要注意的是，安全序列在某一时刻可能并不唯一，即可以同时存在多种安全序列。

虽然并非所有不安全状态都是死锁状态，但当系统进入不安全状态后，便可能进入死锁状态；反之，只要系统处于安全状态，便可避免进入死锁状态。

★注：以下两点是常犯的混淆性错误，希望大家注意。

- 不安全状态不是指系统中已经产生死锁。不安全状态是指系统可能发生死锁的状态，

并不意味着系统已经发生死锁。

- 处于不安全状态的系统不会必然导致死锁。对系统进行安全性检测是根据进程的最大资源需求而定的，而实际运行过程中进程可能不需要那么多的资源，所以即使系统进入了不安全状态也不一定会导致死锁。而且实际系统运行过程中，有些占有资源但并没有执行完的进程可能主动放弃资源，这也会使得处于不安全状态的系统不产生死锁。死锁是不安全状态的真子集。

表 2-5 给出了安全状态的例子。假设 P_1、P_2、P_3 这 3 个进程共享一类资源，资源总数为 10 个，表 2-5 给出了各进程的资源总需求及已经分配资源的数量，如进程 P_1 总共需要 8 个该资源，已经分配了 3 个。此时系统处于安全状态，因为存在安全序列 P_2、P_1、P_3，按照此序列依次分配资源给这 3 个进程，每个进程都可以顺利完成。但如果此时将可用资源中的 3 个资源分配给 P_1，则系统处于不安全状态，因为此时已经无法再找到安全序列了。

表 2-5 进程资源分配表

进程	资源总需求	已分配资源	可用资源
P_1	8	3	4
P_2	4	2	
P_3	9	1	

2. 银行家算法

具有代表性的避免死锁的算法是 Dijkstra 给出的银行家算法。为实现银行家算法，系统中必须设置若干数据结构。假定系统中有 n 个进程（P_1，P_2，…，P_n）、m 类资源（R_1，R_2，…，R_m），银行家算法中使用的数据结构如下：

- 可利用资源向量 Available。这是一个含有 m 个元素的数组，其中 Available[i]的值表示第 i 类资源的现有空闲数量，其初始值为系统中所配置的该类资源的数目，其数值随着该类资源的分配和回收而动态改变。
- 最大需求矩阵 Max。这是一个 n×m 的矩阵，它定义了系统中每一个进程对 m 类资源的最大需求数。Max[i][j]的值表示第 i 个进程对第 j 类资源的最大需求数。
- 分配矩阵 Allocation。这也是一个 n×m 的矩阵，它定义了系统中每一类资源当前已经分配给每一个进程的资源数目。Allocation[i][j]的值表示第 i 个进程当前拥有的第 j 类资源的数量。
- 需求矩阵 Need。这同样是一个 n×m 的矩阵，它定义了系统中每个进程还需要的各类资源数目（注意：是“还需要”，不是“总需要”，这表示此矩阵也是变化的）。Need[i][j]的值表示第 i 个进程还需要的第 j 类资源的数量。向量 $Need_i$ 是矩阵 Need 的第 i 行，是进程 i 的需求资源向量。

★上述的 n×m 的“矩阵三兄弟”具有如下关系：

$$Need[i][j]=Max[i][j]-Allocation[i][j]$$

银行家算法的描述如下：

定义 $Request_i$ 向量：$Request_i$ 表示第 i 个进程向系统提出一次申请，申请的各类资源的数量就是该向量的各个分量。

当进程 P_i 向系统发出资源请求后，系统进行如下操作：

1）若 $Request_i \leqslant Need_i$，则跳至 2）。否则报错，因为进程 P_i 申请的资源数不应该超过它的需求数。

2）若 $Request_i \leqslant Available_i$，则跳至 3），否则 P_i 进程需要等待，因为可用资源不够。

3）对 P_i 进程所请求的资源进行预分配，修改以下向量：

$Available=Available-Request_i$

$Allocation_i=Allocation_i+Request_i$

$Need_i=Need_i-Request_i$

4）对于修改后的向量调用安全性算法。若安全性算法返回系统处于安全状态，则按 $Request_i$ 表示的资源数量给 P_i 进程分配资源；若安全性算法返回系统处于不安全状态，则不分配给 P_i 进程任何资源，让 P_i 等待，并恢复 3）中所改变的向量。

银行家算法流程图如图 2-12 所示。

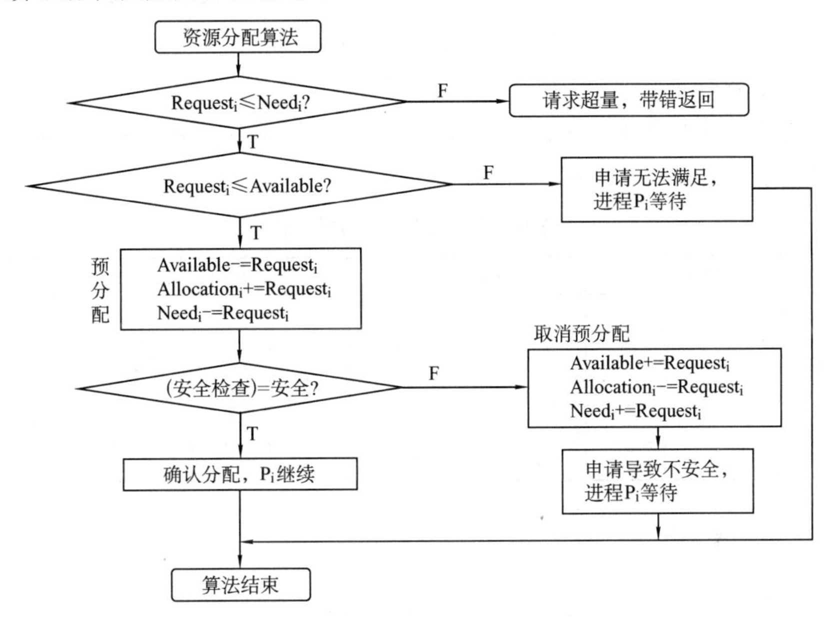

图 2-12 银行家算法流程图

安全性算法描述如下。

1）建立长度为 m 的向量 Work 和长度为 n 的向量 Finish，并对它们进行如下初始化：

Work=Available; Finish[i]=false;　　$(i=1,2,\cdots,n)$。

2）查找满足如下两个条件的 i：

Finish[i]=false;　　$Need_i \leqslant Work$;

若没有这样的 i 存在，则跳到 4）执行。

3）进行如下操作：

$Work=Work+Allocation_i$

Finish[i]=true

返回到 2)。

4）如果对于所有 i，都有 Finsih[i]=true，那么系统处于安全状态，否则为不安全状态。

安全性算法的时间复杂度达到了 $O(m\times n^2)$。

安全性算法流程图如图 2-13 所示。

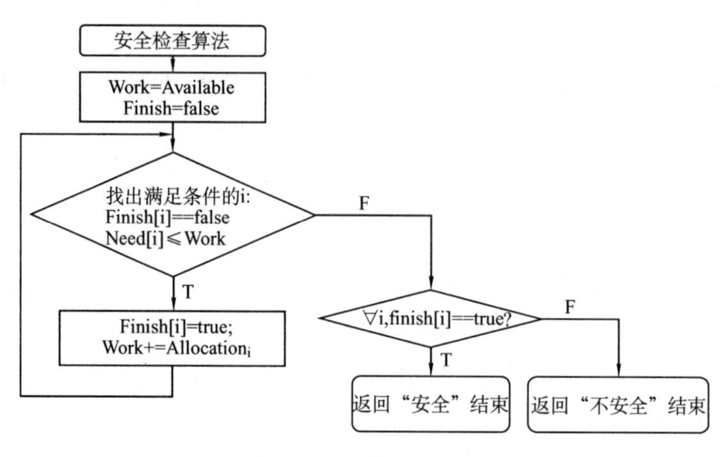

图 2-13　安全性算法流程图

银行家算法举例如下。

假定系统中有 4 个进程 P_1、P_2、P_3、P_4，3 种类型的资源 R_1、R_2、R_3，数量分别为 9、3、6，T_0 时刻的资源分配情况见表 2-6。

表 2-6　T_0 时刻的资源分配情况

进程	Max			Allocation			Need			Available		
	R_1	R_2	R_3	R_1	R_2	R_3	R_1	R_2	R_3	R_1	R_2	R_3
P_1	3	2	2	1	0	0	2	2	2	1	1	2
P_2	6	1	3	5	1	1	1	0	2			
P_3	3	1	4	2	1	1	1	0	3			
P_4	4	2	2	0	0	2	4	2	0			

试问：

① T_0 时刻是否安全？

② T_0 时刻以后，若进程 P_2 发出资源请求 $Request_2(1,0,1)$，系统能否将资源分配给它？

③ 在进程 P_2 申请资源后，若 P_1 发出资源请求 $Request_1(1,0,1)$，系统能否将资源分配给它？

④ 在进程 P_1 申请资源后，若 P_3 发出资源请求 $Request_3(0,0,1)$，系统能否将资源分配给它？

解：

① T_0 时刻的安全性：利用安全性算法对 T_0 时刻的资源分配情况进行分析，可得到表 2-7 所示的安全性分析结果，从中得知，T_0 时刻存在安全序列 $\{P_2,P_1,P_3,P_4\}$，故系统是安全的。

表 2-7　安全性分析结果

进程	Work			Need			Allocation			Work+ Allocation			Finish
	R_1	R_2	R_3	R_1	R_2	R_3	R_1	R_2	R_3	R_1	R_2	R_3	
P_2	1	1	2	1	0	2	5	1	1	6	2	3	True
P_1	6	2	3	2	2	2	1	0	0	7	2	3	True
P_3	7	2	3	1	0	3	2	1	1	9	3	4	True
P_4	9	3	4	4	2	0	0	0	2	9	3	6	True

② P_2 请求资源 $Request_2(1,0,1)$，系统按银行家算法进行检查，执行如下操作：

- $Request_2(1,0,1) \leqslant Need_2(1,0,2)$。

- $Request_2(1,0,1) \leqslant Available(1,1,2)$。
- 系统假定为 P_2 分配资源，并修改 Available、$Allocation_2$、$Need_2$ 向量，由此形成的资源变化情况见表 2-8。

表 2-8 资源变化情况

进程	Max			Allocation			Need			Available		
	R_1	R_2	R_3	R_1	R_2	R_3	R_1	R_2	R_3	R_1	R_2	R_3
P_1	3	2	2	1	0	0	2	2	2	0	1	1
P_2	6	1	3	6	1	2	0	0	1			
P_3	3	1	4	2	1	1	1	0	3			
P_4	4	2	2	0	0	2	4	2	0			

- 再利用安全性算法检查此时系统是否安全，所得安全性分析结果见表 2-9。

由结果可知，可以找到一个安全序列$\{P_2,P_1,P_3,P_4\}$，因此系统是安全的，可以将资源分配给 P_2。

表 2-9 安全性分析结果

进程	Work			Need			Allocation			Work+ Allocation			Finish
	R_1	R_2	R_3	R_1	R_2	R_3	R_1	R_2	R_3	R_1	R_2	R_3	
P_2	0	1	1	0	0	1	6	1	2	6	2	3	True
P_1	6	2	3	2	2	2	1	0	0	7	2	3	True
P_3	7	2	3	1	0	3	2	1	1	9	3	4	True
P_4	9	3	4	4	2	0	0	0	2	9	3	6	True

③ P_1 请求资源 $Request_1(1,0,1)$，系统按银行家算法进行检查，执行如下操作：

- $Request_1(1,0,1) \leqslant Need_1(2,2,2)$。
- $Request_1(1,0,1) > Available(0,1,1)$。

因此 P_1 需要等待，不能将资源分配给 P_1。

④ P_3 请求资源 $Request_3(0,0,1)$，系统按银行家算法进行检查，执行如下操作：

- $Request_3(0,0,1) \leqslant Need_1(1,0,3)$。
- $Request_3(0,0,1) \leqslant Available(0,1,1)$。
- 系统假定为 P_3 分配资源，并修改 Available、$Allocation_3$、$Need_3$ 向量，由此形成的资源变化情况见表 2-10。

表 2-10 资源变化情况

进程	Max			Allocation			Need			Available		
	R_1	R_2	R_3	R_1	R_2	R_3	R_1	R_2	R_3	R_1	R_2	R_3
P_1	3	2	2	1	0	0	2	2	2	0	1	0
P_2	6	1	3	6	1	2	0	0	1			
P_3	3	1	4	2	1	2	1	0	2			
P_4	4	2	2	0	0	2	4	2	0			

由表 2-10 可知，Available(0,1,0)已经不能满足任何进程的需要，系统进入不安全状态，因此系统不能将资源分配给 P_3。

2.4.6　死锁的检测和解除

前面介绍的死锁预防和避免算法都是在系统为进程分配资源时施加限制条件或进行检测，若系统为进程分配资源时不采取任何措施，则应该提供检测和解除死锁的方法。

1．死锁检测

（1）资源分配图

进程的死锁问题可以用有向图更加准确而形象地描述，这种有向图称为系统资源分配图。一个系统资源分配图（System Resource Allocation Graph，SRAG）可定义为一个二元组，即 SRAG= (V,E)，其中 V 是顶点集合，而 E 是有向边集合。顶点集合可分为两部分：$P=(P_1,P_2,\cdots,P_n)$，是由系统内的所有进程组成的集合，每一个 P_i（$i=1,2,\cdots,n$）代表一个进程；$R=(r_1,r_2,\cdots,r_m)$，是系统内所有资源组成的集合，每一个 r_i（$i=1,2,\cdots,m$）代表一类资源。

有向边集合 E 中的每一条边是一个有序对$<P_i,r_i>$或$<r_i,P_i>$。$<P_i,r_i>\in E$ 表示存在一条从 P_i 指向 r_i 的有向边，它的含义是 P_i 请求一个 r_i 资源，并且当前尚未分配。$<r_i,P_i>\in E$ 表示存在一条从 r_i 指向 P_i 的有向边，它的含义是 r_i 类资源中的一个资源已分配给进程 P_i。有向边$<P_i,r_i>$叫作申请边，而有向边$<r_i,P_i>$则叫作分配边。

在 SRAG 中，用圆圈代表进程，用方框表示每类资源。每一类资源 r_i 可能有多个，可用方框中的圆圈表示各个资源。申请边是从进程到资源的有向边，表示进程申请一个资源，但当前该进程尚未得到该资源。分配边是从资源到进程的有向边，表示有一个资源分配给进程。一条申请边仅指向代表资源类 r_i 的方框，表示申请时不指定哪一个具体资源。

当进程 P_i 申请资源类 r_i 的一个资源时，将一条申请边加入资源分配图，若这个申请是可以满足的，则该申请边立即转换成分配边；当进程随后释放了某个资源时，则删除分配边。

以图 2-14 为例进行讲解。

集合 P,R,E 分别为：$P=\{P_1,P_2\}$，$R=\{r_1,r_2\}$，$E=\{<P_1,r_2>, <P_2,r_1>, <r_1,P_1>, <r_1,P_1>, <r_1,P_2>, <r_2,P_2>\}$。

当前状态如下：

- 进程 P_1 已占用两个 r_1 资源，而且正在申请获得一个 r_2 资源。
- 进程 P_2 已占用一个 r_1 资源和一个 r_2 资源，而且正在申请获得一个 r_1 资源。

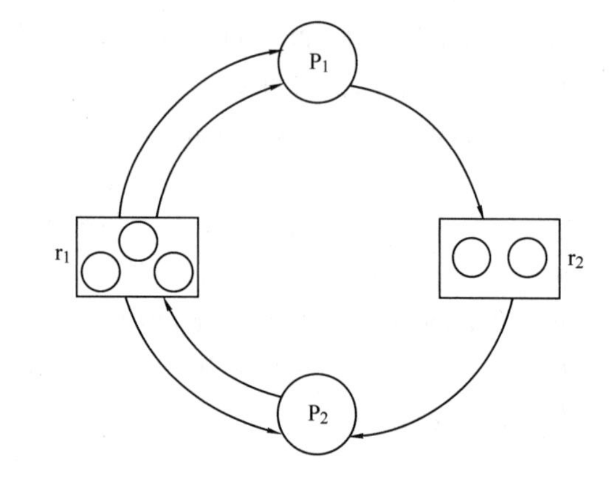

图 2-14　资源分配图

（2）死锁定理

可以用简化资源分配图的方法来检测系统状态 S 是否是死锁状态。简化方法如下：

- 在资源分配图中，找出一个既不阻塞又非孤立的进程结点 P_i（即从进程集合中找到一个存在连接的边，且资源申请数量小于系统中已有空闲资源数量的进程）。因进程 P_i 获得了所需要的全部资源，它能继续运行直到完成，然后释放其占有的所有资源（这相当于消去 P_i 的所有申请边与分配边，使之成为孤立的结点）。
- 进程 P_i 释放资源后，可以唤醒因等待这些资源而阻塞的进程，原来阻塞的进程可能变为非阻塞进程，根据第一步中的简化方法消去分配边与申请边。
- 重复前两步的简化过程后，若能消去图中所有边，使所有进程成为孤立结点，则称该图是可完全简化的；若通过任何过程均不能使该图完全简化，则称该图是不可完全简化的。

可以证明的是，不同的简化顺序将得到相同的不可简化图。系统状态S为死锁状态的条件是：当且仅当S状态的资源分配图是不可完全简化的，该定理称为死锁定理。

2．死锁检测算法

发现死锁的原理是考查某一时刻系统状态是否合理，即是否存在一组可以实现的系统状态，能使所有进程都得到它们所申请的资源而运行结束。检测死锁算法的基本思想是：获得某时刻t系统中各类可利用资源的数目向量available(t)，对于系统中的一组进程{P_1，P_2，…，P_n}，找出那些对各类资源请求数目均小于系统现有的各类可利用资源数目的进程。这样的进程可以获得它们所需要的全部资源并运行结束，当运行结束后，它们会释放所占有的全部资源，从而使可用资源数目增加，将这样的进程加入到可运行结束的进程序列中，然后对剩下的进程再进行上述考查。如果一组进程中有几个不属于该序列，那么它们会发生死锁。

与银行家算法和安全性算法类似，死锁检测算法也需要使用几个数据结构。

- Available。表示当前可用资源的向量。
- Allocation。表示已经分配的资源矩阵。
- Request。表示进程请求资源的矩阵。
- 临时变量。Work与Finish两个向量，其作用和安全性算法中的相同。

死锁检测算法如图2-15所示。

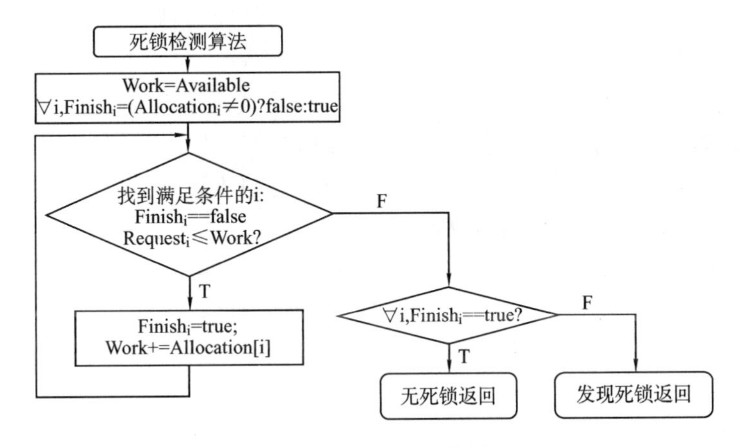

图2-15 死锁检测算法

检测死锁可以在每次分配资源后进行。但是，用于检测死锁的算法比较复杂，所需检测的时间长，系统开销大，因此也可以选取比较长的时间间隔来执行。

3．死锁解除

一旦检测出系统中出现了死锁，就应使陷入死锁的进程从死锁状态中解脱出来，即死锁解除。常用的解除死锁的方法有以下3种：

- 剥夺资源。从其他进程中抢占足够的资源给死锁的进程以解除其死锁状态。
- 撤销进程。撤销一些进程，直到有足够的资源分配给其他进程，解除死锁状态。
- 进程回退。让一个或多个进程回退到足以回避死锁的地步，进程回退时自愿释放资源而不是被剥夺。要求系统保持进程的历史信息，设置还原点。

2.4.7 死锁与饿死

死锁、饥饿、饿死通常是容易混淆的概念，这里特别说明一下。

在一个动态系统中，资源请求与释放是经常发生的进程行为。对于每类系统资源，操作系统需要确定一个分配策略，当多个进程同时申请某类资源时，由分配策略确定资源分配给进程的次序。资源分配策略可能是公平的，即能保证请求者在有限的时间内获得所需资源；资源分配策略也可能是不公平的，即不能保证等待时间上界的存在。在后一种情况下，即使系统没有发生死锁，某些进程也可能会长时间等待。当等待时间给进程推进和响应带来明显影响时，称此时发生了**进程饥饿**，当饥饿到一定程度，进程所赋予的任务即使完成也不再具有实际意义时，则称该进程被**饿死**。

考虑一台打印机分配的例子，当有多个进程需要打印文件时，系统按照短作业优先（SJF）的策略排序，该策略具有平均等待时间短的优点，似乎非常合理，但当短文件打印任务源源不断出现时，长文件的打印任务将被无限期推迟，导致饥饿以至饿死。

与饥饿相关的另一个概念是**活锁**。在忙时等待条件下发生的饥饿称为活锁，如不公平的互斥算法。虽然此时进程仍然在执行，但有些进程由于无法调度执行，好像发生了死锁一样。

饿死与死锁有一定的联系：二者都是由于竞争资源而引起的，但又有明显差别，主要表现在如下几个方面：

- 从进程状态考虑，死锁进程都处于等待状态；忙时等待（处于运行或就绪状态）的进程并非处于等待状态，但却可能被饿死。
- 死锁进程等待的是永远不会被释放的资源；而饿死进程等待的是会被释放但却不会分配给自己的资源，表现为等待时间没有上界（排队等待或忙时等待）。
- 死锁一定发生了循环等待，而饿死则不然。这也表明通过资源分配图可以检测死锁存在与否，但却不能检测是否有进程饿死。
- 死锁一定涉及多个进程，而饥饿或被饿死的进程可能只有一个。

饥饿和饿死与资源分配策略有关，因而可从公平性方面考虑防止饥饿与饿死，以确保所有进程不被忽视，如多级反馈队列调度算法。

习题与真题

1．通常，用户进程被建立后（　　）。

A．便一直存在于系统中，直到被操作人员撤销

B．随着作业运行正常或不正常结束而撤销

C．随着时间片轮转而撤销与建立

D．随着进程的阻塞或唤醒而撤销与建立

2．进程和程序的一个本质区别是（　　）。

A．前者分时使用 CPU，后者独占 CPU

B．前者存储在内存，后者存储在外存

C．前者在一个文件中，后者在多个文件中

D．前者为动态的，后者为静态的

3．并发进程执行的相对速度是（　　）。

A. 由进程的程序结构决定的　　B. 由进程自己来控制的

C. 与进程调度策略有关的　　D. 在进程被创建时确定的

4. 中断扫描机构是（　　）扫描一次中断寄存器。

A. 每隔一个时间片　　B. 每条指令执行周期内最后时刻

C. 每当进程释放 CPU　　D. 每产生一次中断

5. 进程从运行态到阻塞态可能是（　　）。

A. 运行进程执行了 P 操作　　B. 进程调度程序的调度

C. 运行进程的时间片用完　　D. 运行进程执行了 V 操作

6. 下面所列进程的 3 种基本状态之间的转换不正确的是（　　）。

A. 就绪状态→执行状态　　B. 执行状态→就绪状态

C. 执行状态→阻塞状态　　D. 就绪状态→阻塞状态

7. 关于临界问题的一个算法（假设只有进程 P_0 和 P_1 可能会进入临界区）如下（i 为 0 或 1 代表进程 P_0 或者 P_1）：

```
repeat
retry:
    if(turn!=-1) turn=i;
    if(turn!=i ) go to retry;
    turn=-1;
    临界区;
    turn=0;
    其他区域;
until false;
```

该算法（　　）。

A. 不能保持进程互斥进入临界区，且会出现“饥饿”

B. 不能保持进程互斥进入临界区，但不会出现“饥饿”

C. 保证进程互斥进入临界区，但会出现“饥饿”

D. 保证进程互斥进入临界区，不会出现“饥饿”

8. 在操作系统中，一方面每个进程具有独立性，另一方面进程之间具有相互制约性。对于任何两个并发进程，它们（　　）。

A. 必定无关　　B. 必定相关

C. 可能相关　　D. 可能相同

9. 结构（Cobegin 语句 1；语句 2 Coend）表示语句 1 和语句 2 并发执行。代码如下：

```
X:=0;
Y:=0;
Cobegin
    Begin
        X:=1;                 ①
        Y:=Y+X;               ②
    End
    Begin
```

```
        Y:=2;                          ③
        X:=X+3;                        ④
    End
Coend
```

当这个程序执行完时，变量 X 和 Y 的值有可能为（　　）。

Ⅰ. X=1，Y=2　　Ⅱ. X=1，Y=3　　Ⅲ. X=4，Y=6

A. Ⅰ　　B. Ⅰ和Ⅱ

C. Ⅱ和Ⅲ　　D. Ⅰ、Ⅱ和Ⅲ

10.（　　）有利于 CPU 繁忙型的作业，而不利于 I/O 繁忙型的作业（进程）。

A. 时间片轮转调度算法　　B. 先来先服务调度算法

C. 短作业（进程）优先调度算法　　D. 优先权调度算法

11. 有 5 个批处理任务 A、B、C、D、E 几乎同时到达一计算中心。它们预计运行的时间分别是 10min、6min、2min、4min 和 8min。其优先级（由外部设定）分别为 3、5、2、1 和 4，这里 5 为最高优先级。下列各种调度算法中，其平均进程周转时间为 14min 的是（　　）。

A. 时间片轮转调度算法　　B. 优先级调度算法

C. 先来先服务调度算法　　D. 最短作业优先调度算法

12. 对进程的管理和控制使用（　　）。

A. 指令　　B. 原语　　C. 信号量　　D. 信箱通信

13.（　　）是并发程序执行的特点。

A. 程序执行的间断性　　B. 相互通信的可能性

C. 产生死锁的可能性　　D. 资源分配的动态性

14. 进程调度算法中，可以设计成可抢占式的算法有（　　）。

A. 先来先服务调度算法　　B. 最高响应比优先调度算法

C. 最短作业优先调度算法　　D. 时间片轮转调度算法

15. 在一个交通繁忙的十字路口，每个方向只有一个车道，如果车辆只能向前直行，而不允许转弯和后退，并未采用任何方式进行交通管理，则下列叙述中正确的是（　　）。

A. 该十字路口不会发生死锁

B. 该十字路口一定会发生死锁

C. 该十字路口可能会发生死锁，规定同时最多 3 个方向的车使用该十字路口是最有效的方法

D. 该十字路口可能会发生死锁，规定南北方向的两个车队和东西方向的两个车队互斥使用十字路口是最有效的方法

16. 若每个作业只能建立一个进程，为了照顾短作业用户，应采用（　　）；为了照顾紧急作业用户，应采用（　　）；为了实现人机交互，应采用（　　）；为了使短作业、长作业和交互作业用户都满意，应采用（　　）。

Ⅰ. FCFS 调度算法　　Ⅱ. 短作业优先调度算法

Ⅲ. 时间片轮转调度算法　　Ⅳ. 多级反馈队列调度算法

Ⅴ. 基于优先级的剥夺调度算法

A. Ⅱ、Ⅴ、Ⅰ、Ⅳ　　B. Ⅰ、Ⅴ、Ⅲ、Ⅳ

C. Ⅰ、Ⅱ、Ⅳ、Ⅲ　　D. Ⅱ、Ⅴ、Ⅲ、Ⅳ

17. 下面关于进程的叙述中，正确的是（　　）。

A. 进程获得 CPU 运行是通过调度得到的

B. 优先级是进程调度的重要依据，一旦确定就不能改变

C. 单 CPU 的系统中，任意时刻都有一个进程处于运行状态

D. 进程申请 CPU 得不到满足时，其状态变为阻塞

18. 现有 3 个同时到达的作业 J_1、J_2、J_3，它们的执行时间分别是 T_1、T_2 和 T_3，且 $T_1<T_2<T_3$。若系统按单道方式运行且采用短作业优先调度算法，则平均周转时间是（　　）。

A. $T_1+T_2+T_3$　　B. $(T_1+T_2+T_3)/3$

C. $(3T_1+2T_2+T_3)/3$　　D. $(T_1+2T_2+3T_3)/3$

19.（　　）不会引起进程创建。

A. 用户登录　　B. 作业调度

C. 设备分配　　D. 应用请求

20. 采用时间片轮转调度算法分配 CPU 时，当处于执行状态的进程用完一个时间片后，它的状态是（　　）。

A. 阻塞　　B. 运行　　C. 就绪　　D. 消亡

21. 在多进程的系统中，为了保证公共变量的完整性，各进程应互斥进入临界区。所谓临界区是指（　　）。

A. 一个缓冲区　　B. 一段数据区

C. 同步机制　　D. 一段程序

22. 要实现两个进程互斥，设一个互斥信号量 mutex，当 mutex 为 0 时，表示（　　）。

A. 没有进程进入临界区

B. 有一个进程进入临界区

C. 有一个进程进入临界区，另外一个进程在等候

D. 两个进程都进入临界区

23. 下面关于管程的叙述错误的是（　　）。

A. 管程是进程的同步工具，解决信号量机制大量同步操作分散的问题

B. 管程每次只允许一个进程进入管程

C. 管程中 V 操作的作用和信号量机制中 V 操作的作用相同

D. 管程是被进程调用的，是语法范围，无法创建和撤销

24. 既考虑作业等待时间，又考虑作业执行时间的调度算法是（　　）。

A. 高响应比优先调度算法　　B. 短作业优先调度算法

C. 优先级调度算法　　D. 先来先服务调度算法

25. 为多道程序提供的共享资源不足时，可能会产生死锁。但是，不当的（　　）也可能产生死锁。

A. 进程调度顺序　　B. 进程的优先级

C. 时间片大小　　D. 进程推进顺序

26. 有若干并发进程均将一个共享变量 count 的值加 1 一次，那么有关 count 中的值的说法正确的是（　　）。

Ⅰ. 肯定有不正确的结果

Ⅱ. 肯定有正确的结果

III．若控制这些并发进程互斥执行 count 加 1 操作，count 中的值正确

A．Ⅰ和III　　B．Ⅱ和III

C．III　　D．Ⅰ、Ⅱ和III的说法均不正确

27．死锁与安全状态的关系是（　　）。

A．死锁状态有可能是安全状态　　B．安全状态有可能成为死锁状态

C．不安全状态就是死锁状态　　D．死锁状态一定是不安全状态

28．在下述父进程和子进程的描述中，正确的是（　　）。（多项选择题）

A．父进程创建了子进程，因而父进程执行完后，子进程才能运行

B．父进程和子进程可以并发执行

C．撤销子进程时，应该同时撤销父进程

D．撤销父进程时，应该同时撤销子进程

29．下面有关选择进程调度算法的准则，错误的是（　　）。

A．尽量提高处理器的利用率

B．尽可能提高系统吞吐量

C．适当增长进程在就绪队列中的等待时间

D．尽快响应交互式用户的要求

30．下列描述中，（　　）并不是多线程系统的特长。

A．利用线程并行地执行矩阵乘法运算

B．Web 服务器利用线程响应 HTTP 请求

C．键盘驱动程序为每个正在运行的应用配备一个线程，用以响应该应用的键盘输入

D．基于 GUI 的调试程序用不同的线程分别处理用户输入、计算和跟踪等操作

31．有 3 个作业 J1、J2、J3，其运行时间分别为 2h、5h、3h，假定同时到达，并在同一台处理器上以单道方式运行，则平均周转时间最短的执行序列是（　　）。

A．J1、J2、J3　　B．J3、J2、J1

C．J2、J1、J3　　D．J1、J3、J2

32．在单处理器的多进程系统中，进程切换时，何时占用处理器和占用多长时间取决于（　　）。

A．进程响应程序段的长度　　B．进程总共需要运行时间的长短

C．进程自身和进程调度策略　　D．进程完成什么功能

33．设有 n 个进程共用一个相同的程序段，若每次最多允许 m 个进程（m≤n）同时进入临界区，则信号量的初值为（　　）。

A．n　　B．m　　C．m−n　　D．−m

34．某系统中有 11 台打印机，N 个进程共享打印机资源，每个进程要求 3 台打印机。当 N 的取值不超过（　　）时，系统不会发生死锁。

A．4　　B．5　　C．6　　D．7

35．若系统中有 5 台绘图仪，有多个进程需要使用两台，规定每个进程一次仅允许申请一台，则最多允许（　　）个进程参与竞争，而不会发生死锁。

A．5　　B．2　　C．3　　D．4

36．银行家算法在解决死锁问题中用于（　　）。

A．预防死锁　　B．死锁避免

C．检测死锁　　D．解除死锁

37．采用资源剥夺法可以解除死锁，还可以采用（　　）方法解除死锁。

A．执行并行操作　　B．撤销进程

C．拒绝分配新资源　　D．修改信号量

38．若一个信号量的初值为3，经过多次P、V操作之后当前值为-1，则表示等待进入临界区的进程数为（　　）。

A．1　　B．2　　C．3　　D．4

39．当一个正在访问临界资源的进程由于申请等待I/O操作而被中断时，它（　　）。

A．允许其他进程进入与该进程相关的临界区

B．不允许其他进程进入临界区

C．允许其他进程抢占处理器，但不能进入该进程的临界区

D．不允许任何进程抢占处理器

40．可以被多个进程在任意时刻共享的代码必须是（　　）。

A．顺序代码　　B．机器语言代码

C．不能自身修改的代码　　D．无转移指令代码

41．进程A和进程B通过共享缓冲区协作完成数据处理，该缓冲区支持多个进程同时进行读写操作。进程A负责产生数据并放入缓冲区，进程B负责从缓冲区中取出数据并处理。两个进程的制约关系为（　　）。

A．互斥关系　　B．同步关系

C．互斥与同步　　D．无制约关系

42．一次性分配所有资源的方法可以预防死锁的发生，这种方法破坏的是产生死锁的4个必要条件中的（　　）。

A．互斥条件　　B．占有并请求

C．不剥夺条件　　D．循环等待

43．某个系统采用如下资源分配策略：若一个进程提出资源请求得不到满足，而此时没有由于等待资源而被阻塞的进程，则自己就被阻塞。若此时有因等待资源被阻塞的进程，则检查所有由于等待资源而被阻塞的进程，如果它们有申请进程所需要的资源，则将这些资源剥夺并分配给申请进程。这种策略会导致（　　）。

A．死锁　　B．抖动　　C．回退　　D．饥饿

44．若系统中有n个进程，则在阻塞队列中进程的个数最多为（　　）。

A．n　　B．n-1　　C．n-2　　D．1

45．在下列操作系统的各个功能组成部分中，一定需要专门硬件配合支持的是（　　）。

Ⅰ．地址映射　　Ⅱ．进程调度

Ⅲ．中断系统　　Ⅳ．系统调用

A．Ⅰ　　B．Ⅰ、Ⅲ

C．Ⅰ、Ⅲ、Ⅳ　　D．Ⅱ、Ⅲ

46．在使用信号量机制实现互斥时，互斥信号量的初值一般为（　　）；而使用信号量机制实现同步时，同步信号量的初值一般为（　　）。

A．0；1　　B．1；0

C．不确定；1　　D．1；不确定

47．下列关于线程的叙述中，正确的是（　　）。

Ⅰ．在采用轮转调度算法时，一进程拥有 10 个用户级线程，则在系统调度执行时间上占用 10 个时间片

Ⅱ．属于同一个进程的各个线程共享栈空间

Ⅲ．同一进程中的线程可以并发执行，但不同进程内的线程不可以并发执行

Ⅳ．线程的切换，不会引起进程的切换

A．仅Ⅰ、Ⅱ、Ⅲ　　B．仅Ⅱ、Ⅳ

C．仅Ⅱ、Ⅲ　　D．全错

48．有若干并发进程均将一个共享变量 count 的值加 1 一次，那么有关 count 中的值说法正确的是（　　）。

Ⅰ肯定有不正确的结果

Ⅱ肯定有正确的结果

Ⅲ若控制这些并发进程互斥执行 count 加 1 操作，count 中的值正确

A．Ⅰ和Ⅲ　　B．Ⅱ和Ⅲ

C．Ⅲ　　D．Ⅰ、Ⅱ、Ⅲ的说法均不正确

49．一作业 8:00 到达系统，估计运行时间为 1h。若从 10:00 开始执行该作业，其响应比为（　　）。

A．2　　B．1　　C．3　　D．0.5

50．一个进程被唤醒意味着（　　）。

A．该进程可以重新占用 CPU　　B．优先级变为最大

C．PCB 移到就绪队列之首　　D．进程变为运行态

51．进程资源静态分配方式是指一个进程在建立时就分配了它需要的全部资源，只有该进程所要资源都得到满足的条件下，进程才开始运行，这样可以防止进程死锁。静态分配方式破坏死锁的（　　）为必要条件。

A．互斥条件　　B．请求和保持条件（占有并等待条件）

C．非剥夺式等待条件　　D．循环等待条件

52．（2009 年统考真题）下列进程调度算法中，综合考虑进程等待时间和执行时间的是（　　）。

A．时间片轮转调度算法　　B．短进程优先调度算法

C．先来先服务调度算法　　D．高响应比优先调度算法

53．（2009 年统考真题）某计算机系统中有 8 台打印机，有 K 个进程竞争使用，每个进程最多需要 3 台打印机，该系统可能会发生死锁的 K 的最小值是（　　）。

A．2　　B．3　　C．4　　D．5

54．（2010 年统考真题）下列选项中，导致创建新进程的操作是（　　）。

Ⅰ．用户登录成功　　Ⅱ．设备分配　　Ⅲ．启动程序执行

A．仅Ⅰ和Ⅱ　　B．仅Ⅱ和Ⅲ　　C．仅Ⅰ和Ⅲ　　D．Ⅰ、Ⅱ、Ⅲ

55．（2010 年统考真题）设与某资源相关联的信号量初值为 3，当前值为 1，若 M 表示该资源的可用个数，N 表示等待该资源的进程数，则 M、N 分别为（　　）。

A．0，1　　B．1，0　　C．1，2　　D．2，0

56．（2010 年统考真题）下列选项中，降低进程优先权级的合理时机是（　　）。

A. 进程的时间片用完　　B. 进程刚完成I/O，进入就绪队列

C. 进程长期处于就绪队列　　D. 进程从就绪状态转为执行状态

57.（2010年统考真题）进程P_0和P_1的共享变量定义及其初值为：

```
boolean flag[2];
int turn=0;
flag[0]=false; flag[1]=false;
```

若进程P_0和P_1访问临界资源的类C代码实现如下：

```
void P0() //进程P0
{ while (TRUE)
    { flag[0]=TRUE; turn=1;
      While (flag[1]&&(turn==1));
      临界区;
      flag[0]=FALSE;
    }
}

void P1() //进程P1
{ while (TRUE)
    { flag[1]=TRUE; turn=0;
      While (flag[0]&&(turn==0));
      临界区;
      flag[1]=FALSE;
    }
}
```

并发执行进程P_0和P_1时产生的情况是（　　）。

A. 不能保证进程互斥进入临界区，会出现“饥饿”现象

B. 不能保证进程互斥进入临界区，不会出现“饥饿”现象

C. 能保证进程互斥进入临界区，会出现“饥饿”现象

D. 能保证进程互斥进入临界区，不会出现“饥饿”现象

58.（2011年统考真题）下列选项中，满足短任务优先且不会发生“饥饿”现象的调度算法是（　　）。

A. 先来先服务　　B. 高响应比优先

C. 时间片轮转　　D. 非抢占式短任务优先

59. 在支持多线程的系统中，进程P创建的若干个线程不能共享的是（　　）。

A. 进程P的代码段　　B. 进程P中打开的文件

C. 进程P的全局变量　　D. 进程P中某线程的栈指针

60.（2011年统考真题）某时刻进程的资源使用情况见表2-11。

表2-11　进程的资源使用情况

进程	已分配资源			仍需分配			可用资源		
	R_1	R_2	R_3	R_1	R_2	R_3	R_1	R_2	R_3
P_1	2	0	0	0	0	1	0	2	1
P_2	1	2	0	1	3	2			
P_3	0	1	1	1	3	1			
P_4	0	0	1	2	0	0			

此时的安全序列是（　　）。

A. P_1、P_2、P_3、P_4　　B. P_1、P_3、P_2、P_4

C. P_1、P_4、P_3、P_2　　D. 不存在

61.（2011年统考真题）有两个并发执行的进程P_1和P_2，共享初值为1的变量x。P_1对

x 加 1，P_2 对 x 减 1。加 1 操作和减 1 操作的指令序列分别如下所示：

```
//加 1 操作                                  //减 1 操作
load R1, x     ①//取 x 到寄存器 R1 中         load R2, x     ④
inc R1         ②                              dec R2         ⑤
store x,R1     ③//将 R1 的内容存入 x          store x, R2    ⑥
```

两个操作完成后，x 的值（　　）。

A. 可能为-1 或 3　　　　B. 只能为 1

C. 可能为 0、1 或 2　　　　D. 可能为-1、0、1 或 2

62.（2012 年统考真题）若一个用户进程通过 read 系统调用读取一个磁盘文件中的数据，则下列关于此过程的叙述中，正确的是（　　）。

Ⅰ. 若该文件的数据不在内存中，则该进程进入睡眠等待状态

Ⅱ. 请求 read 系统调用会导致 CPU 从用户态切换到核心态

Ⅲ. read 系统调用的参数应包含文件的名称

A. 仅Ⅰ、Ⅱ　　　　B. 仅Ⅰ、Ⅲ

C. 仅Ⅱ、Ⅲ　　　　D. Ⅰ、Ⅱ和Ⅲ

63.（2012 年统考真题）下列关于进程和线程的叙述中，正确的是（　　）。

A. 不管系统是否支持线程，进程都是资源分配的基本单位

B. 线程是资源分配的基本单位，进程是调度的基本单位

C. 系统级线程和用户级线程的切换都需要内核的支持

D. 同一进程中的各个线程拥有各自不同的地址空间

64.（2012 年统考真题）若某单处理器多进程系统中有多个就绪进程，则下列关于处理器调度的叙述中，错误的是（　　）。

A. 在进程结束时能进行处理器调度

B. 创建新进程后能进行处理器调度

C. 在进程处于临界区时不能进行处理器调度

D. 在系统调用完成并返回用户态时能进行处理器调度

65.（2012 年统考真题）假设 5 个进程 P_0、P_1、P_2、P_3、P_4 共享 3 类资源 R_1、R_2、R_3，这些资源总数分别为 18、6、22。T_0 时刻的资源分配情况见表 2-12，此时存在的一个安全序列是（　　）。

表 2-12　T_0 时刻的资源分配情况

进程	已分配资源			资源最大需求		
	R_1	R_2	R_3	R_1	R_2	R_3
P_0	3	2	3	5	5	10
P_1	4	0	3	5	3	6
P_2	4	0	5	4	0	11
P_3	2	0	4	4	2	5
P_4	3	1	4	4	2	4

A. P_0、P_2、P_4、P_1、P_3　　　　B. P_1、P_0、P_3、P_4、P_2

C. P_2、P_1、P_0、P_3、P_4　　　　D. P_3、P_4、P_2、P_1、P_0

66.（2013 年统考真题）下列关于银行家算法的叙述中，正确的是（　　）。

A. 银行家算法可以预防死锁

B. 当系统处于安全状态时，系统中一定无死锁进程

C. 当系统处于不安全状态时，系统中一定会出现死锁进程

D. 银行家算法破坏了产生死锁的必要条件中的“请求和保持”条件

67.（2014 年统考真题）下列调度算法中，不可能导致饥饿现象的是（　　）。

A. 时间片轮转　　B. 静态优先数调度

C. 非抢占式短作业优先　　D. 抢占式短作业优先

68.（2014 年统考真题）某系统有 n 台互斥使用的同类设备，3 个并发进程分别需要 3、4、5 台设备，可确保系统不发生死锁的设备数 n 最小为（　　）。

A. 9　　B. 10　　C. 11　　D. 12

69.（2014 年统考真题）一个进程的读磁盘操作完成后，操作系统针对该进程必做的是（　　）。

A. 修改进程状态为就绪态　　B. 降低进程优先级

C. 给进程分配用户内存空间　　D. 增加进程时间片大小

70.（2015 年统考真题）下列选项中，会导致进程从执行态变为就绪态的事件是（　　）。

A. 执行 P(wait)操作　　B. 申请内存失败

C. 启动 I/O 设备　　D. 被高优先级进程抢占

71.（2015 年统考真题）若系统 S1 采用死锁避免方法，S2 采用死锁检测方法，下列叙述中，正确的是（　　）。

Ⅰ. S1 会限制用户申请资源的顺序，而 S2 不会

Ⅱ. S1 需要进程运行所需资源总量信息，而 S2 不需要

Ⅲ. S1 不会给可能导致死锁的进程分配资源，而 S2 会

A. 仅Ⅰ、Ⅱ　　B. 仅Ⅱ、Ⅲ

C. 仅Ⅰ、Ⅲ　　D. Ⅰ、Ⅱ、Ⅲ

72.（2016 年统考真题）系统中有 3 个不同的临界资源 R_1、R_2 和 R_3，被 4 个进程 P_1、P_2、P_3 及 P_4 共享。各进程对资源的需求为：P_1 申请 R_1 和 R_2，P_2 申请 R_2 和 R_3，P_3 申请 R_1 和 R_3，P_4 申请 R_2。若系统出现死锁，则处于死锁状态的进程数至少是（　　）。

A. 1　　B. 2　　C. 3　　D. 4

73.（2016 年统考真题）使用 TSL(TestandSetLock)指令实现进程互斥的伪代码如下所示：

```
do{
    …
    while(TSL(&lock));
    criticalsection;
    lock=FALSE;
    …
}while(TRUE);
```

下列与该实现机制相关的叙述中，正确的是（　　）。

A. 退出临界区的进程负责唤醒阻塞态进程

B. 等待进入临界区的进程不会主动放弃 CPU

C. 上述伪代码满足“让权等待”的同步准则

D．while(TSL(&lock))语句应在关中断状态下执行

74．（2016 年统考真题）进程 P_1 和 P_2 均包含并发执行的线程，部分伪代码描述如下所示：

//进程 P_1	//进程 P_2

int x=0;
Thread1()
{
  int a;
  a=1;
  x+=1;
}
Thread2()
{
  int a;
  a=2;
  x+=2;
}
	int x=0;
	Thread3()
	{
	  int a;
	  a=x;
	  x+=3;
	}
	Thread4()
	{
	  int b;
	  b=x;
	  x+=4;
	}

下列选项中，需要互斥执行的操作是（　　）。

A．a=1 与 a=2　　B．a=x 与 b=x　　C．x+=1 与 x+=2　　D．x+=1 与 x+=3

75．（2016 年统考真题）下列关于管程的叙述中，错误的是（　　）。

A．管程只能用于实现进程的互斥

B．管程是由编程语言支持的进程同步机制

C．任何时候只能有一个进程在管程中执行

D．管程中定义的变量只能被管程内的过程访问

76．（2017 年统考真题）假设 4 个作业到达系统的时刻和运行时间见表 2-13。

表 2-13　作业到达系统的时刻和运行时间

作业	到达时刻 t	运行时间
J1	0	3
J2	1	3
J3	1	2
J4	3	1

系统在 t=2 时开始作业调度。若分别采用先来先服务和短作业优先调度算法，则选中的作业分别是（　　）。

A．J2、J3　　B．J1、J4

C．J2、J4　　D．J1、J3

77．（2017 年统考真题）下列有关时间片的进程调度的描述中，错误的是（　　）。

A．时间片越短，进程切换的次数越多，系统开销也越大

B．当前进程的时间片用完后，该进程状态由执行态变为阻塞态

C．时钟中断发生后，系统会修改当前的进程在时间片内的剩余时间

D．影响时间片大小的主要因素包括响应时间、系统开销和进程数量等

78．（2017 年统考真题）与单道程序相比，多道程序系统的优点是（　　）。

Ⅰ．CPU 利用率高　　Ⅱ．系统开销小

Ⅲ．系统吞吐量大　　Ⅳ．I/O 设备利用率高

A．仅Ⅰ、Ⅲ　　B．仅Ⅰ、Ⅳ　　C．仅Ⅱ、Ⅲ　　D．仅Ⅰ、Ⅲ、Ⅳ

79．（2018 年统考真题）假设系统中有 4 个同类资源，进程 P_1、P_2 和 P_3 需要的资源数分别为 4、3 和 1，P_1、P_2 和 P_3 已申请到的资源数分别为 2、1 和 0，则执行安全性检测算法的

结果是（　　）。

A．不存在安全序列，系统处于不安全状态

B．存在多个安全序列，系统处于安全状态

C．存在唯一安全序列 P_3、P_1、P_2，系统处于安全状态

D．存在唯一安全序列 P_3、P_2、P_1，系统处于安全状态

80.（2018 年统考真题）下列选项中，可能导致当前进程 P 阻塞的事件是（　　）。

Ⅰ．进程 P 申请临界资源

Ⅱ．进程 P 从磁盘读数据

Ⅲ．系统将 CPU 分配给高优先权的进程

A．仅Ⅰ　　B．仅Ⅱ　　C．仅Ⅰ、Ⅱ　　D．Ⅰ、Ⅱ、Ⅲ

81.（2018 年统考真题）若 x 是管程内的条件变量，则当进程执行 x.wait( )时所做的工作是（　　）。

A．实现对变量 x 的互斥访问

B．唤醒一个在 x 上阻塞的进程

C．根据 x 的值判断该进程是否进入阻塞状态

D．阻塞该进程，并将其插入 x 的阻塞队列中

82.（2018 年统考真题）当定时器产生时钟中断后，由时钟中断服务程序更新的部分内容是（　　）。

Ⅰ．内核中时钟变量的值

Ⅱ．当前进程占用 CPU 的时间

Ⅲ．当前进程在时间片内的剩余执行时间

A．仅Ⅰ、Ⅱ　　B．仅Ⅱ、Ⅲ　　C．仅Ⅰ、Ⅲ　　D．Ⅰ、Ⅱ、Ⅲ

83.（2018 年统考真题）在下列同步机制中，可以实现让权等待的是（　　）。

A．Peterson 方法　　B．swap 指令

C．信号量方法　　D．TestAndSet 指令

84.（2019 年统考真题）下列关于线程的描述中，错误的是（　　）。

A．内核级线程的调度由操作系统完成

B．操作系统为每个用户级线程建立一个线程控制块

C．用户级线程间的切换比内核级线程间的切换效率高

D．用户级线程可以在不支持内核级线程的操作系统上实现

85.（2019 年统考真题）系统采用二级反馈队列调度算法进行进程调度。就绪队列 Q_1 采用时间片轮转调度算法，时间片为 10ms；就绪队列 Q_2 采用短进程优先调度算法；系统优先调度 Q_1 队列中的进程，当 Q_1 为空时系统才会调度 Q_2 中的进程；新创建的进程首先进入 Q_1；Q_1 中的进程执行一个时间片后，若未结束，则转入 Q_2。若当前 Q_1、Q_2 为空，系统依次创建进程 P_1、P_2 后即开始进程调度，P_1、P_2 需要的 CPU 时间分别为 30ms 和 20ms，则进程 P_1、P_2 在系统中的平均等待时间为（　　）

A．25ms　　B．20ms　　C．15ms　　D．10ms

86.（2019 年统考真题）下列关于死锁的叙述中，正确的是（　　）。

Ⅰ．可以通过剥夺进程资源解除死锁

Ⅱ．死锁的预防方法能确保系统不发生死锁

Ⅲ. 银行家算法可以判断系统是否处于死锁状态

Ⅳ. 当系统出现死锁时，必然有两个或两个以上的进程处于阻塞态

A. 仅Ⅱ、Ⅲ　　B. 仅Ⅰ、Ⅱ、Ⅳ

C. 仅Ⅰ、Ⅱ、Ⅲ　　D. 仅Ⅰ、Ⅲ、Ⅳ

87.（2020 年统考真题）下列与进程调度有关的因素中，在设计多级反馈队列调度算法时需要考虑的是（　　）。

Ⅰ. 就绪队列的数量

Ⅱ. 就绪队列的优先级

Ⅲ. 各就绪队列的调度算法

Ⅳ. 进程在就绪队列间的迁移条件

A. 仅Ⅰ、Ⅱ　　B. 仅Ⅲ、Ⅳ

C. 仅Ⅱ、Ⅲ、Ⅳ　　D. Ⅰ、Ⅱ、Ⅲ和Ⅳ

88.（2020 年统考真题）下列关于父进程与子进程的叙述中，错误的是（　　）。

A. 父进程与子进程可以并发执行

B. 父进程与子进程共享虚拟地址空间

C. 父进程与子进程有不同的进程控制块

D. 父进程与子进程不能同时使用同一临界资源

89.（2020 年统考真题）下列准则中实现临界区互斥机制必须遵循的是（　　）。

Ⅰ. 两个进程不能同时进入临界区

Ⅱ. 允许进程访问空闲的临界资源

Ⅲ. 进程等待进入临界区的时间是有限的

Ⅳ. 不能进入临界区的执行态进程立即放弃 CPU

A. 仅Ⅰ、Ⅳ　　B. 仅Ⅱ、Ⅲ

C. 仅Ⅰ、Ⅱ、Ⅲ　　D. 仅Ⅰ、Ⅲ、Ⅳ

90.（2021 年统考真题）下列操作中，操作系统在创建新进程时，必须完成的是（　　）。

Ⅰ. 申请空白的进程控制块

Ⅱ. 初始化进程控制块

Ⅲ. 设置进程状态为执行态

A. 仅Ⅰ　　B. 仅Ⅰ、Ⅱ　　C. 仅Ⅰ、Ⅲ　　D. 仅Ⅱ、Ⅲ

91.（2021 年统考真题）下列内核的数据结构或程序中，分时系统实现时间片轮转调度需要使用的是（　　）。

Ⅰ. 进程控制块　　Ⅱ. 时钟中断处理程序

Ⅲ. 进程就绪队列　　Ⅳ. 进程阻塞队列

A. 仅Ⅱ、Ⅲ　　B. 仅Ⅰ、Ⅳ

C. 仅Ⅰ、Ⅱ、Ⅲ　　D. 仅Ⅰ、Ⅱ、Ⅳ

92.（2021 年统考真题）下列事件中，可能引起进程调度程序执行的是（　　）。

Ⅰ. 中断处理结束　　Ⅱ. 进程阻塞

Ⅲ. 进程执行结束　　Ⅳ. 进程的时间片用完

A. 仅Ⅰ、Ⅲ　　B. 仅Ⅱ、Ⅳ

C. 仅Ⅲ、Ⅳ　　D. Ⅰ、Ⅱ、Ⅲ和Ⅳ

93.（2021年统考真题）下列选项中，通过系统调用完成的操作是（　　）。

A．页置换　　B．进程调度　　C．创建新进程　　D．生成随机整数

94.（2022年统考真题）下列关于多道程序系统的叙述中，不正确的是（　　）。

A．支持进程的并发执行　　B．不必支持虚拟存储管理

C．需要实现对共享资源的管理　　D．进程数越多CPU利用率越高

95.（2022年统考真题）进程P_0、P_1、P_2和P_3进入就绪队列的时刻、优先级（值越小优先权越高）及CPU执行时间见表2-14。

表2-14　进程进入就绪队列的时刻、优先级及CPU执行时间

进程	进入就绪队列的时刻	优先级	CPU执行时间
P_0	0ms	15	100ms
P_1	10ms	20	60ms
P_2	10ms	10	20ms
P_3	15ms	6	10ms

若系统采用基于优先权的抢占式进程调度算法，则从0ms时刻开始调度，到4个进程都运行结束为止，发生进程调度的总次数为（　　）。

A．4　　B．5　　C．6　　D．7

96.（2022年统考真题）系统中有三个进程P_0、P_1、P_2及三类资源A、B、C。若某时刻系统分配资源的情况见表2-15，则此时系统中存在的安全序列的个数为（　　）。

表2-15　某时刻系统分配资源的情况

进程	已分配资源数			尚需资源数			可用资源数		
	A	B	C	A	B	C	A	B	C
P_0	2	0	1	0	2	1	1	3	2
P_1	0	2	0	1	2	3			
P_2	1	0	1	0	1	3			

A．1　　B．2　　C．3　　D．4

97.（2022年统考真题）下列事件或操作中，可能导致进程P由执行态变为阻塞态的是（　　）。

Ⅰ．进程P读文件　　Ⅱ．进程P的时间片用完

Ⅲ．进程P申请外设　　Ⅳ．进程P执行信号量的wait操作

A．仅Ⅰ、Ⅳ　　B．仅Ⅱ、Ⅲ　　C．仅Ⅲ、Ⅳ　　D．仅Ⅰ、Ⅲ、Ⅳ

98.（2022年统考真题）执行系统调用的过程涉及下列操作，其中由操作系统完成的是（　　）。

Ⅰ．保存断点和程序状态字　　Ⅱ．保存通用寄存器的内容

Ⅲ．执行系统调用服务例程　　Ⅳ．将CPU模式改为内核态

A．仅Ⅰ、Ⅲ　　B．仅Ⅱ、Ⅲ　　C．仅Ⅱ、Ⅳ　　D．仅Ⅱ、Ⅲ、Ⅳ

99．设有P_1、P_2、P_3三个进程共享某一资源F，P_1对F只读不写，P_2对F只写不读，P_3

对 F 先读后写。当一个进程写 F 时，其他进程对 F 不能进行读写，但多个进程同时读 F 是允许的。使用 P、V 操作正确实现 P_1、P_2、P_3 三个进程的同步互斥。要求：

1）正常运行时不产生死锁。

2）使用 F 的并发度高。

100．假设内存有 64 个存储块，其编号为 0，1，2，…，63。每个存储块使用与否，采用位图（一个 64 位的标志字 flag）表示，flag 的每一位对应于一个存储块，当某一位（bit）置 1 时，表示该块已分配；置 0 表示该存储块空闲。有两个进程：

get 进程负责存储块的分配，每次分配一个块。其分配动作是：找出标志字的某个为 0 的位，将其置 1，然后将其所代表的块进行分配。

put 进程负责存储块的回收，其回收动作为：找出回收块对应的标志字的相同位，把它置 0，然后回收之。

试用信号量机制的 P、V 操作写出两个进程间的同步算法。

101．分别简述进程的同步与互斥的概念及二者的关系。

102．P_1、P_2、P_3、P_4、P_5、P_6 为一组合作进程，其前趋图如图 2-16 所示，试用 P、V 操作完成这 6 个进程的同步。

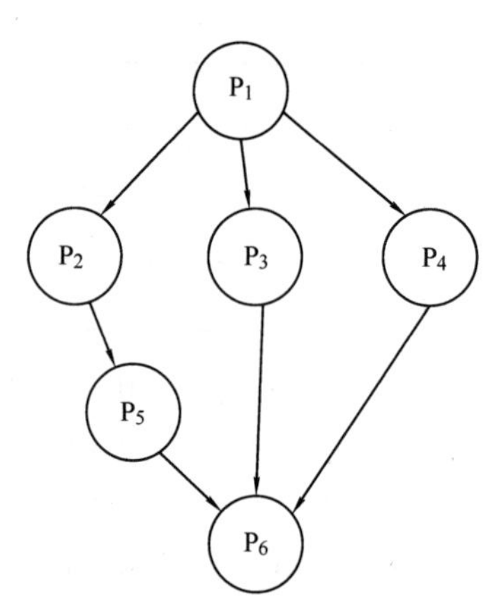

图 2-16 前趋图

103．有 3 个进程 P_1、P_2 和 P_3 并发工作。进程 P_1 需用资源 S_3 和 S_1；进程 P_2 需用资源 S_1 和 S_2；进程 P_3 需用资源 S_3 和 S_2。回答：

1）若对资源分配不加限制，会发生什么情况？为什么？

2）为保证进程正确的工作，应采取哪些资源分配策略？为什么？

104．某系统有同类资源 m 个，供 n 个进程共享。假设每个进程最多申请 x 个资源（其中 $1 \leqslant x \leqslant m$），请证明：当 $n(x-1)+1 \leqslant m$ 时，系统不会发生死锁。

105．某银行计算机系统要实现一个电子转账系统，其基本的业务流程是：首先对转出方和转入方的账户进行加锁，其次进行转账业务，最后对转出方和转入方的账户进行解锁。如果不采取任何措施，系统会不会发生死锁？为什么？请设计一种能够避免死锁的方法。

106．有两个程序，A 程序按顺序使用 CPU 10s，使用设备甲 5s，使用 CPU 5s，使用设备乙 10s，最后使用 CPU 10s。B 程序按顺序使用设备甲 10s，使用 CPU 10s，使用设备乙 5s，使用 CPU 5s，最后使用设备乙 10s。请问在多道程序环境下与在顺序环境下（先执行 A 程序再执行 B 程序）相比，CPU 利用率提高了多少？

107．进程之间存在哪几种制约关系？各是什么原因引起的？下面的活动属于哪种制约关系？

1）若干位同学去图书馆借书。

2）两队举行篮球赛。

3）流水线生产的各道工序。

4）商品生产和社会消费。

108．消息缓冲通信技术是一种高级通信机制，由 Hansen 首先提出。请回答下列问题。

1）试叙述高级通信机制与低级通信机制 P、V 原语操作的主要区别。

2）给出消息缓冲机制（有限缓冲）的基本工作原理。

3）消息缓冲通信机制（有限缓冲）中提供发送原语 Send（Receiver a），调用参数 a 表示发送消息的内存区首地址。试设计相应的数据结构，并用P、V操作实现Send原语。

109．有一个计算进程和打印进程，它们共享一个单缓冲区，计算进程不断地计算出结果并将其放入单缓冲区中，打印进程则负责从单缓冲区中取出每个结果进行打印。请用信号量实现它们的同步关系。

110．在银行家算法中，出现以下资源分配情况（见表2-16）。

系统剩余资源数量=（3，2，2），试问：

1）该状态是否安全？请给出详细的检查过程。

2）若进程依次有如下资源请求：

P_1：资源请求Request(1，0，2)。

P_4：资源请求Request(3，3，0)。

P_0：资源请求Request(0，1，0)。

则系统该如何进行资源分配，才能避免死锁？

表2-16 资源分配情况

进　程	资源最大需求	已分配资源
P_0	7，5，3	0，1，0
P_1	3，2，2	2，1，0
P_2	9，0，2	3，0，2
P_3	2，2，2	2，1，1
P_4	4，3，3	0，0，2

111．设系统仅有一类数量为M的独占型资源，系统中N个进程竞争该类资源，其中各进程对该类资源的最大需求为W。当M、N、W分别取下列各值时，下列哪些情形会发生死锁？为什么？

1）M=2，N=2，W=2。

2）M=3，N=2，W=2。

3）M=3，N=2，W=3。

4）M=5，N=3，W=2。

5）M=6，N=3，W=3。

112．设系统中有3种类型的资源A、B、C和5个进程P_1、P_2、P_3、P_4、P_5，A资源的数量为17，B资源的数量为5，C资源的数量为20。在T_0时刻，系统状态见表2-17。系统采用银行家算法实现死锁避免。

表2-17 T_0时的系统状态

进程	资源								
	最大资源需求量			已分配资源数量			剩余资源数量		
	A	B	C	A	B	C	A	B	C
P_1	5	5	9	2	1	2	2	3	3
P_2	5	3	6	4	0	2			
P_3	4	0	11	4	0	5			
P_4	4	2	5	2	0	4			
P_5	4	2	4	3	1	4			

试问：

1）T_0时刻是否为安全状态？若是，请给出安全序列。

2）在T_0时刻，若进程P_2请求资源（0，3，4），是否能实施资源分配？为什么？

3）在2）的基础上，若进程P_4请求资源（2，0，1），是否能实施资源分配？

4）在3）的基础上，若进程P_1请求资源（0，2，0），是否能实施资源分配？

113．设系统中有下述解决死锁的办法。

1）银行家算法。

2）检测死锁，终止处于死锁状态的进程，释放该进程所占有的资源。

3）资源预分配。

请问哪种办法允许最大的并发性，即哪种办法允许更多的进程无等待地向前推进？请按并发性从大到小对上述 3 种办法进行排序。

114．有 5 个进程 P_a、P_b、P_c、P_d 和 P_e，它们依次进入就绪队列，它们的优先级和需要的处理器时间见表 2-18。

表 2-18 进程的优先级和需要的处理器时间

进 程	需要的处理器时间/s	优 先 级
P_a	10	3
P_b	1	1
P_c	2	3
P_d	1	4
P_e	5	2

忽略进程调度等所花费的时间，请回答下列问题。

1）分别写出采用先来先服务调度算法和非抢占式的优先数（数字大的优先级低）调度算法中进程执行的次序。

2）分别计算出上述两种算法使各进程在就绪队列中的等待时间及两种算法下的平均等待时间。

3）某单处理器系统中采用多道程序设计，现有 10 个进程存在，则处于执行、阻塞和就绪状态的进程数量的最小值和最大值分别可能是多少？

115．今有 3 个并发进程 R、M、P，它们共享一个可循环使用的缓冲区 B，缓冲区 B 共有 N 个单元。进程 R 负责从输入设备读信息，每读一个字符后，把它存入缓冲区 B 的一个单元中；进程 M 负责处理读入的字符，若发现读入的字符中有空格符，则把它改成“,”；进程 P 负责把处理后的字符取出并打印输出。请用 P、V 操作写出它们能正确并发执行的程序。

116．某火车订票系统可供多个用户同时共享一个订票数据库。规定允许多个用户同时查询该数据库，有查询者时，用户不能订票；有用户订票而需要更新数据库时，不可以有其他用户使用数据库。请用 P、V 操作写出查询者和订票者的同步执行程序。

117．4 个哲学家甲、乙、丙、丁坐在圆桌前思考问题，甲、乙间有筷子 0，乙、丙间有筷子 1，依次类推。每个哲学家饥饿时，就试图取用两边的筷子，只有两根筷子都被拿到才能开始进餐。请用 P、V 操作写出哲学家活动的同步执行程序。

118．设有两个优先级相同的进程 P_1 和 P_2，见表 2-19。信号量 S_1 和 S_2 的初值均为 0，试问 P_1、P_2 并发执行结束后，x、y、z 的值各为多少？

表 2-19 进程 P_1 和 P_2

进程 P_1	进程 P_2
y=1;	x=1;
y=y+2;	x=x+2;
V（S_1）;	P（S_1）;
z=y+1;	x=x+y;
P（S_2）;	V（S_2）;
y=z+y;	z=x+z;

119．下面是两个并发执行的进程。它们能正确运行吗？若不能，请举例说明，并对其改正。

```
parbegin
    var x:integer;
    process P1
    var y,z:integer;
    begin
        x:=1;
        y:=0;
        if x>=1 then y:=y+1;
```

```
        z:=y;
    end
process P2
    var t,u:integer;
    begin:
        x:=0;
        t:=0;
        if x<=1 then t:=t+2;
        u:=t;
    endparend
```

120．设有一个发送者进程和接收者进程，其流程图如图2-17所示。s是用于实现进程同步的信号量，mutex是用于实现进程互斥的信号量。试问流程图中的A、B、C、D矩形框中应填写什么？假定缓冲区有无限多个，s和mutex的初值应为多少？

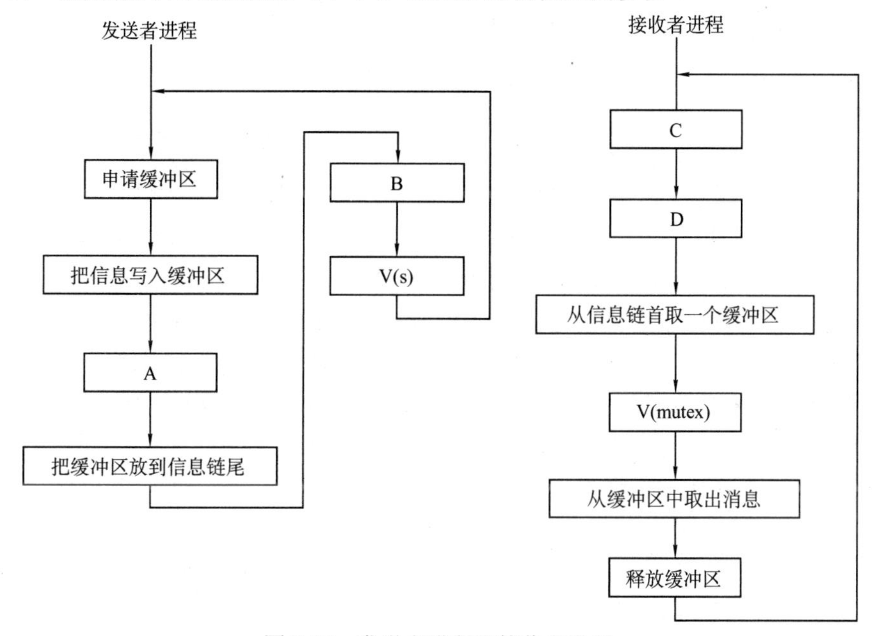

图2-17 发送者进程和接收者进程

121．某高校计算机系开设网络课并安排上机实习，假设机房共有2m台机器，有2n名学生选课（m、n均大于或等于1），且有如下规定。

1）每两个学生组成一组，各占一台机器协同完成上机实习。

2）只有一组两个学生到齐，并且此时机房有空闲机器时，该组学生才能进入机房。

3）上机实习由一名教师检查，检查完毕后一组学生同时离开机房。

试用P、V操作实现其过程。

122．某寺庙有小和尚和老和尚若干，有一个水缸，由小和尚提水入缸供老和尚饮用。水缸可以容纳10桶水，水取自同一口井中，由于水井口窄，每次只能容纳一个水桶取水。水桶总数为3个（老和尚和小和尚共同使用）。每次入水、取水仅为一桶，且不可同时进行。试给出有关取水、入水的算法描述。

123．桌上有一空盘，允许存放一个水果。爸爸可向盘中放苹果，也可向盘中放橘子，儿

子专等吃盘中的橘子，女儿专等吃盘中的苹果。规定当盘空时一次只能放一个水果供吃者取用，请用P、V原语实现爸爸、儿子、女儿3个并发进程的同步。

124．设公共汽车上，司机和售票员的活动分别如下。司机的活动：起动车辆；正常行车；到站停车。售票员的活动：关车门；售票；开车门。在汽车不断地到站、停车、行驶过程中，这两个活动有什么同步关系？试用信号量和P、V操作实现它们的同步。

125．有一个烟草供应商和3个抽烟者。抽烟者若要抽烟，必须具有烟叶、烟纸和火柴。3个抽烟者中，一个有烟叶、一个有烟纸、一个有火柴。烟草供应商会源源不断地分别供应烟叶、烟纸和火柴，并将它们放在桌上。若他放的是烟纸和火柴，则有烟叶的抽烟者会拾起烟纸和火柴制作香烟，然后抽烟；其他类推。试用信号量同步烟草供应商和3个抽烟者。

126．有座桥如图2-18所示。车流如箭头所示。桥上不允许有两车交汇，但允许同方向车依次通行（即桥上可以有多个同方向的车）。用P、V操作实现交通管理以防桥上堵塞。

127．进程P_1、P_2、P_3共享一个表格F，P_1对F只读不写，P_2对F只写不读，P_3对F先读后写。进程可同时读F，但有进程写时，其他进程不能读和写。要求：1）正常运行时不能产生死锁。2）F的并发度要高，要求用算法描述。

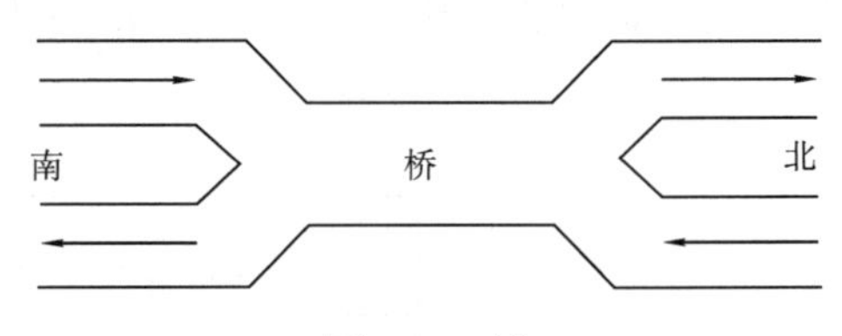

图2-18 桥

128．3个进程P_1、P_2、P_3互斥使用一个包含N（N>0）个单元的缓冲区。P_1每次用produce()生成一个正整数并用put()送入缓冲区的某一空闲单元中；P_2每次用getodd()从该缓冲区中取出一个奇数并用countodd()统计奇数个数；P_3每次用geteven()从该缓冲区中取出一个偶数并用counteven()统计偶数个数。请用信号量机制实现这3个进程的同步与互斥活动，并说明所定义信号量的含义。要求用伪代码描述。

129．假定某计算机系统有R_1设备3台、R_2设备4台，它们被P_1、P_2、P_3和P_4这4个进程所共享，且已知这4个进程均以下面所示的顺序使用现有设备。

→申请R_1→申请R_2→申请R_1→释放R_1→释放R_2→释放R_1→

1）系统运行过程中是否有产生死锁的可能？为什么？

2）如果有可能产生死锁，请列举一种情况，并画出表示该死锁状态的进程-资源图。

130．关于处理器调度，试问：

1）什么是处理器的三级调度？

2）处理器的三级调度分别在什么情况下发生？

3）各级调度分别完成什么工作？

131．假定要在一台处理器上执行表2-20中的作业，且假定这些作业在时刻0以1～5的顺序到达（数字越小，优先级越高）。说明分别使用FCFS、RR（时间片=1）、SJF以及非剥夺式优先级调度算法时，这些作业的执行情况。针对上述每种调度算法，给出平均周转时间和平均带权周转时间。

表2-20 不同的作业

作业	执行时间/s	优先级
1	10	3
2	1	1
3	2	3
4	1	4
5	5	2

132．考虑由n个进程共享的具有m个同类资源的系统，证明：如果对i=1，2，…，n，有$Need_i>0$且所有最大需求量之和小于m+n，那么该系统是无法产生死锁的。

133．（2013年统考真题）考虑某个系统在表2-21所示时刻的状态。

表 2-21　某系统的状态

进程	矩阵											
	Allocation				Max				Available			
	A	B	C	D	A	B	C	D	A	B	C	D
P_0	0	0	1	2	0	0	1	2	1	5	2	0
P_1	1	0	0	0	1	7	5	0				
P_2	1	3	5	4	2	3	5	6				
P_3	0	0	1	4	0	6	5	6				

使用银行家算法回答下面的问题。

1）计算 Need 矩阵。

2）系统是否处于安全状态？如安全，请给出一个安全序列。

3）如果从进程 P_1 发来一个请求（0，4，2，0），这个请求能否立刻被满足？如安全，请给出一个安全序列。

134. 某博物馆最多可容纳 500 人同时参观，有一个出入口，该出入口一次仅允许一个人通过。参观者的活动描述如下：

```
cobegin
参观者进程 i：
{
    …
    进门;
    …
    参观;
    …
    出门;
    …
}
coend
```

请添加必要的信号量和 P、V（或 wait()、signal()）操作，以实现上述过程中的互斥与同步。要求写出完整的过程，说明信号量的含义并赋初值。

135.（2014 年统考真题）系统中有多个生产者进程和多个消费者进程，共享一个能存放 1000 件产品的环形缓冲区（初始为空）。当缓冲区未满时，生产者进程可以放入其生产的一件产品，否则等待；当缓冲区未空时，消费者进程可以从缓冲区取走一件产品，否则等待。要求一个消费者进程从缓冲区连续取出 10 件产品后，其他消费者进程才可以取产品。请使用信号量 P、V(wait()、signal())操作实现进程间的互斥与同步，要求写出完整的过程，并说明所用信号量的含义和初值。

136.（2015 年统考真题）有 A、B 两人通过信箱进行辩论，每个人都从自己的信箱中取得对方的问题，将答案和向对方提出的新问题组成一个邮件放入对方的邮箱中。假设 A 的信箱最多放 M 个邮件，B 的信箱最多放 N 个邮件。初始时 A 的信箱中有 x（$0<x<M$）个邮件，B 的信箱中有 y（$0<y<N$）个。辩论者每取出一个邮件，邮件数减 1。A 和 B 两人的操作过程描述如下：

CoBegin

A{
  while(TRUE){
    从 A 的信箱中取出一个邮件;
    回答问题并提出一个新问题;
    将新邮件放入 B 的信箱;
  }
}
	B{
	  while(TRUE){
	    从 B 的信箱中取出一个邮件;
	    回答问题并提出一个新问题;
	    将新邮件放入 A 的信箱;
	  }
	}

CoEnd

当信箱不为空时，辩论者才能从信箱中取邮件，否则等待。当信箱不满时，辩论者才能将新邮件放入信箱，否则等待。请添加必要的信号量和 P、V（或 wait、signal）操作，以实现上述过程的同步。要求写出完整过程，并说明信号量的含义和初值。

137.（2016 年统考真题）某进程调度程序采用基于优先数（priority）的调度策略，即选择优先数最小的进程运行，进程创建时由用户指定一个 nice 作为静态优先数。为了动态调整优先数，引入运行时间 cpuTime 和等待时间 waitTime，初值均为 0。进程处于执行态时，cpuTime 定时加 1，且 waitTime 置 0；进程处于就绪态时，cpuTime 置 0，waitTime 定时加 1。请回答下列问题。

1）若调度程序只将 nice 的值作为进程的优先数，即 priority=nice，则可能会出现饥饿现象，为什么？

2）使用 nice、cpuTime 和 waitTime 设计一种动态优先数计算方法，以避免产生饥饿现象，并说明 waitTime 的作用。

138.（2017 年统考真题）某进程中有 3 个并发执行的线程 thread1、thread2、thread3，其伪代码如下所示。

//复数的结构类型定义
typedef struct
{
  float a;
  float b;
}cnum;
cnum x,y,z; //全局变量
 	
//计算两个复数之和
cnum add(cnum p, cnum q)
{
  cnum s;
  s.a = p.a+q.a;
  s.b = p.b+q.b;
return s;
}
	thread 1
	{
	  cnum w;
	  w = add(x, y);
	  …
	}
	
	thread 2
	{
	  cnum w;
	  w = add(y, z);
	  …
	}
		thread 3
		{
		  cnum w;
		  w.a = 1;
		  w.b = 1;
		  z = add(z, w);
		  y = add(y, w);
		  …
		}

请添加必要的信号量和 P、V（或 wait()、signal()）操作，要求确保线程互斥访问临界资源，并且最大程度地并发执行。

139. （2019年统考真题）有n（n≥3）位哲学家围坐在一张圆桌边，每位哲学家交替地就餐和思考。在圆桌中心有m（m≥1）个碗，每两位哲学家之间有一根筷子。每位哲学家必须取到一个碗和两侧的筷子后，才能就餐，进餐完毕，将碗和筷子放回原位，并继续思考。为使尽可能多的哲学家同时就餐，且防止出现死锁现象，请使用信号量的P、V操作［wait()、signal()操作］描述上述过程中的互斥与同步，并说明所用信号量及初值的含义。

140.（2020年统考真题）现有5个操作A、B、C、D和E，操作C必须在A和B完成后执行，操作E必须在C和D完成后执行。请使用信号量的wait( )、signal( )操作（P、V操作）描述上述操作之间的同步关系，并说明所用信号量及其初值。

141.（2021年统考真题）下表给出了整型信号量S的wait( )和signal( )操作的功能描述，以及采用开/关中断指令实现信号量操作互斥的两种方法。

功能描述	方法1	方法2

Semaphore S;
wait (S) {
  while(S<=0);
 S=S-1;
}
 	
signal (S) {
  S=S+1;
}
	Semaphore S;
	wait (S) {
	  关中断;
	  while(S<=0) ;
	  S=S-1;
	  开中断;
	}
	
	Signal (S) {
	  关中断;
	  S=S+1;
	  开中断;
	}
		Semaphore S;
		wait (S) {
		  关中断;
		  While (S<=0);
		  开中断;
		  关中断;
		  }
		  S=S-1;
		  开中断;
		}
		Signal (S){
		  关中断;
		  S=S+1;
		  开中断;
		}

请回答下列问题：

1）为什么在wait( )和signal( )操作中对信号S的访问必须互斥执行？

2）分别说明方法1和方法2是否正确。若不正确，请说明理由。

3）用户程序能否使用开/关中断指令实现临界区互斥？为什么？

习题与真题答案

1. B。每一个进程都有生命期，即从创建到消亡的时间周期。当操作系统为一个程序构造一个进程控制块并分配地址空间之后，就创建了一个进程。用户可以任意撤销用户的作业，随着作业运行的正常或不正常结束，进程也被撤销了。

2. D。进程是程序在计算机上的一次执行活动。当运行一个程序时，就启动了一个进程。进程具有动态性、并发性、独立性、异步性和结构特征。显然，程序是静态的，进程是动态的。进程可以分为系统进程和用户进程。凡是用于完成操作系统的各种功能的进程都是系统

进程，它们就是处于运行状态下的操作系统本身。

3．C。并发进程执行的相对速度受进程调度策略影响，因为采取不同的调度策略（如 FCFS、SJF）会影响进程执行的相对速度。

4．B。处理器执行完一条指令后，硬件的中断装置（中断扫描机构）立即检查有无中断事件发生。若无中断事件发生，则处理器继续执行下面的指令；若有中断事件发生，则暂停现行进程的运行，而让操作系统中的中断处理程序占用处理器，这一过程称为“中断响应”。

5．A。B、C 选项操作会使运行状态转到就绪状态，而 D 选项操作不一定会引起处于运行状态中的进程变换状态。故正确答案只有 A。

6．D。在运行期间，进程不断地从一个状态转换到另一个状态，它可以多次处于就绪状态和执行状态，也可多次处于阻塞状态，但可能排在不同的阻塞队列。进程的 3 种基本状态的转换关系及其转换原因阐述如下：

1）就绪状态→执行状态。处于就绪状态的进程，当进程调度程序为之分配了处理器后，该进程便由就绪状态变为执行状态。正在执行的进程也称为当前进程。

2）执行状态→阻塞状态。正在执行的进程，因发生某事件而无法执行，例如，进程请求访问临界资源，而该资源正被其他进程访问，则请求该资源的进程将由执行状态变为阻塞状态。

3）执行状态→就绪状态。正在执行的程序，因时间片用完而被暂停执行，该进程便由执行状态变为就绪状态。在抢占调度方式中，一个优先级高的进程到来后，可以抢占一个正在执行的低优先级进程的处理器，这时该低优先级的进程将由执行状态转换为就绪状态。

7．B。进程并发时容易产生争夺资源的现象，必须在入口码处阻止进程同时进入临界区。要求根据给出的入口码和出口码判断程序是否正确。此类出题方式较常见，关键是找出程序的错误。根据条件可先写出每个进程的执行代码。注意：程序中 i 的取值应与进程 P_i 的取值相同，代码如下：

```
P0: repeat
retry: if(turn !=-1)  turn=0;          ①
    if(turn!=0)  go to retry;          ②
    turn=-1;                           ⑤
    临界区;
    turn=0;
    其他区域;
until false;
P1: repeat
retry: if(turn !=-1)  turn=1;          ③
    if(turn!=1)  go to retry;          ④
    turn=-1;                           ⑥
    临界区;
    turn=0;
    其他区域;
until false;
```

入口码最容易出错的地方是在两个进程同时申请进入临界区的时候。若此时两个进程同时申请资源，turn 的值是 0，按照①②③④⑤⑥的顺序执行，两个进程同时进入临界区。再分析“饥饿”问题。因为入口码的判断条件是 turn!=-1，所以只有当 turn!=-1 时进程才会被阻塞。turn=-1 说明已经有进程进入临界区，因此没有进程会被饿死。

8．C。多道程序中的并发进程可能无关，也可能相关，因此 A、B 选项都是错误的。两个并发进程不可能相同，因为至少它们的进程控制块是不同的，因此 D 选项也是错误的。

9．C。由于语句并发执行，因此可能的执行顺序有①②③④（X=4，Y=2）、①③②④（X=4，Y=3）、①③④②（X=4，Y=6）、③④①②（X=1，Y=3）、③①②④（X=4，Y=3）、③①④②（X=4，Y=6）这 6 种情况，所以应该选 C。这类题主要考查对于并发执行的理解，在列出所有可能情况时，注意 Begin 和 End 中的语句还是按顺序执行的。

10．B。目前存在着多种调度算法，有的算法适用于作业调度，有的算法适用于进程调度；但也有些调度算法既可用于作业调度，也可用于进程调度。其中，先来先服务（FCFS）调度算法是一种最简单的调度算法。FCFS 算法比较有利于长作业（进程），而不利于短作业（进程）。FCFS 调度算法有利于 CPU 繁忙型的作业，而不利于 I/O 繁忙型的作业（进程）。CPU 繁忙型作业，是指该类作业需要大量的 CPU 时间进行计算，而很少请求 I/O。通常的科学计算便属于 CPU 繁忙型作业。I/O 繁忙型作业是指 CPU 进行处理时，又需频繁地请求 I/O，而每次 I/O 的操作时间却很短，目前大多数的事务处理都属于 I/O 繁忙型作业。

11．D。按照不同调度算法计算平均周转周期。时间片轮转：因没有给出时间片的长度，暂不计算。优先级调度：100min/5=20min。先来先服务：96min/5=19.2min。最短作业优先：70min/5=14min。不同调度算法的调度过程如图 2-19 所示。

12．B。原语通常由若干条指令组成，用来实现某个特定的操作。通过一段不可分割的或不可中断的程序来实现其功能。**引进原语的主要目的就是为了实现进程的通信和控制。**因为进程的管理和控制包括进程创建、调度、终止等，这些操作均不可中断，因此这些操作都应该是原语，本题选 B。

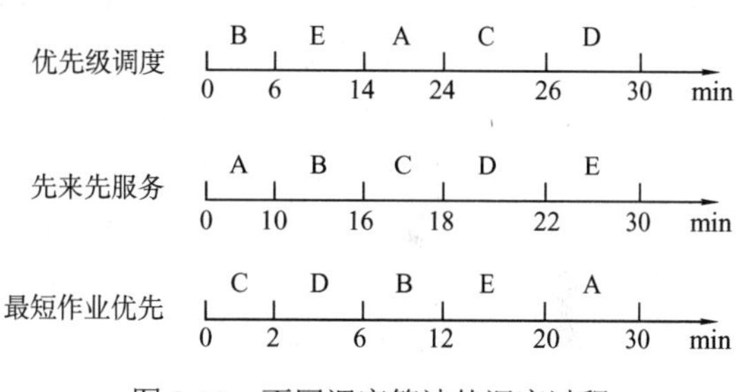

图 2-19 不同调度算法的调度过程

13．A。与程序顺序执行对比，程序并发执行时的特征有以下几个方面。

- 间断性：并发程序具有“执行—暂停—执行”这种间断性的活动规律。
- 失去封闭性：多个程序共享系统中的各种资源，因而这些资源的状态将由多个程序来改变，致使程序的运行已失去了封闭性。
- 不可再现性：由于失去了封闭性，程序的计算结果与并发程序的执行速度有关，从而使程序失去了可再现性。

14．D。常用的进程调度算法有先来先服务、优先级、时间片轮转及多级反馈队列等算法。先来先服务调度算法是非抢占式的；优先级调度算法可以是非抢占式的，也可以是抢占式的；时间片轮转调度算法是抢占式的。而最高响应比优先、最短作业优先算法适用于作业调度，而不适用于进程调度。

15．D。该十字路口可能发生死锁，示意图如图 2-20 所示。故 A、B 选项错误。C 选项的答案是低效的，原因是该路口最多一次只能运行两个方向的车，且这两个方向需为南北或东西。所以允许同时 3 个方向的车辆使用该路口的结果可能是只有一个方向的车能前进。所以 D 选项是最高效避免死锁的方法。

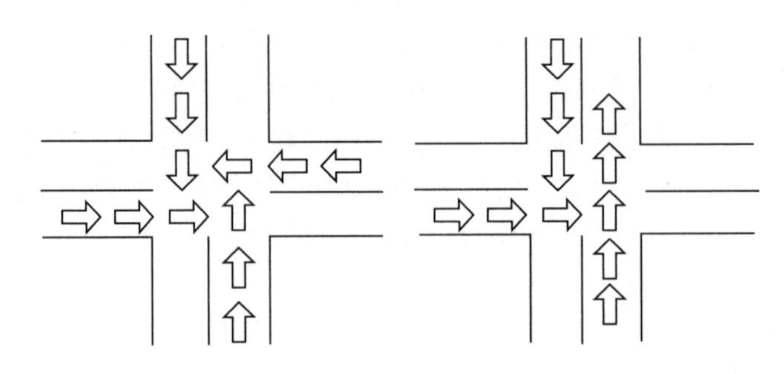

图 2-20 十字路口发生死锁的示意图

16．D。本题考查处理器的调度算法。①为了照顾短作业，赋予短作业高的优先级，所以采用短作业优先调度算法。②为了照顾紧急作业，必须采用可剥夺的调度算法，且同时需要赋予紧急作业高的优先级，所以采用基于优先级的剥夺调度算法。③为了实现人机交互，必须采用能保证响应时间最短的调度算法，所以采用时间片轮转调度算法。④为了使各种作业都满意，只有采用多级反馈队列调度算法，这样才能相对平衡地满足不同种作业的需要。

17．A。对于此类判断哪项正确或错误的选择题，最好采用排除法。对于 B 选项，有些系统优先级可以改变，如有些进程长时间得不到调度，随着等待时间的增加使其优先级增加，这样就可以防止某些原本优先级低的进程产生“饥饿”现象，所以 B 选项错误；对于 C 选项，在单 CPU 系统中，如果所有进程都处于死锁状态，那么就没有一个进程处于运行状态，所以 C 选项错误；对于 D 选项，进程申请 CPU 得不到满足时，应该被挂在就绪队列上，处于就绪状态而非阻塞状态，所以 D 错误；最后来看 A 选项，CPU 调度的概念就是从就绪队列上取下等待 CPU 的进程并分配 CPU 给它，所以 A 选项显然是正确的。

18．C。根据短作业优先调度算法，可以知道调度顺序是 J_1、J_2、J_3。因此 J_1 先执行，J_2、J_3 等待 T_1 的时间；然后 J_2 执行，J_3 继续等待 T_2 的时间；最后 J_3 执行 T_3 的时间。因此，J_1 的周转时间为 T_1，J_2 的周转时间为 T_1+T_2，J_3 的周转时间为 $T_1+T_2+T_3$；平均周转时间为三者之和的平均值，即 $(3T_1+2T_2+T_3)/3$。

19．C。导致一个进程去创建另一个进程的典型事件有 4 类：①用户登录；②作业调度；③提供服务；④应用请求。

20．C。这里要注意时间片用完与其他事件产生的结果的差别。当时间片用完时，进程并没有提出任何请求，只要有处理器就可以继续执行，因此进程是就绪状态；而其他事件引起的进程释放处理器是因为进程有其他需求，即便拥有处理器也无法执行，这时进程就是阻塞状态了。

21．D。临界区是进程访问临界资源的代码部分，因此 D 选项正确。要注意区分临界区和临界资源的概念，临界区是进程的一部分，每个进程的临界区可能不同，临界区是私有的，而临界资源是共享的。牢记一点，进程通过临界区访问临界资源。

22．B。当仅有两个并发进程共享临界资源时，互斥信号量仅能取值 1、0、-1，互斥信号量的初始值设为 1。即当互斥信号量初值为 1 时，表示同时只允许 1 个进程访问临界资源。当有 1 个进程提出访问临界资源请求时，执行 P 操作，互斥信号量减 1，变为 0，同时该进程进入临界区。如果另一个进程此时也请求访问临界资源，则同样执行 P 操作。由于互斥信号量执行 P 操作之前的值为 0，执行过 P 操作后，信号量值变为-1。

综上所述，mutex 为 1 时，表示没有进程进入临界区；mutex 为 0 时，表示有一个进程已进入临界区；mutex 为-1 时，表示有一个进程进入临界区，另一个进程等待进入。

23．C。管程的V操作不同于信号量机制中的V操作，前者必须在P操作之后，而后者则没有这个要求，只要和P操作配对出现即可。

24．A。响应比的计算方法为周转时间与执行时间的比值，周转时间为等待时间和执行时间的总和，因此响应比综合考虑了等待时间和执行时间两个方面。而短作业优先只考虑了执行时间；优先级调度只考虑了优先级；先来先服务与等待时间和执行时间无关。

25．D。进程推进顺序不当会引起死锁。这里注意进程调度顺序和推进顺序的区别，调度顺序更加宏观，是以完整进程为单位进行调度的；而推进顺序是把进程看作可以中断的、多个进程的不同部分交替执行的顺序。

26．C。在未控制进程互斥执行count加1操作，那么count的值是不确定的，可能对，也可能错，因此Ⅰ和Ⅱ都是错误的说法。控制共享变量 count 互斥访问后，可保证最终结果正确，因此Ⅲ正确。

27．D。概念题。死锁一定不安全，不安全未必会死锁，安全一定不会死锁。

28．B、D。父进程创建子进程的目的是将一些可以并行处理的操作移交给子进程去做，可实现并发处理。

父进程和子进程是一种创建者和被创建者的关系，不是一种前后相继的关系，因此选项A错误。

父进程和子进程可以并发执行，因此B选项正确。

撤销父进程时，表明该任务已经完成，因此应将所属的全部子进程同时撤销，以避免其子进程成为不可控的，因此D选项正确。一个子进程撤销，只能表明它的任务已做完，并不能表明整个任务已完成，所以不能将其父进程撤销，因此C选项错误。

综上，本题的B、D选项都是正确的。

29．C。调度算法的评价标准主要有以下几个：

- 公平性：确保每个作业获得合理的CPU份额。
- 效率：CPU真正用于运行作业的时间和总CPU时间之比（使CPU使用率尽可能高）。
- 响应时间：作业从提交到首次获得CPU使用权之间的时间间隔（使交互用户的响应时间尽可能短）。
- 周转时间：作业从提交到运行完毕之间的时间间隔（使批处理用户等待输出的时间尽可能短）。
- 吞吐量：单位时间内完成的作业数目（每小时处理作业数最多）。

增长在就绪队列中的等待时间，将造成对已分配资源的浪费，违背了调度算法的评价标准，而A、B、D选项都符合调度算法的评价标准。

30．C。在一个计算机系统中只有一个键盘，而且人为动作相对于计算机来说是很缓慢的，故可以用一个线程来处理所有键盘输入。

31．D。记住短作业优先调度算法的平均周转时间最短即可。4个选项的平均周转时间分别为6.3h、7h、7.3h、5.7h。

32．C。概念题。进程切换时，何时占用处理器、占用多长时间取决于进程自身和进程调度策略。

33．B。每当有一个进程进入临界区时，信号量减1，直到第m个进程进入临界区，信号量应当变为0，阻止其他进程继续进入临界区，因此，初值应当为m。

34．B。考虑最坏情况，当每个进程都获得了2台打印机时，这时只需再有1台打印机

就可以保证所有进程都能完成，不会发生死锁，即 11−2N≥1，由此得知 N≤5。

35．D。在系统中有 m 个进程，都需要 2 个同类资源的情况下，不会发生死锁的最少资源数是 m×(2−1)+1，即 m+1≤5，m≤4，m 的最大值为 4，即最多允许 4 个进程参与竞争，不会发生死锁。

36．B。概念题。银行家算法属于死锁避免。

37．B。解除死锁有资源剥夺法和撤销进程法，其他选项均不能解除死锁。

38．A。信号量是一种整型的特殊变量，只有初始化和 P、V 操作可以改变其值。通常，信号量的初值表示可以使用资源的总数。信号量为 0，表示资源已经分配完；信号量为负值，表示有进程正在等待分配资源，且等待的进程数就是信号量的绝对值。

39．C。进程进入临界区必须满足互斥条件，进程进入临界区但是尚未离开就被迫进入阻塞状态是可以的。在此情况下，只要其他进程在运行过程中不进入与该临界资源相关的临界区，就应该允许其运行。究其本质该进程锁定临界区，是锁定了临界区所访问的临界资源，即不允许其他进程在该进程访问临界区的过程中访问该临界资源。

40．C。本题考查可重入代码。可重入代码也叫纯代码，是一种允许多个进程同时访问的代码。为了使各进程所执行的代码完全相同，**这就要求代码不能自身修改**。程序在运行过程中可以被打断，并由开始处再次执行，且在合理的范围内（多次重入，而不会造成堆栈溢出等其他问题），程序可以在被打断处继续执行，执行结果不受影响。

41．B。不同功能的并发进程因为通过操作共享资源协作完成任务而产生的制约关系是同步关系。进程 A 和进程 B 的功能分别是产生数据和处理数据，两者属于不同功能的进程，协作完成数据处理任务，因此是同步关系。多个同种进程产生的竞争制约关系为互斥关系。

42．B。一次性分配进程所需的所有资源，如果有一项不满足就全部不分配，这样可以避免进程在执行过程中又申请资源，破坏了占有并请求的条件。这种方法虽然预防了死锁，但是资源利用率较低，甚至会导致“饥饿”现象。

43．D。本题策略不会导致死锁，因为破坏了不剥夺这一条件。但是这种分配策略会导致某些进程长时间等待所需资源，因为被阻塞进程所持有的资源可以被剥夺，所以被阻塞进程的资源数量在阻塞期间可能会变少，若系统中不断出现其他进程申请资源，某些被阻塞进程会一直被剥夺资源，同时系统无法保证在有限时间内将这些阻塞进程唤醒。

44．A。本题容易错选 B，即认为 n 个进程应该有一个进程被分配 CPU 运行，剩下最多 n−1 个进程在阻塞队列中，而且如果就绪队列中有进程，阻塞队列中的进程还将少于 n−1 个。但其实少考虑了一种情况，那就是死锁，如果这 n 个进程由于争夺资源而产生死锁，那么就有 n 个进程全在阻塞队列中等待相互间的资源释放。

45．B。

有人可能会这样理解，任何功能都是在硬件的基础上实现的，所以都是需要硬件支持的。但这里肯定不是这个意思，这里需要专门硬件支持的意思是，**除了处理器和内存以外**，为了实现该功能，需要另外添加**专门用于实现该功能**的硬件。

Ⅰ是，地址映射是需要硬件机构来实现的。

例如，在分页储存系统中，需要一个**页表寄存器**，在其中存放页表在内存的始址和页表的长度。

除此之外，当进程要访问某个逻辑地址中的数据时，分页地址变换机构（**它是硬件**）会自动将有效地址（相对地址）分为页号和页内地址两部分，再以页号为索引去检索页表。**查**

找操作是由硬件执行的。

Ⅱ不是，进程调度是通过使用一些调度算法来编程实现，所以不需要专门硬件支持。

Ⅲ是，CPU 硬件有一条中断请求线（IRL）。CPU 在执行完每条指令后，都将判断 IRL。当 CPU 检测到已经有**中断控制器（即中断源）**通过中断请求线发送了信号时，CPU 将保留少量状态，如当前指令位置，并且跳转到内存特定位置的中断处理程序。这里的**中断控制器是硬件**。中断系统离开中断控制器是不可能工作的。

Ⅳ不是，对于系统调用是否一定需要专门的硬件这个问题，需要清楚系统调用的过程。

在 C 程序中调用系统调用好像是一般的函数调用，实际上调用系统调用会引起用户态到核心态的状态变化，这是怎么做到的呢？

原来 C 编译程序采用一个预定义的函数库（C 的程序库），其中的函数具有系统调用的名字，从而解决了在用户程序中请求系统调用的问题。这些库函数一般都执行一条指令，该指令将进程的运行方式变为核心态，然后使内核开始为系统调用执行代码。称这个指令为操作系统陷入（Operating System Trap）。

系统调用的接口是一个中断处理程序的特例。在处理操作系统陷入时：

1）内核根据系统调用号查系统调用入口表，找到相应的内核子程序的地址。

2）内核还要确定该系统调用所要求的参数个数。

3）从用户地址空间复制参数到 U 区（UNIX V）。

4）保存当前上下文，执行系统调用代码。

5）恢复处理器现场并返回。

上述第 1）～第 3）过程和第 5）过程都不需要专门的硬件（除了 CPU 和内存），只有第 4）个过程可能需要专门硬件，如显示器输出字符，但也可以不需要专门硬件，如打开一个已经在缓存中的文件。

综上所述，本题选 B。

46．D。

同步（直接相互制约关系）：一个进程到达了某些点后，除非另一个进程已经完成了某些操作，否则就不得不停下来等待这些操作的结束，这就是进程的同步，有了同步后进程间就可以相互合作了。用 P、V 操作实现进程同步，信号量的初值应根据具体情况来确定。若期望的消息尚未产生，则对应的初值应设为 0；若期望的消息已经存在，则信号量应设为一个非 0 的正整数。

互斥（间接相互制约关系）：多个进程都想使用同一个临界资源，但是不能同时使用，于是只好一个进程用完了才能给其他进程用，这就是进程互斥。从某种意义上说，互斥是同步的一种特殊情况。一般互斥信号量的初始值都设置为 1，P 操作成功则将其改成 0，V 操作成功则将其改成 1，所以互斥信号量的初值为 1。

综上所述，本题选 D。

47．D。

Ⅰ错误，由于用户级线程不依赖于操作系统内核，因此，操作系统内核是不知道用户线程的存在的；由于操作系统不知道用户级线程的存在，所以，操作系统把 CPU 的时间片分配给用户进程，再由用户进程的管理器将时间片分配给用户线程。那么，用户进程能得到的时间片即为所有用户线程共享。所以该进程只占有 1 个时间片。

若是内核级线程，由于内核级线程操作系统是知道的，它们与进程一样会获得分配的处

理器时间，所以，有多少个内核级线程就可以获得多少个时间片。

Ⅱ错误，各个线程拥有属于自己的栈空间，不允许共享。

Ⅲ错误，同一进程内的多个线程可以并发执行，甚至不同进程内的多个线程也可以并发执行。

Ⅳ错误，当从一个进程中的线程切换到另一个进程中的线程时，将会引起进程的切换。

知识点回顾：

线程，也称为轻量级进程，是一个基本的 CPU 执行单元。它包含了一个线程 ID、一个程序计数器、一个寄存器组和一个堆栈。

在多线程模型中，进程只作为除 CPU 以外系统资源的分配单位，线程则作为处理器的分配单位，甚至不同进程中的线程也能并发执行。

48．C。若控制这些并发进程互斥执行 count 加 1 操作，那么 count 中的值是不确定的，可能对，也可能错，因此Ⅰ和Ⅱ都是错误的说法。控制共享变量 count 互斥访问后，可保证最终结果正确，因此Ⅲ正确。

49．C。该作业从 10:00 开始执行，运行时间为 1h，即结束时间为 11:00，结束时产生响应，则响应时间=11:00−8:00=3h，响应比=响应时间/服务时间=3h/1h=3。

50．A。当进程被唤醒时，它从阻塞状态变为就绪状态，即可以重新占用 CPU（但不是直接占用 CPU，区别于运行状态）。

51．B。请求和保持条件（占有并等待条件）：指进程已经保持了至少一个资源，但又提出了新的资源请求，而该资源又已被其他进程占有，此时请求进程阻塞，但又对自己已获得的其他资源保持（占有）不放。

本题描述的静态分配方式，要么一次性分配它需要的全部资源，要么就不分配资源，使得这种情况无法发生，因此它破坏了请求和保持条件。

52．D。在高响应比优先调度算法中，计算每个进程，响应比最高的先获得 CPU，响应比计算公式：响应比=（进程执行时间+进程等待时间）/进程执行时间。高响应比优先调度算法综合考虑到了进程等待时间和执行时间，对于同时到达的长进程和短进程，短进程会优先执行，以提高系统吞吐量；当某进程等待时间较长时，其优先级会提高并很快得到执行，不会产生有进程调度不到的情况。

时间片轮转调度算法（RR）使每个进程都有固定的执行时间，但对于长进程来说，等待时间也相对较长。

短进程优先调度算法（SJF/SPF）对于短进程有很大的优势，但对于长进程来说，若不断有短进程请求执行，则会长期得不到调度。

先来先服务（FCFS）调度算法的实现最简单，但如果有一个长进程到达之后，会长期占用处理器，使后面到达的很多短进程得不到运行。

53．C。假设 K=3，3 个进程共享 8 台打印机，每个进程最多可以请求 3 台打印机，若 3 个进程都分别得到 2 台打印机，系统还剩下 2 台打印机，接下来无论哪个进程申请打印机，都可以得到满足，3 个进程都可以顺利执行完毕，这种情况下不会产生死锁。假设 K=4，4 个进程共享 8 台打印机，都得不到满足，使其互相等待，可能会发生死锁。

这种类型的题通常数字不大，可以凭经验尝试出正确答案，这样会快一些，此处我们还是给出对应的计算公式，以便大家加深理解。假设 n 为每个进程所需的资源数，m 为进程数，A 为系统的资源数，则满足 $(n-1)\times m \geqslant A$ 的最小整数 m 即为可能产生死锁的最小进程数。该公式同样可以用于求出每个进程需要多少资源时可能会产生死锁。

该公式可以这样理解：当所有进程都差一个资源就可以执行时，此时系统中所有资源都已经分配，因此死锁。

54．C。用户登录成功就需要为这个用户创建进程来解释用户的各种命令操作；设备分配由内核自动完成，不需要创建新进程；启动程序执行的目的是创建一个新进程来执行程序。

55．B。信号量可以用来表示某资源的当前可用数量。当信号量 K>0 时，表示此资源还有 K 个资源可用，此时不会有等待该资源的进程；当信号量 K<0 时，表示此资源有|K|个进程在等待该资源。此题中信号量 K=1，因此该资源可用数 M=1，等待该资源的进程数 N=0。

56．A。B 选项中，进程完成 I/O 后，进入就绪队列，此时已经是优先级最低的进程，不能再降低其优先级，为了让其及时处理 I/O 结果，也应该提高优先级；C 选项中，进程长期处于就绪队列，也需要增加优先级，使其不至于产生饥饿（所谓饥饿是指进程长期得不到处理器，无法执行）；D 选项中，当进程处于执行状态时，不可提高或降低其优先级。而 A 选项中，采用时间片算法处理进程调度时，若进程时间片用完，则需要排到就绪队列的末尾，也就是优先级最低，所以降低优先级的合理时机是时间片用完时。另外，如果采用多级反馈调度算法，若时间片用完，但进程还未结束，则放到下一级队列中。

57．D。在没有了解过该算法的情况下，考生临场想要判断出来还是很难的，尤其本题的算法是一个可以保证进程互斥进入临界区、不会出现“饥饿”现象的良好算法。在考虑时，考生无法找出破绽，还容易误认为自己的想法不够全面。本题中算法利用 flag[]解决临界资源的互斥访问，利用 turn 解决“饥饿”现象，所以能够保证进程互斥进入临界区，不会出现“饥饿”现象。实际上，该算法满足同步机制准则，可以达到比较好的同步效果。

对于此类型的题目，可以多分析一些经典的互斥算法。本题为 Peterson 算法，此外还有 Dekker 算法等，读者可以进行分析理解。

58．B。这里考查的是多种作业调度算法的特点。响应比=作业响应时间/作业执行时间=（作业执行时间+作业等待时间）/作业执行时间。高响应比算法在等待时间相同的情况下，作业执行的时间越短，响应比越高，满足短任务优先原则。同时，响应比会随着等待时间的增加而变大，优先级会提高，能够避免“饥饿”现象。

下面给出几种常见的进程调度算法的特点（见表 2-22），读者要在理解的基础上识记。

59．D。进程是资源分配的基本单元，进程下的各线程可以并行执行，它们共享进程的虚地址空间，但各个进程有自己的栈，各自的栈指针对其他线程是透明的，因此进程 P 中某线程的栈指针是不能共享的。

表 2-22　常见的进程调度算法的特点

特点	进程调度算法				
	FCFS	短作业优先	高响应比优先	时间片轮转	多级反馈队列
是否抢占	非抢占	均可	均可	抢占	队列内算法不一定
优点	公平，实现简单	平均等待时间最少，效率最高	兼顾长短作业	兼顾长短作业	兼顾长短作业，有较好的响应时间，可行性强
缺点	不利于短作业	长作业会“饥饿”，估计时间不易确定	计算响应比的开销大	平均等待时间较长，上下文切换费时	无
尤其适用	无	作业调度、批处理系统	无	分时系统	相当通用

60．D。使用银行家算法可知，不存在安全序列。由于初始 R_1 资源没有剩余，只能分配资源给 P_1 执行，P_1 完成之后释放资源，这时由于 R_2 只有两个剩余，因此只能分配对应资源给 P_4 执行，P_4 完成之后释放资源，但此时 R_2 仍然只有两个剩余，无法满足 P_2、P_3 的要求，无法分配，因此产生死锁状态。

61．C。执行①②③④⑤⑥结果为 1，执行①②④⑤⑥③结果为 2，执行④⑤①②③⑥结果为 0，结果-1 无法得到。

62．A。当用户进程读取的磁盘文件数据不在内存时，转向中断处理，导致 CPU 从用户态切换到核心态，此时该进程进入睡眠等待状态（其实就是阻塞态，只不过换了个说法），因此Ⅰ、Ⅱ正确。

在调用 read 之前，需要用 open 打开该文件，open 的作用就是产生一个文件编号或索引指向打开的文件，之后的所有操作都利用这个编号或索引号直接进行，不再考虑物理文件名，所以 read 系统调用的参数不应包含物理文件名。文件使用结束后要用 close 关闭文件，消除文件编号或索引。

63．A。进程始终是操作系统资源分配的基本单位，线程不能直接被系统分配资源。因此 A 选项是正确的，B 选项错误。而且线程可以参与调度，如系统级线程可以被系统直接调度执行。

用户级线程切换不需要通过内核，因为用户级线程只在用户进程的空间内活动，系统并不能感知到用户级线程的存在，所以用户级线程的切换不需要通过内核。系统级线程的切换是需要内核支持的，因此 C 选项错误。

同一进程下的各线程共享进程的地址空间，并共享进程所持有的资源，但线程有自己的栈空间，不与其他线程共享，因此 D 选项错误。

64．C。首先要注意本题选的是错误项，看题一定要仔细，有些考生看到选项正确就直接进行了选择。其次要注意本题选项的说法，如 A 选项“在进程结束时能进行处理器调度”，而不是“必须进行调度”或“只能在此时进行调度”，因此 A 选项的含义仅仅是此处可以调度，并非一定要调度或者只能此时调度，类似地，B、D 选项也是如此。这也是容易判断出错的一个地方。

接下来分析选项，A 选项是进程结束时可以进行处理器调度，明显是正确的。一个进程结束后，进程撤销，处理器此时应当处理下一个进程了，因此会出现处理器调度。A 选项正确。

B 选项中关键词为“创建新进程后”。在创建新进程后，会将新进程插入到就绪队列中等待调度执行，接下来会发生如下几种情况：①处理器继续执行当前任务；②该新建进程比较紧急，处理器暂停当前活动转而调度执行该进程（系统为可抢占调度策略）。因此，当紧急任务进入就绪状态时，可能会发生处理器调度，B 选项也正确。

C 选项的关键词是“在临界区”和“不能”。进程在临界区时是不允许其他相关进程进入临界区的，因为当前进程正在访问临界资源，其他进程无法访问。但问题的关键在于系统中还存在着与这类进程无关的其他进程，其他进程的执行并不会受到这类进程是否处于临界区的影响。系统可以暂停该进程的执行，先去处理其他与之无关的紧急任务，处理完后再返回来继续执行剩余的临界区代码。这个过程中就会发生处理器调度（因为处理器干别的去了），因此当进程处于临界区时，也可能会发生处理器调度，C 选项错误。

D 选项很简单。系统调用结束之后返回正常执行的过程中，此时肯定可以进行处理器调度切换执行其他进程，因此 D 选项正确。

65．D。对 4 个选项分别进行安全性检测，只有 D 选项能够全部执行结束，其他 3 个选项都不能完全执行，中途会出现资源不足而发生死锁。

66．B。银行家算法是避免死锁的方法，银行家算法是对情况进行预测，若存在安全序列，则分配；若不存在，则拒绝分配，因此银行家算法并没有破坏产生死锁的 4 个必要条件之一，不属于死锁预防，因此 A 选项错误。

利用银行家算法，系统处于安全状态时没有死锁进程，因此 B 选项正确。

系统处于不安全状态时，有可能会出现死锁进程，因此 C 选项错误。

银行家算法并没有破坏产生死锁的 4 个必要条件中的任何一个，要是 D 成立了，那么 A 也就成立了。

67．A。采用静态优先级调度，当系统总是出现优先级高的任务时，优先级低的任务会因总是得不到处理器而产生饥饿现象；而短作业优先调度不管是抢占式或是非抢占的，当系统总是出现新来的短任务时，长任务会总是得不到处理器，因而产生饥饿现象。因此 B、C、D 选项都错误，选 A。

68．B。这种题目只需要通过分配给每个进程的资源数比它所需要的资源数的最大值少一个即可观察出结果。3 个并发进程分别需要 3、4、5 台设备，则第一个进程分配 2 台，第二个进程分配 3 台，第三个进程分配 4 台，总共分配出去(3−1)+(4−1)+(5−1)=9 台设备。这种情况下，3 个进程均无法继续执行下去，发生死锁。当系统中再增加 1 台设备，也就是总共 10 台设备时，这最后 1 台设备分配给任意一个进程都可以顺利执行完成，因此保证系统不发生死锁的最小设备数为 10。

69．A。进程申请读磁盘操作时，因为要等待 I/O 操作完成，会把自身阻塞，此时进程就变为了阻塞状态，当 I/O 操作完成后，进程得到了想要的资源，就会从阻塞态转换到就绪态（这是操作系统的行为）。而降低进程优先级、分配用户内存空间和增加进程的时间片大小都不一定会发生，选 A。

70．D。P(wait)操作表示进程请求某一资源，A、B 和 C 选项都会因为请求某一资源而进入阻塞态，而 D 选项只是被剥夺了处理器资源，进入就绪态，一旦得到处理器即可运行。

71．B。银行家算法是最著名的死锁避免算法，其中的最大需求矩阵 Max 定义了每一个进程对 m 类资源的最大需求量，系统在执行安全性算法中都会检查此次资源试分配后，系统是否处于安全状态，若不安全则将本次的试探分配作废。Ⅰ属于死锁预防的范畴。

在死锁的检测和解除中，当系统为进程分配资源时不采取任何措施，但提供死锁的检测和解除手段。

故Ⅱ、Ⅲ正确，选 B。

72．C。对于本题，先满足一个进程的资源需求，再看其他进程是否能出现死锁状态。因为 P_4 只申请一个资源，当将 R_2 分配给 P_4 后，P_4 执行完后将 R_2 释放，这时使得系统满足死锁的条件是 R_1 分配给 P_1，R_2 分配给 P_2，R_3 分配给 P_3（或者 R_2 分配给 P_1，R_3 分配给 P_2，R_1 分配给 P_3）。穷举其他情况如 P_1 申请的资源 R_1 和 R_2 都先分配给 P_1，运行完并释放占有的资源后，可以分别将 R_1、R_2 和 R_3 分配给 P_3、P_4 和 P_2，也满足系统死锁的条件。各种情况需要使得处于死锁状态的进程数至少为 3。

73．B。当进程退出临界区时设置 lock 为 False，负责唤醒处于就绪状态的进程，A 选项

错误。等待进入临界区的进程会一直停留在执行 while（TSL（&lock））的循环中，不会主动放弃 CPU，B 选项正确。让权等待，即当进程不能进入临界区时，应立即释放处理器，防止进程忙等。通过 B 选项的分析发现上述伪代码不满足“让权等待”的同步准则，C 选项错误。若 while（TSL（&lock））在关中断状态下执行，当 TSL（&lock）一直为 true 时，不再开中断，则系统可能会因此终止，D 选项错误。

74．C。P_1 中对 a 的赋值，并不影响最终的结果，故 a=1 和 a=2 不需要互斥执行；a=x 与 b=x 执行先后不影响 a 与 b 的结果，无须互斥执行；x+=1 与 x+=2 执行先后会影响 x 的结果，需要互斥执行；P_1 中的 x 和 P_2 中的 x 是不同范围中的 x，互不影响，不需要互斥执行。

75．A。管程把分散在各进程中的临界区集中起来进行管理，避免了进程的违法同步操作，便于用高级语言来书写程序，也便于程序的正确性验证。分散的 P、V 操作类似于面向过程的编程方法，而管程类似于面向对象的编程，是一种更先进的进程同步互斥工具。管程不仅能实现进程间的互斥，而且能实现进程间的同步，故 A 选项错误，B 选项正确。管程具有的特性：①局部于管程的数据只能被局部于管程内的过程所访问；②一个进程只有通过调用管程内的过程才能进入管程访问共享数据；③每次仅允许一个进程在管程内执行某个内部过程。故 C 和 D 选项正确。

76．D。先来先服务调度算法是作业来的越早，优先级越高，因此会选择 J1。短作业优先调度算法是作业运行时间越短，优先级越高，因此会选择 J3。故 D 选项正确。

77．B。进程切换带来系统开销，切换次数越多，开销越大，A 选项正确。当前进程的时间片用完后，它的状态由执行态变为就绪态，B 选项错误。时钟中断是系统中特定的周期性时钟节拍，操作系统通过它来确定时间间隔，实现时间的延时和任务的超时，C 选项正确。现代操作系统为了保证性能最优，通常根据响应时间、系统开销、进程数量、进程运行时间、进程切换开销等因素确定时间片大小，D 选项正确。

78．D。多道程序系统通过组织作业（编码或数据）使 CPU 总有一个作业可执行，从而提高了 CPU 的利用率、系统吞吐量和 I/O 设备利用率，Ⅰ、Ⅲ、Ⅳ是优点。但系统要付出额外的开销来组织作业和切换作业，Ⅱ错误，故选 D。

79．A。此时可用资源数为 1，即使 P_3 可以获得并运行，但 P_1 和 P_2 无法获得足够资源而永远等待。

80．C。Ⅰ、Ⅱ都是申请资源的，容易发生阻塞，Ⅲ只会让进程进入就绪队列，等高优先级的进程退出 CPU 时 P 仍可获得 CPU。

81．D。“条件变量”的作用类似于“信号量”，均用于实现进程同步的。在同一时刻每个管程中只能有一个进程在执行。如果某进程执行了 x.wait( )操作，其会被阻塞，并挂到条件变量 x 对应的阻塞队列上，此时管程的使用权被释放，就可以有另一个进程进入管程；如果某进程执行 x.signal( )操作，则会唤醒对应的阻塞队列队首进程。

82．D。时钟中断的主要工作是处理和时间有关的信息以及决定是否执行调度程序，和时间有关的所有信息包括系统时间、进程的时间片、延时、使用 CPU 的时间、各种定时器，故Ⅰ、Ⅱ、Ⅲ均正确，选 D。

83．C。swap 与 TestAndSet 均为硬件指令，其保证了赋值与交换操作的互斥性，但不能满足让权等待，故 B、D 选项错误；Peterson 算法满足了有限等待，但不满足让权等待，故 A 选项错误；信号量由于引入阻塞机制，消除了不让权等待的情况，故 C 选项正确。

84．B。操作系统只为内核级线程建立一个线程控制块，用户级线程共享底层调用的内核级线程的线程控制块，故 B 选项错误。

85．C。进程 P_1、P_2 依次创建后进入队列 Q_1，根据时间片调度算法的规则，进程 P_1、P_2 将依次被分配 10ms 的 CPU 时间，两个进程分别执行完一个时间片后都会被转入队列 Q_2，就绪队列 Q_2 采用短进程优先调度算法，此时 P_1 还需要 20ms 的 CPU 时间，P_2 还需要 10ms 的 CPU 时间，所以 P_2 会被优先调度执行，10ms 后进程 P_2 执行完成，之后 P_1 再调度执行，再过 20ms 后 P_1 也执行完成。平均等待时间= (P_1 等待时间+P_2 等待时间)/2 = (20ms+10ms)/2=15ms。

86．B。银行家算法只是一种死锁避免算法，通过计算动态资源分配状况来避免系统进入死锁状态，但不能判断系统是否已经处于死锁状态，故Ⅲ错误，选 B。

87．D。多级反馈队列调度需要综合考虑优先级数量、优先级之间的转换规则等，Ⅰ、Ⅱ、Ⅲ、Ⅳ均正确，选 D。

88．B。父进程可以和子进程共享一部分共享资源，但是不和子进程共享虚拟地址空间，在创建子进程时，会为子进程分配空闲的进程描述符、唯一标识的 pid 等，B 选项错误。

89．C。Ⅰ、Ⅱ、Ⅲ分别符合互斥、空闲让进、有限等待的原则。不能立即进入临界区的进程可以选择等待部分时间，Ⅳ错误。故 C 选项正确。

90．B。操作系统感知进程的唯一方式是通过进程控制块 PCB，所以创建一个新进程时就要为其申请一个空白的进程控制块，并初始化一些必要的进程信息，如初始化进程标志信息、初始化处理机状态信息、设置进程优先级等。Ⅰ、Ⅱ正确。创建一个进程时，一般会为其分配除 CPU 以外的大多数资源，所以一般是将其设置为就绪态，让其等待调度程序的调度，Ⅲ错误。正确答案为 B。

91．C。在分时系统的时间片轮转调度中，当系统检测到时钟中断时，会引出时钟中断处理程序，调度程序从就绪队列中选择一个进程为其分配时间片，并修改该进程的进程控制块中的进程状态等信息，同时将时间片用完的进程放入就绪队列或让其结束运行。Ⅰ、Ⅱ、Ⅲ正确。阻塞队列中的进程只有被唤醒进入就绪队列后，才能参与调度，所以该调度过程不使用阻塞队列，Ⅳ错误，正确答案为 C。

92．D。在时间片调度算法中，中断处理结束后，系统检测当前进程的时间片是否用完，如果用完，则将其设为就绪态或让其结束运行，若就绪队列不空，则调度就绪队列的队首进程执行，Ⅰ可能。当前进程阻塞时，将其放入阻塞队列，若就绪队列不空，则调度新进程执行，Ⅱ可能。进程执行结束会导致当前进程释放 CPU，并从就绪队列中选择一个进程获得 CPU，Ⅲ可能。进程时间片用完，会导致当前进程让出 CPU，同时选择就绪队列的队首进程获得 CPU，Ⅳ可能，正确答案为 D。

93．C。系统调用是由用户进程发起的，请求操作系统的服务。对于 A 选项，当内存中的空闲页框不够时，操作系统会将某些页面调出，并将要访问的页面调入，这个过程完全由操作系统完成，不涉及系统调用。对于 B 选项，进程调度完全由操作系统完成，无法通过系统调用完成。对于 C 选项，创建新进程可以通过系统调用来完成，如 Linux 中通过 fork 系统调用来创建子进程。对于 D 选项，生成随机数只需要普通的函数调用，不涉及请求操作系统的服务，如 C 语言中 random( )函数。

94．D。操作系统主要具有四个核心特点：并发性、共享性、虚拟性和异步性。其中，

并发性和共享性是最基础且必要的特性。因此，A 选项中描述的支持进程并发执行和 C 选项中描述的对共享资源的管理都是正确的描述。而对于 B 选项，尽管现代操作系统通常支持虚拟存储管理，但历史上，多道程序系统也可以在不使用虚拟存储管理的情况下，通过直接将所有进程的数据加载到主存中来实现进程的并发执行。所以，B 选项也是正确的描述。然而，D 选项的叙述并不总是正确的。尽管进程数增多可能增加 CPU 的活跃度，但它也可能引入更多的资源争夺。这种争夺可能非常激烈，以致于可能导致死锁，从而降低 CPU 的利用率。因此，D 选项是不正确的。

95．C。在 0ms 时，进程 P_0 开始运行。

到 10ms 时，P_2 进入就绪状态并且由于其优先级更高，它抢占 CPU 资源。

在 15ms 时，P_3 加入就绪队列并由于其优先级最高，立即抢占 CPU。P_3 持续运行直到 25ms 时完成其任务，然后调度器让 P_2 重新获得 CPU 并继续运行。

P_2 于 40ms 时完成其任务，此时 P_0 重新开始运行，直到 130ms 时结束。

最后，P_1 在 130ms 后开始运行并在 190ms 时完成。

整个过程中，进程调度了 6 次。

96．B。在给定的资源分配情况下，开始时系统的可用资源为 A=1，B=3，C=2。只有进程 P_0 的需求能够被满足时，其需求为 A=0，B=2，C=1。因此，安全序列的起始进程只能是 P_0。当 P_0 执行完成并释放其资源后，系统的可用资源更新为<1，3，2> + <2，0，1> = <3，3，3>，即 A=3，B=3，C=3。在此状态下，系统的资源既可以满足进程 P_1 也可以满足进程 P_2 的需求。这意味着系统可以选择先分配资源给 P_1 并在 P_1 完成后再分配给 P_2；或者选择先分配资源给 P_2 并在 P_2 完成后再分配给 P_1。因此，存在两种可能的安全序列：P_0，P_1，P_2 和 P_0，P_2，P_1，本题选 B。

97．D。当进程 P 进行读文件时，进程从执行态进入阻塞态，需等待磁盘 I/O 完成，因此 I 正确。

当进程 P 的时间片用完，导致进程从执行态进入就绪态，转入就绪队列等待下次被调度，因此 II 错误。

进程 P 申请外设，若外设是独占设备且正在被其他进程使用，则进程 P 从执行态进入阻塞态，等待系统分配外设，因此 III 正确。

当进程 P 执行信号量的 wait( )操作，如果信号量的值小于或等于 0，则进程进入阻塞态，等待其他进程用 signal( )操作唤醒，因此 IV 正确。

98．B。当执行系统调用时：

1）硬件（即 CPU）完成的操作有：保存断点（程序计数器，PC）、保存程序状态字、将 CPU 模式改为内核态。

2）操作系统完成的操作有：保存通用寄存器的内容、执行系统调用服务例程。

根据这些信息，答案选 B，“仅 II、III”是正确的，只有 II（保存通用寄存器的内容）和 III（执行系统调用服务例程）是由操作系统完成的。

99.【解析】本题实质上是一个读者-写者问题，P_1 是一个读者，P_2 是一个写者，为了使 F 的并发度较高，将 P_3 先看成读者，当其完成读操作后，再将其看成写者。算法中需要用到如下的变量定义：

```
int readcount=0;                        //记录读者数量
semaphore rmutex=1;                     //readcount 的互斥访问信号量
semaphore mutex=1;                      //F 资源的互斥访问信号量
响应进程可描述为:
P1(){
    while(1){
        P(rmutex);
        if(readcount==0) P(mutex);      //当该进程是第一个读者时，需申请访问 F 资源
        readcount++;                    //若非第一个读者，则可直接访问
        V(rmutex);
        READ F
        P(rmutex);
        readcount--;
        if(readcount==0) V(mutex);
        V(rmutex);
    }
}
P2(){
    while(1){
        P(mutex);
        WRITE F
        V(mutex);
    }
}
P3(){
    while(1){
        p(rmutex);
        if(readcount==0) P(mutex);
        readcount++;
        V(rmutex);
        READ F
        P(rmutex);
        readcount--;
        if(readcount==0) V(mutex);
        V(rmutex);
        P(mutex);
        WRITE F
        V(mutex);
    }
}
```

100.【解析】先分析有哪些临界资源，只有 get 和 put 都需要访问的临界资源位图（大小为 64）。

```
semaphore s=64;          //表示当前空闲的存储块数量，初值为 64
semaphore mutex=1;       //用于对位图的互斥访问，初值为 1
Parbegin
process_get
BEGIN
    while(true)
    BEGIN
        P(S);
        P(mutex);
        查找标志字“0”的位 n，修改该位为“1”
        V(mutex);
        分配该区域
    END
END
process_put
BEGIN
    while(true)
    BEGIN
        P(mutex);
        查找，修改标志字对应位为“0”
        V(mutex);
        V(S);
    END
END
```

101.【解析】

同步：多个相互合作的进程，在一些关键点上可能需要互相等待或互相交换信息，这种相互制约关系称为同步。

互斥：在操作系统中，当一个进程进入临界区使用临界资源时，另一个进程必须等待；当占用临界资源的进程退出临界区后，另一个进程才允许访问此临界资源，进程之间的这种相互制约关系称为互斥。

关系：其实互斥是进程同步的一种特殊情况，互斥也是为了达到让进程之间协调推进的目的。

102.【解析】图 2-16 说明了任务启动后 P_1 先执行，当其结束后 P_2、P_3、P_4 可以开始执行，P_2 完成后 P_5 可以开始执行，仅当 P_3、P_4、P_5 都执行完后，P_6 才能开始执行。为了确保这一执行顺序，设 5 个同步信号量 f_1、f_2、f_3、f_4、f_5 分别表示进程 P_1、P_2、P_3、P_4、P_5 是否执行完成，其初值均为 0。这 6 个进程的同步描述如下：

```
Semaphore f1=f2=f3=f4=f5=0;
P1()
```

```
{
    …
    V(f1);
    V(f1);
    V(f1);
}
P2()
{
    P(f1);
    …
    V(f2);
}
P3()
{
    P(f1);
    …
    V(f3);
}
P4()
{
    P(f1);
    …
    V(f4);
}
P5()
{
    P(f2);
    …
    V(f5);
}
P6()
{
    P(f3);
    P(f4);
    P(f5);
    …
}
```

103.【解析】

1）若对资源分配不加限制，上述进程可能会进入死锁状态。因为 P_1、P_2、P_3 是并发工作的，所以完全有可能发生下述情况：当前 P_1 获得 S_3，P_2 获得 S_1，P_3 获得 S_2，但 3 个进程都在

循环等待下一个资源释放所占有的资源，从而进入死锁状态。相应资源分配图如图 2-21 所示。

注：还可能发生 P_1 获得 S_1，P_2 获得 S_2，P_3 获得 S_3 的情况，也就是进入死锁状态，读者可自行画出相应的资源分配图。

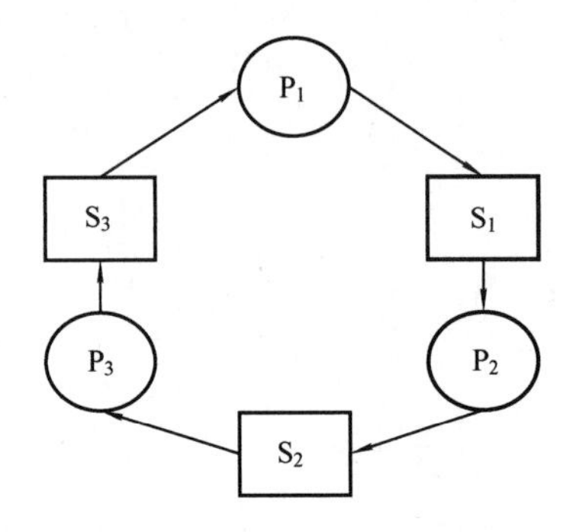

图 2-21 进程资源分配图

2）为保证进程正确地工作，可采取下列资源分配策略：

① 要求进程一次性地全部申请到它所需的全部资源，这样可破坏“请求与保持”条件。

② 要求进程严格按照资源号递增顺序申请资源，即按照 S_1、S_2 和 S_3 的顺序进行申请，即 P_1 先申请 S_1，再申请 S_3；P_2 先申请 S_1，再申请 S_2；P_3 先申请 S_2，再申请 S_3。这样可破坏“环路等待”条件。

③ 当一个进程申请资源时，如果系统已无该类资源可用，但某个拥有该资源的其他进程处于阻塞状态，则允许前者抢占后者资源。这样可破坏“不剥夺条件”。

104.【解析】由于每个进程最多申请使用 x 个资源，在最坏的情况下，每个进程都得到了 x−1 个资源，并且现在均需申请所需的最后一个资源。这时系统剩余资源数为 m−n(x−1)。如果系统的剩余资源数大于或等于 1，即系统至少还有一个资源可以使用，就可以使这 n 个进程中的任一个进程获得所需的全部资源。该进程可以运行结束，释放出所占有的资源，供其他进程使用，从而使每个进程都可以执行结束。

因此，当 $m-n(x-1)\geqslant 1$ 时，即 $n(x-1)+1\leqslant m$ 时，系统不会发生死锁。

本题需要对资源分配的最坏情况有所了解，即所有共享资源的进程都获得比最大需求资源量少一个的资源，并都需要申请所需的最后一个资源。

根据本题，可以得出推论：$n(x-1)+1>m$ 时，系统可能发生死锁。该推论可以作为判断系统是否发生死锁的通用方法。该结论及推论的使用需要建立在理解的基础上，如果只是死记硬背，容易出错。

105.【解析】该类题目实际上是对防止死锁的实际应用能力的考查。要求熟练掌握产生死锁的 4 个必要条件的处理方法。

本题的情况会发生死锁。因为对两个账户进行加锁操作是可以分隔执行的，若此时有两个用户同时进行转账，P_1 先对账户 A 进行加锁，再申请账户 B；P_2 先对账户 B 进行加锁，再申请账户 A，此时死锁。解决的办法是：可以采用资源顺序分配法，将 A、B 账户进行编号，用户转账时，只能按照编号由小到大的顺序进行加锁；也可以采用资源预分配法，要求用户在使用资源之前将所有资源一次性申请到。

106.【解析】本题考查多道程序的内容。

在顺序执行时，CPU 运行时间为 (10+5+10) s+ (10+5) s=40s，两个程序运行总时间为 40s+40s=80s，故利用率是 40/80=50%。

多道程序环境下，CPU 运行时间为 40s，两个程序运行总时间为 45s，故利用率为 40/45=88.9%。所以 CPU 利用率提高了 88.9%−50%=38.9%。

运行情况如下。

程序 A，0～10s：CPU 10～15s：甲 15～20s：等待 CPU 20～25s：CPU 25～35s：乙 35～45s：CPU

程序 B，0～10s：甲 10～20s：CPU 20～25s：乙 25～30s：CPU 30～35s：等待乙

35～45s：乙

107.【解析】进程之间存在直接制约关系（同步问题）和间接制约关系（互斥问题）。同步问题是存在逻辑关系的进程之间相互等待所产生的制约关系，互斥问题是具有相互逻辑关系的进程竞争使用资源所发生的制约关系。

1）属于互斥关系，因为书的个数是有限的，一本书只能借给一位同学。

2）属于互斥关系，篮球只有一个，两队都要竞争。

3）属于同步关系，各道工序的开始都依赖前道工序的完成。

4）属于同步关系，商品没生产出来，消费无法进行；商品未消费完，生产也无须进行。

108.【解析】

1）P、V 操作是指进程之间通过共享变量实现信息传递；而高级通信机制是由系统提供发送（Send）与接收（Receive）两个操作，进程间通过这两个操作进行通信，无须共享任何变量。

2）基本原理：操作系统管理一个用于进程通信的缓冲池，其中的每个缓冲区单元可存放一条消息。发送消息时，发送者从中申请一个可用缓冲区，接收者取出一条消息时再释放该缓冲区，每个进程均设置一条消息队列，任何发送给该进程的消息均暂存在其消息队列中。

3）缓冲区的格式说明：Sptr 指示该消息的发送者，Nptr 指向消息队列中下一缓冲区的指针，Text 为消息正文。设置互斥信号量 mutex（初值为 1）与一个同步通信信号量 Sm（初值为 0），Sm 也用于记录消息队列中现存消息的数目。

Send(a)操作如下：

```
Send(a)
{
    New(P);
    P.Sptr=address of the sender;
    Move message to buffer P;
    Find the receiver;
    P(mutex);
    Add buffer P to the message queue;
    V(Sm);
    V(mutex);
}
```

109.【解析】

解法 1：可从临界资源的角度来思考。先找出临界资源，并为每种临界资源设置信号量，在访问临界资源之前添加 P 操作来申请资源，访问结束之后添加 V 操作来释放临界资源。本题中有两类临界资源：第一类是计算进程争用的空闲缓冲区，初始状态下有一个空闲缓冲区可以使用，故可以为它设置初值为 1 的信号量 empty；第二类是打印进程争用的已放入缓冲区的打印结果，初始状态下缓冲区中无结果可供打印，故可以为它设置初值为 0 的信号量 full。

具体的同步算法可描述如下：

```
Semaphore full=0;
Semaphore empty=1;
Compute()
```

```
{
    While(true)
    {
        Compute next number;
        P(empty);
        Add the number to buffer;
        V(full);
    }
}
Print()
{
    While(true)
    {
        P(full);
        Take a number from buffer;
        V(empty);
        Print the number;
    }
}
```

解法 2：还可以从同步的角度来思考。对于某种同步关系，如进程 A 在某处必须等待进程 B 完成某个动作 D 后才能继续执行，可为它设置一个初值为 0 的信号量，并在 A 需要等待 B 的位置插入 P 操作，在 B 完成动作 D 之后插入 V 操作。本题中存在两种同步关系：①打印进程必须等计算进程将结果放入缓冲区之后才能打印，因此为它设置初值为 0 的信号量 Sa；②除第一个计算结果可以直接放入缓冲区外，计算进程必须等打印进程将缓冲区的前一个结果取走，缓冲区变空后才能将下一个计算结果放入缓冲区，因此可为它设置初值为 0 的信号量 Sb。

具体的同步算法可描述如下：

```
Semaphore Sa=0;
Semaphore Sb=0;
Compute()
{
    Compute the first number;
    Add the number to buffer;
    V(Sa);
    While(true)
    {
        Compute next number;
        P(Sb);
        Add the number to buffer;
        V(Sa);
    }
```

```
    }
    Print()
    {
        While(true)
        {
            P(Sa);
            Take the number from buffer;
            V(Sb);
            Print the number;
        }
    }
```

110.【解析】

1）系统安全，因为存在安全序列（P_1，P_3，P_0，P_2，P_4）。过程如下：

先求出各进程剩余的需求量：

P_0=（7，4，3），P_1=（1，1，2），P_2=（6，0，0），P_3=（0，1，1），P_4=（4，3，1）。

根据系统剩余资源数（3，2，2）可知，可以立即满足的进程是 P_1（或 P_3），P_1 满足后可释放占有的资源，系统剩余资源数为（5，3，2），找到可立即满足的进程是 P_3（或 P_4），P_3 满足后释放占有的资源，系统此时剩余资源数为（7，4，3），找到可立即满足的进程是 P_0（或 P_2、P_4），所有进程可以依次执行完毕。

2）系统要想避免死锁，就必须保证每次分配完后都能得到安全序列，否则就拒绝分配。根据这一原则，对于进程的请求应考虑分配以后是否安全，若不安全，则不能进行此次分配。题目中有 3 个请求，按照顺序来依次考虑。先考虑能否满足 P_1，分配后系统处于安全状态，因为分配后可以找到安全序列（P_1，P_3，P_2，P_0，P_4）。满足 P_1 的请求之后，剩余资源为（2，2，0）。对于 P_4 的请求，由于系统没有那么多剩余资源，因此无法满足，系统拒绝 P_4 的请求。最后考虑 P_0 的请求，如果满足 P_0，分配后剩余资源为（2，1，0），可以找到安全序列（P_1，P_3，P_0，P_2，P_4），因此可以满足 P_0 的请求。总之，系统对 3 个请求依次处理为：满足 P_1、拒绝 P_4、满足 P_0。

111.【解析】这种题目的关键是要找例子，找出例子来说明系统能否发生死锁，如果找不出例子就认为该系统不会死锁。

1）会发生死锁。当 2 个进程都占有 1 个资源再申请 1 个资源时，就出现了死锁。

2）不会发生死锁。因为 2 个进程需要的资源最大数量都是 2 个，而系统拥有的资源量是 3 个，所以总会有 1 个进程得到 2 个资源后被运行，运行完毕后释放资源，于是另一个进程也能顺利运行完，所以不会死锁。

3）会发生死锁。当一个进程占有 1 个资源，另一个进程占有 2 个资源时，2 个进程都要再申请资源，但是系统已经没有资源了，所以就发生死锁了。

4）不会发生死锁。因为 3 个进程需要的资源最大数量都是 2 个，而系统有 5 个资源，所以至少有 2 个进程可以拿到足够的资源运行，运行完后再释放资源，最后一个进程也能得到运行，所以不会死锁。

5）会发生死锁。因为如果 3 个进程都各自占有了 2 个资源时再申请资源，系统的资源就没有了，而且没有一个进程可以得到运行，系统处于死锁状态。

★注：本题也可以使用第 84 题中所提到的结论以及推论进行系统状态判断，如果熟悉该结论，就可以轻松判断出是否会发生死锁。

112.【解析】这是一道常见的考查银行家算法的题，出题的概率很高，解答起来却很简单。考生可以先写出各个向量和矩阵的值，然后按银行家算法和安全性算法的步骤在纸上演算就可以了。

先根据 Allocation 矩阵和 Max 矩阵计算 Need 矩阵。

$$\text{Need}=\text{Max}-\text{Allocation}=\begin{pmatrix}5&5&9\\5&3&6\\4&0&11\\4&2&5\\4&2&4\end{pmatrix}-\begin{pmatrix}2&1&2\\4&0&2\\4&0&5\\2&0&4\\3&1&4\end{pmatrix}=\begin{pmatrix}3&4&7\\1&3&4\\0&0&6\\2&2&1\\1&1&0\end{pmatrix}$$

1）现在对 T_0 时刻的状态进行安全性分析：

由于 Available 向量为（2，3，3），因此 Work 向量初始化为（2，3，3）。

因存在安全序列（P_4，P_2，P_3，P_5，P_1），见表 2-23，所以 T_0 时刻处于安全状态。

表 2-23　T_0 时刻安全性检查表

进程	矩阵												
	Work			Need			Allocation			Work + Allocation			Finish
	A	B	C	A	B	C	A	B	C	A	B	C	
P_4	2	3	3	2	2	1	2	0	4	4	3	7	True
P_2	4	3	7	1	3	4	4	0	2	8	3	9	True
P_3	8	3	9	0	0	6	4	0	5	12	3	14	True
P_5	12	3	14	1	1	0	3	1	4	15	4	18	True
P_1	15	4	18	3	4	7	2	1	2	17	5	20	True

2）T_0 时刻由于 Available 向量为（2，3，3），而 P_2 请求资源 Request_2 向量为（0，3，4），显然 C 资源的数量不够，所以不能实施资源分配。

3）Request_4（2，0，1）<Need_4（2，2，1），Request_4（2，0，1）<Available（2，3，3）。所以先试着把 P_4 申请的资源分配给它，Available 变为（0，3，2）。

★注：这里别忘记修改系统的 Available 向量和 P_4 的 Allocation_4 以及 Need_4 向量。

得到的系统状态情况见表 2-24。

表 2-24　分配资源给 P_4 进程后的系统状态情况表

进程	矩阵											
	Max			Allocation			Need			Available		
	A	B	C	A	B	C	A	B	C	A	B	C
P_1	5	5	9	2	1	2	3	4	7	0	3	2
P_2	5	3	6	4	0	2	1	3	4			
P_3	4	0	11	4	0	5	0	0	6			
P_4	4	2	5	4	0	5	0	2	0			
P_5	4	2	4	3	1	4	1	1	0			

然后进行系统安全性检测：

此时 Available 为（0，3，2），所以 Work 初始化为（0，3，2）。

尝试把资源分配给 P_4 后的系统安全性检测过程：

因存在安全序列（P_4，P_2，P_3，P_5，P_1），见表 2-25，所以系统仍处于安全状态，即能将资源分配给 P_4。

表 2-25 分配资源给 P_4 进程后的系统安全性检测表

进程	矩阵												
	Work			Need			Allocation			Work + Allocation			Finish
	A	B	C	A	B	C	A	B	C	A	B	C	
P_4	0	3	2	0	2	0	4	0	5	4	3	7	True
P_2	4	3	7	1	3	4	4	0	2	8	3	9	True
P_3	8	3	9	0	0	6	4	0	5	12	3	14	True
P_5	12	3	14	1	1	0	3	1	4	15	4	18	True
P_1	15	4	18	3	4	7	2	1	2	17	5	20	True

4）$Request_1$（0，2，0）<Available（0，3，2），$Request_1$（0，2，0）<$Need_1$（3，4，7）。所以先试着把 P_1 申请的资源分配给它，Available 变为（0，1，2）。

★注：这里别忘记修改系统的 Available 向量和 P_1 的 $Allocation_1$ 以及 $Need_1$ 向量。

得到的系统状态见表 2-26。

表 2-26 分配资源给 P_1 进程后的系统状态情况表

进程	矩阵											
	Max			Allocation			Need			Available		
	A	B	C	A	B	C	A	B	C	A	B	C
P_1	5	5	9	2	3	2	3	2	7			
P_2	5	3	6	4	0	2	1	3	4			
P_3	4	0	11	4	0	5	0	0	6	0	1	2
P_4	4	2	5	4	0	5	0	2	0			
P_5	4	2	4	3	1	4	1	1	0			

然后进行系统安全性检测：

此时 Available 为（0，1，2），所以 Work 初始化为（0，1，2）。

此时的 Work 小于任意的 $Need_i$ 向量，而且存在 Finish[i]=false（其实是所有 Finish[i]都是 false），所以系统处于不安全状态，即不能分配资源（0，2，0）给 P_1。

113.【解析】题目所示的 3 种办法中，首先死锁检测允许死锁出现，即允许进程最大限度地申请并分配资源，直至出现死锁，再由系统解决。其次是银行家算法，该方法允许进程自由申请资源，只是在某个进程申请时检查系统是否处于安全状态，若是，则可立即分配；若不是，则拒绝。最后是资源预分配，因为此方法要求进程在运行之前申请所需的全部资源，这样会使许多进程因申请不到资源而无法开始，得到资源的进程也并不是同时需要所占的全部资源，因此导致资源的浪费。

114.【解析】**★注：**这里需要提醒大家一点，有些题中对于进程到达的说法是“初始时

刻依次进入”，通常这种或与此类似说法的含义是指如果按照先来先服务算法，应视作进程依次到达；如果按照优先级算法，应视作进程同时到达，按照优先级执行。要注意与本题的区别。

1）采用先来先服务调度算法时，进程调度次序是：$P_a \to P_b \to P_c \to P_d \to P_e$。

采用非抢占式的优先数调度算法时，进程调度次序是：$P_a \to P_b \to P_e \to P_c \to P_d$。

当采用优先级调度算法时，由于 P_a 到达时还没有其他进程到达，因此选择 P_a 开始执行，注意与“初始时刻依次进入”的区别。

2）采用先来先服务调度算法和非抢占式的优先数调度算法时，进程的调度次序见表 2-27。

表 2-27 采用不同调度算法时进程的调度次序

先来先服务调度算法			非抢占式的优先数调度算法		
进程	等待时间/s	运行时间/s	进程	等待时间/s	运行时间/s
P_a	0	10	P_a	0	10
P_b	10	1	P_b	10	1
P_c	11	2	P_e	11	5
P_d	13	1	P_c	16	2
P_e	14	5	P_d	18	1
平均等待时间	（0+10+11+13+14）s/5=9.6s		平均等待时间	（0+10+11+16+18）s/5=11s	

3）执行状态：最少 0 个，最多 1 个。

阻塞状态：最少 0 个，最多 10 个。

就绪状态：最少 0 个，最多 9 个。

115.【解析】在本题中，3 个并发进程 R、M、P 共享了一个可循环使用的缓冲区 B，进程 R 负责从输入设备读字符并存入缓冲单元中，进程 M 负责将读入字符中的空格符改成“，”，进程 P 负责处理后字符的打印输出。为此，应设置 4 个信号量 mutex、empty、full1、full2。mutex 用于实现对缓冲区的互斥访问，其初值为 1；empty 表示缓冲区中的可用单元数目，其初值为 N；full1 表示已读入的字符个数，其初值为 0；full2 表示已处理的字符个数，其初值为 0。为了描述方便，还应设置 3 个指针 in、out1、out2。in 指向下一个可用缓冲单元，out1 指向下一个待处理字符，out2 指向下一个待输出字符。它们并发执行的同步机制描述如下：

```
Semaphore empty=N;
Semaphore full1=0;
Semaphore full2=0;
Semaphore mutex=1;
Char buffer[ N] ;
Int in=0,out1=0,out2=0;
R()
{
    While(true)
    {
        Char x;
        读入一个字符到 x;
```

```
        P(empty);
        P(mutex);
        Buffer[in]=x;
        in=(in + 1) % N;
        V(mutex);
        V(full1);
    }
}
M()
{
    Char x;
    While(true)
    {
        P(full1);
        P(mutex);
        x=buffer[out1];
        If(x==" ")
        {
            x=",";
            Buffer[out1]=x;
        }
        out1=(out1 + 1) % N;
        V(mutex);
        V(full2);
    }
}
P()
{
    Char x;
    While(true)
    {
        P(full2);
        P(mutex);
        x=buffer[out2];
        out2=(out2 + 1) % N;
        V(mutex);
        V(empty);
        输出字符 x;
    }
}
```

本题是生产者-消费者问题的一个衍生问题，较原始问题加入了一个既是生产者也是消费者的进程 M。本题中有两个生产者和两个消费者，因此加入了 mutex 互斥信号量来保证对缓冲区的互斥访问，使题目解答更加严谨。**但是由于 R、M、P 所使用的是不同的指针（分别是 in、out1、out2），因此这里不用 mutex 信号量也能保证进程对缓冲区的互斥访问**（注意与 2.3.4 小节中生产者-消费者问题的区别，特别注意 2 的区别）。

如果题目中的若干消费者或若干生产者使用的是相同的指针，就需要设置互斥信号量来保证对缓冲区的互斥访问。

116.【解析】本题是一个典型的读者-写者问题，查询者是读者，订票者是写者。读者-写者问题的主要要求是：①允许多个读者共享对象；②不允许写者和其他读者或写者同时访问共享对象。为了达到上述控制，引入一个变量 readcount，用于记录当前正在运行的读者进程数以及读互斥信号量 rmutex 和写互斥信号量 wmutex。每个读者进程进入系统后需对 readcount 加 1。当 readcount 的值由 0 变为 1 时，说明是第一个读者进程进入，因此需要该读者进程对控制写者进程的信号量 wmutex 进行 P 操作，以便与写者进程互斥运行；当 readcount 的值由非 0 值增加时，说明不是第一个读者进程，此时控制写者进程的信号量已进行过 P 操作，已经禁止写者进程进入，因此不需要再次对该信号量进行 P 操作。当读者进程退出时，需对 readcount 减 1。如发现减 1 后 readcount 的值变为 0，说明是最后一个读者进程退出，因此需要该读者进程对控制写者进程的信号量 wmutex 进行 V 操作，以便写者进程能够进入。同步程序描述如下：

```
Semaphore rmutex=1,wmutex=1;
Int readcount=0;
Inquirer()
{                                //查询者进程
    While(true)
    {
        P(rmutex);
        If(readcount==0) P(wmutex);
            //如果有查询者，不允许订票
        readcount=readcount+1;
        V(rmutex);
        查询数据库;
        P(rmutex);
        readcount=readcount-1;
        If(readcount==0) V(wmutex);
            //最后一个查询者退出后允许订票
        V(rmutex);
    }
}
Booker()                         //订票者进程
{
    While(true)
```

```
    {
        P(wmutex);
        使用数据库，订票；
        V(wmutex);
    }
}
```

下面改进要求，规定允许多个用户同时查询数据库，当有订票者到达时，不允许后续查询者查询数据库，且多个订票者可以互斥使用数据库（即写者优先算法）。描述如下：

```
Semaphore rmutex=wmutex=r=w=1;
    //加入 r、w 两个信号量实现订票者优先
Int Readcount=0;
Int Writecount=0;
Inquirer()
{
    While(true)
    {
        P(r);                         //需先检查有无订票者进程存在
        P(rmutex);
        If(readcount==0) P(w);
        Readcount=readcount+1;
        V(rmutex);
        V(r);
        查询数据库；
        P(rmutex);
        Readcount=readcount-1;
        If(readcount==0) v(w);    //无查询者进程存在
        V(rmutex);
    }
}
Booker()
{
    While(true)
    {
        P(wmutex);
        If(writecount==0) P(r);
            //第一个订票者进程进入，不允许后续查询者进程进入
        Writecount=writecount+1;
        V(wmutex);
        P(w);
        使用数据库，订票；
```

```
        V(w);
        P(wmutex);
        Writecount=writecount-1;
        If (writecount==0) v(r);
            //无订票者时允许查询者进入
        V(wmutex);
    }
}
```

这里 r 信号量用来控制读者进程的进入，若有写者存在，则占用该信号量，阻止后续读者进入临界区；而 w 信号量则表示对临界区进行写操作的权力，当读者在临界区时，占用 w 信号量以阻止写者进行写操作，这里 w 的作用类似于刚才未添加新条件的解法中的 wmutex 信号量。本解法中，rmutex 和 wmutex 信号量变为对读者、写者计数器进行互斥操作控制的信号量。

117.【解析】设置 4 个信号量：chopstick0、chopstick1、chopstick2 和 chopstick3，初值为 1，分别表示筷子是否可用。P_0～P_3 表示 4 人活动的进程。

```
Semaphore chopstick0=chopstick1=chopstick2=chopstick3=1;
P0()
{
    While(true)
    {
        P(chopstick3);
        P(chopstick0);
        就餐;
        V(chopstick3);
        V(chopstick0);
        思考问题;
    }
}
P1()
{
    While(true)
    {
        P(chopstick1);
        P(chopstick0);
        就餐;
        V(chopstick1);
        V(chopstick0);
        思考问题;
    }
}
P2()
```

```
{
    While(true)
    {
        P(chopstick1);
        P(chopstick2);
        就餐;
        V(chopstick1);
        V(chopstick2);
        思考问题;
    }
}
P3()
{
    While(true)
    {
        P(chopstick3);
        P(chopstick2);
        就餐;
        V(chopstick3);
        V(chopstick2);
        思考问题;
    }
}
```

本题是典型的哲学家进餐问题。为避免 4 个哲学家同时饥饿而各自拿起一根筷子，结果都因陷入无限期等待而死锁，本题采用的方法是甲、丙先拿起各自右边的筷子，然后拿左边的筷子，而乙、丁则相反（设想哲学家都面对圆桌而坐）。另外，解决死锁的方法还有：①至多只允许 n-1 个哲学家同时进餐，以保证至少一个哲学家能拥有两根筷子而可以进餐，最终会释放出他所使用的筷子，从而使更多人可以进餐；②仅当哲学家的左右两根筷子同时可用时，才允许其拿起筷子进餐。

下面给出至多允许 3 个哲学家进餐的解法，其中使用了信号量数组（信号量数组易于理解，书中没有展开详细叙述）：

```
semaphore chopstick[4]=(1,1,1,1);
semaphore S=3;        //同时就餐人数上限为3
P(i)
{
    While(true)
    {
        P(s);           //检查就餐人数是否达到3
        P(chopstick[i]);
        P(chopstick[i+3] mod 4);
```

```
        就餐;
        V(chopstick[ i] );
        V(chopstick[ i+3]  mod 4);
        V(s);          //结束就餐
        思考问题;
    }
}
```

118.【解析】可以将上述进程分解成以下 6 个程序段：

PS_1：y=1； y=y+2；	PS_2：z=y+1；	PS_3：y=z+y；
PS_4：x=1； x=x+2；	PS_5：x=x+y；	PS_6：z=x+z；

并将它们的并发执行关系用前趋图（见图 2-22）描述出来。根据 Bernstein 条件（见【解释】），程序 PS_1 和 PS_4 的确是能并发执行的，程序段 PS_2 与 PS_5 也能并发执行，而程序段 PS_3 和 PS_6 则不能并发执行，或者说它们的并发执行具有不可再现性。若先执行 PS_3，再执行 PS_6，则最后 x、y、z 的值分别为 6、7、10；若先执行 PS_6，再执行 PS_3，则最后 x、y、z 的值分别为 6、13、10。

【解释】**Bernstein 条件**是说两个过程如果有数据冲突（Data Hazard），那么就没法并行执行，例如，过程 A 生成数据 d，而过程 B 需要输入数据 d，那么 B 就需要 A 的输入，它们就无法并行执行（写后读问题，RAW）。如果二者会影响后续过程需要的数据，尤其是该数据和它们执行的顺序关系密切，那么它们同样也不能并行执行（写后写问题，WAW）。

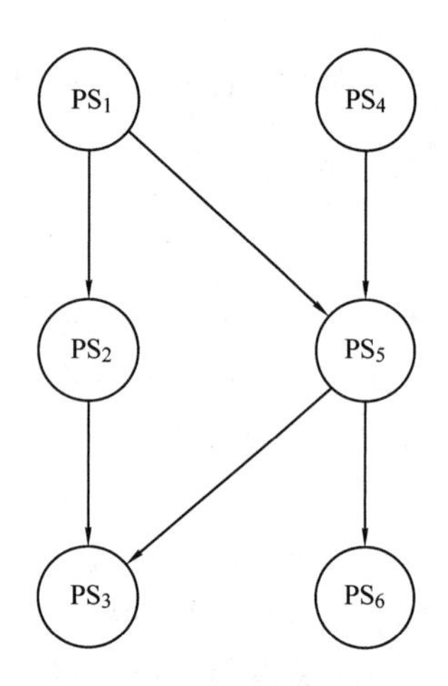

图 2-22 前趋图

119.【解析】上述两个并发执行的进程共享整型变量 x，且共享时没能做到互斥，因此它们的执行结果具有不确定性。若先执行 P_1，并在它执行完语句 x:=1 后进行进程调度，执行 P_2，并在 P_2 结束后再调度执行 P_1，则最后的结果是 x=y=z=0，t=u=2。若先执行 P_1，并在它执行完 if 语句后再调度 P_2 执行，则最后的结果是 x=0，y=z=1，t=u=2。

可将上述程序改正为（本题按照原题的 pascal 语法书写）：

```
Parbegin
    var x:interger;
    s:semaphore:=1;
    process P1
    var y,z:integer;
    begin
        p(s);
        x:=1;
        y:=0;
        if x>=1 then y:=y+1;
```

```
        v(s);
        z:=y;
    end
    process P2
    var t,u:integer;
    begin:
        p(s);
        x:=0;
        t:=0;
        if x<=1 then t:=t+2;
        v(s);
        u:=t;
    endparend
```

120.【解析】A、B、C、D 矩形框中分别应该填写 P(mutex)、V(mutex)、P(s)、P(mutex)。s 是一资源信号量，用来表示信息链中信息的个数，故其初值应设置为 0；mutex 是用来实现对信息链互斥访问的互斥信号量，故其初值应设置为 1。

121.【解析】本题中可设置一个隐含的进程，其作用相当于机房管理员，当有两个学生到达并有空闲的机器时，它便“通知”两个学生进入机房。相应的信号量和各个进程描述如下：

```
Semaphorecomputer=2m;              //对应于计算机的资源信号量
Semaphorestudent=0;                //对应于要进入机房的学生
Semaphoreenter=0;                  //用来控制学生是否可以进入机房
Semaphorefinish=test=0;            //同步学生和教师，教师须检查实习完毕的学生
    student_i()                    //i=1,2,…,2n（学生进程）
    {
        V(student);                //通知管理员来了一个学生
        P(enter);                  //等待进入机房
        进入机房上机实习;
        V(finish);                 //通知教师已完成实验
        P(test);                   //等待检查
        离开机房;
        V(computer);               //释放所占有的计算机
    }
guard()                            //管理员进程
{
    int i;
    for(i=0; i<n; i++)
    {
        P(computer);               //申请计算机
        P(computer);
        P(student);                //等学生到达
```

```
        P(student);
        V(enter);                  //通知学生进入机房
        V(enter);
    }
}
teacher()                          //教师进程
{
    int i;
    for(i=0; i<n; i++)
    {
        P(finish);                 //等学生完成实验
        P(finish);
        检查两个学生的实习结果;
        V(test);                   //通知学生检查完毕
        V(test);
    }
}
```

122.【解析】本题需要设置 5 个信号量：

```
semaphore empty=10;                //表示缸中目前还能装多少桶水，初始时能装 10 桶水
semaphore full=0;                  //表示缸中有多少桶水，初始时缸中没有水
semaphore buckets=3;               //表示有多少个空桶可用，初始时有 3 个桶可用
semaphore mutex_well=1;            //用于实现对井的互斥操作
semaphore mutex_bigjar=1;          //用于实现对缸的互斥操作
young_monk(){                      //小和尚入水算法
    While(true){
        P(empty);
        P(buckets);
        去井边;
        P(mutex_well);
        取水;
        V(mutex_well);
        回寺庙;
        P(mutex_bigjar);
        pure the water into the big jar;
        V(mutex_bigjar);
        V(buckets);
        V(full);
    }
}
old_monk(){                        //老和尚取水算法
```

```
        While(true){
            P(full);
            P(buckets);
            P(mutex_bigjar);
            取水;
            V(mutex_bigjar);
            喝水;
            V(buckets);
            V(empty);
        }
    }
```

123.【解析】在本题中，爸爸、儿子、女儿共用一个盘子，盘中一次只能放一个水果。当盘子为空时，爸爸可将一个水果放入果盘中。若放入果盘中的是橘子，则允许儿子吃，女儿必须等待；若放入果盘中的是苹果，则允许女儿吃，儿子必须等待。本题实际上是生产者-消费者问题的一种变形。这里，生产者放入缓冲区的产品有两类，消费者也有两类，每类消费者只消费其中固定的一类产品。

在本题中，应设置 3 个信号量 S、So、Sa。

```
    Semaphore   S=1;                //信号量 S 表示盘子是否为空，其初值为 1
    Semaphore   Sa=0;               //信号量 Sa 表示盘中是否有苹果，其初值为 0
    Semaphore   So=0;               //信号量 So 表示盘中是否有橘子，其初值为 0
        Procedure father{           //父进程
            While(true){
                P(S);
                    将水果放入盘中;
                    if (放入的是橘子)
                        V(So);
                    else
                        V(Sa);
                    }
                }
        Procedure son{              //儿子进程
            While(true){
                    P(So);
                    从盘中取出橘子;
                    V(S);
                        吃橘子;
                    }
                }
        Procedure daughter{         //女儿进程
            While(true){
```

```
            P(Sa);
               从盘中取出苹果;
            V(S);
               吃苹果;
            }
        }
```

124.【解析】司机活动和售票员活动如图2-23所示。

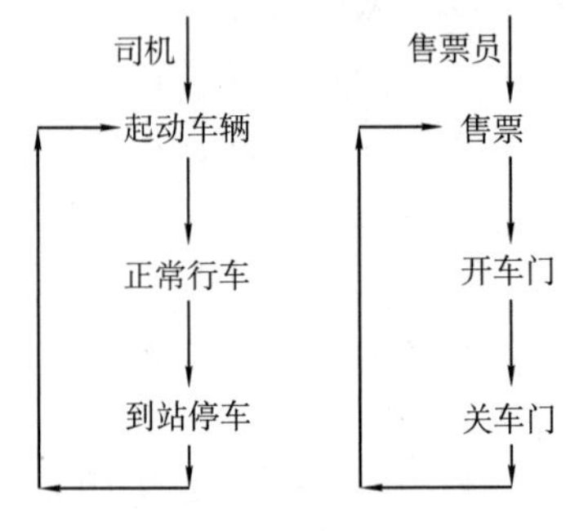

图2-23 司机活动和售票员活动

在汽车行驶过程中，司机活动与售票员活动之间的同步关系为：售票员关车门后，向司机发开车信号，司机接到开车信号后起动车辆，在汽车正常行驶过程中售票员售票，到站时司机停车，售票员在车停后开门让乘客上下车。因此，司机起动车辆的动作必须与售票员关车门的动作取得同步；售票员开车门的动作也必须与司机停车的动作取得同步。本题应设置两个信号量 S_1 和 S_2，代码如下：

```
Semaphore  S1=0;        //S1表示是否允许司机起动汽车，其初值为0
Semaphore  S2=0;        //S2表示是否允许售票员开门，其初值为0
Procedure driver{
   While (true){
      P(S1);
         Start;
         Driving;
         Stop;
      V(S2);
   }
}
Procedure Conductor{
   While (true){
      Close the door;
      V(S1);
      Sell the ticket;
      P(S2);
      Open the door;
      Passengers up and down;
   }
}
```

125.【解析】

```
Semaphore smoker[3]={0,0,0};                //初始0，3个抽烟者
Semaphore material[3]={0,0,0};              //初始0，3种原料
Semaphore agent=1;                          //初始1，供应商
```

```
Int turn=0;                              //初始 0，指示轮到哪个抽烟者
Agent()
{
    While(true)
    {
            P(agent);                    //查看是否需要放原料
            V(smoker[ turn] );           //准备放第 i 个抽烟者所需的原料
            V(material[ (turn+1)%3] );   //放置第一种原料
            V(material[ (turn+2)%3] );   //放置第二种原料
            turn=(turn+1)%3;             //序号后移，准备放其他抽烟者所需的原料
    }
}
Smoker_i()                               //第 i 个抽烟者进程
{
    While(true)
    {
            P(smoker[ i] );              //查看是否有自己所需的原料
            P(material[ (i+1)%3] );      //拾起原料 1
            P(material[ (i+2)%3] );      //拾起原料 2
            V(agent);                    //通知供应商原料被取走
            Smoke;
    }
}
```

126.【解析】为了描述上述同步问题，需设置两个整型变量 countA 和 countB，分别表示由南往北和由北往南已在桥上行驶的汽车数目，它们的初值为 0；再设置 3 个初值都为 1 的互斥信号量：S_A 用来实现对 countA 的互斥访问，S_B 用来实现对 countB 的互斥访问，mutex 用来实现两个方向的车辆对桥的互斥使用。

由南往北过桥的车辆描述如下：

```
行驶到桥头;
P(SA);
If(countA==0)
    P(mutex);
countA++;
V(SA);
过桥;
P(SA);
    countA--;
    If(countA==0)
        V(mutex);
V(SA);
```

由北往南过桥的车辆描述如下：

```
行驶到桥头；
P(SB);
If(countB==0)
    P(mutex);
countB++;
V(SB);
过桥；
P(SB);
    countB--;
    If(countB==0)
        V(mutex);
V(SB);
```

★注：本题是读者-写者问题的变形。

127.【解析】本题实际上是一个读者-写者问题，P_1 是一个读者，P_2 是一个写者；为了使 F 的并发度较高，将 P_3 先看作读者，当其完成该操作后再将其看作写者。算法中需用到如下变量定义：

```
Int readcount=0;                          //用于对读进程的数量进行统计
Semaphore   mutex=1;                      //用于写者与其他读者/写者互斥访问共享数据
Semaphore   rmutex=1;                     //用于读者互斥访问计数器 readcount
P1(){
    While(true){
        P(rmutex);
        If(readcount==0) P(mutex);    //读者互斥访问 readcount
        readcount++;
        V(rmutex);
        read F;
        P(rmutex);
        readcount--;
        If(readcount==0) V(mutex);
        V(rmutex);
        }
    }
P2(){
    While(true){
        P(mutex);                         //实现写者与读者互斥访问 F 表格
        Write F;
        V(mutex);
        }
    }
```

```
P₃(){
    While(true){
        P(rmutex);
        If(readcount==0) P(mutex);    //看作读者
        Readcount++;
        V(rmutex);
        Read F;
        P(rmutex);
        Readcount--;
        If(readcount==0) V(mutex);
        V(rmutex);
        P(mutex);                     //看作写者
        Write F;
        V(mutex);
        }
}
```

128.【解析】由于缓冲区是互斥资源，因此设互斥信号量为 mutex。

同步问题：P_1、P_2 因奇数的放置与取用而同步，设同步信号量为 odd；P_1、P_3 因偶数的放置与取用而同步，设同步信号量为 even；对空闲缓冲区设置资源同步信号量 empty，初值为 N。伪代码描述如下：

```
semaphore mutex=1;         //缓冲区互斥操作信号量
semaphore odd=0;even=0; //奇数、偶数进程的同步信号量
semaphore empty=N;         //空缓冲区单元个数信号量
processP₁()
{
    while(true)
    {
        number=produce();
        P(empty);          //这里切记要先进行 P(empty)，再进行 P(mutex),不然可能会
        P(mutex);          //导致死锁（否则当没有空余缓冲区时，P₁ 将持续占用 mutex）
        put();
        V(mutex);          //释放缓冲区
        if(number%2==0)    //若为奇数，则允许取奇数；若为偶数，则允许取偶数
            V(even);
        else
            V(odd);
        }
    }
processP₂()
{
```

```
    while(true)
    {
        p(odd);             //互斥奇数
        p(mutex);           //互斥访问缓冲区
        getodd();
        v(mutex);           //释放缓冲区
        v(empty);           //释放一个空缓冲区
        countodd();
    }
}
processP3()
{
    while()
    {
        p(even);
        p(mutex);
        geteven();
        v(mutex);
        v(empty);
        counteven();
    }
}
```

129.【解析】

1）系统运行过程中有可能产生死锁。根据题意，系统中只有 3 台 R_1 设备，它们要被 4 个进程共享，且每个进程对 R_1 设备的最大需求为 2。由于 R_1 设备数量不足，而且它又是一个互斥、不可被剥夺的资源，而系统又没采取任何措施破坏死锁产生的剩余两个必要条件——请求与保持条件和环路等待条件，因此，在系统运行过程中可能会发生死锁。

2）当 P_1、P_2、P_3 进程各得到一个 R_1 设备时，它们可继续运行，并均可顺利地申请到一个 R_2 设备；当第二次申请 R_1 设备时，因为系统已无空闲的 R_1 设备，故它们全部阻塞，并进入循环等待的死锁状态。这种死锁状态下的进程-资源图如图 2-24 所示。

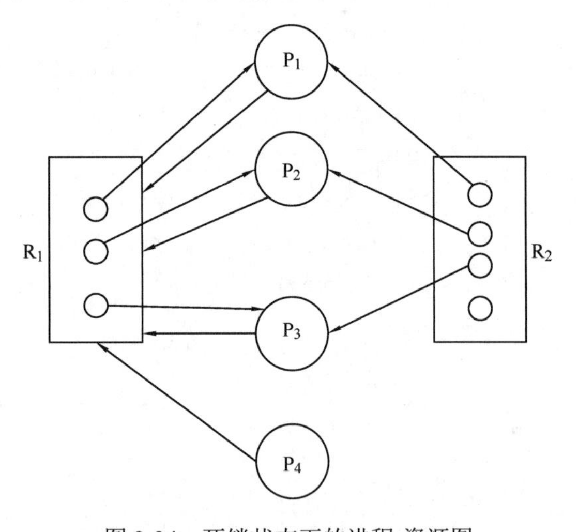

图 2-24　死锁状态下的进程-资源图

130.【解析】

1）处理器的三级调度是指一个作业在运行过程中要遇到的高级调度（作业调度）、中级调度（进程对换）和低级调度（进程调度）。不过，不是所有的操作系统都有三级调度，有些只实现了其中的一级或两级，但是每个操作系统都有进程调度。

2）高级调度主要在需要从外存调入一个作业到内存中时发生；中级调度主要在内存紧张需要调出一些进程，或者内存空闲需要把先前调出的进程调回内存时发生；低级调度主要在正在执行的进程放弃 CPU 或者被其他优先级高的进程抢占 CPU 时发生。

3）高级调度的主要工作是决定外存的后备队列中哪个进程被调入到内存中，并给这个作业创建进程，给它分配必要的资源；中级调度的主要工作是在内存紧张时把就绪队列中暂时得不到执行的进程换到外存，也负责在内存较空闲时把换到外存的进程调回内存；低级调度的主要工作是决定把 CPU 分配给就绪队列中的哪个进程。

131.【解析】

1）作业执行情况可以用甘特（Gantt）图表示，如图 2-25 所示。

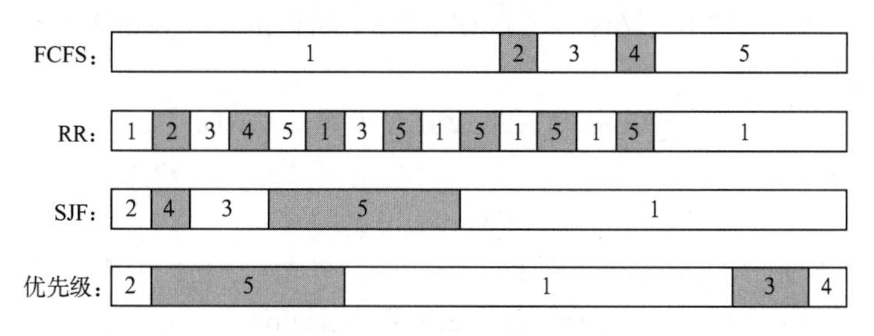

图 2-25 甘特（Gantt）图

2）各个进程对应于各个算法的周转时间和加权周转时间见表 2-28。

表 2-28 各个算法计算结果

算法	时间类型	P_1	P_2	P_3	P_4	P_5	平均时间/s
	运行时间/s	10	1	2	1	5	3.8
FCFS	周转时间/s	10	11	13	14	19	13.4
	加权周转时间/s	1	11	6.5	14	3.8	7.26
RR	周转时间/s	19	2	7	4	14	9.2
	加权周转时间/s	1.9	2	3.5	4	2.8	2.84
SJF	周转时间/s	19	1	4	2	9	7
	加权周转时间/s	1.9	1	2	2	1.8	1.74
非剥夺式优先级	周转时间/s	16	1	18	19	6	12
	加权周转时间/s	1.6	1	9	19	1.2	6.36

所以 FCFS 的平均周转时间为 13.4s，平均加权周转时间为 7.26s；RR 的平均周转时间为 9.2s，平均加权周转时间为 2.84s；SJF 的平均周转时间为 7s，平均加权周转时间为 1.74s；非剥夺式优先级调度算法的平均周转时间为 12s，平均加权周转时间为 6.36s。

★注： SJF 的平均周转时间肯定是最短的，计算完毕后可以利用这个性质进行检验。

132.【解析】

解法 1： 本题中只有一种资源，不妨设 Max_i 为第 i 个进程的资源总需要量，$Need_i$ 为第 i 个进程还需要的资源数量，$Allocation_i$ 表示第 i 个进程已经分配到的资源数量，Available 为系统剩余的资源数量，其中 i=1，2，…，n。

若 n=0，则没有进程，必然不会发生死锁，所以现在证明 n≥1 时的情形，如下所示：

假设此系统可以发生死锁。

系统剩余的资源数量为 Available（Available≥0），由假设可知，因为系统处于死锁状态，Available 个资源无法分配出去，所以每个进程的 $Need_i$ 都大于 Available。

即

$$Need_i \geq Available+1$$

可得

$$\sum Need_i \geq n\times(Available+1)=n\times Available+n \quad ①$$

因为剩下的资源数是 Available，所以已分配出去的资源数为 m−Available。

即

$$\sum Allocation_i=m-Available \quad ②$$

由式①和式②可以得到

$$\sum Need_i+\sum Allocation_i \geq n\times Available+n+m-Available=(n-1)\times Available+m+n \quad ③$$

因为 n≥1，所以 n−1≥0；又因为 Available≥0，所以(n−1)×Available≥0。④

由式③和式④可以得到

$$\sum Need_i+\sum Allocation_i \geq 0+m+n=m+n \quad ⑤$$

而由题意可知

$$\sum Max_i<m+n \quad ⑥$$

又因为 $Max_i=Need_i+Allocation_i$，所以

$$\sum Max_i=\sum Need_i+\sum Allocation_i \quad ⑦$$

由式⑥和式⑦得

$$\sum Need_i+\sum Allocation_i<m+n \quad ⑧$$

由假设推出的式⑤与由题意推出的式⑧相矛盾，所以假设是错误的，即此系统无法发生死锁。

本题还有一种较为简便的解法，供大家参考。

解法 2：设 Max_i 表示第 i 个进程的最大资源需求量，$Need_i$ 表示第 i 个进程还需要的资源量，$Allocation_i$ 表示第 i 个进程已经分配的资源量，由题设条件可得

$$\sum Max_i=\sum Allocation_i+\sum Need_i \quad ①$$

假设该系统已经发生死锁，那么 m 个资源应该已经被全部分配出来，且各个进程都没有得到足够的资源运行（所有进程 $Need_i \geq 1$），即

$$\sum Allocation_i=m \quad ②$$

$$\sum Need_i \geq n \quad ③$$

由式①和式②可得

$$\sum Need_i<n \quad ④$$

由于式③和式④矛盾，因此该系统不可能发生死锁。

★注：式②中没有考虑∑Allocation(i)<m 的情形。不一定是所有资源都分配完了才会发生死锁，可能还有剩余资源，当剩余资源的数量小于任何一个进程的需求量时也会发生死锁。这种方法将系统的资源分配方式假设为当进程有资源请求时，逐步分配可用资源，直到满足请求或无可用资源，因此会出现资源全部分配的情况。

133.【解析】

1）$Need=Max-Allocation=\begin{pmatrix}0&0&1&2\\1&7&5&0\\2&3&5&6\\0&6&5&6\end{pmatrix}-\begin{pmatrix}0&0&1&2\\1&0&0&0\\1&3&5&4\\0&0&1&4\end{pmatrix}=\begin{pmatrix}0&0&0&0\\0&7&5&0\\1&0&0&2\\0&6&4&2\end{pmatrix}$

2）Work 向量初始值=Available（1，5，2，0）

由表 2-29 可知，因为存在一个安全序列（P_0，P_2，P_1，P_3），所以系统处于安全状态。

3）$Request_1$（0，4，2，0）<$Need_1$（0，7，5，0）。

$Request_1$（0，4，2，0）<Available（1，5，2，0）。

表 2-29　安全性分析结果

进程	矩阵																
	Work				Need				Allocation				Work+Allocation				Finish
	A	B	C	D	A	B	C	D	A	B	C	D	A	B	C	D	
P_0	1	5	2	0	0	0	0	0	0	0	1	2	1	5	3	2	True
P_2	1	5	3	2	1	0	0	2	1	3	5	4	2	8	8	6	True
P_1	2	8	8	6	0	7	5	0	1	0	0	0	3	8	8	6	True
P_3	3	8	8	6	0	6	4	2	0	0	1	4	3	8	9	10	True

假设先试着满足 P_1 进程的这个请求，则 Available 变为（1，1，0，0）。

系统状态变化见表 2-30。

表 2-30　系统状态变化

进程	矩阵															
	Max				Allocation				Need				Available			
	A	B	C	D	A	B	C	D	A	B	C	D	A	B	C	D
P_0	0	0	1	2	0	0	1	2	0	0	0	0	1	1	0	0
P_1	1	7	5	0	1	4	2	0	0	3	3	0				
P_2	2	3	5	6	1	3	5	4	1	0	0	2				
P_3	0	6	5	6	0	0	1	4	0	6	4	2				

再对系统进行安全性分析，见表 2-31。

表 2-31　安全性分析结果

进程	矩阵																
	Work				Need				Allocation				Work+Allocation				Finish
	A	B	C	D	A	B	C	D	A	B	C	D	A	B	C	D	
P_0	1	1	0	0	0	0	0	0	0	0	1	2	1	1	1	2	True
P_2	1	1	1	2	1	0	0	2	1	3	5	4	2	4	6	6	True
P_1	2	4	6	6	0	3	3	0	1	4	2	0	3	8	8	6	True
P_3	3	8	8	6	0	6	4	2	0	0	1	4	3	8	9	10	True

因为存在一个安全序列（P_0，P_2，P_1，P_3），所以系统仍处于安全状态，即 P_1 的这个请求应该马上被满足。

134．本题有两个临界资源：一个是出入口；另一个是博物馆。

本题需要定义两个信号量：

```
Semaphore empty=500;            //博物馆可以容纳的最多人数
Semaphore mutex=1;              //用于出入口资源的控制
cobegin
参观者进程 i;
{
    …
    P(empty);                   //判断博物馆是否已经满员，若未满，空间数减 1
```

```
    P(mutex);                        //申请使用出入口
    进门;
    V(mutex);                        //释放出路口
    参观;
    P(mutex);                        //申请使用出入口
    出门;
    V(mutex);                        //释放出路口
    V(empty);                        //博物馆的空间数加 1
    …
}
coend
```

135.【解析】

这是典型的生产者-消费者问题，只对典型问题加了一个条件，只需在标准模型上新加一个信号量即可完成指定要求。

设置 4 个变量 mutex1、mutex2、empty 和 full。mutex1 用于一个消费者进程一个周期（10 次）内对于缓冲区的控制，初值为 1；mutex2 用于进程单次互斥地访问缓冲区，初值为 1；empty 代表缓冲区的空位数，初值为 0；full 代表缓冲区的产品数，初值为 1000。具体进程的描述如下：

```
semaphore mutex1=1;
semaphore mutex2=1;
semaphore empty=1000;
semaphore full=0;
producer(){
    while(1){
        生产一个产品;
        P(empty); //判断缓冲区是否有空位
        P(mutex2); //互斥访问缓冲区
        把产品放入缓冲区;
        V(mutex2); //互斥访问缓冲区
        V(full); //产品的数量加 1
    }
}
consumer(){
    while(1){
        P(mutex1) //连续取 10 次
            for(int i = 0; i <= 10; ++i){
                P(full); //判断缓冲区是否有产品
                P(mutex2); //互斥访问缓冲区
                从缓冲区取出一件产品;
                V(mutex2); //互斥访问缓冲区
                V(empty); //腾出一个空位
```

```
                消费这件产品;
            }
        V(mutex1)
    }
}
```

【评分说明】

① 信号量的初值和含义都正确，给2分。

② 生产者之间的互斥操作正确，给 1 分；生产者与消费者之间的同步操作正确，给 2 分；消费者之间的互斥操作正确，给1分。

③ 控制消费者连续取产品数量正确，给2分。

④ 仅给出经典生产者-消费者问题的信号量定义和伪代码描述，最多给3分。

⑤ 若考生将题意理解成缓冲区至少有10件产品，消费者才能开始取，其他均正确，得6分。

⑥ 部分完全正确，酌情给分。

136.【解析】

```
semaphore Full_A = x; //Full_A 表示 A 的信箱中的邮件数量
semaphore Empty_A = M-x; // Empty_A 表示 A 的信箱中还可存放的邮件数量
semaphore Full_B = y; //Full_B 表示 B 的信箱中的邮件数量
semaphore Empty_B = N-y; // Empty_B 表示 B 的信箱中还可存放的邮件数量
semaphore mutex_A = 1; //mutex_A 用于 A 的信箱互斥
semaphore mutex_B = 1; //mutex_B 用于 B 的信箱互斥
Cobegin
```

A{
  while(TRUE){
    P(Full_A);
    P(mutex_A);
    从 A 的信箱中取出一个邮件;
    V(mutex_A);
    V(Empty_A);
    回答问题并提出一个新问题;
    P(Empty_B);
    P(mutex_B);
    将新邮件放入 B 的信箱;
    V(mutex_B);
    V(Full_B);
  }
}
	B{
	  while(TRUE){
	    P(Full_B);
	    P(mutex_B);
	    从 B 的信箱中取出一个邮件;
	    V(mutex_B);
	    V(Empty_B);
	    回答问题并提出一个新问题;
	    P(Empty_A);
	    P(mutex_A);
	    将新邮件放入 A 的信箱;
	    V(mutex_A);
	    V(Full_A);
	  }
	}

【评分说明】

① 每对信号量的定义及初值正确，给1分。

② 每个互斥信号量的P、V操作使用正确，各给2分。

③ 每个同步信号量的 P、V 操作使用正确，各给 2 分。

④ 其他答案酌情给分。

137.【解析】

1）由于采用了静态优先数，当就绪队列中总有优先数较小的进程时，优先数较大的进程一直没有机会运行，因而会出现饥饿现象（2 分）。

2）优先数 priority 的计算公式为 priority=nice+k1×cpuTime−k2×waitTime，其中 k1>0，k2 >0，用来分别调整 cpuTime 和 waitTime 在 priority 中所占的比例（3 分）。waitTime 可使长时间等待的进程优先数减小，从而避免出现饥饿现象（1 分）。

【评分说明】

① 公式中包含 nice 给 1 分，利用 cpuTime 增大优先数给 1 分，利用 waitTime 减小优先数给 1 分。

② 若考生给出包含 nice、cpuTime 和 waitTime 的其他合理的优先数计算方法，同样给分。

138.【解析】先找出线程对在各个变量上的互斥、并发关系。如果是一读一写或两个都是写，那么这就是互斥关系。每一个互斥关系都需要一个信号量进行调节。

```
semaphore mutex_y1=1; //mutex_y1 用于 thread1 与 thread3 对变量 y 的互斥操作
semaphore mutex_y2=1; // mutex_y2 用于 thread2 与 thread3 对变量 y 的互斥操作
semaphore mutex_z=1; //mutex_z 用于变量 z 的互斥访问
```

互斥代码如下：（5 分）

<table>
<tr>
<td><pre>thread 1
{
  cnum w;
  wait(mutex_y1);
  w = add(x, y);
  signal(mutex_y1);
  …
}</pre></td>
<td><pre>thread 2
{
  cnum w;
  wait(mutex_y2);
  wait(mutex_z);
  w = add(y, z);
  signal(mutex_z);
  signal(mutex_y2);
  …
}</pre></td>
<td><pre>thread 3
{
  cnum w;
  w.a = 1;
  w.b = 1;
  wait(mutex_z);
  z = add(z, w);
  signal(mutex_z);
  wait(mutex_y1);
  y = add(y, w);
  signal(mutex_y1);
}</pre></td>
</tr>
</table>

【评分说明】

① 各线程与变量之间的互斥、并发情况及相应评分见表 2-32。

表 2-32 各线程与变量之间的互斥、并发情况及相应评分

变量	线程对			
	thread1 和 thread2	thread2 和 thread3	thread1 和 thread3	给分
x	不共享	不共享	不共享	1 分
y	同时读	读写互斥	读写互斥	3 分
z	不共享	读写互斥	不共享	1 分

② 若考生仅使用一个互斥信号量，互斥代码部分的得分最多给 2 分。

③ 答案部分正确，酌情给分。

139.【解析】

回顾传统的哲学家问题，假设餐桌上有 n 个哲学家、n 根筷子，那么可以用这种方法避免死锁：限制至多允许 n-1 个哲学家同时“抢”筷子，那么至少会有 1 个哲学家可以获得两根筷子并顺利进餐，于是不可能发生死锁的情况。本题可以用碗这个限制资源来避免死锁：当碗的数量 m 小于哲学家的数量 n 时，可以直接让碗的资源量等于 m，确保不会出现所有哲学家都拿一侧筷子而无限等待另一侧筷子进而造成死锁的情况；当碗的数量 m 大于等于哲学家的数量 n 时，为了让碗起到同样的限制效果，我们让碗的资源量等于 n-1，这样就能保证最多只有 n-1 个哲学家同时进餐，所以得到碗的资源量为 min{n-1, m}。在进行 P、V 操作时，碗的资源量起限制哲学家取筷子的作用，所以需要先对碗的资源量进行 P 操作。具体过程如下：

```
// 信号量
semaphore bowl;                  // 用于协调哲学家对碗的使用
semaphore chopsticks[n];         // 用于协调哲学家对筷子的使用
for(int i=0; i<n; i++)
    chopsticks[i]=1;             // 设置两个哲学家之间筷子的数量
bowl=min(n-1,m);                 // bowl ≤ n-1，确保不死锁
CoBegin
while(TRUE) {                    // 哲学家 i 的程序
    思考;
    P(bowl);                     // 取碗
    P(chopsticks[i]);            // 取左边筷子
    P(chopsticks[(i+1)%n]);      // 取右边筷子
    就餐;
    V(chopsticks[i]);
    V(chopsticks[(i+1)%n]);
    V(bowl);
}
CoEnd
```

140.【解析】

```
Semaphore S_AC = 0; //控制操作 A 和 C 的执行顺序
Semaphore S_BC = 0; //控制操作 B 和 C 的执行顺序
Semaphore S_CE = 0; //控制操作 C 和 E 的执行顺序
Semaphore S_DE = 0; //控制操作 D 和 E 的执行顺序
CoBegin
    Begin 操作 A; signal(S_AC); End
    Begin 操作 B; signal(S_BC); End
    Begin wait(S_AC); wait(S_BC); 操作 C; signal(S_CE); End
    Begin 操作 D; signal(S_DE); End
```

Begin wait(S_{CE}); wait(S_{DE}); 操作　E; End

CoEnd

141.【解析】

1）信号量 S 是能被多个进程共享的变量，多个进程都可通过 wait( )和 signal( )对 S 进行读、写操作。所以，wait( )和 signal( )操作中对 S 的访问必须是互斥的。

2）方法 1 错误。在 wait( )中，当 S≤0 时，关中断，其他进程无法修改 S 的值，while 语句陷入死循环。方法 2 正确。方法 2 在循环体中有一个开中断操作，这样就可以使其他进程修改 S 的值，从而避免 while 语句陷入死循环。

3）用户程序不能使用开/关中断指令实现临界区互斥。因为开中断和关中断指令都是特权指令，不能在用户态下执行，只能在内核态下执行。

考点分析与解题技巧

考点一　进程的概念、进程与程序的异同、进程的组织结构（PCB 的构造与功能）

这类考点主要考查对相关知识点的记忆，考生应该对相关知识点有清晰的记忆，如进程的定义、进程的特征、程序的顺序执行和并发执行的特点、进程的组成等。在此基础上，还应该对部分知识点有一定的理解，如进程与程序的异同、进程实体的概念，其核心是把握进程是动态的，而程序、进程实体都是静态的这一本质不同。

这部分考点的考查形式以选择题或简答题为主，简答题一般只要求对相关知识点有清晰的记忆即可作答，而选择题往往会对相关描述加以变形，需要对选项进行分析。但总体来说，记忆此类知识点，对上述需要理解的知识点加以理解是解题的关键。

考点二　线程的概念及其与进程的异同

这类考点主要考查对线程这一小节知识点的理解。考生对这部分知识点，应该着重把握线程产生的原因、用户级线程与内核级线程和多线程模型的理解。其中线程产生的原因实际上就是造成线程与进程异同的前提和要素，如为了减少操作系统开销，引入了线程，所以线程不可能像进程一样拥有系统资源，进而可以减少系统开销；为了提高并发性，线程也和进程一样可以独立调度和并发执行。这些实际上就是线程与进程的异同，因此可以对这部分知识点进行理解性的记忆。另外，用户级线程与多线程模型也可以结合进行理解，如多对一模型中的“多”就是用户级线程，而“一”就是内核级线程。

这部分考点的考查形式以选择题和简答题为主，选择题更注重对线程与进程异同的分析、多线程模型中用户级线程和内核级线程特点及关系的分析，是更注重理解的考查形式，简答题则更注重对这部分知识点的记忆，建议考生以上文提到的理解性记忆为主，无需死记硬背。

考点三　进程的 3 个状态及其转换；引起转换的典型事件

这类考点实际上是考查对进程五状态图（比考点中提到的 3 个状态增加了创建和结束状态）的理解，五状态图可参考图 2-3。五状态图中最常考的就是就绪—执行—阻塞这 3 个状态之间的相互转换，考生应理解 3 个状态因何而转换，转换成何种状态。而引起转换的典型事件这一考点则需参考“2.1.4 进程的控制”进行记忆，包括各类原语和进程切换。考生在进行二轮复习时，可以对照五状态图，对状态之间转换事件及原语进行回忆和自查。

这部分考点的考查形式以选择题为主，按照上文提到的方法进行理解和记忆即可拿到分数。但需要注意的是，选项经常会有操作系统场景的描述（如进程申请使用打印机，实际上就是等待 I/O 设备，会使进程由运行态转换为阻塞态），考生应该对描述的场景进行转换典型事件的对号入座，再去思考是否是正确选项。

考点四　处理器三级调度及之间的比较

这类考点考查对三级调度的理解，考生只需把握一个基本规则：作业调度是从外存调度到内存，分配其他系统资源，调度队列为后备队列；进入内存后进入进程调度的范畴，主要是分配处理机，调度队列为就绪队列，因而此时进程已变为就绪状态；由于阻塞态的存在，可能由于某些原因产生了进程阻塞，因而有了中级调度，调度队列为等待队列。

这类考点一般以选择题的形式考查，按照上述基本规则理解即可作答。

考点五　典型的调度算法以及进程在不同调度算法下的执行顺序的确定、周转时间、等待时间等的计算

这类考点考查对典型调度算法的理解和记忆，考生应该掌握调度算法都有哪些，每种调度算法都有什么样的特点，另外应对调度准则的计算公式有清晰的记忆。

考查形式可以是单独考查选择题，也可以结合调度准则考查计算题，只要掌握每种调度算法是如何调度的，再按照计算公式进行计算，即可拿到分数。甘特图是某些高校喜欢考查的方式，画出甘特图后其他调度准则的计算可以节省很多时间，考生可参考习题与真题 111 题解析进行复习，考试时建议用尺子进行准确作图。

考点六　临界区与临界资源、抢占式与非抢占式调度、进程同步与互斥的区别

这类考点考查对这部分知识点的理解性记忆，考生按照本书中的知识点讲解进行理解即可，注意知识点讲解中加粗的内容。

考查形式以选择题为主，只要理解什么是进程同步、什么是进程互斥以及什么是临界资源，再对选项进行分析即可拿到相应分数。

考点七　实现进程互斥的软件方法，用信号量保证进程之间的同步与互斥，几种常见的进程同步问题

这类考点的核心就是信号量机制，也是本章的重中之重，几乎每年都会出综合题。关于信号量机制的综合题，解题思路可以参考“2.3.4 经典同步问题”最后的补充知识点。

还有一种做题思路是将考题与经典同步问题进行比较分析，发现其中的异同点，进而加上部分同步和互斥信号量进行作答，这里不建议采用此种方法。

考点八　死锁的概念，发生死锁的 4 个必要条件，处理死锁的方法（死锁预防与死锁避免等），银行家算法

这类考点中，死锁的概念、处理死锁的方法需要考生进行理解，而死锁的必要条件、死锁产生的原因与银行家算法需要考生进行记忆。预防死锁要结合死锁的必要条件进行记忆；死锁的检测与解除还应该理解资源分配图是如何检测死锁的；银行家算法与安全序列检查可结合例题和习题与真题进行记忆。

死锁的概念、处理死锁的方法、死锁产生的原因常考选择题，理解这部分知识点之后，很容易作答。银行家算法是综合题、计算题常考的内容，考生需要结合例题和习题与真题解析，了解银行家算法解题的标准步骤，画出表格进行作答。

第3章　内存管理

大纲要求

（一）内存管理基础

1．内存管理概念

程序装入与链接、逻辑地址与物理地址空间、内存保护。

2．覆盖与交换

3．连续分配管理方式

4．非连续分配管理方式

分页管理方式、分段管理方式、段页式管理方式。

（二）虚拟内存管理

1．虚拟内存基本概念

2．请求分页管理方式

3．页面置换算法

最佳置换算法（OPT）、先进先出置换算法（FIFO）、最近最少使用置换算法（LRU）、时钟置换算法（CLOCK）。

4．页面分配策略

5．工作集

6．抖动

核心考点

1.（★★）程序执行的完整过程（包括编译、链接、装入执行），静态装入与动态装入，物理地址与逻辑地址，交换与覆盖。

2.（★★★）连续内存分配方式与3种非连续内存分配方式（分页、分段、段页式），内部碎片与外部碎片，段式与页式分配的区别。

3.（★★★★）分页管理方式中的逻辑地址结构、页表、访存过程以及访存有效时间，快表与多级页表。

4.（★★★）虚拟内存与3种虚拟内存管理方式（请求分页、请求分段、请求段页式），每种方式的特点及其之间的区别。

5.（★★★★）请求分页管理方式中的逻辑地址结构、页表结构、访存过程、访存有效时间以及常见的几种页面置换算法。

知识点讲解

3.1 内存管理基础

3.1.1 内存管理概述

存储器是计算机系统的重要组成部分，是计算机系统中的一种宝贵而紧俏的资源。操作系统中的存储管理是指对内存（又称主存。默认情况下，本章的存储器指的是内存）的管理，是操作系统的重要功能之一。

1．内存管理的功能

存储管理的主要任务是为多道程序的运行提供良好的环境，方便用户使用存储器，提高存储器的利用率以及从逻辑上扩充存储器。为此，存储管理应具有以下功能。

- **内存的分配和回收。**由操作系统完成内存空间的分配和管理，使程序设计人员摆脱存储空间分配的麻烦，提高编程效率。为此，系统应记住内存空间的使用情况：实施内存的分配；回收系统或用户释放的内存空间。
- **地址变换。**在多道程序环境下，程序中的逻辑地址与内存中的物理地址通常不一致，因此存储管理必须提供地址变换功能，将逻辑地址转换为物理地址。
- **扩充内存。**借助于虚拟存储技术或其他自动覆盖技术，为用户提供比内存空间大的地址空间，从而实现在逻辑上扩充内存容量的目的。
- **存储保护。**保证进入内存的各道作业都在自己的存储空间内运行，互不干扰。既要防止一道作业因发生错误而破坏其他作业，也要防止其破坏系统程序。这种保护一般由硬件和软件配合完成。

2．应用程序的编译、链接与装入

应用程序从用户编写的源文件到内存中执行的进程，大致分为 3 个阶段：首先，经过编译程序（Compiler）将源代码编译为若干个目标模块（Object Module）；其次，通过链接程序（Linker）将编译好的目标模块以及所需的库函数链接在一起，形成完整的装入模块（Load Module）；最后，通过装入程序（Loader）将这些装入模块装入内存并执行。简单来说，从源程序到执行的进程，经历了编译、链接、装入三个步骤，如图 3-1 所示。

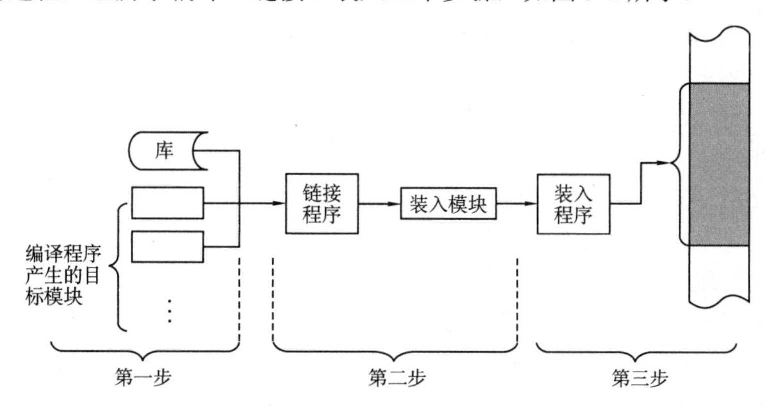

图 3-1 程序的处理过程

对程序设计者来说，数据的存放地址由数据名称决定，称为名地址或符号名地址，源程序的地址空间称为名空间或符号名空间。源程序经过编译之后得到目标代码，由于编译程序无法得知代码驻留在内存中的实际位置（即物理地址），一般总是从 0 号单元开始编址，并顺序分配给所有的地址单元，这些都不是真实的内存地址，因此称为相对地址或者虚拟地址。

一个完整的程序可以由多个模块构成，这些模块都是从 0 号单元开始编址。当链接程序将多个模块链接为装入模块时，链接程序会按照各个模块的相对地址将其地址构成统一的从 0 号单元开始编址的相对地址。

当装入程序将可执行代码装入内存时，程序的逻辑地址与程序在内存的实际地址（物理地址）通常不同，这就需要通过地址转换将逻辑地址转换为物理地址，这个过程叫作重定位。不同地址的变换过程如图 3-2 所示。

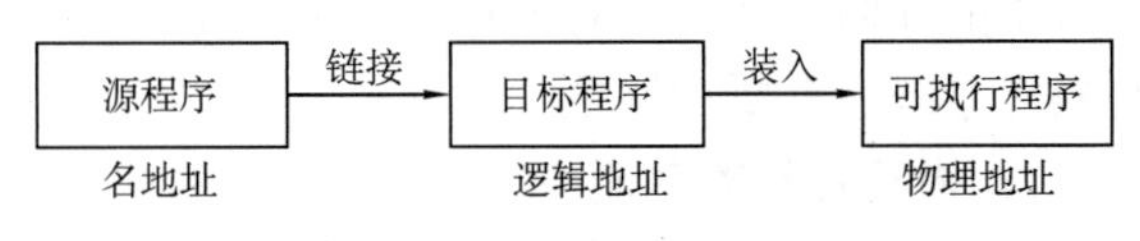

图 3-2 不同地址变换过程

程序的链接有以下 3 种方式。

- **静态链接**。在程序运行之前，先把各个目标模块及所需库链接为一个完整的可执行程序，以后不再拆开。
- **装入时动态链接**。将应用程序编译后所得到的一组目标模块装入内存时采用边装入边链接的动态链接方式。
- **运行时动态链接**。直到程序运行过程中需要一些模块时，才对这些模块进行链接。这种链接方式将对某些模块的链接推迟到执行时才进行，也就是说，在执行过程中，当发现一个被调用模块尚未装入内存时，立即去找到该模块并将其装入内存，然后把它链接到调用者模块上。凡在执行过程中未被用到的目标模块，都不会被调入内存和链接到装入模块上，这样不仅可缩短程序的装入过程，而且可节省大量的内存空间，便于修改和更新，便于实现对目标模块的共享。

程序的装入也有以下 3 种方式。

- **绝对装入**。在编译时就知道程序将要驻留在内存的物理地址，编译程序产生含有物理地址的目标代码。这种方式不适合多道程序设计。
- **可重定位装入**。根据内存当前情况，将装入模块装入到内存的适当位置，地址变换通常在装入时一次完成，之后不再改变，这种方式也称为静态重定位。静态重定位的实现很简单，当操作系统为程序分配了一个以某地址为起始地址的连续主存区域后，重定位时将程序中指令或操作数的逻辑地址加上这个起始地址就得到了物理地址。如图 3-3 所示，作业被装入到从 1000 开始的内存空间中，因此该作业的物理地址为“逻辑地址+1000”。
- **动态运行装入**。允许程序运行时在内存中移动位置。装入模块装入到内存后的所有地址都是相对地址，在程序执行过程中，只有当访问到相应指令或数据时，才将要访问的程序或数据的相对地址转换为物理地址。由于重定位过程是在程序执行期间随着指令的执行逐步完成的，因此也称为动态重

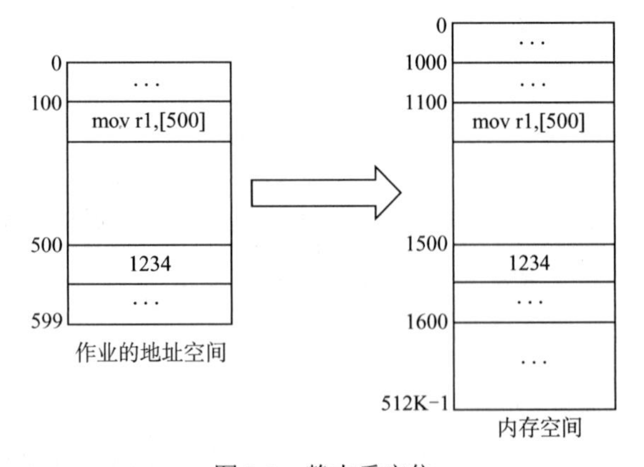

图 3-3 静态重定位

定位。动态重定位的实现要依靠硬件地址变换机构，最简单的实现方法是利用一个重定位寄存器。当某个作业开始执行时，操作系统负责把该作业在主存中的起始地址送入重定位寄存器中，之后在作业的整个执行过程中，每当访问内存时，系统就会自动将重定位寄存器的内容加到逻辑地址中去，从而得到与该逻辑地址对应的物理地址。图 3-4 给出了地址变换过程的例子。在图 3-4 中，作业被装入到主存中从 1000 号单元开始的一个存储区中，在它执行时，操作系统将重定位寄存器设置为 1000。当程序执行到 1100 号单元中的指令时，硬件地址变换机构自动地将这条指令中的取数地址 500 加上重定位寄存器的内容，得到物理地址 1500。然后以 1500 作为访问内存的物理地址，将数据 1234 送入寄存器。

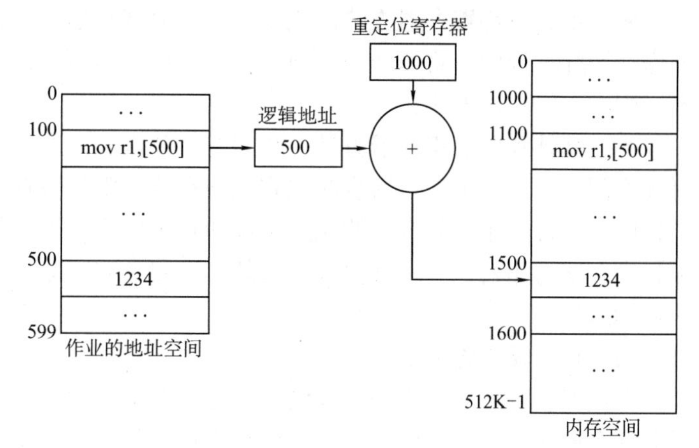

图 3-4　动态重定位

静态重定位的特点是容易实现，无须增加硬件地址变换机构。但它要求为每个程序分配一个连续的存储区，如果空间不足以放下整个程序就不能分配，而且在程序执行期间不能移动，不能再申请内存空间，难以做到程序和数据的共享。

动态重定位的特点是可以将程序分配到不连续的存储区中；在程序运行之前装入它的部分代码即可投入运行，然后在程序运行期间根据需要动态申请分配内存，便于程序段的共享；可以向用户提供一个比主存的存储空间大得多的地址空间。动态重定位需要附加硬件支持，且实现存储管理的软件算法比较复杂。

在重定位中通常会设置一个重定位寄存器，用来存放进程分配的内存空间的地址，该寄存器也称为基址寄存器，当 CPU 需要访问内存时，将逻辑地址转化为物理地址。转化公式为

物理地址=基址寄存器内容+逻辑地址

3．逻辑地址和物理地址

逻辑地址（Logical Address）是指由程序产生的与段（与页无关，因为只有段对用户可见）相关的偏移地址部分。源代码在经过编译后，目标程序中所用的地址就是逻辑地址，而逻辑地址的范围就是逻辑地址空间。在编译程序对源代码进行编译时，总是从 0 号单元开始编址，地址空间中的地址都是相对于 0 开始的，因此逻辑地址也称为相对地址。在系统中运行的多个进程可能会有相同的逻辑地址，但这些逻辑地址映射到物理地址上时就变为了不同的位置。

物理地址（Physical Address）是指出现在 CPU 外部地址总线上的寻址物理内存的地址信号，是逻辑地址变换后的最终结果地址，物理地址空间是指内存中物理地址单元的集合。进程在运行过程中需要访问存取指令或数据时，都是根据物理地址从主存中取得。物理地址对于一般的用户来说是完全透明的，用户只需要关心程序的逻辑地址就可以了。从逻辑地址到物理地址的转换过程由硬件自动完成，这个转换过程叫作地址重定位。

4．内存保护

内存保护是为了防止一个作业有意或无意地破坏操作系统或其他作业。常用的内存保护方法有界限寄存器方法和存储保护键方法。

（1）界限寄存器方法

采用界限寄存器方法实现内存保护又有上、下界寄存器方法以及基址和限长寄存器方法两种实现方式。

- **上、下界寄存器方法。**采用上、下界寄存器分别存放作业的结束地址和开始地址。在作业运行过程中，将每一个访问内存的地址与这两个寄存器中的内容进行比较，如超出范围，则产生保护性中断。
- **基址和限长寄存器方法。**采用基址和限长寄存器分别存放作业的起始地址及作业的地址空间长度，基址寄存器也叫重定位寄存器，限长寄存器也叫界地址寄存器。在作业运行过程中，将每一个访问内存的相对地址和重定位寄存器中的值相加，形成作业的物理地址；限长寄存器与相对地址进行比较，若超过了限长寄存器的值，则发出越界中断信号，并停止作业的运行。

（2）存储保护键方法

存储保护键方法是给每个存储块分配一个单独的保护键，其作用相当于一把“锁”。不同于分区存储块，一个分区由若干存储块组成，每个存储块大小相同，一个分区的大小必须是存储块的整数倍。此外，进入系统的每个作业也被赋予一个保护键，它相当于一把“钥匙”。当作业运行时，检查“钥匙”和“锁”是否匹配，如果二者不匹配，则系统发出保护性中断信号，并停止作业的运行。

3.1.2 覆盖与交换

1．覆盖技术

覆盖（Overlay）技术主要用在早期的操作系统中，因为在早期的单用户系统中内存的容量一般很小，可用的存储空间受到限制，某些大作业不能一次全部装入内存中，这就产生了大作业与小内存的矛盾，为此引入了覆盖技术。

所谓覆盖技术，就是把一个大的程序划分为一系列覆盖，每个覆盖是一个相对独立的程序单位。把程序执行时并不要求同时装入内存的覆盖组成一组，称为覆盖段；将这个覆盖段分配到同一个存储区域，这个存储区域称为覆盖区，它与覆盖段一一对应。显然，为了使一个覆盖区能被相应覆盖段中的每个覆盖在不同时刻共享，其大小应由覆盖段中的最大覆盖来确定。

覆盖技术对程序员的要求较高，程序员必须把一个程序划分为不同的程序段，并规定好执行和覆盖顺序，操作系统根据程序员提供的覆盖结构来完成程序段之间的覆盖。例如，一个用户程序由6个模块组成，图3-5给出了各个模块的调用关系，从中看到，Main模块是一个独立的段，其调用A和B模块，A和B模块是互斥被调用的两个模块。在A模块执行过程中，其调用C模块，而B模块执行过程中，它可能调用D或E模块（D和E模块也是互斥被调用的）。因此，可以为该用户程序建立图3-5所示的覆盖结构，其中Main模块是常驻段，其余部分组成两个覆盖段。

由以上推理可知，A和B模块组成覆盖段1，C、D和E模块组成覆盖段2。为了实现真正覆盖，相应的覆盖区应为每个覆盖段中最大覆盖的大小。

采用覆盖技术后，运行该用户程序总共只需80KB的内存。

覆盖技术的特点是打破了必须将一个进程的全部信息装入主存后才能运行的限制。但当同时执行程序的代码量超过主存时，程序仍然不能运行。

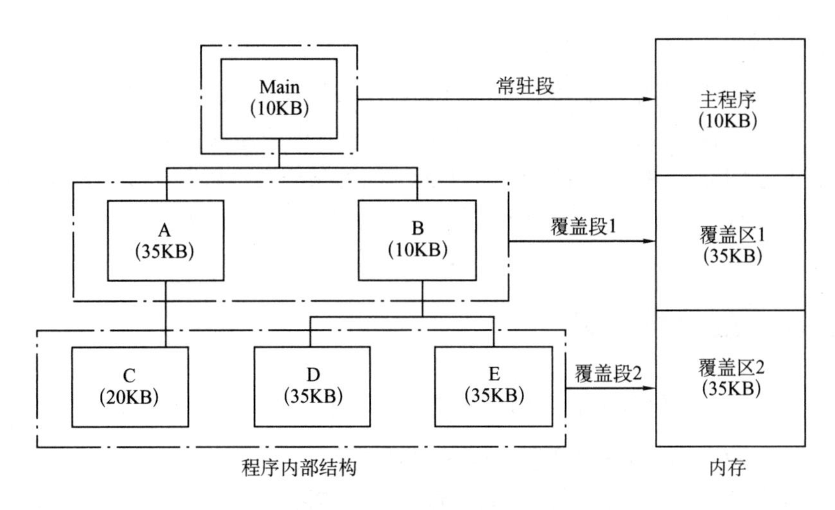

图 3-5 用户程序的覆盖结构

2. 交换技术

交换（Swapping）技术是指把暂时不用的某个程序及数据部分（或全部）从内存移到外存中，以便腾出必要的内存空间；或把指定的程序或数据从外存读到相应的内存中，并将控制权转给它，让其在系统上运行的一种内存扩充技术。处理器三级调度中的中级调度就是采用了交换技术。

交换技术最早用在麻省理工大学的兼容分时系统（CTSS）中，任何时刻在该系统的内存中都只有一个完整的用户作业，当其运行一段时间后，或由于分配给它的时间片用完，或由于需要其他资源而等待，系统就把它交换到外存上，同时把另一个作业调入内存运行。这样可以在存储容量不大的小型机上实现分时运行。早期的一些小型分时系统大多采用这种交换技术。

与覆盖技术相比，交换技术不要求程序员给出程序段之间的覆盖结构，且交换主要是在进程或作业之间进行，而覆盖则主要在同一个作业或进程中进行。另外，覆盖技术只能覆盖与覆盖程序段无关的程序段。交换进程由换出和换入两个过程组成。由于覆盖技术要求给出程序段之间的覆盖结构，使得它对用户不透明，因此有主存无法存放用户程序的矛盾，现代操作系统是通过虚拟内存技术解决这一矛盾的。覆盖技术已经成为历史，而交换技术在现代操作系统中仍然有较强的生命力。

交换技术的特点是打破了一个程序一旦进入主存便一直运行到结束的限制，但运行的进程大小仍然受实际主存的限制。

有关交换需要注意以下几点。

1）交换需要备份存储，通常是使用快速磁盘。它必须足够大，并且提供对这些内存映像的直接访问。

2）为了有效使用 CPU，需要每个进程的执行时间比交换时间长，而影响交换时间的因素主要是转移时间。

3）如果换出进程，必须确保该进程完全空闲。

4）交换空间通常作为磁盘的一整块，且独立于文件系统。

5）交换通常在有许多进程运行且内存空间紧张时开始启动，而在系统负荷减轻时暂停。

6）普通的交换使用不多，但交换技术的某些变种在许多系统（如 UNIX 系统）中仍发挥

着作用。

★注：如果大家想要了解挂起状态，可以查看相关资料（考试大纲对挂起状态不做要求）。由于系统资源有限，需要挂起一些进程，以满足一些进程的需要（如在实时操作系统中或者需要实时完成的进程需要更多资源时）。对挂起进程的操作之一就是交换，系统将被挂起的进程暂时交换到了外存上，以腾出系统资源来执行其他更为主要的进程（如实时进程）或处理系统某些突发事件。

3.1.3　连续分配管理方式

在讲解各类连续分配管理方式之前，先来了解下面补充知识点中的两个概念。

📖 补充知识点：什么是内部碎片与外部碎片？

解析：根据碎片出现的情况，可以将碎片分为内部碎片和外部碎片。内部碎片是指已经分配给作业但不能被利用的内存空间，外部碎片是指系统中还没有分配给作业，但由于碎片太小而无法分配给申请内存空间的新进程的存储块，如下面讲到的固定分区分配中存在内部碎片，而动态分区分配中存在外部碎片。通俗点理解就是，某个作业所占用的内存区域如果没有装满，就是内部碎片，而作业与作业之间，如果有内存区域没有分配给某个作业，但又不能分配给任何作业，就是外部碎片。

1．单一连续分配

单一连续分配是一种最简单的存储管理方式，通常只能用于单用户、单任务的操作系统中。这种存储管理方式将内存分为两个连续存储区域，其中一个存储区域固定地分配给操作系统使用，通常放在内存低地址部分，另一个存储区域给用户作业使用。通常，用户作业只占用所有分配空间的一部分，剩下一部分实际上浪费掉了。如图 3-6 所示，一个容量为 256KB 的内存中，操作系统占用 32KB，剩下的 224KB 全部分配给用户作业，如果一个作业仅需 64KB，那么就有 160KB 的存储空间没有被利用。

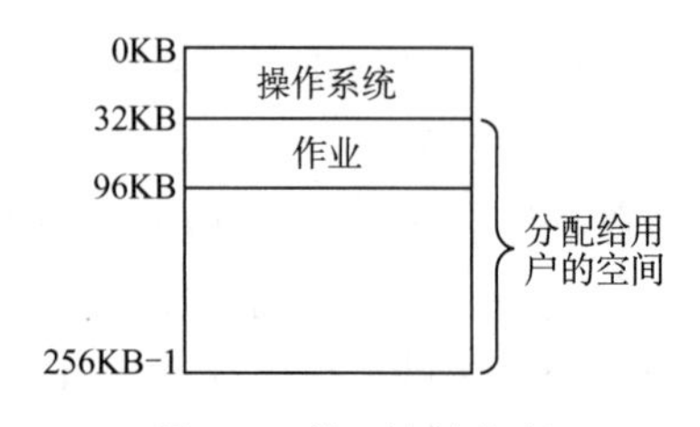

图 3-6　单一连续分配

单一连续分配方式采用静态分配，适合单道程序，可采用覆盖技术。作业一旦进入内存，就要等到其结束后才能释放内存。因此，这种分配方式不支持虚拟存储器的实现，无法实现多道程序共享主存。

单一连续分配方式的优点是管理简单，只需要很少的软件和硬件支持，且便于用户了解和使用，不存在其他用户干扰的问题。其缺点是只能用于单用户、单任务的操作系统，内存中只装入一道作业运行，从而导致各类资源的利用率都很低。

单一连续分配会产生**内部碎片**。

2．固定分区分配

固定分区分配（也称为固定分区存储管理）方法是最早使用的一种可运行多道程序的存储管理方法，它将内存空间划分为若干个固定大小的分区，每个分区中可以装入一道程序。**分区的大小可以不等，但事先必须确定，在运行时不能改变。**当有空闲分区时，便从后备队列中选择一个适当大小的作业装入运行。

固定分区分配中，程序通常采用静态重定位方式装入内存。

为了实现固定分区分配，系统需要建立一张分区说明表，以记录可用于分配的分区号、分区的大小、分区的起始地址及状态，通常按照分区的大小顺序排序，例如，将主存的可用区域划分为5个分区，如图3-7所示。

分区号	大小	起始地址	状态
1	8KB	312KB	已分配
2	32KB	320KB	已分配
3	32KB	352KB	未分配
4	120KB	384KB	未分配
5	520KB	504KB	已分配

a)

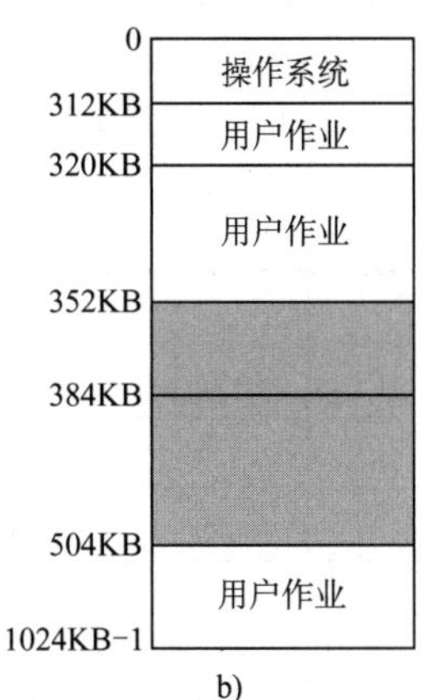

b)

图3-7 分区说明表和内存分配情况

a）分区说明表 b）内存分配情况

当某个用户程序要装入内存时，由内存分配程序检索分区说明表，从表中找出一个能满足要求的尚未分配的分区分配给该程序，然后修改分区说明表中相应分区表项的状态；若找不到大小足够的分区，则拒绝为该程序分配内存。当程序执行完毕不再需要内存资源时，释放程序占用的分区，管理程序只需将对应分区的状态设置为未分配即可。分区的大小可以相等，也可以不相等。

1）分区的大小相等。缺乏灵活性，造成内存空间的浪费，当程序太大时，一个分区又不足以装入该程序，导致程序无法运行。

2）分区的大小不相等。可把内存区划分成含有多个较小的分区、适量的中等分区及少量的大分区。可根据程序的大小为之分配适合的分区。

固定分区分配的优点是可用于多道程序系统最简单的存储分配，其缺点是不能实现多进程共享一个主存区，利用率较低，会产生**内部碎片**。

3．动态分区分配

动态分区分配又称为可变式分区分配，是一种动态划分存储器的分区方法。这种分配方法并不事先将主存划分成一块块的分区，而是在作业进入主存时，根据作业的大小动态地建立分区，并使分区的大小正好满足作业的需要。因此，系统中分区的大小是可变的，分区的数目也是可变的。

（1）分区分配中的数据结构

为了实现动态分区分配，系统中也必须设置相应的数据结构来记录内存的使用情况。常用的数据结构形式如下。

1）空闲分区表。设置一个空闲分区表来登记系统中的空闲分区，每个空闲分区对应一个表项，每个表项包含分区号、起始地址、大小及状态，见表3-1。

2）空闲分区链。用链头指针将内存中的空闲分区链接起来，构成空闲分区链。图3-8给出了一个空闲分区链的示例，其实现方法是用每个空闲分区的起始若干个字节存放控制信息，其中存放空闲分区的大小和指向下一个空闲分区的指针。

（2）分区分配算法

为了将一个作业装入内存，应按照一定的分配算法从空闲分区表（或空闲分区链）中选

出一个满足作业需求的分区分配给作业。如果这个空闲分区的容量比作业申请的空间容量要大，那么将该分区的一部分分配给作业，剩下的一部分仍然留在空闲分区表（或空闲分区链）中，同时需要对空闲分区表（或空闲分区链）中的有关信息进行修改。目前常用的分配算法有以下 4 种。

表 3-1　空闲分区表

分区号	大小	起始地址	状态
1	32KB	352KB	空闲
2	…	…	空表目
3	520KB	504KB	空闲
4	…		空表目
5	…		…

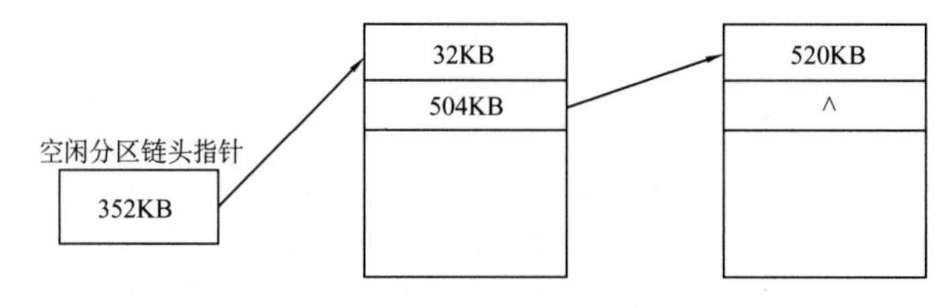

图 3-8　空闲分区链示例

1）首次适应算法（First Fit，FF）。把空闲分区按照**地址递增**的次序用链表串成一个队列，每次需要为一个进程分配内存时都从队首开始找，顺着链表直到找到足够大的空闲分区，然后按照作业大小从该分区划分出一块内存空间分配给请求者，余下的空闲分区仍然留在空闲分区表（或者空闲分区链）中。若从头到尾都不存在符合条件的分区，则分配失败。

- 优点：优先利用内存低地址部分的空闲分区，从而保留了高地址部分的大的空闲分区，无内部碎片。
- 缺点：由于低地址部分不断被划分，致使低地址端留下许多难以利用的很小的空闲分区（外部碎片），而每次查找又都是从低地址部分开始，这无疑增加了查找可用空闲分区的开销。

2）下次适应算法（Next Fit，NF）。该算法又称为循环首次适应算法，即在首次适应算法的基础上把队列改成循环队列（依然是将空闲分区按照地址递增的次序排列），而且也不是每次从队首开始找空闲分区，而是从上次找到的空闲分区的下一个分区开始找。

- 优点：这样使得空闲分区的分布更加均匀，减少了查找空闲分区的开销。
- 缺点：导致缺乏大的空闲分区。

3）最佳适应算法（Best Fit，BF）。要求将空闲分区按照**容量大小递增**的次序排列。每次为作业分配内存空间时，总是将能满足空间大小需要的最小的空闲分区分配给作业。这样可以产生最小的内存空闲分区。

- 优点：这种方法总能分配给作业最恰当的分区，并保留大的分区。
- 缺点：导致产生很多难以利用的碎片空间。

4）最差适应算法（Worst Fit，WF）。要求将空闲分区按照**容量大小递减**的次序排列。每次为作业分配内存空间时，总是将满足要求且最大的内存空间分配给作业。

● 优点：这样使分给作业后剩下的空闲分区比较大，足以装入其他作业。

● 缺点：由于最大的空闲分区总是因首先分配而被划分，当有大作业到来时，其存储空间的申请会得不到满足。

（3）分区的回收

当作业执行结束时，系统应回收已使用完毕的分区。系统根据回收分区的大小及首地址，在空闲分区表（或空闲分区链）中检查是否有相邻的空闲分区，如有相邻的空闲分区，则合并成一个大的空闲区，并修改有关的分区状态信息。回收分区与已有空闲分区的相邻情况有以下 4 种，如图 3-9 所示。

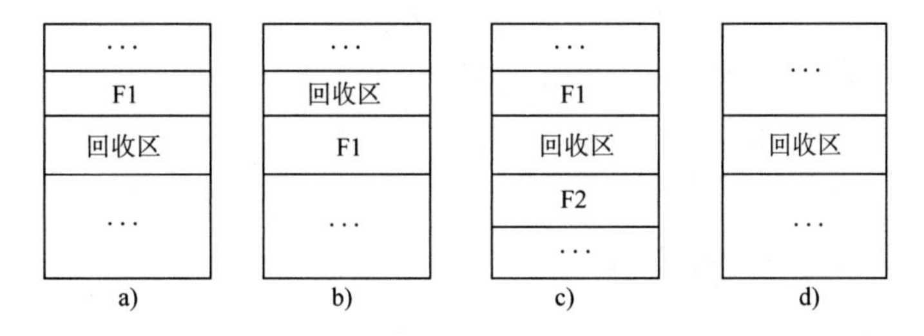

图 3-9 分区回收情况

● 回收区上邻接一个空闲分区，如图 3-9a 所示。此时应将回收区与上邻接分区 F1 合并成一个连续的空闲分区。合并分区的首地址为空闲分区 F1 的首地址，其大小为二者之和。

● 回收区下邻接一个空闲分区，如图 3-9b 所示。此时应将回收区与下邻接分区 F1 合并成一个连续的空闲分区。合并分区的首地址为回收区的首地址，其大小为二者之和。

● 回收区上、下各邻接一个空闲分区，如图 3-9c 所示。此时应将回收区与 F1、F2 合并为一个连续的空闲分区。合并分区的首地址为 F1 的首地址，其大小为三者之和，**且应当把 F2 从空闲分区表（或空闲分区链）中删除。**

● 回收区不与任何空闲分区相邻接，这时单独建立表项，填写分区大小及地址等信息，加入空闲分区表（或空闲分区链）的适当位置，如图 3-9d 所示。

（4）分区分配的动态管理

在分区存储管理方式中，必须把作业装入到一片连续的内存空间中。如果系统中有若干小的分区，其总容量大于要装入的作业，但由于它们不相邻接，致使作业不能装入内存。例如，内存中有 4 个空闲分区不相邻接，它们的大小分别为 20KB、30KB、15KB、25KB，总大小为 90KB。但如果有一个 40KB 的作业到达，因系统中所有空闲分区的容量均小于 40KB，故此作业无法装入内存，所以就需要对分区分配进行动态管理。

目前主要有两种分区重定位技术。

1）拼接技术。所谓碎片（也可称为零头），是指内存中无法被利用的存储空间。在分区存储管理方式下，系统运行一段时间后，内存中的碎片会占据相当数量的空间。

解决碎片问题的方法之一是将存储器中所有已分配分区移动到主存的一端，使本来分散的多个小的空闲区连成一个大的空闲区。这种通过移动把多个分散的小分区拼接成一个大分区的方法称为拼接或紧凑，也可称为紧缩。

除了有怎样进行拼接的技术问题外，拼接技术的实现还存在一个拼接时机的问题，这个问题有两种解决方案。

● 第一种方案是在某个分区回收时立即进行拼接，这样在主存中总是只有一个连续的

空闲区。但拼接很费时间，拼接频率过高会使系统开销加大。

- 第二种方案是当找不到足够大的空闲分区且总容量可以满足作业要求时进行拼接。这样拼接的频率比上一种方案要低得多，但空闲分区的管理要稍微复杂一些。

2）动态重定位分区分配技术。动态重定位分区分配算法与动态分区分配算法基本相同，两者的差别仅在于：在这种分配算法中增加了拼接功能，通常是在找不到足够大的空闲分区来满足作业要求，而系统中空闲分区容量总和大于作业要求时进行拼接。

（5）动态分区分配的优缺点

优点：①实现了多道程序共用主存（共用是指多进程同时存在于主存中的不同位置）；②管理方案相对简单，不需要更多开销；③实现存储保护的手段比较简单。

缺点：①主存利用不够充分，存在**外部碎片**；②无法实现多进程共享存储器信息（共享是指多进程都使用同一个主存段）；③无法实现主存的扩充，进程地址空间受实际存储空间的限制。

3.1.4 非连续分配管理方式

非连续分配允许一个程序分散地装入到不相邻的内存分区中。在连续分配管理方式中我们发现，即使内存有超过 1GB 的空闲空间，但如果没有连续的 1GB 的空间，需要 1GB 空间的作业仍然是无法运行的；但如果采用非连续分配方式，作业所要求的 1GB 内存空间可以分散地分配在内存的各个区域，当然这也需要额外的空间去存储它们（分散区域）的索引，使得非连续分配方式的存储密度低于连续存储方式。

非连续分配管理方式根据分区大小是否固定分为分页存储管理方式和分段存储管理方式，其中分页存储管理方式根据运行作业时是否需要把作业的所有页都装入内存才能运行而分为基本分页存储管理方式和请求分页存储管理方式，请求分页存储管理方式将在 3.2 节进行讲解。

1. 基本分页存储管理方式

在分区存储管理中，要求把作业放在一个连续的存储区中，因而会产生碎片问题（外部碎片）。尽管通过拼接技术可以解决碎片问题，但代价较高。如果允许将一个作业存放到许多不相邻接的分区中，那么就可以避免拼接，从而有效地解决外部碎片问题。基于这一思想，引入了分页存储管理（或称页式存储管理）技术。

（1）分页原理

在分页存储管理中，用户作业的地址空间被划分成若干个大小相等的区域，称为页或页面。相应地，将主存的存储空间也分成与页面大小相等的区域，称为块或物理块。在为作业分配存储空间时，总是以块为单位来分配，可以将作业中的任意一页放到主存的任意一块中。

★注：主存中与页面大小相等的物理块也可称为页框。

在调度作业运行时，必须将它的所有页面一次调入主存；若主存中没有足够的物理块，则作业等待。这种存储管理方式称为简单分页或纯分页。

页面的大小由机器的地址结构决定。在确定地址结构时，若选择的页面较小，可使页内碎片较小并减少内存碎片的总空间，有利于提高内存利用率；但也会使每个进程要求较多的页面，从而导致页表过长，占用较多内存，还会降低页面换进换出的效率。若选择的页面较大，虽然可以减少页表长度，提高页面换进换出的效率，但却会使页内碎片增大。

因此，页面的大小应选择适中（通常为 2 的整数幂），以方便地址变换，一般为 512B～

4KB。

分页存储管理系统中的逻辑地址（见图 3-10）包含两部分内容：前一部分为页号 P，后一部分为页内位移 W（也称为页内偏移量）。

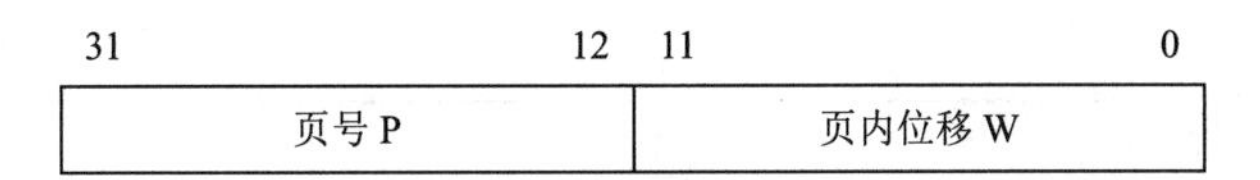

图 3-10　分页存储管理系统中的逻辑地址

上述地址结构中，两部分构成的地址长度为 32 位。其中 0～11 位是页内位移地址，即每页的大小为 2^{12}B=4KB，12～31 位是页号，即一个进程运行的最多页数为 2^{20}=1M 页。

假设逻辑地址为 A，页面大小为 L，则页号 P=（int）（A/L），页内位移 W=A%L。其中，“（int）”是强制类型转换为整型，“/”为取商操作，“%”是取余操作。

（2）页表

为了将逻辑地址上连续的页号映射到物理内存中后成为离散分布的多个物理块，需要将每个页面和每个物理块一一对应，这种映射关系就体现在页表上。页表中每个页表项都由页号和块号组成，根据页表项就可以找到每个页号所对应物理内存中物理块的块号。页表通常存放在内存中。

图 3-11 给出了页表的示例。假设一个用户程序在基本分页存储管理方式中被分成 n 页，如图 3-11a 所示，则其页号与内存中的块号的对应关系如图 3-11b 中页表所示。根据页表所示的对应关系，用户程序的每一页分别存储于图 3-11c 的内存区域中。

用户程序
0页
1页
2页
…
n页

a)

页号	块号
0	2
1	3
2	5
3	7
4	8
5	…
…	…

b)

内存
0
1
2
3
4
5
6
7
8
9
…

c)

图 3-11　页表示意图

a）逻辑空间　b）页表　c）物理空间

（3）基本地址变换机构

图 3-12 给出了分页存储管理系统的地址变换机构，整个地址变换过程都是由硬件自动完成的。

页表寄存器（PTR）：用来存放页表在内存中的起始地址和页表的长度。

如图 3-12 所示，假设页面大小为 L、页表长度为 M、逻辑地址为 A、物理地址为 E，下

面列出从逻辑地址 A 得到物理地址 E 去访问内存的步骤。

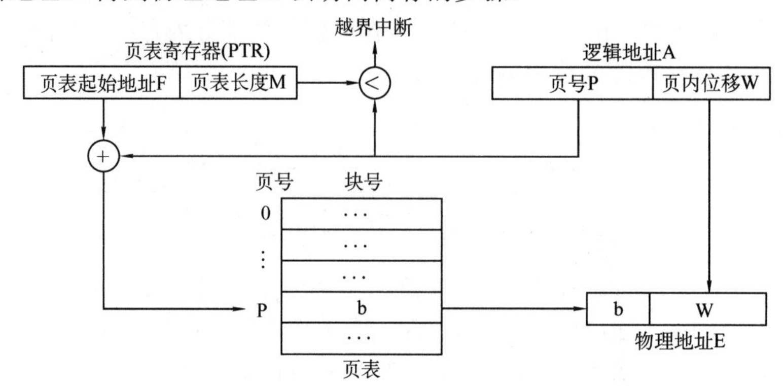

图 3-12 分页存储管理系统的地址变换机构

1）计算页号 P=(int)(A/L)；页内位移 W=A%L。

2）比较页号 P 和页表长度 M，若 P≥M，则产生越界中断，否则转到 3）继续执行。

3）页表起始地址 F 与页号 P 和页表项长度的乘积相加，用得到的地址值到内存中取出该内存单元存放的数 b，这个 b 就是物理块号。

4）物理块号 b 和物理块大小的乘积与页内位移 W 组合成物理地址 E。

5）用得到的物理地址 E 去访问内存。

（4）具有快表的地址变换机构

从上面的介绍可知，若页表全部放在主存中，则存取一个数据或一条指令至少要访问两次主存。其中，第一次是通过访问页表以确定所存取的数据或指令的物理地址，第二次是根据所得到的物理地址存取数据或指令。显然，这种方法比通常执行指令的速度慢了一半。

为了提高地址变换的速度，可以在地址变换机构中增设一个具有并行查找功能的高速缓冲存储器（又称联想存储器或快表），将部分页表项放在这个高速缓冲存储器中。快表（TLB）一般是由半导体存储器实现的，其工作周期与 CPU 的周期大致相同，但造价较高。为了降低成本，通常在快表中存放正在运行作业当前访问的那些页表项，页表的其余部分仍然存放在内存中。具有快表的地址变换机构如图 3-13 所示。

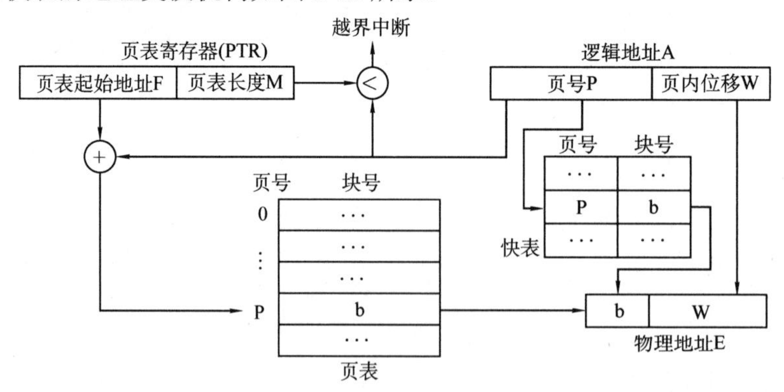

图 3-13 具有快表的地址变换机构

增加快表后的地址变换过程如下。

1）根据逻辑地址得出页号 P 与页内位移 W。

2）先将页号与快表中的所有页号进行对比，若有匹配的页号，则直接读出对应块号，与页内位移拼接得到物理地址；若没有匹配的页号，则还需访问内存中的页表，从页表中取出物理块号，与页内位移拼接得到物理地址，并将此次的页表项存入快表中。

3）用得到的物理地址访问内存。

由于快表是寄存器，存储空间有限，往往放不了几个页表单元，因此在快表中不一定总能找到所需的页号对应的块号。每次查找页表前都先查找快表，如果找到所需的页号，就直接读出块号，然后只需访问内存一次；如果没有找到所需的页号，那么只能再从页表中找块号，这样就需要访问内存两次，而且比没有快表时增加了访问快表所需的时间。所以要尽量保证快表中放置常用的页号和对应的块号，这样才能真正地做到减少访问时间。

（5）两级页表和多级页表

1）页表大小计算。在基础分页系统中，页表长度 M 是由页号的位数决定的。而页表的大小可以理解成一个矩形的面积，这个矩形的长度就是页表长度 M，宽度是每个页表项的大小，即块号的位数。关于页表的计算，通常第一步是分析地址结构，这样有助于做题。

2）两级页表。从页表大小的计算公式可知，页表大小和页表长度成正比，而页表长度又随着页号位数的增长而呈指数式增长。所以，如果系统的逻辑地址的位数较多，页表会非常大，而整张页表都需要连续地存放在内存中，这是件很困难的事情，于是就有了两级页表。

如图 3-14 所示，两级页表的系统将逻辑地址划分为外层页号、外层页内地址和页内地址。先用外层页号 P1 在外部页表上查找，找出的单元内容是二级页表的首地址，页表的首地址加上外层页内地址 P2 就是页表项的地址，取出里面的数值（即物理块号），物理块号与页内地址 d 相组合就得到了物理地址。

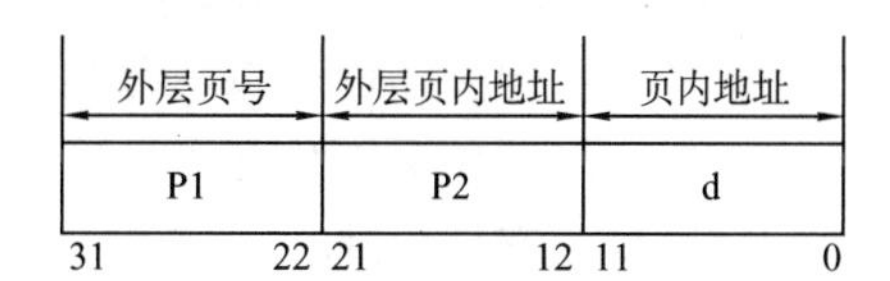

图 3-14 两级页表的页表结构

在两级页表机制下，无论是外层页号的位数还是外层页内地址的位数，都比一级页表机制少了很多，这样页表的长度就可以减少很多，相应页表的大小也大大减小了。

3）多级页表。对于 32 位的机器（逻辑地址的位数是 32 位），采用两级页表机构是合适的，但对于 64 位的系统，两级页表机构会使页表的大小变得不可接受，所以可以通过继续增加页表的级数来减小页表的大小，不过会使页表的数量大大增加。多级页表最主要的缺点是要多次访问内存，每次地址变换很浪费时间。

（6）页的共享与保护

在多道程序系统中，数据的共享是很重要的。在分页存储管理系统中，实现共享的方法是使共享用户地址空间中的页指向相同的物理块。

在分页存储管理系统中实现共享比在分段系统中要困难。这是因为在分页存储管理系统中，将作业的地址空间划分成页面的做法对用户是透明的，同时作业的地址空间是线性连续的，当系统将作业的地址空间分成大小相同的页面时，被共享的部分不一定被包含在一个完整的页面中，这样不应共享的数据也被共享了，不利于保密。另外，共享部分的起始地址在各作业的地址空间划分成页的过程中，在各自页面中的页内位移可能不同，这也使得共享比较难。

分页存储管理系统可以为内存提供两种保护方式：一种是地址越界保护，即通过比较地址变换机构中的页表长度和所要访问的逻辑地址中的页号来完成；另一种是通过页表中的访问控制信息对内存信息提供保护，例如，在页表中设置一个存取控制字段，根据页面使用情况将该字段定义为读、写、执行等权限，在进行地址变换时，不仅要从页表的相应表目中得

到该页对应的块号，同时还要检查本次操作与存取控制字段允许的操作是否相符，若不相符，则由硬件捕获并发出保护性中断。

（7）基本分页存储管理方式的优缺点

优点：①内存利用率高；②实现了离散分配；③便于存储访问控制；④无外部碎片。

缺点：①需要硬件支持（尤其是快表）；②内存访问效率下降；③共享困难；④有内部碎片。

2．基本分段存储管理方式

前面介绍的各种存储技术中，用户逻辑地址空间是一个线性连续的地址空间。而通常情况下，一个作业是由多个程序段和数据段组成的，这就要求编译链接程序将它们按照一维线性地址排列，从而给程序及数据的共享带来了困难。另外，程序员一般希望按照逻辑关系将作业分段，且每段要有自己的名字，以便根据名字访问相应的程序段或者数据段。分段存储管理能较好地解决上述问题。因此，分段存储管理相较于分页存储管理有如下优点。

- **方便编程：**用户把自己的作业按照逻辑关系划分为若干个段，每段都是从 0 开始编址，有自己的名称和长度。
- **信息共享：**页面是存放信息的物理单位，没有完整的意义；而段是信息的逻辑单位，用户可以把需要共享的部分代码和数据放在同一段以便信息共享。
- **信息保护：**由于每一段都包含相对独立的信息，因此对信息保护可以采取对段进行保护，信息保护相对于分页式方便许多。

（1）分段存储原理

在分段存储管理系统中，作业的地址空间由若干个逻辑分段组成，每个分段是一组逻辑意义上相对完整的信息集合，每个分段都有自己的名字，每个分段都从 0 开始编址，并采用一段连续的地址空间。因此，整个作业的地址空间是二维的（段的分类是一维，段内位移是另一维）。分段存储管理中以段为单位分配内存，每段分配一个连续的内存区，但各段之间不要求连续。内存的分配与回收类似于动态分区分配。

分段存储管理系统的逻辑地址结构由段号 S 和段内位移 W（也叫作段内偏移量）组成，结构如图 3-15 所示。

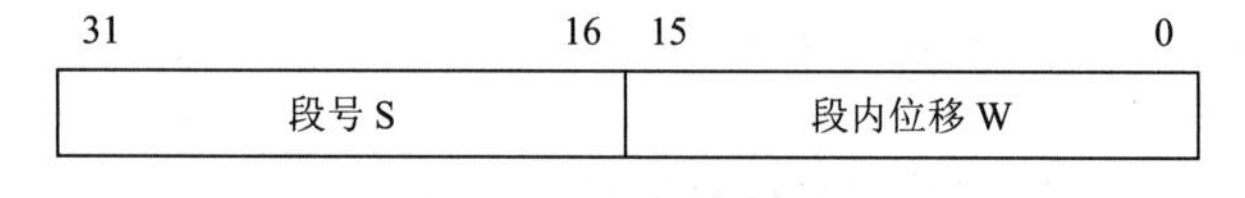

图 3-15 分段存储管理系统的逻辑地址结构

段号 S 通常是从 0 开始的连续正整数。当逻辑地址结构中段号和段内位移占用的位数确定之后，一个作业地址空间中允许的最大段数和各段的最大长度也就确定了，例如，在图 3-15 中，段号占用的位数为 16 位，段内位移占用的位数也是 16 位，因此一个作业最多可以有 2^{16}=65536 段，最大段长为 64KB。

★注：这里解释为什么分页存储管理系统的地址空间是一维，而分段存储管理系统是二维的。

大家可能会比较疑惑，认为分页的地址结构也分为页号与页内位移，与分段类似，也应当是二维的。这里要注意段号与页号的来历是不同的，段号是程序员自己定义的，每个段都是有特定含义的，因此不同的段大小不同，代表的意义也不相同，因此要想找到某个数据或指令，需要指定段号和位移两个变量。而页号是系统自动生成的，本身地址是线性连续的，当要访问特定地址时，只需要提供地址即可。系统会自动将地址划分为页号和页内位移（地址整除页的大小，商为页号，余数为页内位移），而页号对于程序员来说是没有实际意义的，因此是一维的。

（2）段表及地址变换过程

与分页存储管理类似，为了实现从逻辑地址到物理地址的变换，系统为每个进程建立一个段表，其中每个表项描述一个分段的信息，表项中包含段号、段长和该段的内存起始地址。段表项的结构如图 3-16 所示。

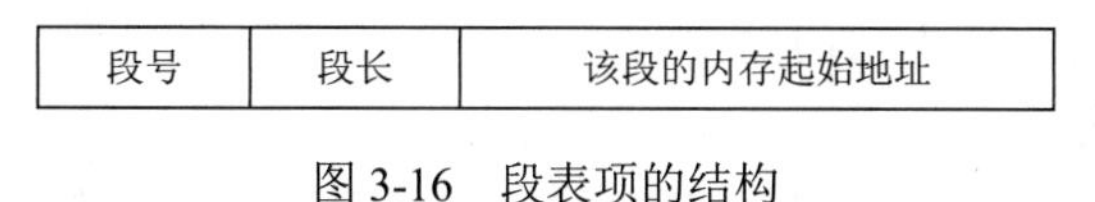

段号	段长	该段的内存起始地址

图 3-16 段表项的结构

在配置了段表后，执行中的进程可通过查找段表，找到每个段所对应的内存区域，实现从逻辑段到物理内存区的映射，如图 3-17 所示。

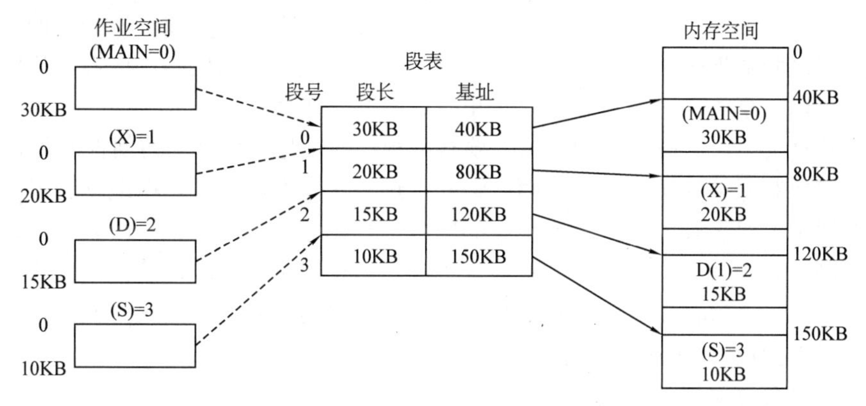

图 3-17 利用段表实现地址映射

为了实现从逻辑地址到物理地址的转换，在系统中设置了段表寄存器，用于存放段表起始地址（简称始址）和段表长度。在进行地址变换时，系统将逻辑地址中的段号与段表长度进行比较，若段号超过了段表长度，则表示段号越界，产生越界中断；否则根据段表起始地址和段号计算出该段对应段表项的位置，从中读出该段在内存中的起始地址，然后检查段内位移是否超过该段段长，若超过，则同样产生越界中断；否则将该段的起始地址与段内位移相加，从而得到要访问的物理地址。为了提高内存的访问速度，也可以使用快表。地址变换过程都是由硬件自动完成的。图 3-18 给出了分段存储管理系统的地址变换机构。

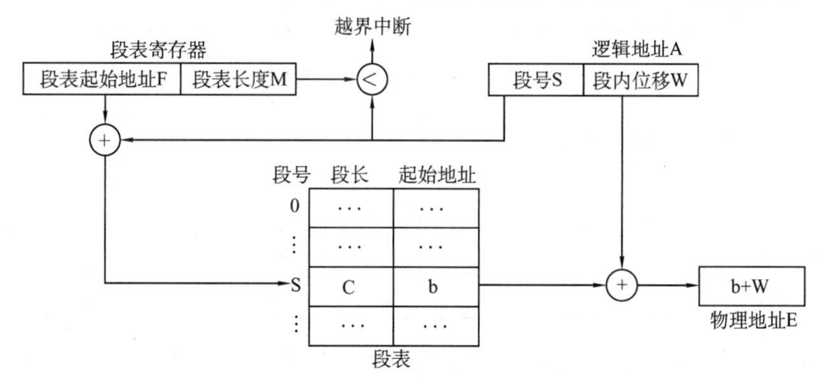

图 3-18 分段存储管理系统的地址变换机构

从逻辑地址 A 得到物理地址 E 再去访问内存的步骤如下。

1）从逻辑地址 A 中取出前几位作为段号 S，后几位作为段内位移 W。

2）比较段号 S 和段表长度 M，若 S≥M，则产生越界中断，否则转到 3）继续执行。

3）取出段表起始地址 F 和段号 S，使其相加，用得到的地址值到内存中取出该内存单元存放的数。取出来的数的前几位是段长 C，后几位是段的起始地址（基址）b。若段内位移 W≥C，则产生越界中断，否则转到 4）继续执行。

4）段的基址 b 和段内位移 W 相加得到物理地址 E。

5）用得到的物理地址 E 去访问内存。

（3）段的共享与保护

在分段存储管理系统中，分段的共享是通过使多个作业的段表中相应表项都指向被共享段的同一个物理副本来实现的。

在多道程序环境下，必须注意共享段中信息的保护问题。当一个作业正从共享段中读取数据时，必须防止另一个作业修改此共享段中的数据。在当今大多数实现共享的系统中，程序被分成代码区和数据区。不能修改的代码称为纯代码或可重入代码，这样的代码和不能修改的数据是可以共享的，而可修改的程序和数据则不能共享。

与分页管理类似，分段管理的保护主要有两种：地址越界保护和访问控制保护。

关于访问控制保护的实现方式前面已经介绍过，这里不再重复。而地址越界保护则是利用段表寄存器中的段表长度与逻辑地址中的段号进行比较，若段号大于段表长度，则产生越界中断；再利用段表项中的段长与逻辑地址中的段内位移进行比较，若段内位移大于段长，则产生越界中断。不过在允许段动态增长的系统中，段内位移大于段长是允许的。为此，段表中应设置相应的增补位以指示该段是否允许动态增长。

（4）基本分段存储管理方式的优缺点

优点：①便于程序模块化处理和处理变换的数据结构；②便于动态链接和共享；③**无内部碎片**。

缺点：①与分页类似，需要硬件支持；②为满足分段的动态增长和减少外部碎片，要采用拼接技术；③分段的最大尺寸受到主存可用空间的限制；④有**外部碎片**。

（5）分页与分段的区别

分页存储管理与分段存储管理有许多相似之处，例如，两者都采用离散分配方式，且都要通过地址变换机构来实现地址变换。但两者在概念上也有很多区别，见表 3-2。

表 3-2 分页与分段的区别

分 页	分 段
信息的物理单位	信息的逻辑单位
分页的目的是系统管理所需，提高内存利用率	分段的目的是更好地满足用户的需要
页的大小固定且由系统决定	段的长度不定，不同的段有不同的段长，是由用户编写的程序决定的
作业地址空间是一维的	作业地址空间是二维的
有内部碎片，无外部碎片	无内部碎片，有外部碎片

● 页是信息的物理单位，分页是为了实现离散分配方式，以减少内存的碎片，提高内存的利用率。或者说，分页仅仅是出于系统管理的需要，而不是用户的需要。段是信息的逻

辑单位，它含有一组意义相对完整的信息。分段的目的是更好地满足用户的需要。

- 页的大小固定且由系统决定，把逻辑地址划分为页号和页内位移两部分，是由机器硬件实现的。段的长度不固定，是由用户所编写的程序决定的，通常由编译系统在对源程序进行编译时根据信息的性质来划分。
- 分页系统中作业的地址空间是一维的，即单一的线性地址空间，程序员只需利用一个值来表示一个地址。分段系统中作业的地址空间是二维的，程序员在标识一个地方时，既要给出段名，又要给出段内位移。

★注：如何理解地址空间是一维和二维。

所谓一维与二维，通俗点理解就是，在基本分页存储管理方式中进行逻辑地址与物理地址的转换时，低位页内地址与低位块内地址是完全对应的，照抄即可，仅需进行页号与块号的转换，无论逻辑地址还是物理地址，均为高位地址与低位地址的组合；而在基本分段存储管理方式中，低位段内地址可以看作线性函数 f(x)=ax+b 中的 b，因而进行地址转换时，需要首先找到高位段号对应的该段起始地址 ax，然后与 b 做相加。这也是基本分页与基本分段中地址转换最大的不同之处。

3．基本段页式存储管理方式

从上面的介绍中可以看出，分页系统能有效地提高了内存利用率并能解决碎片问题，而分段系统能反映程序的逻辑结构并有利于段的共享。如果将这两种存储管理方式结合起来，就形成了段页式存储管理方式。

在段页式存储管理系统中，作业的地址空间首先被分成若干个逻辑分段，每段都有自己的段号，然后再将每一段分成若干个大小固定的页。对于主存空间的管理仍然和分页管理一样，将其分成若干个和页面大小相同的物理块，对主存的分配以物理块为单位。

段页式存储管理系统的逻辑地址结构包含 3 部分内容：段号 S、段内页号 P 和页内位移 D，如图 3-19 所示。

段号 S	段内页号 P	页内位移 D

图 3-19　段页式存储管理系统的逻辑地址结构

为了实现地址变换，段页式存储管理系统中需要同时设立段表和页表。系统为每个进程建立一张段表，而每个分段有一张页表。段表的表项中至少应包括段号、页表始址和页表长度，其中页表始址指出该段的页表在主存中的起始位置；页表的表项中至少应包括页号和块号。此外，为了便于实现地址变换，系统中还需要配置一个段表寄存器，用来存放段表的起始地址和段表长度。

如图 3-20 所示，下面列举从逻辑地址 A 得到物理地址 E 再去访问内存的步骤。

1）从逻辑地址 A 中取出前几位为段号 S，中间几位为页号 P，后几位为页内位移 W。

2）比较段号 S 和段表长度 M，若 S>M，则产生越界中断，否则转到 3）继续执行。

3）取出段表起始地址 F 与段号 S 相加，用得到的地址值到内存中取出该内存单元存放的数。取出来的数的前几位是页表长度 C，后几位是页表起始地址 d，若页号 P>C，则产生越界中断，否则转到 4）继续执行。

4）页表起始地址 d 与页号 P 和页表项长度的乘积相加得到页表项在内存中的物理地址，查找到该地址存放的数值为物理块号 b。

5）用物理块号 b 与页内位移 W 组合成物理地址 E。

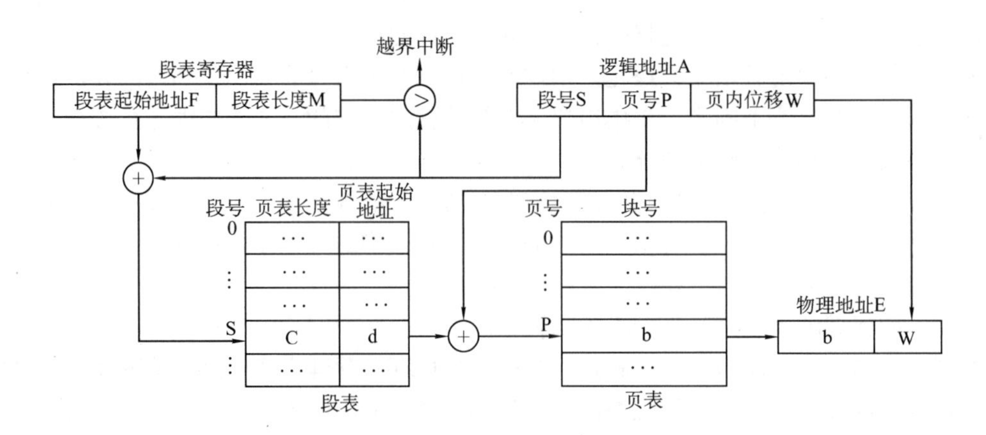

图 3-20　段页式存储管理系统的地址变换机构

6）用得到的物理地址 E 去访问内存。

由上述步骤可知，段页式存储管理系统的地址变换需要访问内存 3 次，所以同样可以用高速缓冲寄存器（快表）来减少对内存的访问次数。

★注：段页式的确结合了段式和页式的优点，而且克服了段式的外部碎片问题，但是段页式的内部碎片并没有做到和页式一样少。页式存储管理方式下平均一个程序有半页碎片，而段页式存储管理方式下平均一段就有半页碎片，而一个程序往往有很多段，所以平均下来段页式的内部碎片比页式要多。

3.2 虚拟内存管理

3.2.1 虚拟内存的基本概念

1. 虚拟内存的引入原因

前面介绍的若干种存储管理方法都是分析如何将多个程序装入内存中并行。这些方法都具有如下两个特点：一次性（作业全部装入内存后才能执行）和驻留性（作业常驻内存直到运行结束）。它们均难以满足较大的作业或者较多的作业进入内存执行。

而程序在执行过程中，有些代码是较少用到的（比如错误处理部分），而且有的程序需要较长时间的 I/O 处理，从而导致很多内存空间的浪费。为此引入了一种能够让作业部分装入就可以运行的存储管理技术，即虚拟内存管理技术。

2. 局部性原理

大多数程序执行时，在一个较短的时间内仅使用程序代码的一部分，相应地，程序所访问的存储空间也局限于某个区域，这就是程序执行的局部性原理。其表现如下。

- **时间局部性。**一条指令的一次执行和下次执行，一个数据的一次访问和下次访问，都集中在一个较短的时期内。
- **空间局部性。**当前指令和邻近的几条指令，当前访问的数据和邻近的数据，都集中在一个较小的区域内。

3. 虚拟内存的定义及特征

基于局部性原理，在程序装入时，一方面可以将程序的一部分放入内存，而将其余部分放在外存，然后启动程序（**部分装入**）。在程序执行过程中，当所访问的信息不在内存中时，再由操作系统将所需的部分调入内存（**请求调入**）。另一方面，操作系统将内存中暂时不使用的内容置换到外存上，从而腾出空间存放将要调入内存的信息（**置换功能**）。从效果上看，计算机系统好像为用户提供了一个存储容量比实际内存大得多的存储器，这种从**逻辑上**扩充内存容量的存储器系统称为虚拟存储器（简称虚存）。

将其称为虚拟存储器是因为这种存储器实际上并不存在，系统只是提供了部分装入、请求调入和置换功能，给用户的感觉是好像存在一个能满足作业地址空间要求的内存。

虚拟内存的意义是让程序存在的地址空间与运行时的存储空间分开，程序员可以完全不考虑实际内存的大小，而在地址空间内编写程序。虚拟存储器的容量由计算机的地址结构决定，并不是无限大。

虚拟内存具有如下特征。

- **离散性。**程序在内存中离散存储（**★注：**离散性并不是虚拟内存的特有特征，基本分页和分段也具有离散性）。
- **多次性。**一个作业可以分成多次调入内存。
- **对换性（交换性）。**作业在运行过程中可以换入、换出。
- **虚拟性。**从逻辑上扩充内存容量，用户可以使用的空间可以远大于实际内存容量。

4．实现虚拟内存的硬件和软件支持

实现虚拟存储技术，需要有一定的物质基础。

- 要有相当数量的外存，足以存放多个用户的程序。
- 要有一定容量的内存，在处理器上运行的程序必须有一部分信息存放在内存中。
- 中断机构，当用户访问的部分不在内存中时中断程序运行。
- 地址变换机构，以动态实现虚地址到实地址的地址变换。
- 相关数据结构，段表或页表。

常用的虚拟存储技术有请求分页存储管理、请求分段存储管理和请求段页式存储管理。

3.2.2 请求分页存储管理方式

分页存储管理方式虽然解决了内存中的外部碎片问题，但它要求将作业的所有页面一次性调入主存。当主存可用空间不足或作业太大时，就会限制一些作业进入主存运行。为此引入了请求分页（也称请求页式）存储管理方式，先将程序部分载入内存执行，当需要其他部分时再调入内存。很明显，这种方法是根据程序的局部性原理产生的。

1．请求分页原理

请求分页存储管理方法在作业地址空间的分页、存储空间的分块等概念上和分页存储管理完全一样。它是在分页存储管理系统的基础上，通过增加请求调页功能、页面置换功能所形成的一种虚拟存储系统。在请求分页存储管理中，作业运行之前，只要将当前需要的一部分页面装入主存，便可以启动作业运行。在作业运行过程中，若所要访问的页面不在主存中，则通过调页功能将其调入，同时还可以通过置换功能将暂时不用的页面置换到外存上，以便腾出内存空间。

可以说，**请求分页=基本分页+请求调页功能+页面置换功能**。

2．页表结构

在请求分页系统中使用的主要数据结构仍然是页表，其基本作用是将程序地址空间中的

逻辑地址转换成内存空间中的物理地址。由于请求分页系统只将作业的一部分调入内存，还有一部分存放在磁盘上，故需要在页表中增加若干项，以供操作系统在实现页面的调入、换出功能时参考。扩充后的页表项如图 3-21 所示。

页号	物理块号	状态位	访问字段	修改位	外存地址

图 3-21　请求分页系统的页表项

页表中各字段的作用如下。

- **页号和物理块号**。这两个字段在分页存储管理中已经定义过，是进行地址变换所必需的。
- **状态位（存在位）**。用于判断页面是否在主存中。每当进行主存访问时，根据该位判断要访问的页面是否在主存中，若不在主存中，则产生缺页中断。
- **访问字段**。用于记录页面在一段时间内被访问的次数，或最近已有多久未被访问，以供置换算法在选择换出页面时参考。
- **修改位**。用于表示页面调入内存后是否被修改过。当处理器以写方式访问页面时，系统将设置该页面的修改位。由于内存中的页面在外存上都有副本，因此，若页面未被修改，则在该页面置换出时不需要将页面写到外存，以减少磁盘写的次数；若页面被修改，则必须将页面重新写到外存上。
- **外存地址**。用于指出页面在外存上的存放地址，供调入页面时使用。

3．缺页中断与地址变换

在请求分页存储管理系统中，若所访问的页面在内存中，其地址变换过程与分页存储管理相同；若所访问的页面不在内存中，则应先将该页面调入内存，再按照与基本分页存储管理相同的方式进行地址变换。

若系统发现所要访问的页面不在内存中，便产生一个缺页中断信号，此时用户程序被中断，控制转到操作系统的缺页中断处理程序。缺页中断处理程序根据该页在外存的位置将其调入内存。在调页过程中，若内存中有空闲空间，则缺页中断处理程序只需把缺页装入任何一个空闲存储块中，再对页表中的相应表项进行修改（如填写物理块号、修改状态位、设置访问字段及修改位初值等）即可；若内存中无空闲空间，则必须先淘汰内存中的某些页面，若被淘汰页曾被修改过，则要将其写回外存。具体流程如图 3-22 所示。

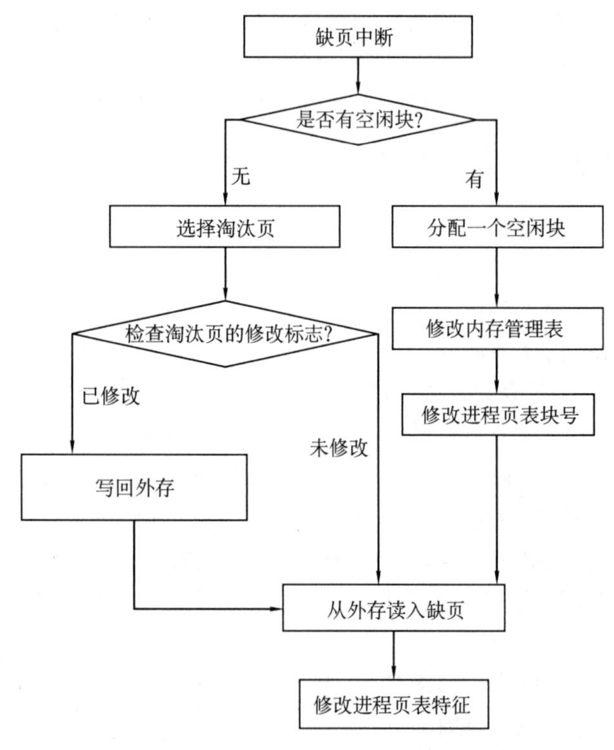

图 3-22　缺页中断处理流程

缺页中断是一个比较特殊的中断，它与一般中断相比有着明显的区别，主要表现在以下方面。

● 在指令的执行期间产生和处理缺页中断。通常，CPU是在指令执行完毕后检查是否有中断请求到达，若有，便响应。而缺页中断是在一条指令的执行期间发现要访问的指令和数据不在内存时产生和处理的。

● 一条指令可以产生多个缺页中断。例如，一条双操作数的指令，每个操作数都不在内存中，则这条指令执行时至少将产生两个缺页中断。

4. 请求分页管理方式的优缺点

优点：①可以离散储存程序，降低了碎片数量；②提供虚拟存储器，提高了主存利用率，有利于多道程序运行，方便用户。

缺点：①必须有硬件支持；②有些情况下系统会产生抖动现象；③程序最后一页仍然存在未被利用的部分空间。

3.2.3 页面置换算法

页面置换算法（也称为页面淘汰算法）是用来选择换出页面的算法。在请求页式存储管理方式中，由于一个进程运行时不是所有页面都在内存中，因此会出现缺页中断，若此时内存没有空闲的物理块，则需要置换出内存中的一页，具体置换出哪一页面是由页面置换算法决定的，由此可见，页面置换算法的优劣直接影响系统的效率。

● 要注意把页面置换和连续分配方式中的交换区别开来，页面置换的单位是页面而不是整个进程，交换的单位是整个进程。

● 当发生缺页中断后，系统不一定会执行页面置换算法。因为发生缺页中断仅仅说明需要执行的页面没有在内存中，如果内存空间中还有空闲块，只需用缺页中断处理程序把需要的页面从外存调入内存即可，不需要页面置换算法；只有在内存中没有空闲块时才需要页面置换算法。所以，缺页中断不一定导致页面置换算法的执行。

1. 最佳置换（OPT）算法

在预知一个进程的页面号引用串的情况下，每次都淘汰以后不再使用的或以后最迟再被使用的页面，这种算法就是最佳置换算法。

显然，最佳置换算法是最优的，具有最低的缺页率。但由于实际操作中往往无法事先知道以后会引用到的所有页面的信息，因此最佳置换算法无法实现，只能作为一个标准来衡量其他置换算法的优劣。

【例3-1】 在页式虚拟存储器中，一个程序由P1～P8共8个页面组成，程序执行过程中依次访问的页面如下：P3、P4、P2、P6、P4、P3、P7、P4、P3、P6、P3、P4、P8、P4、P6。假设系统分配给这个程序的主存有3个页面，采用OPT算法对这3个页面进行调度，求缺页次数和命中率。

解： 采用OPT算法的缺页情况见表3-3，从表中可以看出共缺页7次，命中率为(15-7)/15=53%。

表3-3 OPT算法的缺页情况

引用串P	3	4	2	6	4	3	7	4	3	6	3	4	8	4	6
内存	3	3	3	3	3	3	3	3	3	3	3	3	8	8	8
		4	4	4	4	4	4	4	4	4	4	4	4	4	4
			2	6	6	6	7	7	7	6	6	6	6	6	6
是否缺页	√	√	√	√			√			√			√		

2. 先进先出（FIFO）算法

FIFO 算法是最简单的页面置换算法，每次总是淘汰最先进入内存的页面，即淘汰在内存驻留时间最长的页面。

该算法实现简单，用一个队列的数据结构就可以实现，将页面按照次序排成一个队列，并设置指针指向最先进入的页面，每次需要淘汰页面时，将指针所指的页面淘汰即可。

不过 FIFO 算法可能会产生 Belady 异常（缺页次数随着分配的物理块号的增加而增加，后面会详细介绍），这是由于 FIFO 算法忽略了一种现象，就是最早调入的页面往往是使用最频繁的页面，因此 FIFO 算法与进程实际运行规律不符，可能选择淘汰的页面是程序经常使用的页面，实际效果不好。

【例 3-2】 在页式虚拟存储器中，一个程序由 P1～P8 共 8 个页面组成，程序执行过程中依次访问的页面如下：P3、P4、P2、P6、P4、P3、P7、P4、P3、P6、P3、P4、P8、P4、P6。假设系统分配给这个程序的主存有 3 个页面，采用 FIFO 算法对这 3 个页面进行调度，求缺页次数和命中率。

解： 采用 FIFO 算法的缺页情况见表 3-4，可以从表中看出缺页 12 次，命中率为 (15-12)/15=20%。

表 3-4 FIFO 算法的缺页情况

引用串 P	3	4	2	6	4	3	7	4	3	6	3	4	8	4	6
内存	3	4	2	6	6	3	7	4	4	6	3	3	8	4	6
		3	4	2	2	6	3	7	7	4	6	6	3	8	4
			3	4	4	2	6	3	3	7	4	4	6	3	8
是否缺页	√	√	√	√		√	√	√		√	√		√	√	√

3. 最近最少使用（LRU）算法

选择最近最长时间没有被使用的页面予以淘汰，其思想是用以前的页面引用情况来预测将来会出现的页面引用情况，即假设一个页面刚被访问，那么不久该页面还会被访问。因此最佳置换算法是“向后看”，而最近最少使用算法则是“向前看”。

该算法可以用寄存器组和栈来实现，性能较好。在常用的页面置换算法中，LRU 算法最接近最佳置换算法。

【例 3-3】 在页式虚拟存储器中，一个程序由 P1～P8 共 8 个页面组成，程序执行过程中依次访问的页面如下：P3、P4、P2、P6、P4、P3、P7、P4、P3、P6、P3、P4、P8、P4、P6。假设系统分配给这个程序的主存有 3 个页面，采用 LRU 算法对这 3 个页面进行调度，求缺页次数和命中率。

解： 采用 LRU 算法的缺页情况见表 3-5，从表中可以看出共缺页 9 次，命中率为 (15-9)/15=40%。

表 3-5 LRU 算法的缺页情况

引用串 P	3	4	2	6	4	3	7	4	3	6	3	4	8	4	6
内存	3	4	2	6	4	3	7	4	3	6	3	4	8	4	6
		3	4	2	6	4	3	7	4	3	6	3	4	8	4
			3	4	2	6	4	3	7	4	4	6	3	3	8
是否缺页	√	√	√	√		√	√			√			√		√

4．时钟置换（CLOCK）算法

时钟置换算法也称为最近未使用（NRU）算法，是 LRU 和 FIFO 的折中。作为 LRU 的近似算法，CLOCK 算法给每个页面设置一个访问位，用以标识该页最近有没有被访问过。CLOCK 维护一个内存中所有页面的循环链表，当程序需要访问链表中存在的页面时，该页面的访问位就被置位为 1；否则，若程序要访问的页面没有在链表中，那就需要淘汰一个内存中的页面，于是一个指针就从上次被淘汰页面的下一个位置开始顺序地去遍历这个循环链表，当这个指针指向的页面的访问位为 1 时，就把该访问位清零，指针再向下移动，当指针指向的页面的访问位为 0 时，就选择淘汰掉这一页面，若遍历了一遍链表仍没找到可以淘汰的页面，则继续遍历下去。

CLOCK 算法比 LRU 算法少了很多硬件的支持，实现比较简单，但比 FIFO 算法所需硬件要多。

【例 3-4】 在页式虚拟存储器中，一个程序由 P1～P8 共 8 个页面组成，程序执行过程中依次访问的页面如下：P3、P4、P2、P6、P4、P3、P7、P4、P3、P6、P3、P4、P8、P4、P6。假设系统分配给这个程序的主存有 3 个页面，采用 CLOCK 算法对这 3 个页面进行调度，求缺页次数和命中率。

解： 采用 CLOCK 算法的缺页情况见表 3-6，从表中可以看出缺页 9 次，命中率为 (15−9)/15=40%。

表 3-6 CLOCK 算法的缺页情况

引用串 P	3	4	2	6	4	3	7	4	3	6	3	4	8	4	6
内存	3	3	3←	6	6	6←	6	4	4	4	4	4	4←	4←	4←
	←	4	4	4←	4←	4	7	7←	7←	6	6	6	6	6	6
		←	2	2	2	3	3←	3	3	3←	3←	3←	8	8	8
是否缺页	√	√	√	√		√	√	√		√			√		

注：←表示指针位置。

CLOCK 算法相对来说比较难懂，下面把指针移动的过程以及访问位的读取和置位情况详细列出，见表 3-7。

表 3-7 CLOCK 算法的详细流程

<table>
<tr><th colspan="6">CLOCK 算法的具体计算步骤</th></tr>
<tr><th colspan="3">内存及控制信息</th><th>输入串</th><th>指针移动情况及帧替换信息</th><th>是否缺页</th></tr>
<tr><td>内存</td><td>访问位</td><td>指针</td><td rowspan="4">3</td><td>内存中没有 3，需要找到一个帧放入 3</td><td rowspan="4">√</td></tr>
<tr><td>NULL</td><td>0</td><td>←</td><td>指针所指的位置恰好有访问位为 0 的</td></tr>
<tr><td>NULL</td><td>0</td><td></td><td>于是就淘汰这个帧，指针下移</td></tr>
<tr><td>NULL</td><td>0</td><td></td><td></td></tr>
<tr><td>内存</td><td>访问位</td><td>指针</td><td rowspan="4">4</td><td>内存中没有 4，需要找到一个帧放入 4</td><td rowspan="4">√</td></tr>
<tr><td>3</td><td>1</td><td></td><td>指针所指的位置恰好有访问位为 0 的</td></tr>
<tr><td>NULL</td><td>0</td><td>←</td><td>于是就淘汰这个帧，指针下移</td></tr>
<tr><td>NULL</td><td>0</td><td></td><td></td></tr>
</table>

（续）

CLOCK 算法的具体计算步骤

内存及控制信息			输入串	指针移动情况及帧替换信息	是否缺页
内存	访问位	指针	2	内存中没有 2，需要找到一个帧放入 2	√
3	1			指针所指的位置恰好有访问位为 0 的	
4	1			于是就淘汰这个帧，指针下移	
NULL	0	←			
内存	访问位	指针	6	内存中没有 6，需要找到一个帧放入 6	√
3	1	←		指针所指的位置的访问位为 1	
4	1			将其变成 0，再下移	
2	1				
内存	访问位	指针		指针所指的位置的访问位仍为 1	
3	0			将其变成 0，再下移	
4	1	←			
2	1				
内存	访问位	指针		指针所指的位置的访问位仍为 1	
3	0			将其变成 0，再下移（回到开头）	
4	0				
2	1	←			
内存	访问位	指针		指针所指的位置恰好有访问位为 0 的	
3	0	←		于是就淘汰这个帧，指针下移	
4	0				
2	0				
内存	访问位	指针	4	内存中有 4，于是 4 所在帧的访问位变为 1	
6	1			指针不变	
4	0	←			
2	0				
内存	访问位	指针	3	内存中没有 3，需要找到一个帧放入 3	√
6	1			指针所指的位置的访问位为 1	
4	1	←		将其变成 0，再下移	
2	0				
6	1			指针所指的位置恰好有访问位为 0 的	
4	0			于是就淘汰这个帧，指针下移（回到开头）	
2	0	←			

（续）

CLOCK 算法的具体计算步骤					
内存及控制信息			输入串	指针移动情况及帧替换信息	是否缺页
内存	访问位	指针		指针所指的位置恰好有访问位为 0 的	
6	0		7	于是就淘汰这个帧，指针下移	√
4	0	←			
3	1				
内存	访问位	指针		内存中没有 4，需要找到一个帧放入 4	
6	0			指针所指的位置的访问位为 1	
7	1			将其变成 0，再下移（回到开头）	
3	1	←			
内存	访问位	指针	4	指针所指的位置恰好有访问位为 0 的	√
6	0	←		于是就淘汰这个帧，指针下移	
7	1				
3	0				
内存	访问位	指针		内存中有 3，于是 3 所在帧的访问位变为 1	
4	1			指针不变	
7	1	←	3		
3	0				
内存	访问位	指针		内存中没有 6，需要找到一个帧放入 6	
4	1			指针所指的位置的访问位为 1	
7	1	←		将其变成 0，再下移	
3	1				
内存	访问位	指针		指针所指的位置的访问位为 1	
4	1			将其变成 0，再下移（回到开头）	
7	0				
3	1	←			
内存	访问位	指针	6	指针所指的位置的访问位为 1	√
4	1	←		将其变成 0，再下移	
7	0				
3	0				
内存	访问位	指针		指针所指的位置恰好有访问位为 0 的	
4	0			于是就淘汰这个帧，指针下移	
7	0	←			
3	0				
内存	访问位	指针		内存中有 3，于是 3 所在帧的访问位变为 1	
4	0			指针不变	
6	1		3		
3	0	←			

（续）

CLOCK 算法的具体计算步骤					
内存及控制信息			输入串	指针移动情况及帧替换信息	是否缺页
内存	访问位	指针	4	内存中有 4，于是 4 所在帧的访问位变为 1	
4	0			指针不变	
6	1				
3	1	←			
内存	访问位	指针	8	内存中没有 8，需要找到一个帧放入 8	√
4	1			指针所指的位置的访问位为 1	
6	1			将其变成 0，再下移（回到开头）	
3	1	←			
内存	访问位	指针		指针所指的位置的访问位为 1	
4	1	←		将其变成 0，再下移	
6	1				
3	0				
内存	访问位	指针		指针所指的位置的访问位为 1	
4	0			将其变成 0，再下移	
6	1	←			
3	0				
内存	访问位	指针		指针所指的位置恰好有访问位为 0 的	
4	0			于是就淘汰这个帧，指针下移	
6	0				
3	0	←			
内存	访问位	指针	4	内存中有 4，于是 4 所在帧的访问位变为 1	
4	0	←		指针不变	
6	0				
8	1				
内存	访问位	指针	6	内存中有 6，于是 6 所在帧的访问位变为 1	
4	1	←		指针不变	
6	0				
8	1				
内存	访问位	指针	结束	完成	缺页 9 次
4	1	←			
6	1				
8	1				

5. 改进型时钟（CLOCK）算法

还有一种改进型 CLOCK 算法，它考虑了页面载入内存后是否被修改的问题，增加了修改位。在访问位同为 0 的进程间优先淘汰没有修改过的页面，因为没有修改过的页面可以被直接淘汰掉，而修改过的页面需要写回到外存中。与简单 CLOCK 算法相比，该算法可减少磁盘 I/O 次数，但会增加扫描次数。

改进型 CLOCK 算法增加了修改位后，每个页面的状态存在如下 4 种情况。

- 最近未被访问过，也未被修改过（访问位=0，修改位=0）。
- 最近被访问过，未被修改过（访问位=1，修改位=0）。
- 最近未被访问，但被修改过（访问位=0，修改位=1）。
- 最近被访问过，也被修改过（访问位=1，修改位=1）。

改进型时钟算法的算法步骤如下：

1）从指针的当前位置开始，扫描循环链表。在这次扫描过程中，对访问位和修改位不做修改。选择遇到的第一个（访问位=0，修改位=0）的页面用于替换。

2）如果第 1）步没有找到，重新扫描，寻找（访问位=0，修改位=1）的页面用于替换。在这个扫描过程中，每一个非替换的页面都将其访问位置 0。

3）如果第 2）步仍没有找到，则回到起始位置，此时所有页面的访问位均为 0，重新执行第 1）步和第 2）步，一定能找到替换页面。

6．其他页面置换算法

（1）最不常用置换（LFU）算法

选择到当前时间为止访问次数最少的页面淘汰。该算法要求为每页设置一个访问计数器，每当页面被访问时，该页的访问计数器加 1。发生缺页中断时，淘汰计数值最小的页面，并将所有计数器清零。

（2）页面缓冲（PBA）算法

PBA 算法是对 FIFO 算法的发展，通过建立置换页面的缓冲，找回刚被置换的页面，从而减少系统 I/O 的消耗。PBA 算法用 FIFO 算法选择被置换页，选择出的页面不是立即换出，而是放入两个链表之一中。如果页面未被修改，就将其归入到空闲页面链表的末尾，否则将其归入到已修改页面链表的末尾。这些空闲页面和已修改页面会在内存中停留一段时间。如果这些页面被再次访问，只需将其从相应链表中移出，就可以返回给进程，从而减少了一次磁盘 I/O。需要调入新的物理页时，将新页面读入到空闲页面链表的第一个页面中，然后将其从该链表中移出。当已修改页达到一定数目后，再将其一起写入磁盘，然后将它们归入空闲页面链表。这样能大大减少 I/O 操作的次数。

3.2.4 工作集与页面分配策略

1．工作集理论

为了解决抖动现象，引入了工作集的概念。工作集是基于局部性原理假设的。如果能预知程序在某段时间间隔内要访问哪些页面，并能提前将它们调入内存，将会大大降低缺页率，从而减少置换工作，提高 CPU 利用率。

工作集是最近 n 次内存访问的页面的集合，数字 n 称为工作集窗口，也就是工作集的大小。经常被使用的页面会在工作集中，若一个页面不再使用，则它会在工作集中被丢弃。当一个进程寻址一个不在工作集内的页面时，会产生一个缺页中断。在处理缺页中断时，更新工作集并在需要时从磁盘中读入此页面。

工作集模型的原理是：让操作系统监视各个进程的工作集，主要是监视各个工作集的大小。若有空闲的物理块，则可以再调一个进程到内存以增加多道的程度；若工作集的大小总和增加超过了所有可用物理块的数量总和，则操作系统可以选择一个内存中的进程对换到磁

盘中去，以减少内存中的进程数量来防止抖动的发生。

正确选择工作集窗口大小，即分配给进程的页面数，对存储器的有效利用率和系统吞吐率的提高都将产生重要影响：一方面，若窗口选得很大，进程虽不易产生缺页，但存储器也将不会得到充分利用；另一方面，若窗口选得过小，则会使进程在运行过程中频繁产生缺页中断，反而降低了系统吞吐率。

2．页面分配策略

在请求分页存储管理系统中，可以采用两种页面分配策略，即固定分配和可变分配。在进行页面置换时，也可以采用两种策略，即全局置换和局部置换。将它们组合起来，有如下 3 种适合的策略（固定分配全局置换不合理，因此不存在这种策略）。

- **固定分配局部置换。**为每个进程分配一定数目的物理块，这个数目是确定的，进程运行期间都不会改变。这样，进程之间不会争夺物理块，会导致有些进程因为物理块太少而频繁地缺页中断，有些进程由于分配的物理块太多而浪费内存空间。采用固定分配局部置换策略时，需要用算法决定每个进程分配多少块物理块，常用的算法有平均分配算法、按比例分配算法以及考虑优先权的分配算法。

- **可变分配全局置换。**操作系统维护一个空闲物理块队列，每次有进程缺页时都从空闲物理块队列上取下一个分配给它，如果系统中已经没有空闲的物理块了，那么系统将有可能调出任何进程中的其中一页。

- **可变分配局部置换。**为每个进程分配一定量的物理块后，每次发生缺页中断且内存中没有空闲物理块时，只让进程换出自己的某个内存页，但当一个进程频繁地发生缺页中断时，OS 为它分配额外的物理块，直到缺页率降低到合适的程度为止，当一个进程缺页率特别低时，则适当减少分配给它的物理块的数量。可变分配局部置换策略在可以获得较高的内存空间利用率的同时，保证每个进程都有较低的缺页率。

3．页面调入策略

- **请求调页策略。**一个页面只有在被用到时才被调入到内存中，否则就放在外存中。这种调页方式在一个进程刚启动时会频繁地出现缺页中断，这是因为一开始内存中没有该进程的任何页面。该策略实现简单，但容易产生较多的缺页中断，时间开销大，容易产生抖动现象。

- **预调页策略。**该策略是指将预计不久之后会被用到的页面一并调入到内存，尽管暂时它们还没被用到。在程序启动时，如果程序员能指出哪些页面是首先应该被调入的，并把它们放一起，那么通过预调页策略就可以一次性把它们调入内存，从而可以节省不少时间。这是一种基于局部性原理的预测，通常用于程序的首次调入。

4．从何处调入页面

请求分页系统中的外存分为两部分：用于存放文件的文件区和用于存放对换页面的对换区。通常，由于对换区是采用连续分配方式，而文件是采用离散分配方式，因此对换区的磁盘 I/O 速度比文件区的高。这样，每当发生缺页请求时，系统应从何处将缺页调入内存，可分成如下 3 种情况。

- **系统拥有足够的对换区空间。**这时可以全部从对换区调入所需页面，以提高调页速度。为此，在进程运行前，便应将与该进程有关的文件从文件区复制到对换区。

- **系统缺少足够的对换区空间。**这时凡是不会被修改的文件，都直接从文件区调入；而当置换出这些页面时，由于它们未被修改而不必再将它们换出，以后再调入时，仍从文件区直接调入。但对于那些可能被修改的部分，在将它们换出时，就应调到对换区，以后需要时再从对换区调入。

- **UNIX 方式。**由于与进程有关的文件都放在文件区，因此凡是未运行过的页面都应从文件区调入。而对于曾经运行过但又被换出的页面，由于是被放在对换区，因此在下次调入时，应从对换区调入。由于 UNIX 系统允许页面共享，因此某进程所请求的页面有可能已被其他进程调入内存，此时也就无须再从对换区调入。

3.2.5 抖动现象与缺页率

1．Belady 异常

FIFO 置换算法的缺页率可能会随着所分配的物理块数的增加而增加，这种奇怪的现象就是 Belady 异常。例如，对于引用串 1，2，3，4，1，2，5，1，2，3，4，5，内存中物理块数为 3 时发生 9 次缺页中断，而物理块数为 4 时反倒会发生 10 次缺页中断。

产生 Belady 异常的原因是 FIFO 算法的置换特征与进程访问内存的动态特征相矛盾，即被置换的页面并不是进程不会访问的。

FIFO 算法可能出现 Belady 异常，而 LRU 算法和最佳置换算法永远不会出现 Belady 异常，被归类为堆栈算法的页面置换算法也不可能出现 Belady 异常。

2．抖动现象

若选用的页面置换算法不合适，可能会出现这种现象：刚被淘汰的页面，过后不久又要访问，并且调入不久后又调出，如此反复，使得系统把大部分时间用在了页面的调入调出上，而几乎不能完成任何有效的工作，这种现象称为抖动（或颠簸）。

抖动产生的原因是在请求分页系统中的每个进程只能分配到所需全部内存空间的一部分。

3．缺页率

假定一个作业共有 n 页，系统分配给该作业 m 页的空间（m≤n）。如果该作业在运行中共需要访问 A 次页面（即引用串长度为 A），其中所要访问的页面不在内存，需要将所需页调入内存的次数为 F，则缺页率定义为 f=F/A，命中率即为 1−f。

缺页率是衡量页面置换算法的重要指标。通常缺页率会受置换算法、分配的页面数量、页面大小等因素的影响。

缺页率对于请求分页管理系统是很重要的，如果缺页率过高，会直接导致读取页面的平均时间增加，使进程执行速度显著降低。因此，如何降低缺页率是一项非常重要的工作。

3.2.6 请求分段存储管理系统

请求分段存储管理系统与请求分页存储管理系统一样，为用户提供了一个比主存可用空间大得多的虚拟存储器。同样，虚拟存储器的实际容量由计算机的地址结构确定。

在请求分段存储管理系统中，作业运行之前，只要将当前需要的若干段装入主存，便可启动作业运行。在作业运行过程中，若要访问的分段不在主存中，则通过调段功能将其调入，同时还可以通过置换功能将暂时不用的分段置换到外存上，以便腾出内存空间。为此，应对段表进行扩充，扩充后的段表项如图 3-23 所示。

段号	段长	内存始址	访问字段	修改位	状态位	外存地址

图 3-23 请求分段存储管理系统中的段表项

段号、段长和内存始址这 3 个信息是进行地址变换所必需的，其他字段的含义与请求分页存储管理相同。当段在内存中时，地址变换过程与分段存储管理相同；当段不在内存中时，应先将该段调入内存，然后再进行地址变换。

当被访问的段不在主存中时，将产生一个缺段中断信号。操作系统处理该中断时，在主存中查找是否有足够大的分区存放该段。若没有这样的分区，则检查空闲分区容量总和，确定是否需要对分区进行拼接，或者调出一个或几个段后再装入所需段。

3.3 内存管理方式之间的对比与一些计算方法

3.3.1 内存管理方式之间的比较

在内存管理方式中，离散分配管理方式比连续分配管理方式重要得多，而且也是历年研究生考试的考查重点，因此这里将 3 种离散分配方式单独拿出来进行比较，见表 3-8。

表 3-8 3 种离散分配方式的比较

对比及联系	内存管理方式		
	分页存储管理	分段存储管理	段页式存储管理
有无外部碎片	无	有	无
有无内部碎片	有	无	有
优点	内存利用率高，基本解决了内存零头问题	段拥有逻辑意义，便于共享、保护和动态链接	兼有两者的优点
缺点	页缺乏逻辑意义，不能很好地满足用户	内存利用率不高，难以找到连续的空闲区放入整段	多访问一次内存

内存管理方式主要有连续分配与离散分配两种，而离散分配又分为分页、分段、段页式 3 种，其中分页方式包括基本分页和请求分页，因此特别分开进行比较。由于请求分段与请求段页式两种管理方式不在大纲要求内，因此不进行比较。

几种内存管理方式之间的比较见表 3-9。

表 3-9 几种内存管理方式之间的比较

比较的方面	单一连续分配	分区		分页		基本分段	基本段页式
		固定分区	可变分区	基本分页	请求分页		
内存块的分配	连续	连续		离散		离散	离散
适用环境	单道	多道		多道		多道	多道
地址维数	一维	一维		一维		二维	二维
是否需要全部程序段在内存	是	是		是	否	是	是
扩展内存	交换	交换		交换	虚拟存储器	交换	交换
内存分配单位	整个内存的用户可用区	分区		页		段	页
地址重定位	静态	静态	动态	动态	动态	动态	动态
重定位机构	装入程序	装入程序	重定位寄存器	页表 页表控制寄存器 加法器		段表 段表控制寄存器 加法器	段表 页表 段表控制寄存器 加法器
信息共享	不能	不能		可以，但限制多		可以	可以

3.3.2 内存管理计算中地址的处理

在内存管理的相关计算中，对地址的处理是解答题目的关键，比较典型的就是逻辑地址与物理地址的转换过程，在很多题目中都会有类似给出逻辑地址求解物理地址的问题。

通常题目给出的地址形式分为两种：十进制与其他进制（通常是十六进制、八进制或二进制）。当题目中给出的地址是十进制时，通常地址是不会特别说明或者不带后缀的，如“访问 7105 号单元”；而当给出的地址是其他进制时，通常会特别说明或者用符号后缀表示，其中十六进制、八进制与二进制对应的后缀分别为字母 H、O、B，如“访问 1A79H 号单元”就是十六进制地址，其中字母 H 表示该地址是以十六进制给出的。而在答题过程中，通常会进行进制之间的转换，在转换之后可以将转换后的地址加括号并加注下标来表明转换后的进制，例如将 17ACH（十六进制）转化为二进制，则可以表示为 17ACH=$(0001\ 0111\ 1010\ 1100)_2$。

在请求分页系统中，若将逻辑地址转换为物理地址，则处理过程如下。

- 将其他进制转化为二进制，方便处理。
- 求出页号，页号为逻辑地址与页面大小的商，二进制下为地址高位。
- 求出页内位移，页内位移为逻辑地址与页面大小的余数，二进制下为地址低位。
- 根据题意产生页表，通过查找页表得到对应页的内存块号或页框号（页框号为把物理块地址除去页内位移若干位后剩下的地址高位，也可以简单理解为“物理地址的页号”）。
- 若给出的是内存块号，则用内存块号乘以块大小，加上基址，再加上页内位移得到物理地址（给出这种条件的题目通常会给出物理地址的基址或者起始地址）。
- 若给出的是页框号，则用页框号与页内位移进行拼接（页框号依然是高位，页内位移是低位，与逻辑地址的页号和页内位移构成类似），得到物理地址。
- 将二进制表示的物理地址根据题目要求转换为十六进制或者十进制。

★注：拼接和相加的区别如下。

页号为 0010，页内位移为 0111，拼接结果为 0010 0111。

基址为 11000，块大小为 10000，块号为 1，页内位移为 0111，相加结果为 11000（基址）+ 1×10000（内存块号×块大小）+0111（页内位移）=101111。

通常，若题目中出现页号、页框号等关键词用拼接，而出现内存块号和基址则用相加，两种情况的区别很明显，考生可结合题目具体分析。

3.3.3 基本分页管理方式中有效访问时间的计算

有效访问时间（Effective Access Time，EAT）是指给定逻辑地址找到内存中对应物理地址单元中的数据所用的总时间。

1．没有快表的情况

访存一次所需时间为 t，有效访问时间分为：查找页表找到对应页表项，需要访存一次，消耗时间 t；通过对应页表项中的物理地址访问对应内存单元，需要访存一次，消耗时间 t。因此，EAT=t+t=2t。

2．存在快表的情况

设访问快表的时间为 a，访存一次时间为 t，快表命中率为 b，则有效访问时间分为：查找对应页表项的平均时间 $a\times b+(t+a)(1-b)$。其中，a 表示快表命中所需查找时间；t+a 表示查找快表未命中时，需要再次访存读取页表找到对应页表项，两种情况的概率分别为 b 和 1−b，

可以计算得到期望值，即平均时间。通过页表项中的物理地址访存一次取出所需数据，消耗时间 t。因此，EAT=a×b+(t+a)(1−b)+t。

由于访问快表时间相对来说很短，有些题目会直接说明访问快表时间忽略不计或者不给出访问快表所需时间，这时通常可以看作访问快表时间为 0。

3.3.4 请求分页管理方式中有效访问时间的计算

与基本分页管理方式相比，请求分页管理方式中多了缺页中断这种情况，需要耗费额外的时间，因此计算有效访问时间时，要将缺页这种情况也考虑进去。

首先考虑要访问的页面所在的位置，有如下 3 种情况。

- 访问的页在主存中，且访问页在快表中（在快表中就表明在内存中），则 EAT=查找快表时间+根据物理地址访存时间=a+t。
- 访问的页在主存中，但不在快表中，则 EAT=查找快表时间+查找页表时间+修改快表时间（题目未给出则忽略不计，如果给出，通常与访问快表时间相同）+根据物理地址访存时间=a+t+a+t=2(a+t)。
- 访问的页不在主存中（此时也不可能在快表中），即发生缺页，设处理缺页中断的时间为 T（包括将该页调入主存，更新页表和快表的时间），则 EAT=查找快表时间+查找页表时间+处理缺页时间（通常包括了更新页表和快表时间）+查找快表时间+根据物理地址访存时间=a+t+T+a+t=T+2(a+t)。

接下来加入缺页率和命中快表的概率，将上述 3 种情况组合起来，形成完整的有效访问时间计算公式。假设命中快表的概率为 d，缺页率为 f，则

EAT=查找快表时间+d×根据物理地址访存时间+(1−d)×[查找页表时间+f×(处理缺页时间+查找快表时间+根据物理地址访存时间)+(1−f)×(修改快表时间+根据物理地址访存)]=a+d×t+(1−d)[t+f(T+a+t)+(1−f)(a+t)]。

1．快表访问和修改时间

有些题目会说明系统中有快表，若没说明，则视为没有快表，将上述公式的命中率和访问时间变为 0 就可以了；有些题目会说明忽略访问和修改快表时间，则将访问时间 a 变为 0 就可以了。

2．关于处理缺页中断时间 T 的计算

若题目中没有说明被置换出的页面是否被修改，则缺页中断时间统一为一个值 T。若题目中说明了被置换的页面分为修改和未修改两种不同的情况，假设被修改的概率为 n，处理被修改的页面的时间为 T_1，处理未被修改的页面的时间为 T_2，则处理缺页时间 $T=n\times T_1+(1-n)\times T_2$。

习题与真题

1．下列说法正确的有（　　）。

Ⅰ．先进先出（FIFO）页面置换算法会产生 Belady 现象

Ⅱ．最近最少使用（LRU）页面置换算法会产生 Belady 现象

Ⅲ．在进程运行时，若它的工作集页面都在虚拟存储器内，则能够使该进程有效地运行，否则会出现频繁的页面调入/调出现象

Ⅳ．在进程运行时，若它的工作集页面都在主存储器内，则能够使该进程有效地运行，

否则会出现频繁的页面调入/调出现象

A．Ⅰ、Ⅲ　　B．Ⅰ、Ⅳ　　C．Ⅱ、Ⅲ　　D．Ⅱ、Ⅳ

2．在一个请求分页系统中，采用 LRU 页面置换算法时，加入一个作业的页面走向为：1，3，2，1，1，3，5，1，3，2，1，5。当分配给该作业的物理块数分别为 3 和 4 时，在访问过程中所发生的缺页率为（　　）。

A．25%，33%　　B．25%，100%

C．50%，33%　　D．50%，75%

3．有一个矩阵为 100 行×200 列，即 a[100][200]。在一个虚拟系统中，采用 LRU 算法。系统分给该进程 5 个页面来存储数据（不包含程序），设每页可存放 200 个整数，该程序要对整个数组初始化，数组存储时是按行存放的。试计算下列两个程序各自的缺页次数（假定所有页都以请求方式调入）（　　）。

程序一：
```
for(i=0;i<=99;i++)
    for(j=0;j<=199;j++)
    A[i][j]=i*j;
```
程序二：
```
for(j=0;j<=199;j++)
    for(i=0;i<=99;i++)
    A[i][j]=i*j;
```

A．100，200　　B．100，20000

C．200，100　　D．20000，100

4．假设页的大小为 4KB，页表的每个表项占用 4B。对于一个 64 位地址空间系统，采用多级页表机制，至少需要（　　）级页表（本题默认字长为 1B）。

A．3　　B．4　　C．5　　D．6

5．假定有一个请求分页存储管理系统，测得系统各相关设备的利用率为：CPU 为 10%，磁盘交换区为 99.7%；其他 I/O 设备为 5%。试问：下面（　　）措施可能改进 CPU 的利用率？

Ⅰ．增大内存的容量　　Ⅱ．增大磁盘交换区的容量

Ⅲ．减少多道程序的度数　　Ⅳ．增加多道程序的度数

Ⅴ．使用更快速的磁盘交换区　　Ⅵ．使用更快速的 CPU

A．Ⅰ、Ⅱ、Ⅲ、Ⅳ　　B．Ⅰ、Ⅲ

C．Ⅱ、Ⅲ、Ⅴ　　D．Ⅱ、Ⅵ

6．一个页式虚拟存储系统，其并发进程数固定为 4 个。最近测试了它的 CPU 利用率和用于页面交换的利用率，假设得到的结果为下列选项，（　　）说明了系统需要增加进程并发数。

Ⅰ．CPU 利用率 13%；磁盘利用率 97%

Ⅱ．CPU 利用率 97%；磁盘利用率 3%

Ⅲ．CPU 利用率 13%；磁盘利用率 3%

A．Ⅰ　　B．Ⅱ　　C．Ⅲ　　D．Ⅰ、Ⅲ

7．若用 8 个字（字长 32 位，且字号从 0 开始计数）组成的位示图管理内存，用户归还一个块号为 100 的内存块时，它对应位示图的位置为（　　）（注意：位号也从 0 开始）。

A．字号为 3，位号为 5　　B．字号为 4，位号为 4

C．字号为 3，位号为 4　　D．字号为 4，位号为 5

8．设有 8 页的逻辑空间，每页有 1024B，它们被映射到 32 块的物理存储区中。那么，

逻辑地址的有效位是（　　）位，物理地址至少是（　　）位。

A．10、11　　B．12、14　　C．13、15　　D．14、16

9．总体上说，“按需调页”（Demand-Paging）是个很好的虚拟内存管理策略。但是，有些程序设计技术并不适合于这种环境，例如（　　）。

A．堆栈　　B．线性搜索

C．矢量运算　　D．二分法搜索

10．考虑页面替换算法，系统有 m 个页帧（Frame）供调度，初始时全空；引用串（Reference String）长度为 p，包含了 n 个不同的页号，无论用什么算法，缺页次数不会少于（　　）。

A．m　　B．p　　C．n　　D．min(m，n)

11．在某页式存储管理系统中，页表内容见表 3-10。

若页面的大小为 4KB，则地址转换机构将逻辑地址 0 转换成的物理地址是（　　）。

A．8192　　B．8193　　C．2048　　D．2049

表 3-10　页表内容

页　号	块　号
0	2
1	1
3	3
4	7

12．适合多道程序运行的存储管理中，存储保护是为了（　　）。

A．防止一个作业占用同一个分区　　B．防止非法访问磁盘文件

C．防止非法访问磁带文件　　D．防止各道作业相互干扰

13．操作系统中为实现多道程序并发，对内存管理可以有多种方式，其中代价最小的是（　　）。

A．分区管理　　B．分页管理

C．分段管理　　D．段页式管理

14．假定某页式管理系统中，主存为 128KB，分成 32 块，块号为 0，1，2，3，…，31；某作业有 5 块，其页号为 0，1，2，3，4，被分别装入主存的 3，8，4，6，9 块中。有一逻辑地址为[3，70]。试求出相应的物理地址（其中方括号中的第一个元素为页号，第二个元素为页内地址，按十进制计算）（　　）。

A．14646　　B．24646　　C．24576　　D．34576

15．设有一页式存储管理系统，向用户提供的逻辑地址空间最大为 16 页，每页 2048B，内存总共有 8 个存储块，试问逻辑地址至少为多少位？内存空间有多大？（　　）

A．逻辑地址至少为 12 位，内存空间有 32KB

B．逻辑地址至少为 12 位，内存空间有 16KB

C．逻辑地址至少为 15 位，内存空间有 32KB

D．逻辑地址至少为 15 位，内存空间有 16KB

16．考虑一个分页式存储管理系统，其页表常驻内存。（　　）

Ⅰ．如果内存访问耗时 200ns，那么访问内存中的数据需要多长时间？

Ⅱ．如果引入关联寄存器（Associative Registers），而且 75%的页面可以从关联寄存器中找到，那么此时的有效访问时间（Effective Memory Reference Time）应为多少？假设访问关联寄存器的时间可以忽略。注：有效访问时间即为平均访问时间。

A．200ns，150ns　　B．400ns，150ns

C．400ns，250ns　　D．600ns，250ns

17．假设一个“按需调页”虚拟存储空间，页表由寄存器保存。在存在空闲页帧的条件下，处理一次缺页的时间是 8ms。如果没有空闲页面，但待换出页面并未更改，处理一次缺

页的时间也是 8ms。若待换出页面已被更改，则需要 20ms。访问一次内存的时间是 100ns。假设 70%的待换出页面已被更改，请问缺页率不超过（　　）才能保证有效访问时间小于或等于 200ns？

A．0.6×10^{-4}　　B．1.2×10^{-4}

C．0.6×10^{-5}　　D．1.2×10^{-5}

18．目标程序对应的地址空间是（　　）。

A．名空间　　B．逻辑地址空间

C．存储空间　　D．物理地址空间

19．在下述存储管理方案中，（　　）管理方式要求作业占用连续的存储空间。

A．分区　　B．分页　　C．分段　　D．段页式

20．不会产生内部碎片的存储管理是（　　）。

A．分页式存储管理　　B．分段式存储管理

C．固定分区式存储管理　　D．段页式存储管理

21．在空白表中，空白区按其长度由小到大进行查找的算法称为（　　）算法。

A．最佳适应　　B．最差适应

C．最先适应　　D．先进先出

22．要保证一个程序在主存中被改变了存放位置后仍能正确地执行，则对主存空间应采用（　　）技术。

A．静态重定位　　B．动态重定位

C．动态分配　　D．静态分配

23．下面关于虚拟存储器的论述中，正确的是（　　）。

A．在段页式系统中以段为单位管理用户的逻辑地址空间，以页为单位管理内存的物理地址空间，有了虚拟存储器才允许用户使用比内存更大的地址空间

B．为了提高请求分页系统中内存的利用率，允许用户使用不同大小的页面

C．为了能让更多的作业同时运行，通常只装入 10%～30%的作业即启动运行

D．最佳置换算法是实现虚拟存储器的常用算法

24．在可变分区分配管理中，某一作业完成后，系统收回其内存空间，并与相邻区合并，为此修改空闲区说明表，造成空闲分区数减 1 的情况是（　　）。

A．无上邻空闲分区，也无下邻空闲分区

B．有上邻空闲分区，但无下邻空闲分区

C．无上邻空闲分区，但有下邻空闲分区

D．有上邻空闲分区，也有下邻空闲分区

25．下面有关外层页表的叙述中，错误的是（　　）。

A．反映在磁盘上页面存放的物理位置

B．外层页表是指页表的页表

C．为不连续（离散）分配的页表再建立一个页表

D．若有了外层页表，则需要一个外层页表寄存器就能实现地址变换

26．（　　）存储管理方式能使存储碎片尽可能少，而且使内存利用率较高。

A．固定分区　　B．可变分区　　C．分页管理　　D．段页式管理

27．解决主存碎片问题较好的存储器管理方式是（　　）。

A．可变分区　　B．分页管理
C．分段管理　　D．单一连续分配

28．操作系统采用分页存储管理方式，要求（　　）。
A．每个进程拥有一张页表，且进程的页表驻留在内存中
B．每个进程拥有一张页表，但只要执行进程的页表驻留在内存中
C．所有进程共享一张页表，以节约有限的内存空间，但页表必须驻留在内存中
D．所有进程共享一张页表，只有页表中当前使用的页面必须驻留在内存中

29．采用分段存储管理的系统中，若段地址用 24 位表示，其中 8 位表示段号，则允许每段的最大长度是（　　）。
A．2^{24}B　　B．2^{16}B　　C．2^{8}B　　D．2^{32}B

30．在一个操作系统中对内存采用页式存储管理方法，则所划分的页面大小（　　）。
A．要依据内存大小而定　　B．必须相同
C．要依据 CPU 的地址结构而定　　D．要依据内存和外存而定

31．作业在执行中发生缺页中断，经操作系统处理后应让其执行（　　）指令。
A．被中断的前一条　　B．被中断的那一条
C．被中断的后一条　　D．启动时的第一条

32．对重定位存储管理方式，应（　　）。
A．在整个系统中设置一个重定位寄存器
B．为每个程序设置一个重定位寄存器
C．为每个程序设置两个重定位寄存器
D．为每个程序和数据都设置一个重定位寄存器

33．可重入程序是通过（　　）方法来改善系统性能的。
A．改变时间片长度　　B．改变用户数
C．提高对换速度　　D．减少对换数量

34．（　　）存储管理方式提供一维地址结构。
A．分段　　B．分页
C．分段和段页式　　D．以上都不对

35．下列存储管理方式中，会产生内部碎片的是（　　）。
Ⅰ．请求分段存储管理　　Ⅱ．请求分页存储管理
Ⅲ．段页式分区管理　　Ⅳ．固定式分区管理
A．Ⅰ、Ⅱ、Ⅲ　　B．Ⅲ、Ⅳ
C．只有Ⅱ　　D．Ⅱ、Ⅲ、Ⅳ

36．采用分页或分段管理后，提供给用户的物理地址空间（　　）。
A．分页支持更大的物理空间　　B．分段支持更大的物理空间
C．不能确定　　D．一样大

37．使用修改位的目的是（　　）。
A．实现 LRU 页面置换算法　　B．实现 NRU 页面置换算法
C．在快表中检查页面是否进入　　D．检查页面是否最近被写过

38．在分页虚拟存储管理中，“二次机会”调度策略和“时钟”调度策略在决定淘汰哪一页时，都用到了（　　）。

A．虚实地址变换机构　　　　　　B．快表
C．引用位　　　　　　　　　　　D．修改位

39．产生内存抖动的主要原因是（　　）。

A．内存空间太小　　　　　　　　B．CPU 运行速度太慢
C．CPU 调度算法不合理　　　　　D．页面置换算法不合理

40．在虚拟页式存储管理方案中，（　　）完成将页面调入内存的工作。

A．缺页中断处理　　　　　　　　B．页面淘汰过程
C．工作集模型应用　　　　　　　D．紧缩技术利用

41．（2010 年统考真题）某基于动态分区存储管理的计算机，其主存容量为 55MB（初始为空），采用最佳适配（Best Fit）算法，分配和释放的顺序为：分配 15MB，分配 30MB，释放 15MB，分配 8MB，分配 6MB，此时主存中最大空闲分区的大小是（　　）。

A．7MB　　　B．9MB　　　C．10MB　　　D．15MB

42．（2011 年统考真题）当系统发生抖动（Trashing）时，可以采取的有效措施是（　　）。

Ⅰ．撤销部分进程　　　　　　　　Ⅱ．增大磁盘交换区的容量
Ⅲ．提高用户进程的优先级

A．仅Ⅰ　　　B．仅Ⅱ　　　C．仅Ⅲ　　　D．仅Ⅰ、Ⅱ

43．（2012 年统考真题）下列关于虚拟存储的叙述中，正确的是（　　）。

A．虚拟存储只能基于连续分配技术
B．虚拟存储只能基于非连续分配技术
C．虚拟存储容量只受外存容量的限制
D．虚拟存储容量只受内存容量的限制

44．（2013 年统考真题）若用户进程访问内存时产生缺页，则下列选项中，操作系统可能执行的操作是（　　）。

Ⅰ．处理越界错误　　Ⅱ．置换页面　　Ⅲ．分配内存

A．仅Ⅰ、Ⅱ　　　　　　　　　　B．仅Ⅱ、Ⅲ
C．仅Ⅰ、Ⅲ　　　　　　　　　　D．Ⅰ、Ⅱ和Ⅲ

45．在段页式分配中，CPU 每次从内存中取一次数据需要（　　）次访问内存。

A．1　　　B．2　　　C．3　　　D．4

46．下列关于页式存储的说法中，正确的是（　　）。

Ⅰ．在页式存储管理中，若关闭 TLB，则每当访问一条指令或存取一个操作数时都要访问两次内存

Ⅱ．页式存储管理不会产生内部碎片

Ⅲ．页式存储管理当中的页面是为用户所感知的

Ⅳ．页式存储方式可以采用静态重定位

A．仅Ⅰ、Ⅱ、Ⅳ　　　　　　　　B．仅Ⅰ、Ⅳ
C．仅Ⅰ　　　　　　　　　　　　D．Ⅰ、Ⅱ、Ⅲ、Ⅳ

47．（2014 年统考真题）下列措施中，能加快虚实地址转换的是（　　）。

Ⅰ．增大快表（TLB）容量

Ⅱ．让页表常驻内存

Ⅲ．增大交换区（swap）

A．仅Ⅰ　　B．仅Ⅱ　　C．仅Ⅰ、Ⅱ　　D．仅Ⅱ、Ⅲ

48．（2014 年统考真题）在页式虚拟存储管理系统中，采用某些页面置换算法，会出现 Belady 异常现象，即进程的缺页次数会随着分配给该进程的页框个数的增加而增加。下列算法中，可能出现 Belady 异常现象的是（　　）。

Ⅰ．LRU 算法　　Ⅱ．FIFO 算法　　Ⅲ．OPT 算法

A．仅Ⅱ　　B．仅Ⅰ、Ⅱ　　C．仅Ⅰ、Ⅲ　　D．仅Ⅱ、Ⅲ

49．（2014 年统考真题）下列选项中，属于多级页表优点的是（　　）。

A．加快地址变换速度　　B．减少缺页中断次数

C．减少页表项所占字节数　　D．减少页表所占的连续内存空间

50．（2015 年统考真题）系统为某进程分配了 4 个页框，该进程已访问的页号序列为 2，0，2，9，3，4，2，8，2，4，8，4，5。若进程要访问的下一页的页号为 7，依据 LRU 算法，应淘汰页的页号是（　　）。

A．2　　B．3　　C．4　　D．8

51．（2015 年统考真题）在请求分页系统中，页面分配策略与页面置换策略不能组合使用的是（　　）。

A．可变分配，全局置换　　B．可变分配，局部置换

C．固定分配，全局置换　　D．固定分配，局部置换

52．（2016 年统考真题）某系统采用改进型 CLOCK 算法，页表项中字段 A 为访问位，M 为修改位。A=0 表示页最近没有被访问，A=1 表示页最近被访问过。M=0 表示页没有被修改过，M=1 表示页被修改过。按(A，M)所有可能的取值，将页分为 4 类：(0，0)、(1，0)、(0，1)和(1，1)，则该算法淘汰页的次序为（　　）。

A．(0，0)，(0，1)，(1，0)，(1，1)

B．(0，0)，(1，0)，(0，1)，(1，1)

C．(0，0)，(0，1)，(1，1)，(1，0)

D．(0，0)，(1，1)，(0，1)，(1，0)

53．（2016 年统考真题）某进程的段表内容见表 3-11。

表 3-11　某进程的段表

段号	段长	内存起始地址	权限	状态
0	100	6000	只读	在内存
1	200	—	读写	不在内存
2	300	4000	读写	在内存

当访问段号为 2、段内地址为 400 的逻辑地址时，进行地址转换的结果是（　　）。

A．段缺失异常　　B．得到内存地址 4400

C．越权异常　　D．越界异常

54．（2016 年统考真题）某进程访问页面的序列如下所示。

…, 1, 3, 4, 5, 6, 0, 3, 2, 3, 2, ↑ 0, 4, 0, 3, 2, 9, 2, 1, …

t　　时间

若工作集的窗口大小为 6，则在 t 时刻的工作集为（　　）。

A．{6，0，3，2}　　B．{2，3，0，4}

C. {0，4，3，2，9}　　　　D. {4，5，6，0，3，2}

55.（2017年统考真题）某计算机按字节编址，其动态分区内存管理采用最佳适应算法，每次分配和回收内存后都对空闲分区链重新排序。当前空闲分区信息见表3-12。

表3-12　某计算机当前空闲分区信息

分区起始地址	20K	500K	1000K	200K
分区大小	40KB	80KB	100KB	200KB

回收起始地址为60K、大小为140KB的分区后，系统中空闲分区的数量、空闲分区链第一个分区的起始地址和大小分别是（　　）。

A. 3、20K、380KB　　　　B. 3、500K、80KB

C. 4、20K、180KB　　　　D. 4、500K、80KB

56.（2019年统考真题）在分段存储管理系统中，用共享段表描述所有被共享的段。若进程P_1和P_2共享段S，则下列叙述中，错误的是（　　）。

A. 在物理内存中仅保存一份段S的内容

B. 段S在P_1和P_2中应该具有相同的段号

C. P_1和P_2共享段S在共享段表中的段表项

D. P_1和P_2都不再使用段S时才回收段S所占的内存空间

57.（2020年统考真题）下列因素中，影响请求分页系统有效（平均）访存时间的是（　　）。

Ⅰ. 缺页率　　　　Ⅱ. 磁盘读写时间

Ⅲ. 内存访问时间　　　　Ⅳ. 执行缺页处理程序的CPU时间

A. 仅Ⅱ、Ⅲ　　B. 仅Ⅰ、Ⅳ　　C. 仅Ⅰ、Ⅲ、Ⅳ　　D. Ⅰ、Ⅱ、Ⅲ和Ⅳ

58.（2021年统考真题）某请求分页存储系统的页面大小为4KB，按字节编址。系统给进程P分配2个固定的页框，并采用改进型CLOCK算法，进程P页表的部分内容如下表所示。

页号	页框号	存在位 1：存在，0：不存在	访问位 1：访问，0：未访问	修改位 1：修改，0：未修改
…	…	…	…	…
2	20 H	0	0	0
3	60 H	1	1	0
4	80 H	1	1	1
…	…	…	…	…

若P访问虚拟地址为02A01H的存储单元，则经地址变换后得到的物理地址是（　　）。

A. 00A01H　　B. 20A01H　　C. 60A01H　　D. 80A01H

59.（2021年统考真题）在采用二级页表的分页系统中，CPU页表基址寄存器中的内容是（　　）。

A. 当前进程的一级页表的起始虚拟地址

B. 当前进程的一级页表的起始物理地址

C．当前进程的二级页表的起始虚拟地址

D．当前进程的二级页表的起始物理地址

60.（2022 年统考真题）某进程访问的页 b 不在内存中，导致产生缺页异常，该缺页异常处理过程中不一定包含的操作是（　　）。

A．淘汰内存中的页　　B．建立页号与页框号的对应关系

C．将页 b 从外存读入内存　　D．修改页表中页 b 对应的存在位

61.（2022 年统考真题）下列选项中，不会影响系统缺页率的是（　　）。

A．页置换算法　　B．工作集的大小

C．进程的数量　　D．页缓冲队列的长度

62．已知系统为 32 位实地址，采用 48 位虚拟地址，页面大小为 4KB，页表项大小为 8B，每段最大为 4GB。

1）假设系统使用纯页式存储，则要采用多少级页表？页内偏移多少位？

2）假设系统采用一级页表，TLB 命中率为 98%，TLB 访问时间为 10ns，内存访问时间为 100ns，并假设当 TLB 访问失败后才开始访问内存，问平均页面访问时间是多少？

3）如果是二级页表，页面平均访问时间是多少？

4）上题中，如果要满足访问时间≤120ns，那么命中率至少需要多少？

5）若系统采用段页式存储，则用户最多可以有多少个段？段内采用几级页表？

63．在一个 32 位计算机虚拟页式存储管理系统中，怎样解决页表非常庞大的问题？请给出具体的解决方案（假定页面大小为 4KB，用户空间为 2GB，每个内存用 4B 表示）。

64．在页式存储管理系统中，现有 J1、J2 和 J3 共 3 个作业同驻内存。其中 J2 有 4 个页面，被分别装入到内存的第 3、4、6、8 块中。假定页面和存储块的大小均为 1024B，主存容量为 10KB。

1）写出 J2 的页表。

2）当 J2 在 CPU 上运行时，执行到其地址空间第 500 号处遇到一条传送指令：MOV 2100，3100，请用地址变换图计算 MOV 指令中的两个操作数的物理地址。

65．某虚拟存储系统中有一个进程共有 6 页（0～5），其中代码占 3 页（0～2），数据占 1 页 3），数据堆占 1 页 4），用户栈占 1 页 5）。它们依次存放在外存的 22、23、25、26 存储块。当前，代码页已经分配在物理内存的 66、67、87 页，数据页为 31，并已经进行了修改。数据堆页还没有分配内存，用户栈分配在 01 页。请问：

1）页表中应该包含哪些项目？请填写此页表（见表 3-13）。

表 3-13　页表

逻辑页号	存在位	修改位	引用位	保护方式	引用时间	外存块号	内存页框号
0					1203		
1					1178		
2					1225		
3					1020		
4					—		
5					1250		

2）若内存堆申请内存，因无分配物理内存而产生缺页中断，此时内存无空闲页面，则采用LRU页面淘汰算法选中内存的哪个页面？操作系统作何处理？页表又如何变化？设当前时刻为虚拟时间1256。

66．在处理器上执行的一个进程页表见表3-14，表中的虚页号和物理块号是十进制数，起始页号（块号）均为0，所有地址均是存储器字节地址，页的大小为1024B。

表3-14 进程页表

虚页号	状态位	访问位	修改位	物理块号
0	1	1	0	4
1	1	1	1	7
2	0	0	0	—
3	1	0	0	2
4	0	0	0	—
5	1	0	1	0

1）详述在设有快表的请求分页存储管理系统中，一个虚地址转换成物理地址的过程。

2）虚地址5499、2221对应于什么物理地址？

67．一台计算机有4个页框，装入时间、上次引用时间、它们的R（读）与M（修改）位见表3-15（时间单位：一个时钟周期），请问NRU、FIFO、LRU和第二次机会算法将分别替换哪一页？

表3-15 页使用情况表

页	装入时间	上次引用时间	R	M
0	126	279	0	0
1	230	260	1	0
2	120	272	1	1
3	160	280	1	1

68．图3-24所示是一种段页式管理配置方案，一页大小为1KB。

1）根据给出的虚地址写出物理地址。

2）描述地址变换过程。

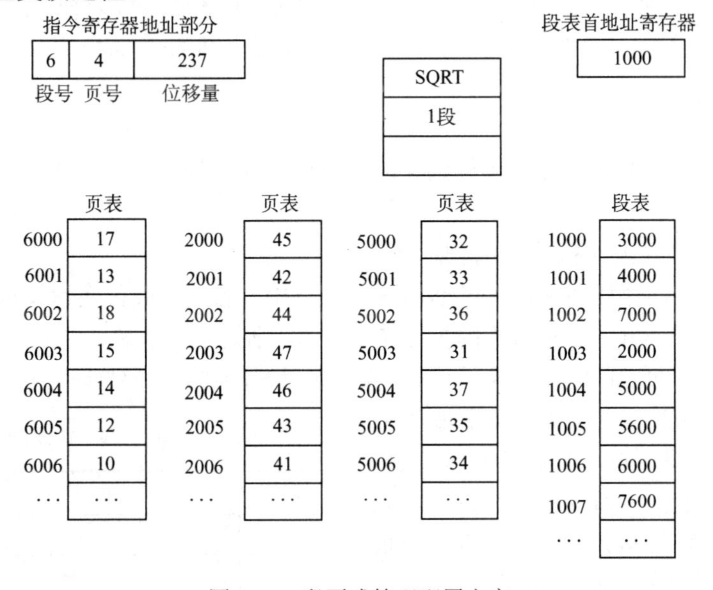

图3-24 段页式管理配置方案

69．在页式虚存管理系统中，假定驻留集为m个页帧（初始所有页帧均为空），在长为p的引用串中具有n个不同页号（n>m），对于FIFO、LRU两种页面置换算法，试给出页故障

数的上限和下限，说明理由并举例说明。

70．假定某操作系统存储器采用页式存储管理，一进程在联想存储器中的页表见表 3-16，内存中的页表见表 3-17。

表 3-16 联想存储器中的页表

页号	页帧号
0	f1
1	f2
2	f3
3	f4

表 3-17 内存中的页表

页号	页帧号
4	f5
5	f6
6	f7
7	f8
8	f9
9	f10

假定该进程体（程序与数据）代码长度为 320B，每页 32B。现有逻辑地址（八进制）为 101、204、576，若上述逻辑地址能翻译成物理地址，则说明翻译的过程，并指出具体的物理地址；若上述逻辑地址不能翻译成物理地址，请说明理由。

71．对于一个将页表存放在内存中的分页系统：

1）如果访问内存需要 0.2μs，有效访问时间为多少？

2）如果加一个快表，且假定在快表中找到页表项的几率高达 90%，那么有效访问时间又是多少？（假设查询快表所需的时间为 0）

72．某系统采用页式存储管理策略，拥有逻辑空间为 32 页，每页为 2KB，拥有物理空间为 1MB。

1）写出逻辑地址的格式。

2）若不考虑访问权限等，进程的页表有多少项？每项至少有多少位？

3）如果物理空间减少一半，页表结构应做怎样的改变？

73．在请求分页系统中，为什么说一条指令执行期间可能产生多次缺页中断？

74．某虚拟存储器的用户空间共有 32 个页面，每页 1KB，主存 16KB。假定某时刻系统为用户的第 0、1、2、3 页分配的物理块号为 5、10、4、7，而该用户作业的长度为 6 页，试将十六进制的虚拟地址 0A5C、103C、1A5C 转换成物理地址。

75．在某页式存储管理系统中，现有 P1、P2 和 P3 共 3 个进程同驻内存。其中，P2 有 4 个页面，被分别装入到主存的第 3、4、6、8 块中。假定页面和存储块的大小均为 1024B，主存容量为 10KB。

1）写出 P2 的页表。

2）当 P2 在 CPU 上运行时，执行到其地址空间第 500 号处遇到一条传送指令：

MOV 2100,3100

计算 MOV 指令中两个操作数的物理地址。

76．现有一个请求调页系统，页表保存在寄存器中。若一个被替换的页未被修改过，则处理一个缺页中断需要 8ms；若被替换的页已被修改过，则处理一个缺页中断需要 20ms。内存存取时间为 1μs，访问页表的时间忽略不计。假定 70%被替换的页面被修改过，为保证有效存取时间不超过 2μs，可接受的最大缺页率是多少？

77．假如一个程序的段表见表 3-18，其中存在位 1 表示段在内存，存取控制字段中 W 表示可写，R 表示可读，E 表示可执行。对于下面的指令，执行时会产生什么样的结果？

表 3-18 程序的段表

段号	存在位	内存始址	段长	存取控制
0	0	500	100	W
1	1	1000	30	R
2	1	3000	200	E
3	1	8000	80	R
4	0	5000	40	R

1）STORE R1，[0，70]。

2）STORE R1，[1，20]。

3）LOAD R1，[3，20]。

4）LOAD R1，[3，100]。

5）JMP [2，100]。

78．请求分页管理系统中，假设某进程的页表内容见表 3-19。页面大小为 4KB，一次内存的访问时间是 100ns，一次快表（TLB）的访问时间是 10ns，处理一次缺页的平均时间为 10^8ns（已含更新 TLB 和页表的时间），进程的驻留集大小固定为 2，采用最近最少使用置换算法（LRU）和局部淘汰策略。假设：①TLB 初始为空；②地址转换时先访问 TLB，若 TLB 未命中，再访问页表（忽略访问页表之后的 TLB 更新时间）；③有效位为 0 表示页面不在内存，产生缺页中断，缺页中断处理后，返回到产生缺页中断的指令处重新执行。设虚地址访问序列 2362H、1565H、25A5H，请问：

表 3-19 页表内容

页号	页框（Page Frame）号	有效位（存在位）
0	101H	1
1	—	0
2	254H	1

1）依次访问上述 3 个虚地址，各需多少时间？给出计算过程。

2）基于上述访问序列，虚地址 1565H 的物理地址是多少？请说明理由。

79．已知某系统页面长为 4KB，页表项 4B，采用多级分页策略映射 64 位虚拟地址空间。若限定最高层页表占用 1 页，则可以采用几层分页策略？

80．如果对经典的分页管理方式的页表进行细微改造，允许同一个页表的两个页表项指向同一个物理块，由此会有什么结果？怎样利用这种结果减少内存复制操作（将一个存储段的内容复制到另一个存储段）的时间？在经过改造的存储系统里，修改一个页面中几个字节的值，会对其他页面产生什么影响？

81．在虚拟分页存储管理方案中，对于一个处于运行状态的进程，当 CPU 读取下一条指令时，发生缺页中断。操作系统要执行哪些操作以获得所需要部分的指令？

82．（2012 年统考真题）某请求分页系统的局部页面置换策略如下：

系统从 0 时刻开始扫描，每隔 5 个时间单位扫描一轮驻留集（扫描时间忽略不计），本轮没有被访问过的页框将被系统回收，并放入到空闲页框链尾，其中内容在下一次被分配之前不被清空。当发生缺页时，如果该页曾被使用过且还在空闲页框链表中，则重新放回进程的驻留集中；否则，从空闲页框链表头部取出一个页框。

假设不考虑其他进程的影响和系统开销，初始时进程驻留集为空。目前系统空闲页框链表中页框号依次为 32、15、21、41。进程 P 依次访问的<虚拟页号，访问时刻>是<1，1>、<3，2>、<0，4>、<0，6>、<1，11>、<0，13>、<2，14>。请回答以下问题，并说明各自的理由。

1）访问<0，4>时，对应的页框号是什么？

2）访问<1，11>时，对应的页框号是什么？

3）访问<2，14>时，对应的页框号是什么？

4）该策略是否适合于时间局部性好的程序？

83．（2013 年统考真题）某计算机主存按字节编址，逻辑地址和物理地址都是 32 位，页表项大小为 4B。请回答下列问题。

1）若使用一级页表的分页存储管理方式，逻辑地址结构为：

页号（20 位）	页内偏移量（12 位）

则页的大小是多少字节？页表最大占用多少字节？

2）若使用二级页表的分页存储管理方式，逻辑地址结构为：

页目录号（10 位）	页表索引（10 位）	页内偏移量（12 位）

设逻辑地址为 LA，请分别给出其对应的页目录号和页表索引的表达式。

3）采用 1）中的分页存储管理方式，一个代码段起始逻辑地址为 0000 8000H，其长度为 8KB，被装载到从物理地址 0090 0000H 开始的连续主存空间中。页表从主存 0020 0000H 开始的物理地址处连续存放，如图 3-25 所示（地址大小自下向上递增）。请计算出该代码段对应的两个页表项的物理地址、这两个页表项中的页框号以及代码页面 2 的起始物理地址。

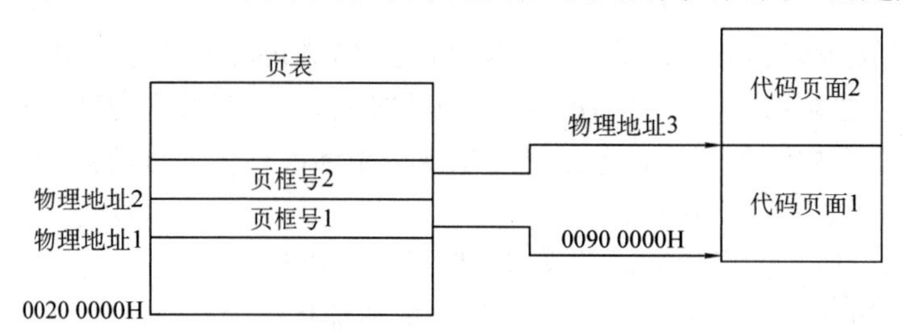

图 3-25 分页存储管理方式下的物理地址存放

84.（2015 年统考真题）某计算机系统按字节编址，采用二级页表的分页存储管理方式，虚拟地址格式如下所示：

10 位	10 位	12 位
页目录号	页表索引	页内偏移量

请回答下列问题。

1）页和页框的大小各为多少字节？进程的虚拟地址空间大小为多少页？

2）假定页目录项和页表项均占 4B，则进程的页目录和页表共占多少页？要求写出计算过程。

3）若某指令周期内访问的虚拟地址为 0100 0000H 和 0111 2048H，则进行地址转换时共访问多少个二级页表？要求说明理由。

85.（2017 年统考真题）假定计算机 M 采用二级分页虚拟存储管理方式，虚拟地址格式如下：

页目录号（10 位）	页表索引（10 位）	页内偏移量（12 位）

请针对附题 1 的函数 f1 和附题 2 中的机器指令代码，回答下列问题。

1）函数 f1 的机器指令代码占多少页？

2）取第 1 条指令（push ebp）时，若在进行地址变换的过程中需要访问内存中的页目录和页表，则分别会访问它们各自的第几个页表项（编号从 0 开始）？

3）M 的 I/O 采用中断控制方式。若进程 P 在调用 f1 之前通过 scanf（ ）获取 n 的值，则在执行 scanf（ ）的过程中，进程 P 的状态会如何变化？CPU 是否会进入内核态？

★注：本题综合性较强，非统考考生仅了解即可。

附题 1 和附题 2 的题目：

附题 1．已知 $f(n)=\sum_{i=0}^{n}2^i=2^{n+1}-1=\overbrace{11\cdots11}^{n+1位}B$，计算 f(n)的 C 语言函数 f1 如下：

```
int f1(unsigned n){
        int sum=1, power=1;
        for(unsigned i=0;i<=n-1;i++){
            power *= 2;
            sum += power;
        }
}
```

将 f1 中的 int 都改为 float，可得到计算 f(n)的另一个函数 f2。假设 unsigned 和 int 型数据都占 32 位，float 采用 IEEE 754 单精度标准。请回答下列问题：

1）当 n=0 时，f1 会出现死循环，为什么？若将 f1 中的变量 i 和变量 n 都定义为 int 型，则 f1 是否还会出现死循环？为什么？

2）f1(23)和 f2(23)的返回值是否相等？机器数格式是什么（用十六进制表示）？

3）f1(24)和 f2(24)的返回值分别为 33554431 和 33554432.0，为什么不相等？

4）f(31)=$2^{32}-1$，而 f1(31)的返回值却为-1，为什么？若使 f1(n)的返回值与 f(n)相等，则最大的 n 是多少？

5）f2(127)的机器数为 7F80 0000H，对应的值是什么？若使 f2(n)的结果不溢出，则最大的 n 是多少？若使 f2(n)的结果精确（无舍入），则最大的 n 是多少？

附题 2．在按字节编址的计算机 M 上，附题 1 中 f1 的部分源程序（阴影部分）与对应的机器级代码（包括指令的虚拟地址）如下。

其中，机器级代码包括行号、虚拟地址、机器指令和汇编指令。请回答下列问题。

1）计算机 M 是 RISC 还是 CISC，为什么？

2）f1 的机器指令代码共占多少字节？要求给出计算过程。

3）第 20 条指令 cmp 通过 i 减 n-1 实现对 i 和 n-1 的比较。执行 f1(0)过程中，当 i=0 时，cmp 指令执行后，进/借位标志 CF 的内容是什么？要求给出计算过程。

4）第 23 条指令 shl 通过左移操作实现了 power*2 运算，在 f2 中能否也用 shl 指令实现 power*2 运算？为什么？

```
                  int f1(unsigned n)
1    00401020     55           push ebp
     …            …            …
          for (unsigned i=0; i<=n-1; i++)
     …            …            …
20   0040105E     39 4D F4     cmp dword ptr [ebp-0Ch], ecx
     …            …            …
                  power *= 2
     …            …            …
23   00401066     D1 E2        shl   edx, 1
     …            …            …
                  return sum;
     …            …            …
35   0040107F     C3           ret
```

习题与真题答案

1．B。Ⅰ正确，举个例子：使用先进先出（FIFO）页面置换算法，页面引用串为 1、2、3、4、1、2、5、1、2、3、4、5 时，当分配 3 帧时产生 9 次缺页中断，分配 4 帧时产生 10 次缺页中断。Ⅱ错误，最近最少使用（LRU）页面置换算法没有这样的问题。Ⅲ错误，Ⅳ正确：若页面在内存中，不会产生缺页中断，也不会出现页面的调入/调出。虚拟存储器的说法不正确。

2．C。本题考查 LRU 页面置换算法，分析如下。

物理块数为 3 时，缺页情况见表 3-20。

表 3-20 物理块数为 3 时的缺页情况

访问串	1	3	2	1	1	3	5	1	3	2	1	5
内存	1	1	1	1	1	1	1	1	1	1	1	1
		3	3	3	3	3	3	3	3	3	3	5
			2	2	2	2	5	5	5	2	2	2
是否缺页	√	√	√				√			√		√

缺页次数为 6，缺页率为 6/12=50%。

物理块数为 4 时，缺页情况见表 3-21。

缺页次数为 4，缺页率为 4/12=33%。

★注：当分配给作业的物理块数为 4 时，注意到作业请求页面序列只有 4 个页面，可以直接得出缺页次数为 4，而不需要按表 3-21 列出缺页情况。

表 3-21 物理块数为 4 时的缺页情况

访问串	1	3	2	1	1	3	5	1	3	2	1	5
内存	1	1	1	1	1	1	1	1	1	1	1	1
		3	3	3	3	3	3	3	3	3	3	3
			2	2	2	2	2	2	2	2	2	2
							5	5	5	5	5	5
是否缺页	√	√	√				√					

3．B。本题中，矩阵 a 有 100×200=20000 个整数，每页存放 200 个整数，故一页可以存放一行数组元素。系统分配给进程 5 个页面存放数据，假设程序已调入内存（因题目中没有提供与程序相关的数据，故可以不考虑程序的调入问题），因此只需考虑矩阵访问时产生的缺页中断次数。

对于程序一，由于矩阵存放是按行存储，本程序对矩阵 a 的访问也是按行进行的，因此本程序依次将矩阵 a 的内容调入内存，每一页只调入一次，每一页都会发生一次缺页中断，因此会产生 20000/200=100 次缺页中断。

对于程序二，矩阵存放时按行存储，而本程序对矩阵 a 的访问是按列进行的。当 j=0 时，内层循环的执行将访问第一列的所有元素，需要依次将矩阵 a 的 100 行调入内存，将产生 100 次缺页中断。当 j=1 时，仍需要依次将矩阵 a 的 100 行调入内存（因留在内存中的是第 95、96、97、98、99 行），仍将产生 100 次缺页中断。后续循环可依次类推。由此可知，程序二将产生 20000 次缺页中断。

4．D。内存中页的大小为 4KB，每个页表项占用 4B，则每页可以存放 1K 个页表项地址，采用 n 级页表可以寻址的地址空间的容量为$(1K)^n×4KB=2^{10n+12}B$。64 位地址空间的大小为 $2^{64}B$。为使 n 级页表可以寻址 64 位的地址空间，应使下式成立：$2^{10n+12}B \geqslant 2^{64}B$。可解得 n 的最小值为 6。因此，至少需要用 6 级页表才能解决 64 位地址空间的寻址问题。

5．B。本题考查分页存储管理的内容。首先分析题目给出的条件：CPU 和 I/O 设备占用率较低，而磁盘交换区占用率非常高，说明当前系统频繁缺页，频繁进行页面置换，导致真正执行任务的时间变短，效率变低，系统发生抖动。要缓解这种情况，需要降低系统缺页率，才能使系统有更多时间来处理任务而不是置换页面，根据这一思路来分析选项。

① Ⅰ正确。增大内存可使每个程序得到更多的页面，能减少缺页率，因而减少换入换出过程，可提高 CPU 的利用率。

② Ⅱ错误。因为系统实际已处于频繁的换入换出过程中，增加磁盘交换区容量也不能降低缺页率，所以增大磁盘交换区的容量无用。

③ Ⅲ正确。减少多道程序的度数可以提高 CPU 的利用率。因为从给定的条件中可知，磁盘交换区的利用率为 99.7%，说明系统现在已经处于频繁的换入换出过程中，可减少主存中的程序，这样每个进程分配到的内存空间会相对增大，可以有效降低缺页率。

④ Ⅳ错误。系统处于频繁的换入换出过程中，再增加主存中的用户进程数，只能导致系统的换入换出更频繁，使性能更差。

⑤ Ⅴ错误。本题问的是利用率，更换更快的部件只能提高整体的运行速度，各个部件利用率不变（该缺页还是缺页，该交换还是交换，CPU 利用率不变）。

⑥ Ⅵ错误。系统处于频繁的换入换出过程中，CPU 处于空闲状态，利用率不高，提高 CPU 的速度无济于事。

综上分析，Ⅰ、Ⅲ可以改进 CPU 的利用率。

6．C。本题考查虚拟存储的内容。题目要求增加进程并发数，也就是说，当前的系统利用率不够高，可以允许更多的进程并发执行。根据这个推断，只需找出利用率不高的选项就可以了。根据上一题可以得知，磁盘利用率越高，表示系统换页越频繁。若同时出现磁盘利用率过高和 CPU 利用率过低，则说明当前系统出现了抖动。①Ⅰ：系统 CPU 利用率很低，但磁盘利用率很高，可以推断系统出现抖动现象。这时若再增加并发进程数反而会降低系统性能。页式虚拟存储系统因抖动现象而未能充分发挥功用。②Ⅱ：系统 CPU 利用率很高，磁盘利用率很低，说明缺页现象很少，大部分时间在处理任务，系统性能正常。此时不需要采取什么措施。③Ⅲ：系统 CPU 利用率和磁盘利用率都很低，表明缺页现象不明显，而且 CPU 没有充分利用。此时应该增加并发进程数，提高 CPU 的利用率。综上分析，只有Ⅲ需要增加并发进程数。

7．C。本题考查位示图的基本计算。首先求出块号 100 在哪一个字号，0～31 在字号 0，32～63 在字号 1，64～95 在字号 2，96～127 在字号 3，所以块号 100 在字号 3。之后需要解决的问题就是求出第 100 块在字号 3 的哪一位，因字号 3 的第 0 位是第 96 块，依次类推，可知第 100 块在字号 3 的第 4 位。

8．C。本题需要弄清页大小、页号位数、物理块数、页内偏移地址、逻辑地址位数、物理地址位数之间的联系。因为 8 页=2^3页，所以表示页号的地址有 3 位，又因为每页有 $1024B=2^{10}B$，所以页内偏移地址有 10 位，因此逻辑地址总共有 13 位；又因为页面的大小和物理块的大小是一样的，所以每个物理块也是 1024B，而内存至少有 32 块物理块，所以内存大小至少是

32×1024B=2^{15}B，因此物理地址至少要 15 位，不然无法访问内存的所有区域。故选 C。

9．D。要使按需调页有效，就要紧紧抓住按需调页被提出的前提，那就是程序运行的局部性原理。按需调页适合运行的程序是具有局部性现象的程序，即最好是对数据进行顺序访问的程序。对于 A 选项，堆栈只能在栈顶进行操作，栈底的元素很久都用不着，显然对数据的访问具有局部性。对于 B 选项，线性搜索是按顺序搜索下来，显然也具有局部性。对于 C 选项，矢量运算就是数组运算，数组存放是连续的，所以数组运算就是邻近的数据的运算，也满足局部性。最后来看 D 选项，二分法搜索先查找中间的那个元素，如果没找到，再找前面数过去 1/4 位置或者倒数 1/4 位置的那个元素，再这样找下去，显然每次搜寻的元素不都是相邻的，由此可见二分法搜索是跳着搜索的，所以不具有局部性，不适合按需调页的环境，故答案应该选 D。

10．C。本题考查的知识点是页面置换算法，但考查的角度较为灵活，并非考查页面置换算法的使用，而是讨论置换算法的缺页次数的界限，需要考生深入理解导致页面置换的原因。引用串的长度为 p，那么即使每次有页面请求都发生缺页，缺页的次数也是 p，所以 p 是缺页次数的上限。不同的页号数为 n，那么至少每种页号第一次出现时内存中不会有这种页号存在，所以每种页号第一次出现时必然发生缺页，因此缺页次数的下限是 n。故答案选 C。

11．A。本题中页的大小为 4KB，由表 3-10 中可知，每个页存储在一个块中，即每个块大小为 4KB。逻辑地址 0 对应的页号为 0，表中对应的块号为 2。第 0 块物理地址范围为 0～4095；第 1 块物理地址范围为 4096～8191；第 2 块物理地址范围为 8192～12287。本题易错在逻辑地址、物理地址、块号都是从 0 开始编址的，而不是 1。

12．D。存储保护：当多个用户共享主存时，应防止由于一个用户程序出错而破坏其他用户的程序和系统软件，以及一个用户程序不合法地访问不是分配给它的主存区域。在多道程序系统中，内存中既有操作系统，又有许多用户程序。为使系统正常运行，**避免内存中各程序相互干扰**，必须对内存中的程序和数据进行保护。存储保护可以从以下两个方面进行：防止地址越界、防止操作越权。

13．A。本题考查实现各种存储管理的方法。为实现多道程序并发，系统必须将多个程序调入内存，让多个进程竞争 CPU 和外设，使得计算机能高效地运转。多个程序调入内存会存在越界、溢出等多种问题。为解决这些问题，存储管理采用了分区法、分页法、分段法和段页式等多种技术，而实现分页、分段和段页式存储管理都需要特殊的硬件支持（如带地址加法器的 CPU 等），因而代价较高。分区存储是实现多道程序并发的简单易行而代价最小的方法，这种方法特别适合在嵌入式系统或移动设备的操作系统中实现多道程序并发。

14．B。块大小为 128KB/32=4KB，因为块与页面大小相等，所以每页为 4KB。第 3 页被装入到主存第 6 块中，故逻辑地址[3，70]对应的物理地址为 4K×6+70=24576+70=24646。

其地址变换过程如图 3-26 所示。

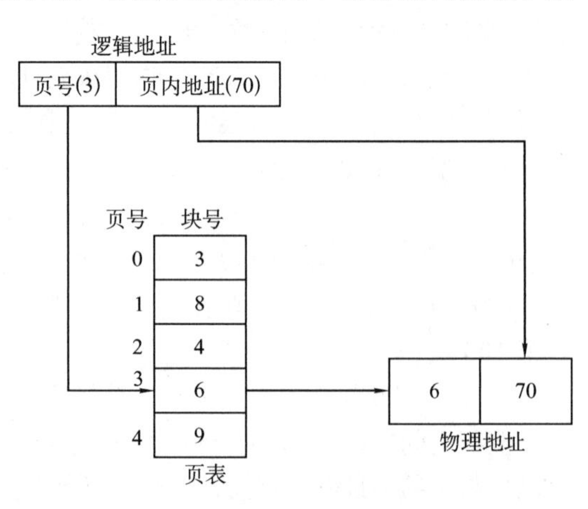

图 3-26 地址变换过程

15．D。本题中，每页为 2048B，所以页内位移部分地址需要占据 11 个二进制位；逻辑地址空间最大为 16 页，所以页号部分地址需要占据 4 个二进制位。故逻辑地址至少应为 15 位。由于内存共有 8 个存储块，在页内存储管理系统中，存储块大小与页面的大小相等，因此内存空间为16KB。

16．C。Ⅰ．400ns，其中200ns访问页表，200ns访问内存中的数据。Ⅱ．有效访问时间=0.75×200ns+0.25×400ns=250ns。引入关联寄存器之后，直接从关联寄存器中可以找到的页面，只需要一次访问内存，即只需要耗时200ns；其他还是需要两次访问，即400ns。

17．C。题目并没有明确当缺页中断时内存中是否有空闲页帧，所以假设内存总是忙的。设缺页率为P。

访问内存中页面：(1−P)×100ns

页面不在内存，但不需要保存待换出页面：P×(1−70%)×(8ms+100ns)

页面不在内存，但需要保存待换出页面：P×70%×(20ms+100ns)

所以，有效访问时间=(1−P)×100ns+P×(1−70%)×(8ms+100ns)+P×70%×(20ms+100ns)=200ns，得 $P=0.6\times10^{-5}$。

18．B。在多道程序环境下，用户不能事先确定程序在内存中的位置，为能独立编制程序只能采用相对地址来编制程序。

名空间：名空间是为了解决命名冲突的方法。将名字相同的变量、函数和类定义在不同的名空间中。需要注意的是，同一个名空间中标识符应该是唯一的。

地址空间：一个目标程序所占有的地址范围，这些地址的编号是相对于起始地址而定的，称为相对地址或逻辑地址。

存储空间（物理地址空间）：目标程序装入主存后占用的一系列物理单元的集合，这些单元的编号称为绝对地址或物理地址。

19．A。只有分区法要求占用连续空间，其他均为离散分配方式。如果离散分配的基本单位是页，则称为分页存储管理方式；如果离散分配的基本单位是段，则称为分段存储管理方式；段页式离散分配的基本单位也是页。

20．B。**只要是固定大小的分配就会产生内部碎片，其余的都会产生外部碎片。**如果固定和不固定同时存在（如段页式），物理本质还是固定的，解释如下。

分段虚拟存储管理：每一段的长度都不一样（对应不固定），所以会产生外部碎片，但不会产生内部碎片。

分页虚拟存储管理：每一页的长度都一样（对应固定），所以会产生内部碎片，但不会产生外部碎片。

段页式分区管理：地址空间首先被分成若干个逻辑分段（**这里的分段只是逻辑上的，而我们所说的碎片都是物理上真实存在的，是否有碎片还是要看每个段的存储方式，所以页才是物理单位**），每段都有自己的段号，然后再将每个段分成若干个固定的页。所以其仍然是固定分配，会产生内部碎片。

固定式分区管理：很明显是固定的大小，会产生内部碎片。

综上分析，本题选B。

21．A。所谓最佳是指每次为作业分配内存时，总是把能满足要求且容量又是最小的空闲分区分配给作业，避免“大材小用”。为了加速寻找，该算法要求将所有的空闲分区按其容量以从小到大的顺序形成一空闲分区链。这样，第一次找到的能满足要求的空闲区必然是最佳的。

22．B。动态重定位允许程序运行时在内存中移动位置，把装入模块装入到内存后的所有地址都是相对地址。在程序执行过程中，每当访问到相应指令或数据时，才将要访问的程序或数据的相对地址转换为物理地址，所以说动态重定位适合将目标程序直接装入内存。

23．A。此题为概念题，记住即可。在段页式系统中，段是用户的逻辑地址空间，页是内存的物理地址空间，因为段是用户定义的，而页是系统自动划分的，所以页对于用户是透明的。每个系统的页面大小是固定的，由系统决定，不允许使用不同大小的页面。最佳置换算法仅用来对比其他算法，无法实现。

24．D。当有上邻空闲分区，也有下邻空闲分区时，系统将它们合并成一个大的空闲分区，从而导致总的空闲分区数减少。上无、下无时，空闲分区数加1；上有、下无或者上无、下有时，空闲分区数保持不变。

25．A。外层页表不能表示页面的物理位置，而只是在页表较多时为页表建立的一个页表。因为多了一层页表，也就额外需要一个寄存器来完成地址变换。

26．C。分页管理与固定分区和可变分区相比，碎片明显减少，因为分页管理的碎片大小能够控制在一个页面大小以内，而页面大小通常都较小。容易混淆的是段页式和页式的碎片数量比较。段页式虽然结合了页式和段式的优点，但是碎片的数量却比页式多，因为一个进程往往会有很多个段，在段页式管理下每个段都会有一个页内碎片存在；而在页式管理下，一个进程只有一个页内碎片。

27．B。分页管理方式中没有外部碎片，内存利用率高；而分段管理方式中会发生找不到连续的空闲分区放入整段，相对内存利用率不高。可变分区与单一连续分配完败，不用考虑。

28．A。在多个进程并发执行时，所有进程的页表大多数驻留在内存中，在系统中只设置一个页表寄存器 PTR，在其中存放内存中页表的起始地址和页表长度。在进程未执行时，页表的起始地址和页表长度存放在本进程的 PCB 中，当调度到某进程时，才将这两个数据装入页表寄存器中。

29．B。段地址为24位，其中8位表示段号，则段内偏移量（段内位移）占用剩余的16位，因此最大段长为 2^{16}B。

30．B。分页存储管理是将一个进程的**逻辑地址空间分成若干个大小相等的片**（称为页面或页），并为各页加以编号，从0开始，如第0页、第1页等。相应地，也把**内存空间分成与页面相同大小的若干个存储块**，称为（物理）块或页框（Frame），同样为它们加以编号，如0#块、1#块等。

31．B。因为中断是由执行指令自己产生的，而且还没有执行完，故中断返回时应当重新执行被中断的那一条指令。

32．A。为了使地址变换不影响到指令的执行速度，必须有硬件的支持，即需要在整个系统中增设一个重定位寄存器，用来存放程序（数据）在内存中的起始地址。在执行程序或访问数据时，真正访问的内存地址是由相对地址与重定位寄存器中的地址相加而成的。因为系统处理器在同一时刻只能执行一条指令或访问数据，所以为每个程序（数据）设置一个寄存器是没有必要的（而且不现实，寄存器的成本很高，同时程序的数量不确定），只需在切换程序执行时更新寄存器内容即可。

33．D。可重入程序主要是通过共享来使用同一块存储空间的，或者通过动态链接的方式将所需的程序段映射到相关进程中，其最大的优点是减少了对程序段的调入调出，因此减少了对换数量。

34．B。在分页存储管理中，作业地址空间是一维的，程序员只需用一个符号表示地址。在分段存储管理中，段与段是独立的，而且段长不固定，因此分段管理的作业地址空间是二维的，程序员在标识一个地址时，不仅要给出段名，还要给出段内位移。

35．D。只要是固定的分配就会产生内部碎片，其余的都会产生外部碎片。若固定和不固定同时存在（如段页式），则看作固定。请求分段：每段的长度不同（不固定），产生外部碎片。请求分页：每页大小固定，产生内部碎片。段页式：视为固定，产生内部碎片。固定式分区管理产生的是内部碎片。

36．C。页表和段表同样存储在内存中，系统提供给用户的物理地址空间为总的空间大小减去页表或段表长度。由于页表和段表的长度不能确定，因此提供给用户的物理地址空间大小也不能确定。

37．D。修改位表示该页在调入内存后是否被修改过，主要是供置换页面时参考，并不是为了实现某种页面置换算法而使用的，因此选项A、B都不对，选项C是干扰项。

38．C。“二次机会”和“时钟”调度策略有个共同之处，就是若当前页面刚被访问过（即引用位=1），则给予第二次留驻机会。

39．D。在虚存中，页面在内存与外存之间频繁调度，以至于调度页面所需时间比进程实际运行的时间还多，此时系统效率急剧下降，甚至导致系统崩溃。这种现象称为颠簸或抖动。抖动的原因是页面置换算法不合理。

读者也可考虑Belady现象：增加分配页面数（扩大内存空间），但这会造成更高的缺页率。因此抖动的主要原因还是因为页面置换算法不合理。

40．A。

A正确。缺页中断就是要访问的页不在主存中，缺页中断处理就是操作系统将缺失页面调入主存后再进行访问。

B错误。页面淘汰就是当内存空间已被占满而又要调入新页时，必须淘汰已在内存的某一页面。如果被淘汰的页面曾被修改过，还要将此页写回到外存，再换进新的页面。

C错误。工作集模型用于处理抖动问题，一个进程当前使用的页的集合叫作它的工作集（Working Set）。如果整个工作集都在内存中，在进入下一个运行阶段之前，进程的运行不会引起很多页面故障。

D错误。紧缩技术是将空闲小分区整合，移动拼接成大分区的过程。

41．B。采用最佳适配方法，就是每次只找最小且能满足所需分配大小的空闲分区。图3-27演示了整个分区的分配过程（粗体表示已分配空间，正常字体表示空闲空间）。

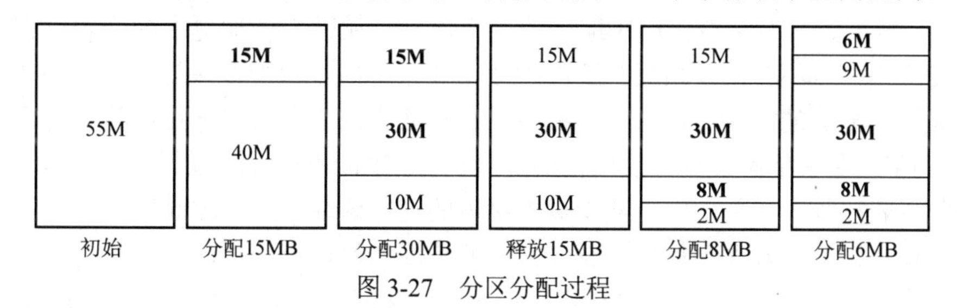

图3-27 分区分配过程

由此可知最后主存的最大空间为9MB。

42．A。在具有对换功能的操作系统中，通常把外存分为文件区和对换区。前者用于存放文件，后者用于存放从内存中换出的进程。

在更换页面时，如果更换页面是一个很快会被再次访问的页面，则再次缺页中断后又很快会发生新的缺页中断，整个系统的效率因此而急剧下降，这种现象称为抖动。发生抖动时，系统会将大部分时间用于处理页面置换上，从而降低了系统效率。撤销部分进程可以减少系

统页面数，有效防止系统抖动。改变优先级与增大交换区容量对减少抖动没有帮助。

43．B。连续分配技术是为一个用户程序分配一个连续的内存空间，必须事先为其一次性分配足够的内存空间，这样可能会造成内存浪费，而且载入的程序会受到存储器大小的影响，过大的程序是无法执行的。

虚拟存储器是通过采用请求调页系统的方法在逻辑上扩充内存，允许将一个程序分成多次调入内存，将程序的一部分载入内存就可以开始执行。如果采用这种连续分配技术，就需要为程序预留足够的内存空间，从而无法达到在逻辑上扩大内存容量的目的，因此只能基于非连续分配。

虚拟存储容量仅与系统的地址结构有关系，与内外存容量均没有关系。简单点说，即使内外存固定不变，只要系统地址位数增多，虚拟存储容量就会随之变大。

44．B。用户进程访问内存时产生缺页会发生缺页中断。发生缺页中断时，操作系统可能执行的操作是置换页面或分配内存。系统内没有越界的错误，不会进行越界出错处理。

45．C。在段页式分配中，取一次数据时先从内存查找段表，再访问内存查找相应的页表，最后拼成物理地址后访问内存，共需要 3 次内存访问。

46．C。

Ⅰ正确，关闭了 TLB 之后，每当访问一条指令或存取一个操作数时都要先访问页表（内存中），得到物理地址后，再访问一次内存进行相应操作。

Ⅱ错误，记住凡是分区固定的都会产生内部碎片，而无外部碎片。

Ⅲ错误，页式存储管理对于用户是透明的。

Ⅳ错误，静态重定位是在程序运行之前由装入程序完成的（即装入内存时进行的）。而页式存储管理方案在运行过程中可能改变程序位置，静态重定位不能满足其要求。

综上分析，选 C。

47．C。虚实地址转换是指逻辑地址和物理地址的转换。增大快表容量能把更多的表项装入快表中，会加快虚实地址转换的平均速率；让页表常驻内存可以省去一些不在内存中的页表从磁盘上调入的过程，也能加快虚实地址转换；增大交换区对虚实地址转换速度无影响。因此Ⅰ、Ⅱ正确，选 C。

48．A。只有 FIFO 算法会导致 Belady 异常，选 A。

49．D。多级页表不仅不会加快地址的变换速度，还因为增加更多的查表过程，会使地址变换速度减慢；也不会减少缺页中断的次数，如果访问过程中多级的页表都不在内存中，反而会大大增加缺页的次数；也并不会减少页表项所占的字节数（详细解析参考下面的补充知识点）。而多级页表能够减少页表所占的连续内存空间，即当页表太大时，将页表再分级，可以把每张页表控制在一页之内，减少页表所占的连续内存空间，因此选 D。

补充知识点：页式管理中每个页表项大小的下限如何决定？

解析：页表项的作用是找到该页在内存的位置，以 32 位逻辑地址空间、字节为编址单位、一页 4KB 为例，地址空间内一共含有 2^{32}B/4KB=1M 页，则需要 $\log_2 1M=20$ 位才能保证表示范围能容纳所有页面，又因为以字节作为编址单位，即页表项的大小≥$\lceil 20/8 \rceil$=3B。所以在这个条件下，为了保证页表项能够指向所有页面，那么页表项的大小应该大于 3B，当然，也可以选择更大的页表项，其大小可以让一个页面能够正好容下整数个页表项以方便存储（如取成 4B，那么一页正好可以装下 1K 个页表项），或者增加一些其他信息。

50．A。可以采用书中常规的解法思路，也可以采用便捷法。对页号序列从后往前计数，直到数到 4（页框数）个不同的数字为止，这个停止的数字就是要淘汰的页号（最近最久未使用的页），题中为页号 2。

51．C。对一个进程进行固定分配时，页面数不变，不可能出现全局置换。而 A、B、D 是现代操作系统中常见的 3 种策略。

52．A。改进型时钟算法的步骤如下：

1）从指针的当前位置开始，扫描循环链表。在这次扫描过程中，对访问位和修改位不做修改。选择遇到的第一个（访问位=0，修改位=0）的页面用于替换。

2）如果第 1）步没有找到，重新扫描，寻找（访问位=0，修改位=1）的页面用于替换。在这个扫描过程中，每一个非替换的页面都将其访问位置 0。

3）如果第 2）步仍没有找到，则回到起始位置，此时所有页面的访问位均为 0，重新执行第 1）步和第 2）步，则一定能找到替换页面。

因此，该算法淘汰页的次序为（0, 0），（0, 1），（1, 0），（1, 1），故选项 A 正确。

53．D。访问段号 2，找到段表第三行段表项，段内地址为 400，与段长比较发现大于段长，故地址越界异常，选 D。

54．A。在任一时刻 t，都存在一个集合，它包含所有最近 k 次（该窗口大小为 6）内存访问所访问过的页面。这个集合 w（k, t）就是工作集。该题中最近 6 次访问的页面分别为 6、0、3、2、3、2，再去除重复的页面，形成的工作集为{6, 0, 3, 2}，故选 A。

55．B。回收起始地址为 60K、大小为 140KB 的分区时，它与表 3-12 中第一个分区和第四个分区合并，成为起始地址为 20K、大小为 380KB 的分区，剩余 3 个空闲分区。再回收内存后，算法会对空闲分区链按分区大小从小到大进行排序，表 3-12 中第二个分区排第一，所以选 B。

56．B。段的共享是通过两个作业的段表中相应表项指向被共享段的同一个物理副本来实现的，因此在内存中仅保存一份段 S 的内容，选项 A 正确。段 S 对于进程 P1、P2 来说，使用位置可能不同，所以在不同进程中的逻辑段号可能不同，选项 B 错误。段表项存放的是段的物理地址，对于共享段 S 来说物理地址唯一，选项 C 正确。为了保证进程可以顺利使用段 S，段 S 必须确保在没有任何进程使用它后才能被删除，选项 D 正确。

57．D。Ⅰ影响缺页中断发生的频率；Ⅱ影响访问慢表和访问目标物理地址的时间；Ⅲ、Ⅳ影响缺页中断的处理时间。故Ⅰ、Ⅱ、Ⅲ、Ⅳ均正确。

58．C。页面大小为 4KB，低 12 位是页内偏移。虚拟地址为 02A01H，页号为 02H，02H 页对应的页表项中存在位为 0，进程 P 分配的页框固定为 2，且内存中已有两个页面存在。根据改进型 CLOCK 算法，选择将 3 号页换出，将 2 号页放入 60H 页框，经过地址变换后得到的物理地址是 60A01H。

59．B。在多级页表中，页表基址寄存器存放的是顶级页表的起始物理地址，故存放的是一级页表的起始物理地址。

60．A。当进程尝试访问不在内存中的页 b 时，会触发缺页异常。在处理这种异常时，系统通常会从磁盘中加载页 b 到内存，更新页表以反映页号和页框号之间的新映射，并标记页表中的页 b 为现在已在内存中。但如果内存已经有可用的页框，系统不必驱逐任何其他页，因此不总是需要淘汰页的操作，故 A 错误。

61．D。

A．页置换算法：页置换算法直接影响缺页率。例如，使用 LRU 算法时的缺页率通常比使用 FIFO 算法时的要低。

B．工作集的大小：工作集大小决定了为进程分配的物理内存块数。当为进程分配更多的物理内存块时，缺页率会降低。

C．进程的数量：进程数量的增加意味着对内存资源的竞争增强。当系统中的进程数量增多时，每个进程得到的物理内存块可能减少，从而可能导致缺页率增加。

D．页缓冲队列的长度：页缓冲队列用于缓存被替换出去但暂时不写回磁盘的页面。尽管队列长度可以影响页面置换的速度，但它并不直接影响缺页率。

综上分析，不会影响系统缺页率的是选项 D：页缓冲队列的长度。

62.【解析】

1）已知页面大小 $4KB=2^{12}B$，即页内偏移量的位数为 12。采用 48 位虚拟地址，故虚页号为 48−12=36（位）。页表项的大小为 8B，则每页可容纳 $4KB/8B=512=2^9$（项），所需多级页表的级数=$\lceil 36/9 \rceil$=4，故应采用 4 级页表。

2）系统进行页面访问操作时，首先读取页面对应的页表项，有 98%的概率可以在 TLB 中直接读取到（10ns），然后进行地址变换，访问内存读取页面（100ns），所需要的时间为 10ns+100ns=110ns。如果 TLB 未命中（10ns），则要通过一次内存访问来读取页表项（100ns），地址变换后，再访问内存（100ns），因 TLB 访问失败后才开始访问内存，因此所需时间为 10ns+100ns+100ns=210ns。页表平均访问时间为

$$[98\%\times110+(1-98\%)\times210]\text{ns}=112\text{ns}$$

3）二级页表的情况下，TLB 命中的访问的访问时间还是 110ns，未命中的访问时间加上一次内存访问时间，即 210ns+100ns=310ns，所以平均访问时间为

$$[98\%\times110+(1-98\%)\times310]\text{ns}=114\text{ns}$$

4）本问是在第 3 问的基础上提出的，假设快表命中率为 p，则应满足

$$[p\times110+(1-p)\times310]\text{ns}\leqslant120\text{ns}$$

求解不等式得 p≥95%。

5）系统采用 48 位虚拟地址，虚拟地址空间为 $2^{48}B$，每段最大为 4GB，那么最大段数=$2^{48}B/4GB=2^{16}$=65 536。

$4GB=2^{32}B$，即段内地址位数为 32，段内采用多级页表，那么多级页表级数=$\lceil (32-12)/9 \rceil$=3，故段内采用 3 级页表。

63.【解析】用户空间为 2GB，页面大小为 4KB，所以用户空间有 2^{19} 页。如果一个页面需要 4B 表示其地址，需要 512 页（占 2MB 空间）表示这些页，页表过于庞大。为了避免把全部页表一直保存在内存中，可采用二级页表管理方式。

将整个 2GB（31 位）的虚拟地址空间划分为 9 位的一级页表域、10 位的二级页表域和 12 位的页内位移。每页大小为 4KB，9 位一级页表域加 10 位的二级页表域共 19 位表示 2^{19} 个页面。

页表设计：

一级页表只占一页，存放 2^9=512 个二级页表入口地址。

二级页表共 512 个，每个存放 2^{10}=1024 个虚拟页面地址。

工作过程：

当一个虚拟地址被送到内存管理单元（Memory Management Unit，MMU）时，MMU 首先提取一级页表域并把该值作为访问顶级页表的索引。在顶级页表中找到对应表项，其中含有二级页表的地址或页帧号，然后以二级页表域作为访问选定的二级页表的索引，从而找到

该虚拟页面的页帧号。如果该页面不在内存中，页表表项的存在位将为 0，引发一次页面失效；如果该页面在内存中，从二级页表得到的页帧号将与偏移量结合构成物理地址，该地址被放到总线上并传送至内存。

64.【解析】

1）J2 的页表见表 3-22。

表 3-22　J2 的页表

页　号	块　号
0	3
1	4
2	6
3	8

2）本题的页面大小为 1024B，可知页内位移为 10 位，即逻辑地址 2100 的页号为 2，页内位移为 2100−2048=52；逻辑地址 3100 的页号为 3，页内位移为 3100−3072=28。

逻辑地址 2100 的地址变换过程如图 3-28 所示。

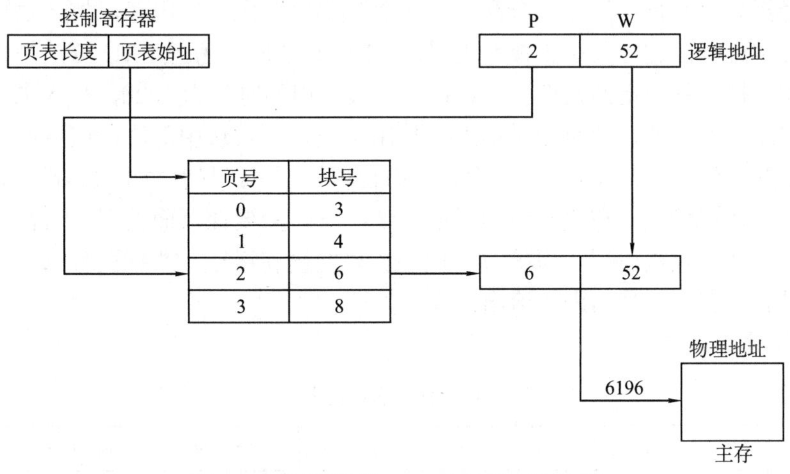

图 3-28　逻辑地址 2100 的地址变换过程

根据图 3-28 所示可得出逻辑地址 2100 所对应的物理地址为 6196。

同理，逻辑地址 3100 所对应的物理地址为 8220。其地址变换过程如图 3-29 所示。

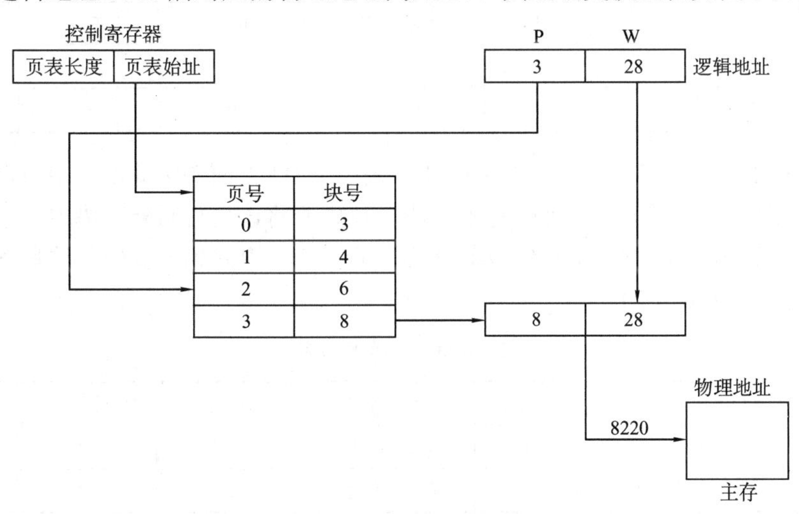

图 3-29　逻辑地址 3100 的地址变换过程

65.【解析】内存计算的变化很多，本题主要考查考生对内存管理的理解。根据题意，本系统采用的是虚拟存储系统，因此可以立即想到，进程一定是部分调入。从题目给出的条件可知，进程共有 6 页（0～5），其中代码占 3 页（0～2），数据占 1 页（3），数据堆占 1 页（4），

用户栈占 1 页（5）。这个条件显然是虚拟存储管理的实际情况，进程的逻辑页有 6 页，因此分配的虚拟空间也是 6 页。按题意，页面依次存放在外存的 22、23、25、26 存储块。这个条件告诉我们，进程对应的外存是 4 块，显然，有 2 页是在进程运行过程中产生的，一般数据堆和栈是在运行过程中产生的，在虚拟存储管理中，数据堆和栈对应的外存应该在对换区上，而且只有在换出时才分配，所以在外存地址中一般是不包含堆和栈的。题目还提供了当前代码页已经分配在物理内存的 66、67、87 页，数据页为 31，并已经进行了修改。此信息说明虚拟存储管理已经分配了物理内存页框，而且数据页还被修改了，那么应该在页表中表现出来。题目还告诉我们数据堆页还没有分配内存，显然还没有使用。用户栈分配在 01 页，表示栈也已经分配内存页框了。据此就可以填写表格了。

上面已经提到，数据堆还没有分配，当用到该页时，因不在内存，故产生缺页中断，题目的意思是在本进程内进行页面置换。当采用 LRU 算法时，考虑 LRU 算法是将最近最久未使用的页面淘汰掉，从给定的条件看，数据页 3 被引用的时间为 1020，最久未使用，而且记录的时间为引用时间，所以该页还是最近未使用，故这页被选中淘汰，该页框被分配给数据堆页。解答如下：存在位表示是否在内存；修改位根据题意，只有数据页修改了，故为 1；引用位表示该页的使用情况，在没有特别说明的情况下，只要该页面被调入内存，对虚拟存储管理来说，该页就一定被引用。保护方式代码页只能读和运行，数据页可以读写，栈可以读写，外存块号和内存页框号由题目给出，填写如下。

1）填写页表见表 3-23。

表 3-23　填写页表

逻辑页号	存在位	修改位	引用位	保护方式	引用时间	外存块号	内存页框号
0	1	0	1	可读、可运行	1203	22	66
1	1	0	1	可读、可运行	1178	23	67
2	1	0	1	可读、可运行	1225	25	87
3	1	1	1	可读、可写	1020	26	31
4	0	—	—	可读、可写	—	—	—
5	1	0	1	可读、可写	1250	—	01

2）当内存堆申请内存时，产生缺页中断，采用 LRU 页面淘汰算法选中数据页，操作系统根据页表修改位发现该页已经被改写了，所以首先要将该页写回外存块中，修改该页表，然后将该页分配给数据堆页，重新修改数据堆页的页表，返回到缺页中断的那条指令，继续执行。修改的页表见表 3-24。

表 3-24　修改的页表

逻辑页号	存在位	修改位	引用位	保护方式	引用时间	外存块号	内存页框号
0	1	0	1	可读、可运行	1203	22	66
1	1	0	1	可读、可运行	1178	23	67
2	1	0	1	可读、可运行	1225	25	87
3	1→0	1→—	1→—	可读、可写	1020→—	26	31→—
4	0→1	—→0	—→1	可读、可写	—→1256	—	—→31
5	1	0	1	可读、可写	1250	—	01

逻辑 4、5 页只要从来没有被换出到交换区，就没有外存块号。

66.【解析】

1）进行地址变换时首先检索快表，如果在快表中找到所访问的页面号，便修改页表项中的访问位；对于写指令，还要将修改位置为 1；最后利用该页表项中给出的物理块号和页内位移形成要访问的物理地址。

若在快表中未找到该页的页表项，则到内存中的页表中查找（实际上是与快表同时进行），并通过找到的页表项中的状态来了解该页是否已经调入内存。若该页已调入内存，则将该页的页表写入快表；若快表已满，则选择一页置换。若该页尚未调入内存，则产生缺页中断并由系统将该页从外存调入。

2）5499=1024×5+379，查表 3-14 得知虚页号 5 对应的物理块号为 0，即物理地址为 379。

2221=1024×2+173，查表 3-14 得知虚页号 2 对应的物理块号为空，产生缺页中断，等待将该页调入后再确定物理地址。

67.【解析】

1）NRU 算法是从最近一个时期内未被访问过的页中任选一页淘汰。根据表 3-15 可知，只有第 0 页的 R 和 M 位均为 0，故第 0 页是最近一个时期内未被访问的页，所以 NRU 算法将淘汰第 0 页。

2）FIFO 算法淘汰最先进入内存的页。由表 3-15 可知，第 2 页最先进入内存（装入时间最小），故 FIFO 算法将淘汰第 2 页。

3）LRU 算法淘汰最近最久未用的页。根据表 3-15 所示，最近最久未使用的页（上次引用时间最小）是第 1 页，故 LRU 算法将淘汰第 1 页。

4）第二次机会算法是淘汰一个自上一次对它检查以来没有被访问过的页。根据表 3-15 可知，自上一次对它检查以来只有第 0 页未被访问过（R 和 M 均为 0），故第二次机会算法将淘汰第 0 页。

68.【解析】

1）物理地址为：14573。

2）地址变换过程为：段号 6 与段表首地址寄存器值 1000 相加得 1006，在段表 1006 项查得页表首址为 6000。这时页号 4 与页表首址 6000 相加得 6004，进而查页表项 6004 内容为 14，即块号 14，该块的始址为 14×1024（每块大小）=14336，加上位移量 237 即得物理地址为 14573。

69.【解析】发生页故障（缺页中断）的原因是当前访问的页不在主存中，需将该页调入主存。此时不管主存中是否已满（已满则先调出一页），都要发生一次页故障，即无论怎样安排，n 个不同页号在首次进入主存时必须要发生一次页故障，总共发生 n 次，这就是页故障的下限。虽然不同页号数为 n，小于或等于总长度 p（访问串可能会有一些页重复出现），但驻留集 m<n，所以可能会有某些页进入主存后又被调出主存，当再次访问时又发生一次页故障的现象，即有些页可能会出现多次页故障。极端情况是每访问一个页号，该页都不在主存中，这样共发生 p 次故障。所以，对于 FIFO 与 LRU 替换算法，页故障数的上限均为 p，下限均为 n。

例如，当 m=3，p=12，n=4 时，有如下访问串：

1 1 1 2 2 3 3 3 4 4 4 4

则页故障数为 4，这恰好是页故障数的下限 n 值。

又如，访问串为

1 2 3 4 1 2 3 4 1 2 3 4

则页故障数为 12，这恰好是页故障数的上限 p 值。

70.【解析】一页大小等于 32B，即其二进制长度为 5；由此得逻辑地址结构：低 5 位为页内位移，其余高位为页号。

101（八进制）=001000001（二进制），则页号为 2，在联想存储器中，对应的页帧号为 f3，即物理地址为 32×f3+1。

204（八进制）=010000100（二进制），则页号为 4，不在联想存储器中，查内存的页帧表得页帧号为 f5，并用其更新联想存储器中的一项，最终的物理地址为 32×f5+4。

576（八进制）=101111110（二进制），则页号为 11，已超出页表范围，即产生越界中断。

71.【解析】每次访问数据时，若不使用快表，则需两次访问内存，即先从内存的页表中读出页对应的块号，然后再根据形成的物理地址去存取数据；使用快表时，若能从快表中直接找到对应的页表项，则可立即形成物理地址去访问相应的数据，否则，仍然需要两次访问内存。

1）有效访问时间为 2×0.2μs=0.4μs。

2）有效访问时间为 0.9×0.2μs+(1−0.9)×2×0.2μs=0.22μs。

72.【解析】

1）该系统拥有逻辑空间 32 页，故逻辑地址中页号必须用 5 位来描述，而每页为 2KB，因此页内位移必须用 11 位来描述。这样，可得到逻辑地址格式如图 3-30 所示。

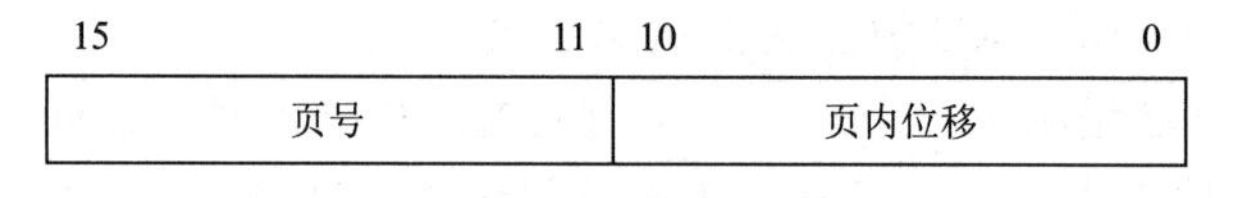

图 3-30　逻辑地址格式

2）每个进程最多有 32 个页面，因此进程的页表项最多有 32 项；若不考虑访问权限等，则页表项中需要给出页所对应的物理块号。1MB 的物理空间可分成 2^9 个内存块，故每个页表项至少有 9 位。

3）若物理空间减少一半，则页表中页表项数保持不变，但每项的长度减少 1 位。

73.【解析】因请求调页时，只要作业的部分页在内存，该作业就能执行，而在执行过程中发现所要访问的指令或数据不在内存时，则产生缺页中断，将所需页面调入内存。在请求调页系统中，一条指令可能跨了两个页面。而其中要访问的操作数可能与指令不在同一页面，且操作数本身也可能跨了两个页面。当要执行这类指令，而相应的页都不在内存时，就将产生多次缺页中断。

74.【解析】由题目的条件可知，该系统的逻辑地址有 15 位，其中高 5 位为页号，低 10 位为页内位移；物理地址有 14 位，其中高 4 位为块号，低 10 位为块内位移。另外，因题目中给出的逻辑地址是十六进制，故可先将其转换为二进制以便直接获得页号和页内位移，再完成地址转换。

1）逻辑地址 $(0A5C)_{16}$ 的二进制表示为 $(000\ 1010\ 0101\ 1100)_2$，其中页号为（00010），即 2，故页号合法；从页表中找到对应的内存块号为 4，即（0100）；与页内位移拼接形成物理地址（010010 0101 1100），即 $(125C)_{16}$。

2）逻辑地址 $(103C)_{16}$ 的页号为 4，页号合法，但该页未装入内存，产生缺页中断。

3）逻辑地址$(1A5C)_{16}$的页号为6，为非法页号，故产生越界中断。

75.【解析】

1）P2的页表见表3-25。

表3-25 P2的页表

逻辑页号	物理块号
0	3
1	4
2	6
3	8

2）操作数2100：[2100/1024]向下取整（由于逻辑页号是从0开始编号的，故向下取整）为2，逻辑页号为2，映射到物理块号为6；又2100%1024=52，即页内位移为52，对应块内位移也是52。因此逻辑地址2100映射到物理地址6×1024+52=6196。

操作数3100：[3100/1024]向下取整为3，映射到物理块号为8；又3100%1024=28，对应块内位移也是28。因此逻辑地址3100映射到物理地址8×1024+28=8220。

76.【解析】若用p表示缺页率，则有效访问时间不超过2μs可表示为

$$(1-p)\times 1\mu s+p\times(0.7\times 20ms+0.3\times 8ms+1\mu s)\leqslant 2\mu s$$

因此可计算出

$$p\leqslant 1/16400\approx 0.000\ 06$$

即可接受的最大缺页率为0.000 06。

77.【解析】在执行指令的过程中，若指令中包含有地址部分，则必须先进行逻辑地址到物理地址的转换。在地址转换过程中，还要进行越界检查和存取控制权限的检查，只有在地址不越界、访问方式合法、形成物理地址后，才能去完成指令规定的操作。

1）对于指令STORE R1，[0，70]，从段表的第0号项可以读出第0段的存在位为0，表示段未装入内存，因此地址变换机构将产生缺段中断，请求系统将其调入内存。

2）对于指令STORE R1，[1，20]，从段表的第1项可以看出，虽然指令中的逻辑地址合法，段也已经在内存，但本指令对内存的访问方式为写操作，与存取控制字段（只读）不符，故硬件将产生保护性中断信号。

3）对于指令LOAD R1，[3，20]，从段表的第3项可以读出第3段的存在位为1，内存始址为8000，段长为80，存取控制为R，因此逻辑地址合法，访问方式合法，形成物理地址8020后，指令将把该单元的内容读到寄存器R1中。

4）对于指令LOAD R1，[3，100]，从段表可以知道第3段在内存中，但指令的逻辑地址中段内位移100超过了段长80，产生了越界中断。

5）对于指令JMP [2，100]，从段表第2项可以读出第2段的存在位为1，内存始址为3000，段长为200，访问权限为E，因此逻辑地址与访问方式都合法，形成物理地址3100，指令执行后，将跳转到内存单元3100处继续执行。

78. 本题考查页式存储器管理的相关内容，包括页表项计算及缺页中断处理等。

1）因为每页大小为4KB，页内位移为12位（二进制位）或3位（十六进制位），逻辑地址2362H的页号为第一个十六进制位（也可转化为二进制，得0010 0011 0110 0010B，则对应的页号为前4个二进制位），即为2。通过查询表3-19得知，该页在内存，但初始TLB为空，因此2362H的访问时间为10ns（访问TLB）+100ns（访问页表）+100ns（访问内存单元）=210ns。

同理，逻辑地址1565H对应的页号为1，查询TLB未命中，之后查询页表发现该页不在内存，出现缺页中断。缺页中断处理后，返回到产生缺页中断的指令处重新执行，需要访问一次快表。所以，1565H的访问时间为10ns（访问TLB）+100ns（访问页表）+10^8ns（调页）+

10ns（访问 TLB）+100ns（访问内存单元）≈10^8ns。

逻辑地址 25A5H 对应的页号为 2，该页在内存，TLB 命中，所以 25A5H 的访问时间=10ns（访问 TLB）+100ns（访问内存单元）=110ns。

2）1565H 对应的物理地址是 101565H。在 1）中，当访问 1565H 产生缺页中断时，内存中已经有 2 页达到驻留集大小上限，应选出一页换出，由于在之前访问过 2362H 地址，2 号页面刚被访问，因此根据 LRU 算法，淘汰 0 号页面，即页框号为 101H 的页面，因此换入的 1 号页面的页框号为 101H，所以虚地址 1565H 的物理地址为页框号 101H 与页内位移 565H 的组合，即 101565H。

79.【解析】由页表长 4KB 可知，页面长为 2^{12}B，页内位移占 12 位。由每一项页表项占 4B 可知，每页可有页表项 2^{10} 个，最高层页表的页号占 10 位。由于最高层页表占 1 页，即该页最多存放页表项个数为 2^{10} 个。每项指向一页，每页又存放 2^{10} 个页表项，依次类推，最多可采用的分页策略层数为(64−12)/10=5.2，故应为 6。

80.【解析】让同一个页表的两个页表项指向同一个物理块，用户可以利用此特点共享该页的代码或数据。如果代码是可重入的，这种方法可节省大量的内存空间。实现内存“复制”操作时，不需要将页面的内存逐字节复制，只要在页表里将指向该页面的指针复制到代表目的地址的页表项即可。在这种系统中，如果通过一个页表项修改了一个页面的几个字节，那么通过共享该页面的其他页表项表示的地址，所访问的值也跟着变化。

81.【解析】若在页表中发现所要访问的页不在内存中，则产生缺页中断。操作系统接到此中断信号后，就调出缺页中断处理程序，根据页表中给出的外存地址，将该页调入内存，使作业继续运行下去。若内存中有空闲块，则分配一页，将新调入页装入内存，并修改页表中相应页表项驻留位及相应的内存块号。若此时内存中没有空闲块，则要淘汰某页。若该页在内存期间被修改过，则要将其回写至外存。

82.【解析】

1）访问〈0，4〉时，对应的页框号为 21。因为起始驻留集为空，而 0 页对应的页框为空闲链表中的第 3 个空闲页框，其对应的页框号为 21。

2）访问〈1，11〉时，对应的页框号为 32。因为 11>10，所以发生第三轮扫描，页号为 1 的页框在第二轮已经处于空闲页框链表中，此刻该页又被重新访问，因此应被重新放回到驻留集中，其页框号为 32。

3）访问〈2，14〉时，对应的页框号为 41。因为第 2 页从来没有被访问过，不在驻留集中，所以从空闲链表中取出链表头的页框，页框号为 41。

4）适合。程序的时间局部性越好，则从空闲页框链表中被重新取回的机会就越大，该策略的优势越明显。

83.【解析】

1）因为页内偏移量是 12 位，按字节编址，所以页大小为 2^{12}B=4KB，页表项数为 2^{32}/4K=2^{20}，又因页表项大小为 4B，因此一级页表最大为 2^{20}×4B=4MB。

2）页目录号可表示为(((unsigned int) (LA)) >> 22) & 0x3FF。

页表索引可表示为(((unsigned int) (LA)) >> 12) & 0x3FF。

“& 0x3FF”操作的作用是取后 10 位，页目录号可以不用，因为其右移 22 位后，前面已都为零。页目录号也可以写成((unsigned int) (LA)) >> 22；但页表索引不可，如果两个表达式没有对 LA 进行类型转换，也是可以的。

3）代码页面 1 的逻辑地址为 0000 8000H，写成二进制位

0000 0000 0000 0000 1000 0000 0000 0000

前 20 位为页号（对应十六进制的前 5 位，页框号也是如此），即表明其位于第 8 个页处，对应页表中的第 8 个页表项，所以第 8 个页表项的物理地址=页表起始地址+8×页表项的字节数=0020 0000H+8×4=0020 0020H。由此可得图 3-31 所示的答案。

即两个页表项的物理地址分别为 0020 0020H 和 0020 0024H。

这两个页表项中的页框号分别为 00900H 和 00901H。

代码页面 2 的起始物理地址为 0090 1000H。

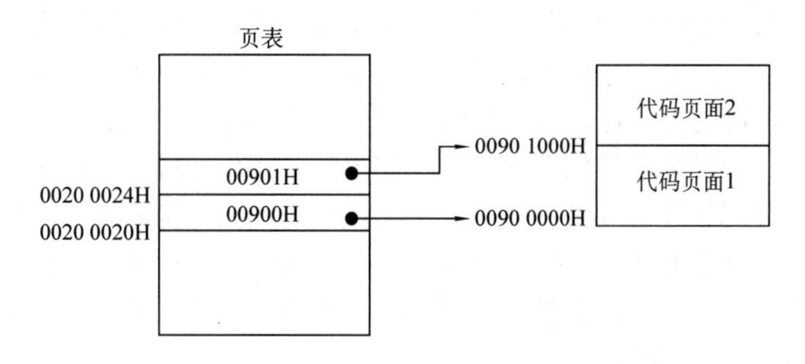

图 3-31 分页存储管理方式下的物理地址存放

84.【解析】

1）页和页框大小均为 4KB。进程的虚拟地址空间大小为 $2^{32}/2^{12}=2^{20}$ 页。

2）$(2^{10}\times4)/2^{12}$（页目录所占页数）+ $(2^{20}\times4)/2^{12}$（页表所占页数）=1025 页。

3）需要访问一个二级页表。因为虚拟地址 0100 0000H 和 0111 2048H 的最高 10 位的值都是 4，访问的是同一个二级页表。

【评分说明】用其他方法计算，思路和结果正确同样给分。

85.【解析】

1）函数 f1 的代码段中所有指令的虚拟地址的高 20 位相同，因此 f1 的机器指令代码在同一页中，仅占用 1 页（1 分）。

2）push ebp 指令的虚拟地址的最高 10 位（页目录号）为 00 0000 0001，中间 10 位（页表索引）为 00 0000 0001，所以取该指令时访问了页目录的第 1 个表项（1 分），在对应的页表中访问了第 1 个表项（1 分）。

3）在执行 scanf( )的过程中，进程 P 因等待输入而从执行态变为阻塞态（1 分）。输入结束后，P 被中断处理程序唤醒，变为就绪态（1 分）。P 被调度程序调度，变为运行态（1 分）。CPU 状态会从用户态变为内核态（1 分）。

考点分析与解题技巧

考点一 程序执行的完整过程（包括编译、链接、装入执行），静态装入与动态装入，物理地址与逻辑地址，交换与覆盖

这类考点主要考查对相关知识点的理解，如程序链接、装入的方法都有哪些，在何时进行逻辑地址与物理地址的转换，交换与覆盖技术的含义各是什么等。这部分知识点不建议考生死记硬背，而是应该进行理解性记忆。例如，程序编译、链接和装入运行是程序执行的完

整过程，考生在了解这个过程的基础上分析链接与装入的方式都有哪些，然后再思考哪一步进行逻辑地址与物理地址的转换；对于交换与覆盖，应该理解什么样的情况是交换，而什么样的情况是覆盖。

考点的考查形式以选择题为主，选项一般比较零散，可以涉及考点内的多个知识点，因而需要考生对概念有较好的理解，对选项进行逐个分析，然后将选项与知识点对号入座。

考点二　连续内存分配方式与 3 种非连续内存分配方式（分页、分段、段页式），内部碎片与外部碎片，段式与页式分配的区别

这类考点考查考生对各类分配方式的理解。连续内存分配方式一般不会涉及逻辑地址与物理地址的转换以及地址保护的相关知识点，考生仅需理解每种内存分配方式中不同策略是如何进行分配的即可。而非连续分配方式在理解如何分配的基础上，还应该明确地址转换中的逻辑地址与物理地址结构及地址结构之间的对应关系、地址保护以及页表（包括多级页表）、段表的理解和使用；对段页式存储管理方式，应该理解到先分段、段内再分页的程度，然后再分别按照段式和页式管理方式进行分析。关于内部碎片与外部碎片，考生在复习各类分配方式时，应该对每种分配方式会产生哪类碎片有所了解，这里做简单总结：单一连续分配、固定分区分配、分页式存储管理和段页式存储管理都会产生内部碎片，而动态分区分配、段式存储管理方式会产生外部碎片。

考点的考查形式以选择题、综合题为主，综合题也就是计算题。选择题多考查对这部分知识点概念的理解，如碎片分析、分配方式的异同等，考生按照上述提到的方法进行理解即可。而计算题经常结合页面大小、页表和段表在内存中的存储进行考查，其核心是分析、计算地址结构（逻辑地址与物理地址），包括地址中各字段的位数。以页式存储管理为例，逻辑地址高位字段是页号，假设页号字段有 a 位，则其可表示的页的数目就是 2^a 个（即页表中有 2^a 个页表项），如果已知页面大小 b 和页表项的大小 c，则每页可以存放的页表项数目就是 b/c，而一级页表占用的页面数目则可以用 $2^a/(b/c)$来求得；这里还可以结合逻辑地址的低位字段做页面大小的分析，如果页内偏移占 d 位，则 $b=2^d$，所以页表占用的一级页表数目又可以转化为 $2^a/(2^d/c)$；中间可能会产生一系列单位如 KB、B、位的相互转换，考生在作答时需要注意。

考点三　访存过程以及访存有效时间，快表与多级页表

这类考点其实是对上述考点的进一步理解与考查，考试形式以计算题和综合题为主。访存过程以及访存有效时间的计算，需要理解页表、段表都存放在内存中，访问页表和段表实质上是在访存这一关键要素，有几级页表就需要几次访存；而快表不需要访存，快表也叫相联存储器，是一种高速缓存，计算时可结合快表的命中率；最后再加上访问实际页面的一次访存时间进行计算即可。多级页表的计算，在考点二讲解的基础上，理解各级页表之间的关系，如两级页表，一级页表中每一页可有多个页表项，每个页表项都指向二级页表的一个页，二级页表的每一页也有多个页表项，每个页表项指向一个内存块，三级以上的页表以此类推。在计算多级页表占用多少页面时，需要考虑每一级页表各占用了多少页。

多级页表的地址转换不是常考内容，但考生应该对多级页表的地址结构有一定的理解，即将逻辑地址中高位页号字段再分成各级页表的页号字段，图 3-14 所示的外层页内地址实际上就是二级页表的页号。

考点四　虚拟内存与 3 种虚拟内存管理方式（请求分页、请求分段、请求段页式），每种方式的特点及其之间的区别

这类考点考查对这部分知识点的记忆，需要与考点五做区分。考生应该理解 3 种虚拟内存管理方式的原理、分配过程，记忆每种方式的特点及其之间的区别。

考查形式以选择题为主，由于理解这部分知识点并不困难，因此记住相关知识点即可拿到分数。

考点五 请求分页管理方式中的逻辑地址结构、页表结构、访存过程、访存有效时间

这类考点类似于考点二中的非连续内存分配方式的考查，注重对请求分页管理方式的理解，考生需要注意请求分页管理方式的逻辑地址结构与基本分页管理方式的不同，页表结构的不同等，建议两者结合进行比较和复习，注意请求分页管理方式逻辑地址中多出来的字段都有什么作用。

这类考点经常以综合题、计算题的形式考查，3.3.4 小节的内容详细介绍了请求分页管理方式的相关计算，这里就不做赘述了。但考生应该注意页框、页、块之间的等价关系，以及缺页中断处理后，仍然需要通过快表、页表进行访问的过程。

考点六 常见的几种页面置换算法

这类考点注重对页面置换算法的理解，考生需要理解每种页面置换算法的置换过程是什么。

考查形式以综合题为主，经常给出页面的装入时间、上次引用时间、读和写标志等信息，让考生分析各类页面置换算法需要置换的页面，比较容易出错的是 CLOCK 和改进型 CLOCK 算法，考生应该着重记忆这两种页面置换算法的置换过程、起始位置，以及如何对读、写标志进行更新。

第4章　文件管理

大纲要求

（一）文件系统基础

1．文件的概念

2．文件的逻辑结构

顺序文件、索引文件、索引顺序文件。

3．目录结构

文件控制块和索引结点、单级目录结构和二级目录结构、树形目录结构、图形目录结构。

4．文件共享

5．文件保护

访问类型、访问控制。

（二）文件系统及实现

1．文件系统的层次结构

2．目录的实现

3．文件的实现

（三）磁盘组织与管理

1．磁盘结构

2．磁盘调度算法

3．磁盘管理

（四）虚拟文件系统

核心考点

1．（★★）文件系统的层次结构，文件的不同分类。

2．（★★）文件的4种逻辑结构、文件的物理结构、文件控制块结构与4种目录结构。

3．（★★★）文件的实现，3种外存分配方式：连续分配、链接分配和索引分配；4种文件存储空间的管理方法：空闲文件表法、空闲块链表法、位示图法和成组链接法。

4．（★★★）磁盘的基本结构，数据查找的过程和相关事件的计算，4种重要的磁盘调度算法：先来先服务、最短寻道时间优先、扫描算法和循环扫描算法。

知识点讲解

4.1　文件系统基础

4.1.1　文件的基本概念

1．文件的概念

数据处理是计算机的主要功能之一，与数据处理相关的数据管理和数据保存是必不可少的，甚至是较为重要的环节。在计算机中，大量的数据和信息是通过文件存储和管理的。在用户进行的输入、输出中，以文件为基本单位。文件系统负责管理文件，并为用户提供对文件进行存取、共享及保护的方法。

文件是具有文件名的一组相关元素的集合，在文件系统中是一个最大的数据单位，它描述了一个对象集，每个文件都有一个文件名，用户通过文件名来访问文件。

在此对文件的组成结构进行自底向上的介绍。

- 数据项。数据项是文件系统中最低级的数据组织形式，可分为以下两种类型。

基本数据项：用于描述一个对象的某种属性的一个值，如姓名、日期或证件号等，是数据中可命名的最小逻辑数据单位，即原子数据。

组合数据项：由多个基本数据项组成。

- 记录。记录是一组相关的数据项的集合，用于描述一个对象在某方面的属性，如一个考生报名记录包括考生姓名、出生日期、报考学校代号、身份证号等一系列域。
- 文件。文件是指由创建者所定义的一组相关信息的集合，逻辑上可分为有结构文件和无结构文件两种。在有结构文件中，文件由一组相似记录组成，如报考某学校的所有考生的报考信息记录，又称记录式文件；而无结构文件则被看成是一个字符流，如一个二进制文件或字符文件，又称流式文件。

文件表示的范围很广，系统或用户可以将具有一定功能的程序或数据集合命名为一个文件。例如，一个命名的源程序、目标程序、一批数据以及系统程序都可以看作文件。在有的操作系统中，设备也被看作一种特殊的文件。这样，系统可以对设备和文件实施统一管理，既简化了系统设计，又方便了用户。

2．文件的属性

文件有一定的属性，根据系统的不同而有所不同，但通常都包括如下属性。

- **名称。**文件名唯一，以容易读取的形式保存。
- **标识符。**系统内文件的唯一标签，通常为数字，对用户来说是透明的。
- **文件类型。**被支持不同类型的文件系统所使用。
- **文件位置。**指向文件的指针。
- 文件的大小、建立时间、用户标识等。

3．文件的分类

为了便于管理和控制文件，通常将文件分为若干类型。文件的分类方法有很多，这里介绍常见的几种。

（1）按用途分类

按用途分类可以将文件分为如下3类。

- **系统文件。**由系统软件构成的文件。大多数系统文件只允许用户调用执行，而不允许用户去读或修改。
- **库文件。**由系统提供给用户使用的各种标准过程、函数和应用程序文件。这类文件允许用户调用执行，但同样不允许用户修改。
- **用户文件。**用户委托文件系统保存的文件，如源程序、目标程序、原始数据等。这类文件只能由文件所有者或所有者授权用户使用（就算是用户文件，也不可任意访问，这点切记，只有授权用户或文件所有者才可以访问）。

（2）按保护级别分类

按保护级别可以将文件分为以下 4 类。

- **只读文件**。只读文件允许所有者或授权用户对文件进行读操作，但不允许写（注意：仍然是授权用户或所有者才可以读，不是任意用户都可以读，下面的情况相同）。
- **读写文件**。该文件允许所有者或授权用户对文件进行读写，但禁止未核准用户读写。
- **执行文件**。该文件允许核准用户调用执行，但不允许对文件进行读写（要明确读、写、执行是不同的操作，不要误认为读和执行相同）。
- **不保护文件**。不保护文件是指不加任何访问限制的文件。

（3）按信息流向分类

按信息流向可以将文件分为以下 3 类。

- **输入文件**。如对于读卡机或键盘上的文件，只能进行读入，所以这类文件为输入文件。
- **输出文件**。如对于打印机上的文件，只能进行写出，因此这类文件为输出文件。
- **输入/输出文件**。如对于磁盘、磁带上的文件，既可以读又可以写，所以这类文件是输入/输出文件。

（4）按数据形式分类

- **源文件**。由源程序和数据构成的文件。通常，由终端或输入设备输入的源程序和数据所形成的文件都属于源文件。源文件一般由 ASCII 码或者汉字组成。
- **目标文件**。源文件经过编译以后，但尚未链接的目标代码形成的文件。目标文件属于二进制文件。
- **可执行文件**。编译后的目标代码经链接程序链接后形成的可以运行的文件。

4．文件的操作

（1）基本的文件操作

- **创建文件**。创建新文件时，系统先要为其分配必要的外存空间，并在目录中建立一个目录项。
- **删除文件**。删除文件时应先删除文件的目录项，使之成为空项，然后回收文件所占的存储空间。
- **读文件**。系统将文件名和文件内存目标地址给文件调用程序，同时查找目录，根据文件的外存地址设置一个读指针，当进行读操作时更新读指针。
- **写文件**。系统将文件名和文件内存地址传递给文件调用程序，同时查找目录，根据外存地址设置写指针，当进行写操作时更新写指针。
- **截断文件**。当文件内容不再需要或者需要全部更新时，可以将文件删除重新创建；或者保持文件所有属性不变，删除文件内容，即将其长度设为 0 并释放其空间。
- **设置文件的读/写位置**。通过设置文件的读/写位置，可以使每次对文件操作时不必从文件始端开始，而从某个特定位置开始。

（2）文件的打开和关闭操作

- **打开文件**。系统将文件的属性从外存复制到内存，并设定一个编号（或索引）返回给用户。以后当用户要对该文件进行操作时，只需利用编号（或索引号）向系统提出请求即可。这样避免了系统对文件的再次检索，既节约了检索开销，又提高了对文件的操作速度。

每个打开的文件都有如下关联信息：

① 文件指针。系统跟踪上次读写位置作为当前文件位置指针，这种指针对打开文件的某个进程来说是唯一的，因此，必须与磁盘文件属性分开保存。

② 文件打开计数。文件关闭时，操作系统必须重用其打开文件表（包含所有打开文件信息的表）条目，否则表内空间会不够用。因为多个进程可能打开同一个文件，所以系统在删除打开文件条目之前，必须等待最后一个进程关闭文件。该计数器跟踪打开和关闭的数量，当该计数为0时，系统关闭文件，删除该条目。

③ 文件磁盘位置。绝大多数文件操作都要求系统修改文件数据。该信息保存在内存中，以免为每个操作都从磁盘中读取。

④ 访问权限。每个进程打开文件都需要有一个访问模式（创建、只读、读写、添加等）。该信息保存在进程的打开文件表中，以便操作系统能允许或拒绝之后的I/O请求。

- **关闭文件。**系统将打开的文件的编号（或索引号）删除，并销毁其文件控制块。若文件被修改，则需要将修改保存到外存。

4.1.2 文件的逻辑结构和物理结构

文件的逻辑结构是指从用户观点来看所观察到的文件的组织形式，是用户可以直接处理的数据及其结构，因其独立于文件的物理特性，故又称为文件组织；而从计算机的角度出发，文件在外存上的存放组织形式称为文件的物理结构。

文件的逻辑结构与存储设备的特性无关，而物理结构与存储设备特性的关系很大。

从逻辑结构上看，文件可以分为两种形式：一种是有结构的记录式文件；另一种是无结构的流式文件。而记录式文件的逻辑结构通常有顺序、索引和索引顺序。

从物理结构上看，文件的组织形式有连续分配、链接分配和索引分配。

4.1.3 文件的逻辑结构

通常，有结构的文件由若干个记录组成，因此称为记录式文件。记录是一些相关数据项的集合，而数据项是数据组织中可以命名的最小逻辑单位，例如，每个职工情况记录由姓名、性别、出生年月、工资等数据项组成。一个单位的职工情况记录就组成了一个文件。总之，数据项组成记录，记录组成文件。记录式文件又可以分为等长记录文件和变长记录文件。等长记录文件中的所有记录的长度相等，变长记录文件中的各记录长度可以不相等。

无结构文件是由若干个字符组成，可以看作一个字符流，称为流式文件。可以将流式文件看作记录式文件的特例。在UNIX系统中，所有文件都被视为流式文件，系统不对文件进行格式处理。

文件存储设备通常划分为大小相等的物理块，物理块是分配及传输信息的基本单位。物理块的大小与设备有关，但与逻辑记录的大小无关，因此一个物理块中可以存放若干个逻辑记录，一个逻辑记录也可以存放在若干个物理块中。为了有效地利用外存设备和便于系统管理，一般也把文件信息划分为与物理存储块大小相等的逻辑块。

记录式文件（即有结构文件）的逻辑结构通常分为顺序、索引和索引顺序结构。

1. 顺序文件

顺序结构又称为连续结构，是一种最简单的文件结构，其将一个逻辑文件的信息连续存放。以顺序结构存放的文件称为顺序文件或连续文件。

按照记录是否定长，顺序文件分为定长记录顺序文件和变长记录顺序文件。

按照文件中的记录是否按照关键字排序，顺序文件又分为串结构和顺序结构：串结构中各记录之间的顺序与关键字无关，而顺序结构中所有记录按照关键字顺序排序。

顺序文件的主要优点是顺序存取时速度较快；若文件为定长记录文件，还可以根据文件起始地址及记录长度进行随机访问。但因为文件存储要求连续的存储空间，所以会产生碎片，同时也不利于文件的动态扩充。

2．索引文件

索引结构为一个逻辑文件的信息建立一个索引表。索引表中的表目存放文件记录的长度和所在逻辑文件的起始位置，因此逻辑文件中不再保存记录的长度信息。索引表本身是一个定长文件，每个逻辑块可以是变长的，索引表和逻辑文件两者构成了索引文件。

索引文件的优点是可以进行随机访问，也易于进行文件的增删。但索引表的使用增加了存储空间的开销，另外，索引表的查找策略对文件系统的效率影响很大。

3．索引顺序文件

索引顺序文件是顺序文件和索引文件两种形式的结合。索引顺序文件将顺序文件中的所有记录分为若干个组，为顺序文件建立一张索引表，并为每组中的第一个记录在索引表建立一个索引项，其中含有该记录的关键字和指向该记录的指针。

索引表包含关键字和指针两个数据项，索引表中索引项按照关键字顺序排列。索引顺序文件的逻辑文件（主文件）是一个顺序文件，每个分组内部的关键字不必有序排列，但是组与组之间的关键字是有序排列的。

索引顺序文件大大提高了顺序存取的速度，但是，仍然需要配置一个索引表，增加了存储开销。

4．直接文件和散列（Hash）文件

建立关键字和相应记录物理地址之间的对应关系，这样就可以直接通过关键字的值找到记录的物理地址，也就是说，关键字的值决定了记录的物理地址，这种结构的文件称为直接文件。这种映射结构不同于顺序文件或索引文件，没有顺序的特性。

散列文件是一种典型的直接文件。通过散列函数对关键字进行转换，转换结果直接决定记录的物理地址。

散列文件有很高的存取速度，但是会因不同关键字的散列函数值相同而引起冲突。

4.1.4 目录结构

1．文件目录

计算机系统中的文件种类繁多、数量庞大，为了有效管理这些文件，以方便用户查找所需文件，应对它们进行适当的组织。

文件的组织可以通过目录来实现。文件说明的集合称为文件目录。目录最基本的功能就是通过文件名存取文件。一般来说，目录应具有如下几个功能。

- **实现“按名存取”。**用户只需提供文件名，就可以对文件进行操作。这既是目录管理最基本的功能，也是文件系统向用户提供的最基本的服务。
- **提高检索速度。**这就需要在设计文件系统时合理地设计目录结构。对于大型文件系统来说，这是一个很重要的设计目标。
- **允许文件同名。**为了便于用户按照自己的习惯来命名和使用文件，文件系统应该允许对不同的文件使用相同的名称。这时，文件系统可以通过不同工作目录来对此加以区别。

- **允许文件共享。**在多用户系统中，应该允许多个用户共享一个文件，这样就可以节省文件的存储空间，也可以方便用户共享文件资源。当然，还需要采用相应的安全措施，以保证不同权限的用户只能取得相应的文件操作权限，防止越权行为。

通常，文件目录也作为一个文件来处理，称为目录文件。由于文件系统中一般有很多文件，文件目录也很大，因此文件目录并不放在主存中，而是放在外存中。

2．文件控制块和索引结点

（1）文件控制块

从文件管理的角度看，文件由文件控制块（File Control Block，FCB）和文件体两部分组成。文件体即文件本身，而文件控制块（又称为文件说明）则是保存文件属性信息的数据结构，它包含的具体内容因操作系统而异，但至少应包含以下信息。

- **文件名。**该信息用于标识一个文件的符号名。每个文件必须具有唯一的名字，这样用户可以按照文件名进行文件操作。
- **文件的结构。**该信息用于说明文件的逻辑结构是记录式文件还是流式文件，若为记录式文件还需进一步说明记录是否定长、记录长度及个数；说明文件的物理结构是顺序文件、索引顺序文件还是索引文件。
- **文件的物理位置。**该信息用于指示文件在外存上的存储位置，包括存放文件的设备名，文件在外存的存储地址以及文件长度等。文件物理地址的形式取决于物理结构，如对于连续文件应给出文件第一块的物理地址及所占块数，对于索引顺序文件只需给出第一块的物理地址，而索引文件则应给出索引表地址。
- **存取控制信息。**该信息用于指示文件的存取权限，包括文件拥有者（也称为文件主）的存储权限以及文件主同组用户的权限和其他一般用户的权限。
- **管理信息。**该信息包括文件建立的日期及时间、上次存取文件的日期和时间以及当前文件使用状态的信息。

（2）索引结点

在检索目录文件的过程中，只用到了文件名，仅当找到匹配目录项时，才需要从该目录项中读出该文件的物理地址。也就是说，在检索目录时，文件的其他描述信息是不会被用到的，因而也不需要调入内存。因此，有些系统采用了文件名与文件描述信息分开的方法，将文件描述信息单独形成一个索引结点，简称 i 结点。文件目录中的每个目录项仅由文件名和指向该文件 i 结点的指针构成。

一个文件控制块的大小为 64B，盘块大小是 1KB，则在每个盘块中可以存放 16 个文件控制块。而在采用索引结点的系统中一个目录项仅占 16B，其中 14B 是文件名，2B 是 i 结点指针。这样，在 1KB 的盘块中就可以存放 64 个目录项，可以使文件查找时平均启动磁盘的次数减少到原来的 1/4，大大节省了系统开销。

存放在磁盘上的索引结点称为磁盘索引结点。每个文件都有唯一的磁盘索引结点，其主要包括以下内容。

- **文件主标识符。**拥有该文件的个人或小组的标识符。
- **文件类型。**包括普通文件、目录文件或特别文件。
- **文件存取权限。**各类用户对该文件的存取权限。
- **文件物理地址。**每个索引结点以直接或间接方式给出数据文件所在盘块的编号。

- **文件长度**。以字节为单位的文件长度。
- **文件链接计数**。表明在本文件系统中所有指向该文件的文件名的指针数。
- **文件存取时间**。本文件最近被存取的时间、最近被修改的时间以及索引结点最近被修改的时间。

当文件被打开时，磁盘索引结点被复制到内存的索引结点中，以便使用。存放在内存中的索引结点称为内存索引结点，其增加了以下内容。

- **索引结点编号**。用于标识内存索引结点。
- **状态**。指示i结点是否上锁或被修改。
- **访问计数**。正在访问该文件的进程数。
- **逻辑设备号**。文件所属文件系统的逻辑设备号。
- **链接指针**。设置分别指向空闲链表和散列队列的指针。

3．单级目录结构

单级目录结构（或称为一级目录结构）是最简单的目录结构。在整个文件系统中，单级目录结构只建立一张目录表，每个文件占据其中的一个表目，如图4-1所示。

文件名	物理地址	文件说明	状态位
文件名1			
文件名2			

图4-1　单级目录结构

当建立一个新文件时，首先应确定该文件名在目录中是否唯一，若与已有的文件名没有冲突，则从目录表中找出一个空表目，将新文件的相关信息填入其中。在删除文件时，系统先从目录表中找到该文件的目录项，从中找到该文件的物理地址，对文件占用的存储空间进行回收，然后再清除它所占用的目录项。当对文件进行访问时，系统先根据文件名去查找目录表以确定该文件是否存在，若文件存在，则找出文件的物理地址，进而完成对文件的操作。

单级目录结构的优点是易于实现，管理简单，但是存在以下缺点。

- 不允许文件重名（这个很显然）。单级目录下的文件，不允许和另一个文件有相同的名字。但对于多用户系统来说，这又是很难避免的。即使是单用户环境，当文件数量很大时，也很难弄清到底有哪些文件，这就导致文件系统极难管理。
- 文件查找速度慢。对稍具规模的文件系统来说，由于其拥有大量的目录项，因此查找一个指定的目录项可能花费较长的时间。

4．二级目录结构

二级目录结构将文件目录分成主文件目录和用户文件目录。系统为每个用户建立一个单独的用户文件目录（User File Directory，UFD），其中的表项登记了该用户建立的所有文件及其说明信息。主文件目录（Master File Directory，MFD）则记录系统中各个用户文件目录的情况，每个用户占一个表目，表目中包括用户名及相应用户目录所在的存储位置等。这样就形成了二级目录结构，如图4-2所示。

当用户要访问一个文件时，系统先根据用户名在主文件目录中查找该用户的文件目录，然后根据文件名在其用户文件目录中找出相应的目录项，从中得到该文件的物理地址，进而完成对文件的访问。

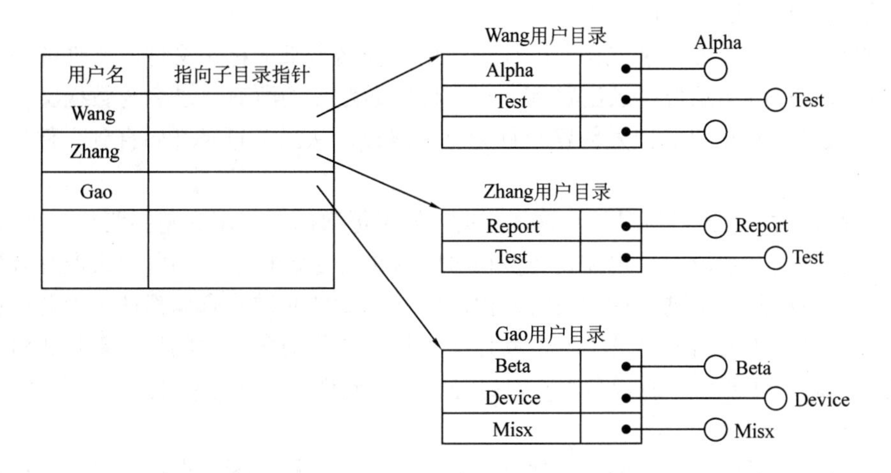

图 4-2 二级目录结构

当用户要建立一个文件时，若为新用户，即主文件目录表中无此用户的相应登记项，则系统为其在主目录中分配一个表目，并为其分配存放用户文件目录的存储空间，同时在用户文件目录中为新文件分配一个表目，然后在表目中填入有关信息。

文件删除时，只需在用户文件目录中删除该文件的目录项。若删除后该用户目录表为空，则表明该用户已脱离了系统，从而可以将主文件目录表中该用户的对应项删除。

二级目录结构可以解决文件重名问题，并可以获得较高的查找速度，但二级目录结构缺乏灵活性，特别是当用户需要在某些任务上进行合作和访问其他文件时会产生很多问题。

5. 树形目录结构

为了便于系统和用户更灵活、方便地组织管理和使用各类文件，将二级目录的层次关系加以推广，便形成了多级目录结构，又称为树形目录结构，如图 4-3 所示。

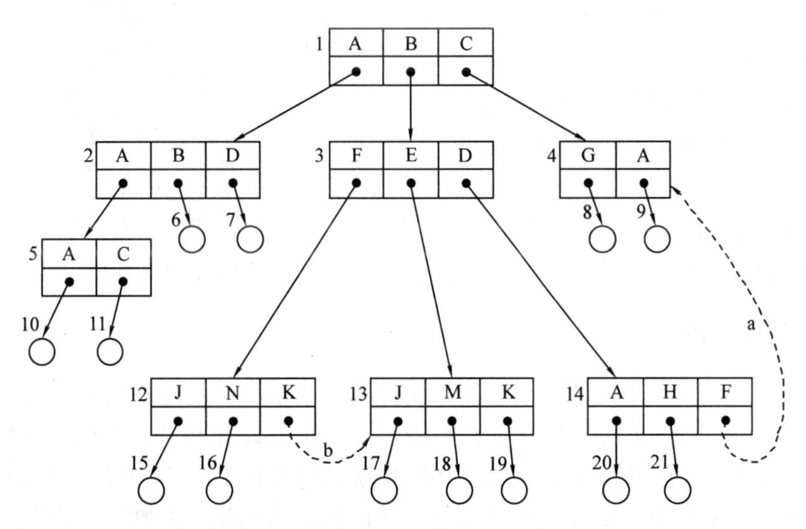

图 4-3 树形目录结构

在树形目录结构中，第一级目录称为根目录（树根），目录树中的非叶子结点均为目录文件（又称为子目录），叶子结点为文件。系统会为每个文件赋予唯一的标识符（内部标识符），

该标识符对用户是透明的。

树形目录结构中引入了以下概念。

- **路径名。**在树形目录结构中，往往使用路径名来唯一标识文件。文件的路径名是一个字符串，该字符串由从根目录出发到所找文件的通路上的所有目录名与数据文件名用分隔符“\”连接而成。从根目录出发的路径称为绝对路径，从当前目录开始直到文件为止的路径称为相对路径。
- **当前目录。**当树形目录的层次较多时，如果每次都要使用完整的路径名来查找文件，会使用户感到不便，系统本身也需要花费很多时间进行目录搜索。为此应采取有效措施来解决这一问题。考虑到一个进程在一段时间内所访问的文件通常具有局部性，因此可在这段时间内指定某个目录作为当前目录（或称为工作目录）。进程对各文件的访问都是相对于当前目录进行的，此时文件使用的路径名为相对路径。系统允许文件路径往上走，并用“..”表示给定目录（文件）的父目录。

树形目录结构可以很方便地对文件进行分类，层次结构清晰，也能够更有效地进行文件的管理和保护。但是在树形目录中查找一个文件，需要按照路径名逐级访问中间结点，增加了磁盘访问次数，进而影响了查询速度。

6. 图形目录结构

树形目录结构便于实现文件分类，但是不便于实现文件共享，为此，在树形目录结构的基础上增加了一些指向同一结点的有向边，使整个目录成为一个有向无环图。这就是图形目录结构，引入这种结构的目的是实现文件共享，如图 4-4 所示。

当某用户要求删除一个共享结点时，系统不能将其简单地删除，否则会导致其他用户访问时找不到结点。为此，可以为每个共享结点设置一个共享计数器，每当增加对该结点的共享链时，计数器加 1；每当有用户提出删除该结点时，计数器减 1。仅当共享计数器为 0 时，才能真正删除该结点，否则仅删除提出删除请求用户的共享链。

图形目录结构方便实现了文件的共享，但使系统的管理变得复杂。

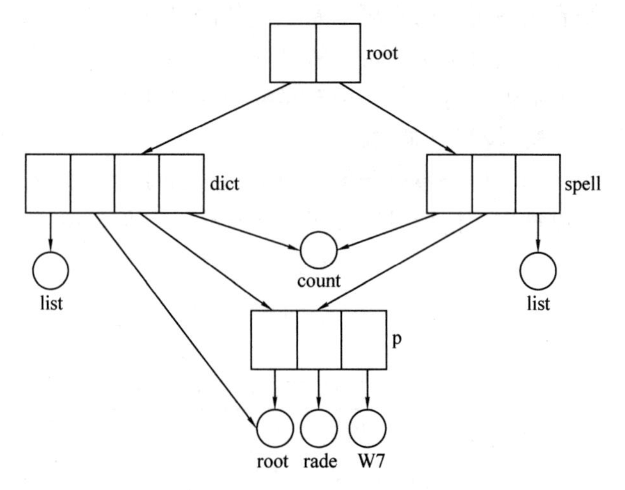

图 4-4　图形目录结构

4.1.5 文件共享

实现文件共享是文件系统的重要功能。文件共享是指不同的用户可以使用同一个文件。文件共享可以节省大量的外存空间和主存空间，减少输入/输出操作，为用户间的合作提供便利条件。文件共享并不意味着用户可以不加限制地随意使用文件，那样文件的安全性和保密性将无法保证。也就是说，文件共享应该是有条件的，是要加以控制的。因此，文件共享要解决两个问题：一是如何实现文件共享；二是对各类需要共享的用户进行存取控制。

1. 共享动机

一来多用户操作系统中不同的用户间需要共享一些文件来共同完成任务；二来网络上不

同的计算机之间需要进行通信，需要远程文件系统的共享功能的支持。

2．基于索引结点的共享方式（硬链接）

传统树形目录文件的共享是由不同用户通过将各自文件的FCB设置成相同的物理地址来实现的，即不同的目录项指向同样的几个物理块。而当其中一个目录项进行了添加物理块的操作（在文件中增加了新的内容）后，另一个目录项中却并没有增加，所以新增的物理块不能被两个目录项所共享。

那么索引结点如何实现文件共享呢？

先前已经介绍过了，索引结点是把FCB中的文件描述信息单独构成一个数据结构，也就是说，物理块的信息在索引结点中。此时，目录项中只有文件名和指向索引结点的指针，两个不同的目录项只需要指向相同的索引结点即可实现共享，即一个共享文件只有一个索引结点。如果不同文件名的目录项需要共享该文件，只需目录项中的指针都指向该索引结点即可，如图4-5所示。

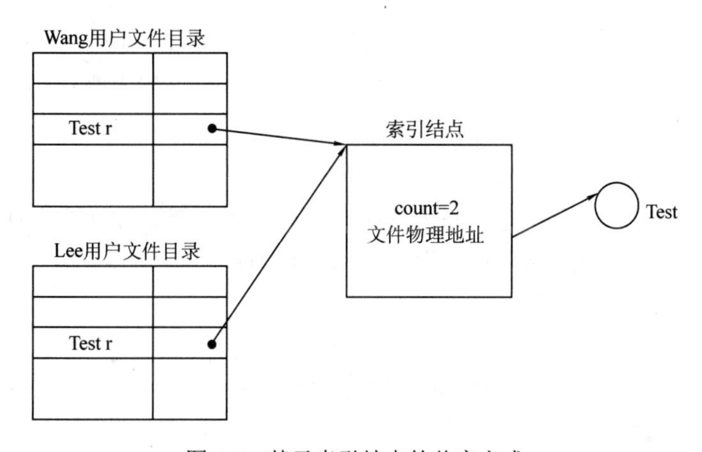

图4-5 基于索引结点的共享方式

在索引结点中再增加一个计数值来统计指向该索引结点的目录项的个数，这样一来就需要在删除该文件时先判断计数值，只有计数值为1时才删除该索引结点，若计数值大于1，则把计数值减1即可。

这种方法能够实现文件的异名共享，但当文件被多个用户共享时，文件拥有者不能删除文件。

3．利用符号链实现文件共享（软链接）

如图4-6所示，该方法是创建一个称为链接的新目录项。例如，为了使用户B能共享用户C的一个文件，可以由系统为用户B建立一个指向该文件的新目录项，并放在用户B的目录下，在新目录项中包含了被共享文件的路径名，可以是绝对路径或者相对路径。

当需要访问一个文件时，就搜索目录表，如果目录项标记为链接，那么就可以获取真正文件（或目录）的名称，再搜索目录。链接可以通过使用目录项格式（或通过特殊类型）而加以标记，其实际上是具有名称的间接指针。在遍历目录树时，系统忽略这些链接以维护系统的无环结构。

在利用符号链方式实现文件共享时，只有文件拥有者才拥有指向其索引结点的指针；而共享该文件的其他用户只有该文件的路径名，并不拥有指向其索引结点的指针。这样就不会发生在文件拥有者删除共享文件后留下悬空指针的情况。当文件拥有者把一个共享文件删除

后，其他用户试图通过符号链去访问一个已被删除的共享文件时，会因系统找不到该文件而使访问失败，于是再将符号链删除，此时不会产生任何影响。符号链方式有一个很大的优点，就是它能够用于链接（通过计算机网络）世界上任何地方的计算机中的文件，此时只需提供该文件所在机器的网络地址以及该机器中的文件路径即可。

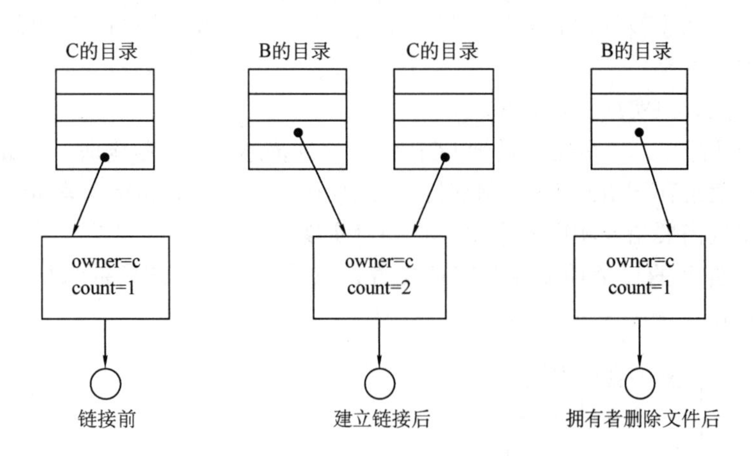

图 4-6　文件共享中的链接计数

这种方法解决了基于索引结点共享方法中文件拥有者不能删除共享文件的问题，但是当其他用户要访问共享文件时，需要逐层查找目录，开销较大。

4.1.6　文件保护

文件保护用来防止文件受到物理破坏和非法访问。

1．访问类型

对文件的保护可以从限制对文件的访问类型出发，可以加以控制的访问类型有读、写、执行、添加、删除、列表清单（列出文件名和文件属性）等。此外，还可以对文件的重命名、复制、编辑等加以控制。

2．访问控制

访问控制就是对不同的用户访问同一个文件采取不同的访问类型。根据用户的权限不同，可以把用户划分为拥有者、工作组用户、其他用户等。然后对不同的用户组采取不同的访问类型，以防文件被非法访问。

访问控制通常有 4 种方法：访问控制矩阵、访问控制表、用户权限表以及口令与密码。

访问控制矩阵、访问控制表和用户权限表这 3 种方法比较类似，它们都是采用某种数据结构记录每个用户或用户组对于每个文件的操作权限，在访问文件时通过检查这些数据结构来看用户是否具有相应的权限来对文件进行保护。

而口令与密码是另外一种访问控制方法。

口令指用户在建立一个文件时提供一个口令，系统为其建立 FCB 时附上相应口令，用户请求访问时必须提供相应口令。这种方法的开销较小，但是口令直接存储在系统内部，不够安全。

密码指用户对文件进行加密，文件被访问时需要使用密钥。这种方法的保密性强，节省存储空间，但编码和译码要花费一定时间。

4.2　文件系统及实现

4.2.1　文件系统的层次结构

文件系统是指操作系统中与文件管理有关的软件和数据的集合。从系统角度看，文件系统是对文件的存储空间进行组织和分配，负责文件的存储并对存入文件进行保护和检索的系统。具体来说，它负责为用户建立、撤销、读写、修改和复制文件。从用户角度看，文件系统主要实现了按名存取。也就是说，当用户要求系统保存一个已命名文件时，文件系统根据一定的格式将用户的文件存放到文件存储器中适当的地方；当用户要求使用文件时，系统能够根据用户所给的文件名从文件存储器中找到所要的文件。

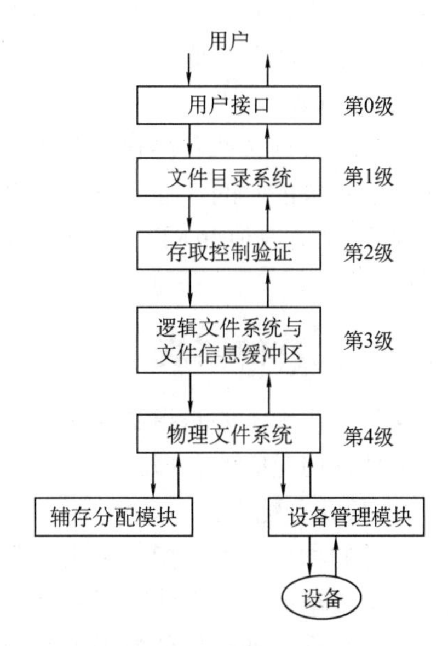

图 4-7　文件系统的层次结构

如图 4-7 所示，文件系统一种合理的层次结构可分为用户接口、文件目录系统、存取控制验证、逻辑文件系统与文件信息缓冲区和物理文件系统。

- **用户接口。**操作系统通常使用图形桌面作为一个接口，当然还有 Windows 下的黑黑的 cmd 以及 Linux、Mac 上好用的命令窗口，都是用户接口。这个用户是广义的概念，不仅仅指代程序员。比如查看文件 F 的内容，那么通过接口操作，向操作系统发出命令，这就是第一层，最抽象的也是最顶层的面对用户的接口，连接的是现实世界与虚拟世界。
- **文件目录系统。**操作系统得到命令后要做的事情是查找目录，得到文件 F 的索引信息，这个索引信息可以通过 FCB，也可以通过索引结点。前面讨论过抽出文件名得到的 i 结点，按名存取时找到 i 结点指针。一个文件有一个 FCB 或一个 i 结点（索引结点），这便是在第二层：文件目录系统做的事情。
- **存取控制验证。**找到 FCB 后，不是所有人都有资格见到 F 文件，还需要考察你的资质。好像你前面费了一番心思到了一个景区，想去看看，得验证你是不是有票，票即资格。FCB 上有你是不是可以访问此文件的权限信息，这便是存取控制验证。现在假定的任务是读，也即取，写入是存。存取这个名称也是可以再掰开体会的。
- **逻辑文件系统与文件信息缓冲区。**这个也很好理解。确定你可以进入后，开始真正地帮你找具体的物理地址。我们应该建立起这样一种概念：操作系统通常先是管逻辑地址，再去根据相应的策略得到物理地址。这个部分的功能是：获得相应文件的逻辑地址，而具体的物理地址需要在物理文件系统中获取。
- **物理文件系统。**这是底层的实现，分为两部分内容：辅存的分配管理和设备的管理。在 UNIX 下，设备也是文件。具体的以后再展开。

4.2.2　目录的实现

1．线性表

最为简单的目录实现方法是使用存储文件名和数据块指针的线性表（数组、链表等）。创

建新文件时，必须首先搜索目录表以确定没有同名的文件存在，接着在目录表后增加一个目录项。若要删除文件，根据给定的文件名搜索目录表，接着释放分配给它的空间。采用链表结构可以减少删除文件的时间，其优点在于实现简单，不过由于线性表需要采用顺序方法查找特定的项，故运行比较费时。

2．散列表

散列表根据文件名得到一个值，并返回一个指向线性表中元素的指针。这种方法大大缩短了查找目录的时间，插入和删除也比较简单，不过需要一些措施来避免冲突（两个不同名文件的散列函数值相同）。这种方法的特点是散列表长度固定以及散列函数对表长的依赖性。

4.2.3　文件的实现

文件的实现主要是指文件在存储器上的实现，即文件物理结构的实现，包括外存分配方式与文件存储空间的管理。

1．外存分配方式

文件的物理结构是指一个文件在外存上的存储组织形式，与外存分配方式有关。外存分配方式指的是如何为文件分配磁盘块。采用不同的分配方式将形成不同的文件物理结构。

一般来说，外存的分配采用两种方式：静态分配和动态分配。静态分配是在文件建立时一次性分配所需的全部空间；而动态分配则是根据动态增长的文件长度进行分配，甚至可以一次分配一个物理块。在分配区域大小上，也可以采用不同方法。可以为文件分配一个完整的区域以装下整个文件，这就是文件的连续分配。但文件存储空间的分配通常以块或簇（几个连续物理块称为簇，一般是固定大小）为单位。常用的外存分配方法有连续分配、链接分配和索引分配。

（1）连续分配

连续分配是最简单的磁盘空间分配策略，该方法要求为文件分配连续的磁盘区域，如图 4-8 所示。在这种分配算法中，用户必须在分配前说明待创建文件所需的存储空间大小，然后系统查找空闲区的管理表格，查看是否有足够大的空闲区供其使用。如果有，就给文件分配所需的存储空间；如果没有，该文件就不能建立，用户进程必须等待。

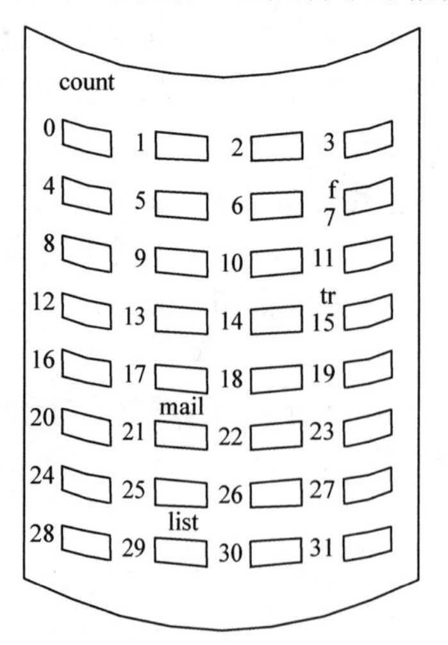

目录

file	start	length
count	0	2
tr	14	3
mail	19	6
list	28	4
f	6	2

图 4-8　连续分配

采用连续分配方式时，可把逻辑文件中的记录顺序地存储到相邻的物理盘块中，这样所形成的文件结构称为顺序文件结构，此时的物理文件称为顺序文件。这种分配方式保证了逻辑文件中的记录顺序与存储器中文件占用盘块的顺序一致。

连续分配的优点是查找速度比其他方法快（只需要起始块号和文件大小），目录中关于文件物理存储位置的信息也比较简单。其主要缺点是容易产生碎片，需要定期进行存储空间的紧缩。

很显然，这种分配方法不适合文件随时间动态增长和减少的情况，也不适合用户事先不知道文件大小的情况。

（2）链接分配

对于文件长度需要动态增减以及用户事先不知道文件大小的情况，往往采用链接分配。这种分配策略有以下两种实现方案。

- **隐式链接**。该实现方案用于链接物理块的指针隐式地放在每个物理块中，目录项中有指向索引顺序文件的第一块盘块和最后一块盘块的指针，此外每个盘块中都含有指向下一盘块的指针，如图 4-9 所示。若要访问某一个盘块，需要从第一个盘块开始一个个盘块都读出指针来，所以存在随机访问效率低的问题；由于其中任何一个盘块的指针错误都会导致后面的盘块的位置丢失，因此这种实现方案的可靠性较差。
- **显式链接**。该实现方案用于链接物理块的指针显式存放在内存的一张链接表中，每个磁盘设置一张链接表，如图 4-10 所示。这个表又称为文件分配表（File Allocation Table，FAT），MS-DOS、Windows 和 OS/2 等操作系统都用了 FAT。由于还是链接方式，因此在 FAT 中找一个记录的对应物理块地址时还是需要一个个找下去，不能随机查找。但是与隐式链接相比，该方案是在内存中而非在磁盘中查找，所以能节省不少时间。

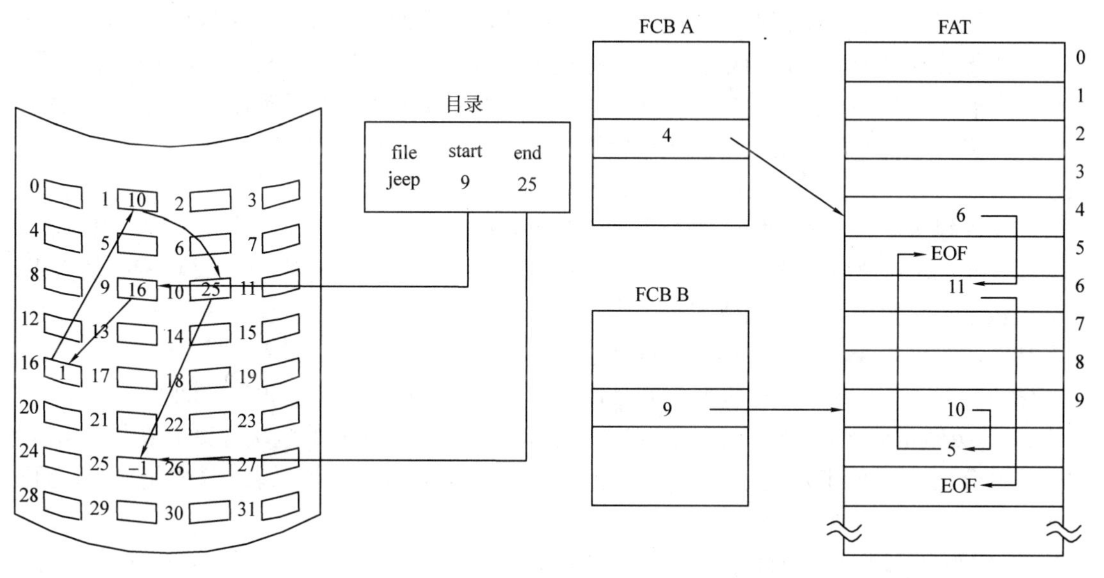

图 4-9　隐式链接　　　　图 4-10　显式链接

链接分配的优点是简单（只需起始位置），文件创建与增长容易实现。其缺点是不能随机访问盘块，链接指针会占用一些存储空间，而且存在可靠性问题。

（3）索引分配

链接分配方式虽然解决了连续分配方式中存在的问题，但又出现了新的问题。首先，当

要求随机访问文件中的一个记录时，需要按照链接指针依次进行查找，这样查找十分缓慢。其次，链接指针要占用一定数量的磁盘空间。为了解决这些问题，引入了索引分配方式。

在索引分配方式中，系统为每个文件分配一个索引块，索引块中存放索引表，索引表中的每个表项对应分配给该文件的一个物理块，如图 4-11 所示。

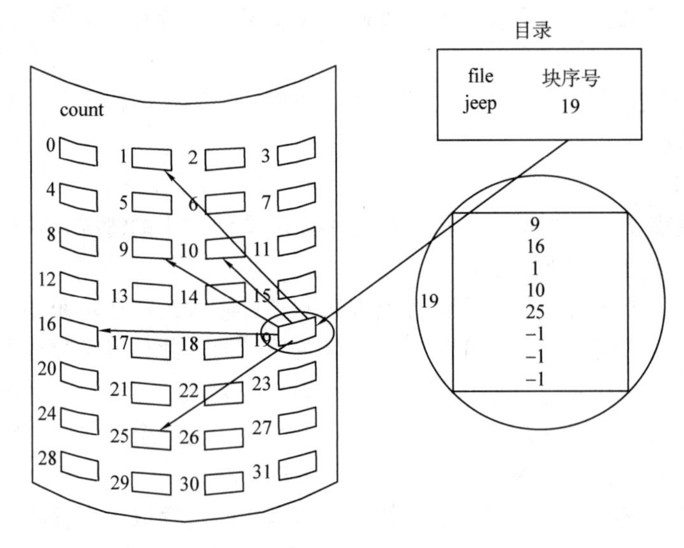

图 4-11　索引分配

索引分配方式不仅支持直接访问，而且不会产生外部碎片，文件长度受限制的问题也得到了解决。其缺点是由于索引块的分配，增加了系统存储空间的开销。对于索引分配方式，索引块的大小选择是一个很重要的问题。为了节约磁盘空间，希望索引块越小越好，但索引块太小则无法支持大文件，所以要采用一些技术来解决这个问题。另外，存取文件需要两次访问外存——首先读取索引块的内容，其次再访问具体的磁盘块，因而降低了文件的存取速度。

为了更有效地使用索引表，避免访问索引文件时两次访问外存，可以在访问文件时先将索引表调入内存中，这样，文件的存取就只需要访问一次外存了。

当文件很大时，文件的索引表会很大。如果索引表的大小超过了一个物理块，可以将索引表本身作为一个文件，再为其建立一个“索引表”，这个“索引表”作为文件索引的索引，从而构成了二级索引。第一级索引表的表目指向第二级索引，第二级索引表的表目指向文件信息所在的物理块号。依次类推，可逐级建立索引，进而构成多级索引。

索引分配支持直接访问，而且没有外部碎片，但是索引块本身会占用空间。

1）单级索引分配。单级索引分配方法就是将每个文件所对应的盘块号集中放在一起，为每个文件分配一个索引块（表），再把分配给该文件的所有盘块号都记录在该索引块中，因而该索引块就是一个包含多个盘块号的数组。

图 4-12 为 test 文件分配的盘块，依次是 9、16、1、10。建立一个索引块，其盘块号为 19，则在目录文件中该表项的块序号为 19，并在 19 号盘块中建立其分配盘块号的索引。图 4-12 中表示 test 文件分配的第 1 个盘块号为 9，第 2 个盘块号为 16，依次类推（-1 表示结束）。

2）二级索引分配。当文件较大，一个索引块放不下文件的块序列时，可以对索引块再建立索引，这样构成二级索引，如图 4-13 所示，test 文件的目录项的索引地址为主索引的块号，主索引中的各块号是第二级索引的块号，第二级索引中的块号才构成文件的块号序列。

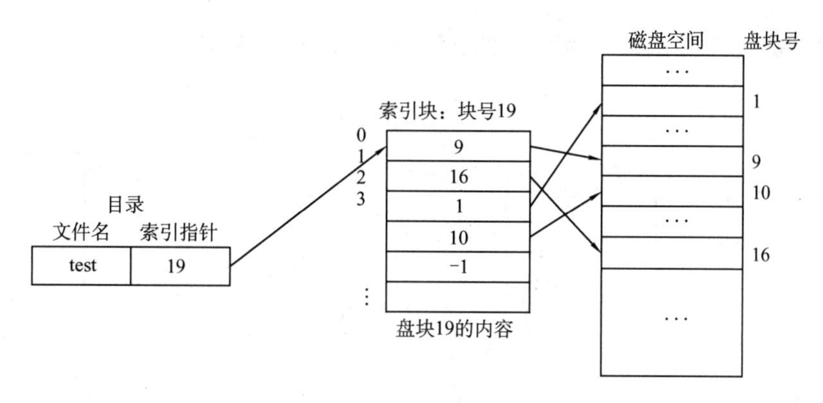

图 4-12 单级索引分配

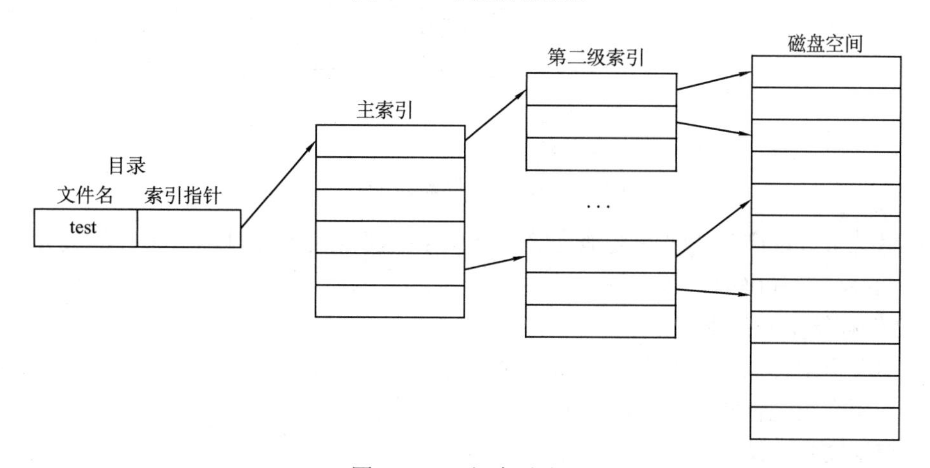

图 4-13 二级索引分配

若盘块的大小为 4KB，每个表项大小为 4B，采用单级索引时允许的最大文件长度为 N×4KB=4MB（其中 N=4KB/4B=1K）；而采用两级索引时所允许的最大文件长度为 N×N×4KB=4GB，可见采用多级索引时可以大大提高文件的最大长度。

这种思维可以推广到三级以及三级以上的索引分配，统称为多级索引分配。

3）混合索引分配。所谓混合索引分配，是指将多种索引分配方式相结合而形成的一种分配方式。例如，系统既采用了直接地址，又采用了单级索引分配方式或两级索引分配方式，甚至多级索引分配方式。

图 4-14 所示为一种混合索引分配方式，假设每个盘块大小为 4KB，描述盘块的盘块号需要 4B。

- 直接地址。为了提高文件的检索速度，在索引结点中可设置 10 个直接地址项。这里每项中存放的是该文件所在盘块的盘块号，当文件不大于 40KB 时，便可以直接从索引结点中读出该文件的全部盘块号（10×4KB=40KB）。
- 一次间接地址。对于较大的文件，索引结点提供了一次间接地址，其实质就是一级索引分配方式。在一次间接地址中可以存放 1K 个盘块号，因此允许文件长达 4MB（1K×4KB=4MB）。若既采用直接地址，又采用一次间接地址，允许文件长达 4MB+40KB。
- 二次间接地址。当文件很大时，系统应采用二级间接地址。该方式实质上是两级索引分配方式，此时系统是在二次间接地址块中记入所有一次间接地址块的盘号。在采用二级间接地址方式时，文件最大长度可达到 4GB（1K×1K×4KB=4GB）。如果同时采用直接地址、

一次间接地址和二次间接地址，允许文件长达 4GB+4MB+40KB。

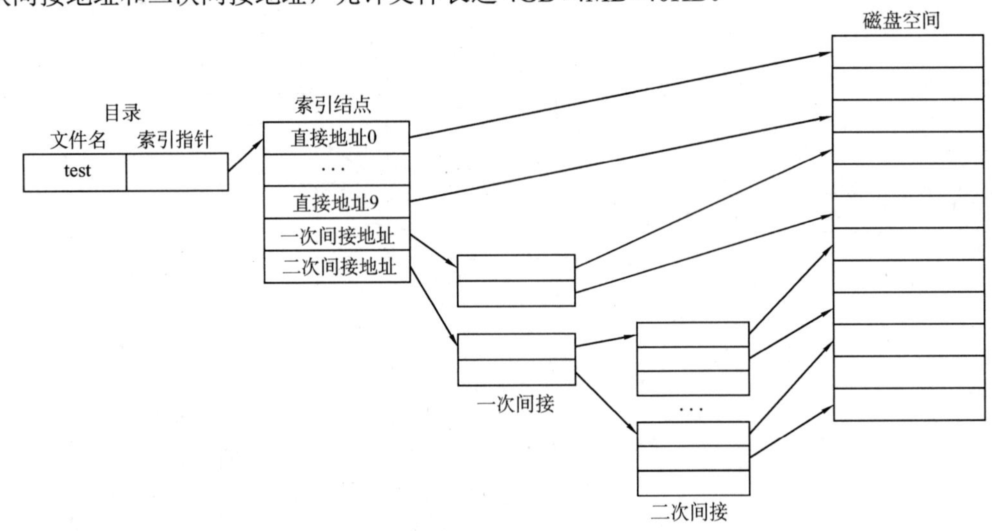

图 4-14 混合索引分配

这种思想可以推广到三级间接地址等。当采用三级间接地址时，所允许的最大文件长度为 4TB+4GB+4MB+40KB。

2. 文件存储空间的管理

为了实现空闲存储空间的管理，系统应该记录空闲存储空间的情况，以便实施存储空间的分配。下面介绍几种常用的空闲存储空间管理方法。

（1）空闲文件表法

文件存储设备上的一个连续空闲区可以看作一个空闲文件（又称为空白文件或自由文件）。空闲文件表方法为所有空闲文件单独建立一个目录，每个空闲文件在这个目录中占一个表目。表目的内容包括第一个空闲块号、物理块号和空闲块数目，见表 4-1。

表 4-1 空闲盘块表

序号	第一个空闲块号	空闲块数目	物理块号
1	5	3	（5，6，7）
2	13	5	（13，14，15，16，17）
3	20	6	（20，21，22，23，24，25，）
4	—	—	—

当某用户请求分配存储空间时，系统依次扫描空闲文件目录，直到找到一个满足要求的空闲文件为止。当用户撤销一个文件时，系统回收该文件所占用的空间。这时也需要顺序扫描空闲文件目录，寻找一个空表目，并将释放空间的第一个物理块号及它所占的块数填到这个表目中。

这种空闲文件目录方法类似于内存动态分区的管理。当请求的块数正好等于某个目录表目中的空闲块数时，就把这些块全部分配给该文件并把该表目标记为空。若该项中的块数多于请求的块数，则把多余的块号留在表中，并修改该表目中的各项。同样，在释放过程中，若被释放的物理块号与某一目录项中的物理块号相邻，则还要进行空闲文件的合并。

仅当文件存储空间中只有少量空闲文件时，这种方法才有较好的效果。若存储空间中有大量的小空闲文件，则空闲文件目录将变得很大，其效率将大为降低。这种管理方法仅适用于连续文件。

（2）空闲块链表法

空闲块链表法是将文件存储设备上的所有空闲块链接在一起，形成一条空闲块链，并设置一个头指针指向空闲块链的第一个物理块。当用户建立文件时，就按需要从链首依次取下几个空闲块分配给文件。当撤销文件时，回收其存储空间，并将回收的空闲块依次链入空闲块链表中。

也可以将链表中的空闲盘块改为空闲盘区（每个空闲盘区包含若干个连续的空闲盘块），这样的链称为空闲盘区链。其中，在每个盘区上除了含有用于指示下一个空闲盘区的指针外，还应含有能指明本盘区大小的信息。分配盘区的方法与内存的动态分区分配类似，通常采用首次适应算法。在回收盘区时，同样也要将回收区与相邻接的空闲盘区合并。

（3）位示图法

位示图法是为文件存储器建立一张位示图(尽管称其为图,其实就是一连串的二进制位)，以反映整个存储空间的分配情况，如图4-15所示。在位示图中，每一个二进制位都对应一个物理块，若某位为1，表示对应的物理块已分配；若为0，则表示对应的物理块空闲。

	1	2	3	4	5	6	7	8	9	10	11	12	13	14	15	16
1	1	1	0	0	0	1	1	1	0	0	1	0	0	1	1	0
2	0	0	0	1	1	1	1	1	1	0	0	0	0	1	1	1
3	1	1	1	0	0	0	1	1	1	1	1	1	0	0	0	0
4																
⋮																
16																

图4-15 位示图

当请求分配存储空间时，系统顺序扫描位示图并按需要从中找出一组值为0的二进制位，再经过简单的换算就可以得到相应的盘块号，然后将这些位变为1。当回收存储空间时，只需要将位示图的相应位清0即可。

位示图的大小由磁盘空间的大小（物理块总数）确定，因为位示图仅用一个二进制位代表一个物理块，所以它通常比较小，可以保存在主存中，这就使得存储空间的分配与回收较快。但这种方法在实现时，需要进行位示图中二进制所在位置与盘块号之间的转换。

（4）成组链接法（UNIX的文件存储空间管理方法）

成组链接法适用于大型文件系统。该方法将一个文件的所有空闲块按每组100块分成若干组，把每一组的盘块数目和该组的所有盘块号记入到前一组的第一个盘块中，第一组的盘块数目和第一组的所有盘块号记入到超级块中，如图4-16所示。这样每组的第一个盘块就链接成了一个链表，而组内的多个盘块形成了堆栈。每组的第一块是存放下一组的块号的堆栈，堆栈是临界资源，每次只能允许一个进程访问，所以系统设置了一把锁来对其互斥地访问。

1）分配空闲盘块的方法。当系统要为文件分配空闲盘块时，先查找第一组的盘块数，若不止一块，则将超级块中的空闲盘块数减 1，将栈顶的盘块分配出去。若第一组只剩下一块

（是放置下一组的盘块数和盘块号的那个块，不是空闲块）且栈顶的盘块号不是结束标记0（说明这一组不是最后一组），则先将该块的内容读到超级块中（下一组成了第一组，所以下一组的盘块数和盘块号需要放到超级块中），然后再将该块分配出去（该块中的信息不再有用，这一块成了空闲块）；若栈顶的盘块号是结束标记0，则表示磁盘已无空闲盘块，分配不成功。

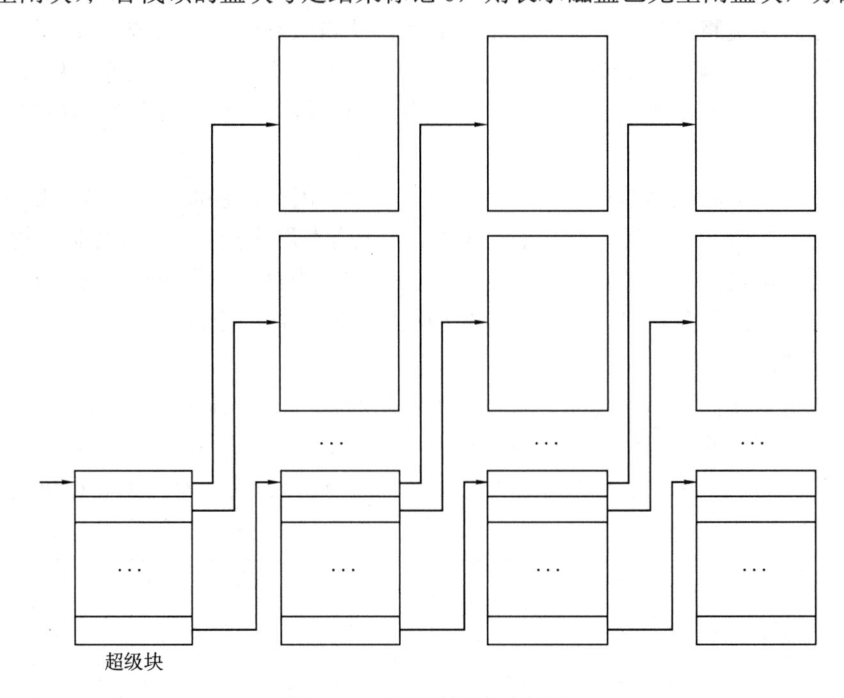

图4-16 成组链接法示意图

2）空闲盘块回收的方法。当系统回收空闲块时，若第一组不满100块，则只要在超级块的空闲盘块的栈顶放入该空闲盘块的块号，并将其中的空闲盘块数加1即可；若第一组已经有100块了，则先将第一组中的盘块数和盘块号写入到该空闲盘块中，然后将“盘块数=1及栈顶块号=该空闲盘块块号”写入到超级块中（该空闲盘块成了新的第一组，原本的第一组成了第二组）。

成组链接法占用的空间小，而且超级块不大，可以放在内存中，这样使得大多数分配和回收空闲盘块的工作在内存中进行，提高了效率。

4.3 磁盘组织与管理

4.3.1 磁盘结构

1．磁盘的物理结构

磁盘是典型的直接存取设备，这种设备允许文件系统直接存取磁盘上的任意物理块。磁盘机一般由若干磁盘片组成，可沿一个固定方向高速旋转。每个盘面对应一个磁头，磁臂可以沿着半径方向移动。磁盘上的一系列同心圆称为磁道，磁道沿径向又分成大小相等的多个扇区，盘片上与盘片中心有一定距离的所有磁道组成了一个柱面，如图4-17所示。因此，磁盘上的每个物理块都可以用柱面号、磁头号和扇区号来表示。

2．磁盘结构中的信息

磁盘结构中的常用信息如下。

- 引导控制块。通常为分区的第一块，若该分区没有操作系统，则为空。
- 分区控制块。其中包括分区的详细信息，如分区的块数、块的大小、空闲块的数目和指针等。
- 目录结构。采用目录文件组织。
- 文件控制块。其中包括文件的信息，如文件名、拥有者、文件大小和数据块位置等。

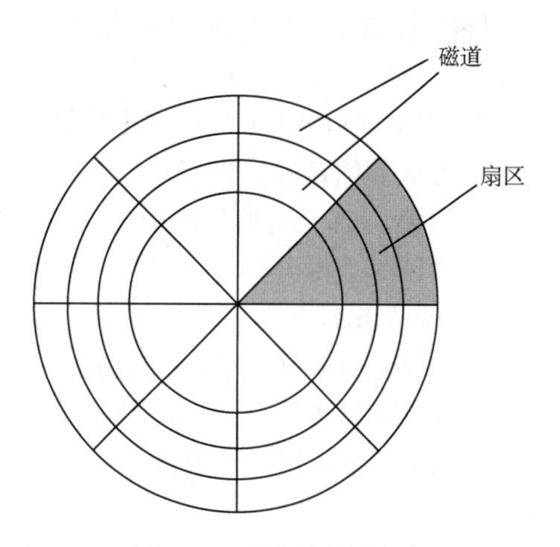

图 4-17　磁盘的数据布局

3．磁盘的访问时间 T_a

磁盘的访问时间 T_a 表示为

访问时间=寻道时间+旋转延迟+传输时间

（1）寻道时间 T_s

磁盘接收到读指令后，磁头从当前位置移动到目标磁道位置所需的时间为寻道时间 T_s。该时间是启动磁臂的时间 s 与磁头移动 n 条磁道所花费时间的总和，m 为每移动一个磁道所需时间，即

$$T_s=m\times n+s$$

式中，m 为常数，与磁盘驱动器的速度有关，通常题目会给出。

若题目没有给出磁臂的启动时间，则忽略不计（为了简化计算，总是被忽略）。

（2）旋转延迟 T_r

旋转磁盘、定位数据所在的扇区所需的时间为旋转延迟 T_r。设磁盘的旋转速度为 r，则

$$T_r=(1/r)/2=1/(2r)$$

这里 T_r 的物理意义就是磁盘旋转半周的时间，通常题目的问法是“每个磁道读取 1 个随机分布的扇区”，正因为这个“随机”，所以取旋转长度的平均期望值，也就是半周，所以平均旋转延迟就是磁盘旋转半周的时间。

（3）传输时间 T_t

从磁盘上读取数据的时间为传输时间 T_t。传输时间取决于每次读写的字节数 b 和磁盘的旋转速度，即

$$T_t=b/(rN)$$

式中，r 为转速；N 为一个磁道上的字节数。

4.3.2　调度算法

磁盘是可以被多个进程共享的设备。当有多个进程都请求访问磁盘时，应采用一种适当的调度算法，以使各进程对磁盘的平均访问时间（**主要是寻道时间**）最短。下面介绍几种磁盘调度算法。

1．先来先服务（FCFS）算法

FCFS 算法是一种最简单的磁盘调度算法。该算法按进程请求访问磁盘的先后次序进行调度。该算法的特点是合理、简单，但未对寻道进行优化。

2．最短寻道时间优先（SSTF）算法

SSTF 算法选择与当前磁头所在磁道距离最近的请求作为下一次服务的对象。该算法的

寻道性能比 FCFS 算法好，但不能保证平均寻道时间最短，并且可能会使某些进程的请求总被其他进程的请求抢占而长期得不到服务（这种现象称为“饥饿”）。

3．扫描（SCAN）算法或电梯调度算法

SCAN 算法在磁头当前移动方向上选择与当前磁头所在磁道距离最近的请求作为下一次服务的对象。由于这种算法中磁头移动的规律颇似电梯的运行，故也称为电梯调度算法。SCAN 算法具有较好的寻道性能，又避免了“饥饿”现象，但其对两端磁道请求比较不公平（通常两端请求都是最后得到服务）。

4．循环扫描（C-SCAN）算法

C-SCAN 算法是对 SCAN 算法的改良，它规定磁头单向移动，例如，自里向外移动，当磁头移到最外磁道时立即返回到最里磁道，如此循环进行扫描。该算法消除了对两端磁道请求的不公平。

下面举例说明这 4 种调度算法的调度过程以及效率。

例如，有一个磁盘请求序列，其磁道号顺序为：55、58、39、18、90、160、150、38、184。表 4-2 给出了上述 4 种算法的调度情况。

表 4-2　4 种磁盘调度算法的调度情况

调度算法	FCFS		SSTF		SCAN		C-SCAN	
假定当前磁头在 100 号磁道处，沿磁道号增加的方向移动								
调度过程	下一个	移动数	下一个	移动数	下一个	移动数	下一个	移动数
	55	45	90	10	150	50	150	50
	58	3	58	32	160	10	160	10
	39	19	55	3	184	24	184	24
	18	21	39	16	90	94	18	166
	90	72	38	1	58	32	38	20
	160	70	18	20	55	3	39	1
	150	10	150	132	39	16	55	16
	38	112	160	10	38	1	58	3
	184	146	184	24	18	20	90	32
平均寻道长度	55.3		27.6		27.8		35.8	

表 4-3 为对各种磁盘调度算法的总结。

表 4-3　磁盘调度算法总结

调度算法	为解决什么问题引入	优　点	缺　点
FCFS		简单、公平	未对寻道进行优化，所以平均寻道时间较长，仅适合磁盘请求较少的场合
SSTF	为了解决 FCFS 算法平均寻道时间长的问题	比 FCFS 算法减少了平均寻道时间，有更好的寻道性能	并非最优，而且会导致“饥饿”现象
SCAN	为了解决 SSTF 算法的“饥饿”现象	兼顾较好的寻道性能和防止“饥饿”现象，被广泛应用在大中小型机器和网络中	存在一个请求刚好被错过而需要等待很久的情形
C-SCAN	为了解决 SCAN 算法的一个请求可能等待时间过长的问题	兼顾较好的寻道性能和防止“饥饿”现象，同时解决了一个请求等待时间过长的问题	可能出现磁臂长期停留在某处不动的情况（磁臂黏着）

4.3.3 磁盘管理

1. 磁盘格式化

一个新的磁盘只是一个含有磁性记录材料的空白盘。在磁盘能存储数据前，它必须分成扇区以便磁盘控制器能进行读和写操作，这个过程称为低级格式化。低级格式化为磁盘的每个扇区采用独特的数据结构。每个扇区的数据结构通常由头部、数据区域（通常为512B）和尾部组成。头部和尾部包含了一些磁盘控制器所使用的信息。

为了使用磁盘存储文件，操作系统还需要将自己的数据结构记录在磁盘上。

1）将磁盘分为由一个或多个柱面组成的分区（就是常见的C盘、D盘等分区）。

2）对物理分区进行逻辑格式化（创建文件系统），操作系统将初始的文件系统数据结构存储到磁盘上，这些数据结构包括空闲和已经分配的空间以及一个初始为空的目录。

2. 引导块

计算机启动时需要运行一个初始化程序（自举程序），它初始化 CPU、寄存器、设备控制器和内存等，接着启动操作系统。为此，该自举程序应找到磁盘上的操作系统内核，装入内存，并转到初始地址，从而开始操作系统的运行。

自举程序通常保存在ROM中，为了避免改变自举代码需要改变ROM硬件的问题，只在ROM中保留很小的自举装入程序，而将功能完整的自举程序保存在磁盘的启动块上，启动块位于磁盘的固定位。拥有启动分区的磁盘称为启动磁盘或系统磁盘。

3. 坏扇区

由于硬件有移动部件且容错能力差，因此容易导致一个或多个扇区损坏。根据所使用的磁盘和控制器，对这些块有多种处理方式。

对于简单的磁盘，如电子集成驱动器（IDE），坏扇区可手工处理，如MS-DOS的Format命令执行逻辑格式化时会扫描磁盘检查坏扇区。坏扇区在FAT上会标明，因此程序不会使用。

对于复杂的磁盘，如小型计算机系统接口（SCSI），其控制器维护一个磁盘坏块链表。该链表在出厂前进行低级格式化时就初始化了，并在磁盘的整个使用过程中不断更新。低级格式化将一些块保留作为备用，对操作系统透明。控制器可以用备用块来逻辑地替代坏块，这种方案称为扇区备用。

4.3.4 固态硬盘

固态硬盘（Solid State Disk，SSD）内部通常包括控制器、缓存和闪存颗粒三部分，闪存颗粒通常会有多个。由于SSD读写时是基于电特性实现的，而不像机械磁盘那样需要通过机械装置寻道，因此SSD的访问速度非常快，特别是随机读写。

我们看到的芯片颗粒实际上是对闪存封装而成的，真正起作用的是内部的晶体芯片。在每个封装中可能有一个或者多个晶体芯片，这个芯片称为 Die。每个 Die 中会有若干个块（Block），每个块中又包含若干个页（Page）。**其中块是SSD进行数据擦除的最小单元，而页是SSD读写的最小单元。**

闪存有一个特点，即不能修改数据。若想修改数据，必须先擦除数据，然后重新写入。

由于SSD的上述特性，如果需要在原始位置修改某些数据，实际上是在SSD内部寻找一个新的页（Page）来存放该数据，然后将旧的页做上标记，表示这个页内的数据无效。如果SSD中已经没有新的空白页，则需要擦除部分块来空闲出对应的页，重新写入数据。这些

操作是内部完成的，在用户层面不会感知到。SSD 完成上述操作的原理是维护了一个映射表，这个映射表建立了逻辑地址与物理地址间的关系。

为了使闪存颗粒拥有更长的生命周期，应避免一些块被频繁的擦除而迅速成为坏块，而另一些块却极少被擦除。由于不均衡擦写会导致 SSD 整体生命周期的缩短，因此提出了**磨损平衡**策略来规避此问题。磨损平衡是为了让 SSD 所有块的擦除次数都趋向于平均。

磨损平衡算法通常有动态及静态两种，简单来说，动态磨损平衡每次都挑最年轻（擦除次数少，剩余寿命长）的闪存块来擦除并写入，老闪存块尽量不用；静态磨损平衡是把长期没有修改的老数据从年轻的闪存块里搬出来，重新找个最老的闪存块存放，这样年轻的闪存块就能再次被经常使用，即老的数据放在老的闪存块中。

4.4 虚拟文件系统

虚拟文件系统（Virtual File Systems，VFS）的作用是采用标准的系统调用读写位于不同物理介质上的不同文件系统，如图 4-18 所示。VFS 是一个 Linux 操作系统中的黏合层，它可以让打开文件 open( )、读文件 read( )、写文件 write( )等系统调用无须关心底层的物理存储介质和文件系统类型，之后就可以工作了。

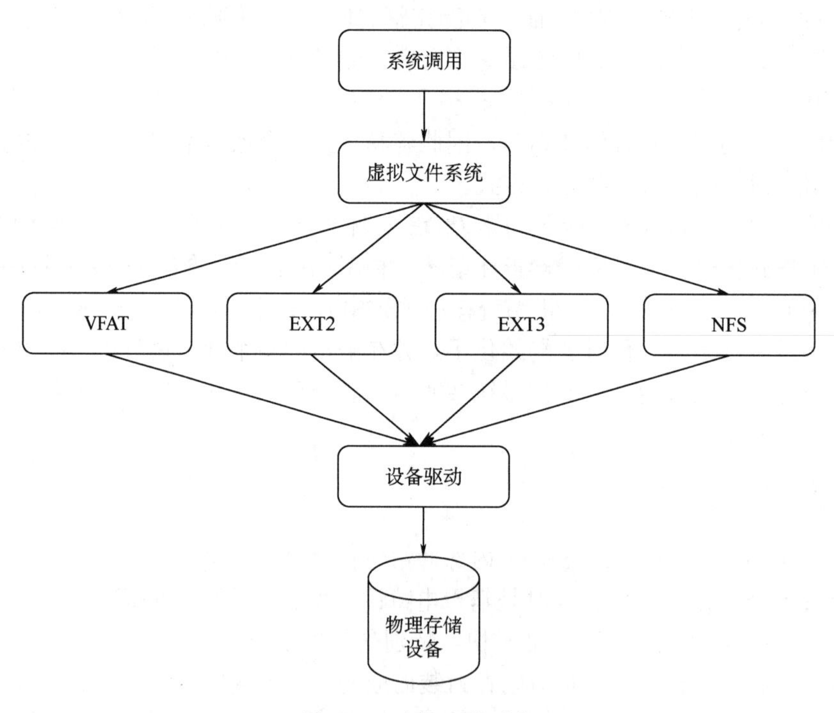

图 4-18　虚拟文件系统

在某些较为古老的操作系统中，要访问本地文件系统以外的文件系统需要使用特殊的工具才能进行。而在 Linux 操作系统中，通过 VFS 提供的通用访问接口，屏蔽了底层文件系统和物理存储介质的差异，每一种类型的文件系统代码都隐藏了其实现的细节。因此，对于 VFS 层和内核的其他部分而言，每一种类型的文件系统看起来都是一样的。

文件系统**挂载**（Mounting）是将额外的文件系统与根文件系统某个现存的目录建立关联

关系，进而使得该目录作为其他文件访问入口。一个操作系统能进行文件系统挂载的前提条件是这个操作系统需要有虚拟文件系统的支持，否则对于不同类型的文件系统无法使用一种统一的形式形成关联。

【例 4-1】 如果想要在一个物理硬盘上同时安装 Windows 与 Linux 操作系统，并且当使用 Linux 操作系统时可以访问 Windows 系统中的文件，下面给出的操作方式中，可行的是（　　）。

A．首先安装 Linux 系统，再在 Linux 系统中安装 Windows 虚拟机

B．首先安装一个虚拟文件系统，然后在其下的不同文件系统中安装两个操作系统，两个操作系统可以通过虚拟文件系统互相访问对方的文件

C．将磁盘划分为两个不同的逻辑分区，分别安装两个系统，再将 Windows 系统的分区挂载到 Linux 文件系统下

D．将磁盘划分为两个不同的逻辑分区，分别安装两个系统，再将 Linux 系统的分区挂载到 Windows 文件系统下

解析： C。对于 A 选项，目前确实有很多虚拟机软件支持将虚拟机系统里的文件与主机的文件进行传输，但是安装虚拟机并不是将操作系统“安装”至磁盘，只是让虚拟机去访问操作系统的镜像文件，并虚拟出对应系统的功能。B 选项的表述错误且非常具有迷惑性，虚拟文件系统是操作系统中某一层的功能，并不能单独安装，虚拟文件系统是为了使操作系统可以统一管理不同类型的文件系统，而不是为了将不同操作系统之间的文件系统进行统一管理。对于 C 与 D 选项，由于是需要在使用 Linux 操作系统时可以访问 Windows 系统中磁盘的文件，因此文件系统的根目录应该是 Linux 系统对应的根目录，所以需要将 Windows 系统的磁盘挂载到 Linux 的文件系统目录下。

习题与真题

1．驱动调度算法中，（　　）算法可能会随时改变移动臂的运动方向。

A．电梯调度　　　　B．最短寻道时间优先

C．扫描　　　　D．单向扫描

2．下列关于打开文件 open( )操作和关闭文件 close( )操作的叙述，只有（　　）是错误的。

A．close( )操作告诉系统，不再需要指定的文件了，可以丢弃它

B．open( )操作告诉系统，开始使用指定的文件

C．文件必须先打开，后使用

D．目录必须先打开，后使用

3．考虑一个文件存放在 100 个数据块中。文件控制块、索引块或索引信息都驻留内存。那么如果（　　），不需要做任何磁盘 I/O 操作。

A．采用连续分配策略，将最后一个数据块搬到文件头部

B．采用单级索引分配策略，将最后一个数据块插入文件头部

C．采用隐式链接分配策略，将最后一个数据块插入文件头部

D．采用隐式链接分配策略，将第一个数据块插入文件尾部

4．若 8 个字（字长 32 位）组成的位示图管理内存，假定用户归还一个块号为 100 的内

存块，它对应位示图的位置为（　　）。假定字号、位号、块号均从 1 开始算起，而不是从 0 开始。

A．字号为 3，位号为 5　　B．字号为 4，位号为 4
C．字号为 3，位号为 4　　D．字号为 4，位号为 5

5．操作系统为了管理文件，设计了文件控制块（FCB），文件控制块的建立是（　　）。

A．在调用 create()时　　B．在调用 open()时
C．在调用 read()时　　D．在调用 write()时

6．通常对文件系统来说，文件名及属性可以集中在（　　）中以便查询。

A．目录　　B．索引
C．字典　　D．作业控制块

7．设某文件为索引顺序文件，由 5 个逻辑记录组成，每个逻辑记录的大小与磁盘块的大小相等，均为 512B，并依次存放在 50、121、75、80、63 号磁盘块上。若要存取文件的第 1569 逻辑字节处的信息，则要访问（　　）号磁盘块。

A．3　　B．75　　C．80　　D．63

8．下面关于目录检索的论述中，正确的是（　　）。

A．由于散列法具有较快的检索速度，因此现代操作系统中都用它来替代传统的顺序检索方法

B．在利用顺序检索法时，对树形目录应采用文件的路径名，应从根目录开始逐级检索

C．在利用顺序检索法时，只要路径名的一个分量名未找到，便应停止查找

D．在顺序检索法的查找完成后，即可得到文件的物理地址

9．在现代操作系统中，文件系统都有效地解决了重名（即允许不同用户的文件可以具有相同的文件名）问题。系统是通过（　　）来实现这一功能的。

A．重名翻译结构　　B．建立索引表
C．树形目录结构　　D．建立指针

10．信息在外存空间的排列也会影响存取等待时间。逻辑记录 A，B，C，…，J 被存放于磁盘上，每个磁道存放 10 个记录，安排见表 4-4。

表 4-4　逻辑记录在磁盘上的存放

物理块	1	2	3	4	5	6	7	8	9	10
逻辑记录	A	B	C	D	E	F	G	H	I	J

假定要经常顺序处理这些记录，磁盘旋转速度为 20ms/r，处理程序读出每个记录后花 4ms 进行处理。

考虑对信息的分布进行优化，见表 4-5，信息分布优化后处理的时间缩短了（　　）ms。

A．60　　B．104
C．144　　D．204

表 4-5　信息的分布优化

物理块	1	2	3	4	5	6	7	8	9	10
逻辑记录	A	H	E	B	I	F	C	J	G	D

11．文件的顺序存取是（　　）。

A．按终端号依次存取　　B．按文件的逻辑号逐一存取

C．按物理块号依次存取　　D．按文件逻辑记录大小逐一存取

12．文件系统中，要求存储空间必须连续的文件结构是（　　）。

A．顺序文件　　B．链接文件

C．串联文件　　D．索引文件

13．无结构文件的含义是（　　）。

A．变长记录的文件　　B．索引文件

C．流式文件　　D．索引顺序文件

14．文件系统采用两级索引分配方式。若每个磁盘块的大小为1KB，每个盘块号占4B，则该系统中单个文件的最大长度是（　　）。

A．64MB　　B．128MB

C．32MB　　D．都不对

15．一个磁盘的转速为7200r/min，每个磁道有160个扇区，每个扇区为512B，那么理想情况下，其数据传输速率为（　　）。

A．7200×160KB/s　　B．7200KB/s

C．9600KB/s　　D．19200KB/s

16．下列算法中，用于磁盘调度的是（　　）。

A．时间片轮转法　　B．LRU算法

C．最短寻道时间优先算法　　D．高优先级算法

17．如果当前读写磁头正在53号柱面上执行操作，依次有4个等待访问的请求，柱面号依次为98、37、124、65，当采用（　　）算法时，下一次磁头才可能到达37号柱面。

A．先来先服务

B．最短寻道时间优先

C．电梯调度（初始磁头移动方向向着小磁道方向）

D．循环扫描（磁头移动方向向着大磁道方向）

18．已知某磁盘的平均转速为r s/r，平均寻道时间为Ts，每个磁道可以存储的字节数为N，现向该磁盘读写bB的数据，采用随机寻道的方法，每道的所有扇区组成一个簇，其平均访问时间是（　　）s。

A．(r+T)b/N　　B．b/NT

C．(b/N+T)r　　D．bT/N+r

19．下面关于文件的叙述中，错误的是（　　）。

Ⅰ．打开文件的主要操作是把指定文件复制到内存指定的区域

Ⅱ．对一个文件的访问，常由用户访问权限和用户优先级共同限制

Ⅲ．文件系统采用树形目录结构后，对于不同用户的文件，其文件名应该不同

Ⅳ．为防止系统故障造成系统内文件受损，常采用存取控制矩阵方法保护文件

A．仅Ⅱ　　B．仅Ⅰ、Ⅲ

C．仅Ⅰ、Ⅲ、Ⅳ　　D．Ⅰ、Ⅱ、Ⅲ、Ⅳ

20．文件系统采用多级目录结构的目的是（　　）。

A．减少系统开销　　B．节约存储空间

C. 解决命名冲突　　D. 缩短传送时间

21. 文件系统中设立打开（open）系统调用的主要目的是（　　）。

A. 把文件从辅存读到内存

B. 把文件的控制信息从辅存读到内存

C. 把文件的 FAT 表信息从辅存读到内存

D. 把磁盘文件系统的控制管理信息从辅存读到内存

22. 下列关于索引表的叙述，（　　）是正确的。

A. 索引表每个记录的索引项可以有多个

B. 对索引文件存取时，必须先查找索引表

C. 索引表中含有索引文件的数据及其物理地址

D. 建立索引表的目的之一是为减少存储空间

23.（　　）结构的文件最适合于随机存取的应用场合。

A. 流式　　B. 索引

C. 链接　　D. 顺序

24. 如果文件采用直接存取方法，且文件大小不固定，则应采用（　　）物理结构。

A. 直接　　B. 索引

C. 随机　　D. 顺序

25. 下列文件物理结构中，适合随机访问且易于文件扩展的是（　　）。

A. 连续结构　　B. 索引结构

C. 链式结构且磁盘块定长　　D. 链式结构且磁盘块变长

26.（2012 年统考真题）下列选项中，不能改善磁盘设备 I/O 性能的是（　　）。

A. 重排 I/O 请求次序　　B. 在一个磁盘上设置多个分区

C. 预读和滞后写　　D. 优化文件物理的分布

27.（2013 年统考真题）用户在删除某文件的过程中，操作系统不可能执行的操作是（　　）。

A. 删除此文件所在的目录

B. 删除与此文件关联的目录项

C. 删除与此文件对应的文件控制块

D. 释放与此文件关联的内存缓冲区

28.（2013 年统考真题）为支持 CD-ROM 中视频文件的快速随机播放，播放性能最好的文件数据块组织方式是（　　）。

A. 连续结构　　B. 链式结构

C. 直接索引结构　　D. 多级索引结钩

29.（2013 年统考真题）若某文件系统索引结点（Inode）中有直接地址项和间接地址项，则下列选项中，与单个文件长度无关的因素是（　　）。

A. 索引结点的总数　　B. 间接地址索引的级数

C. 地址项的个数　　D. 文件块大小

30. 文件系统实现按名存取，主要是通过（　　）来实现的。

A. 查找位示图　　B. 查找文件目录

C. 查找作业表　　D. 地址转换机构

31．在磁盘上容易导致存储碎片发生的物理文件结构是（　　）。

A．链接　　B．连续

C．索引　　D．索引和链接

32．在文件系统中，若文件的物理结构采用连续结构，则文件控制块（FCB）中有关文件的物理位置的信息包括（　　）。

Ⅰ．首块地址　　Ⅱ．文件长度　　Ⅲ．索引表地址

A．只有Ⅲ　　B．Ⅰ和Ⅱ

C．Ⅱ和Ⅲ　　D．Ⅰ和Ⅲ

33．采用直接存取法来读写磁盘上的物理记录时，效率最高的是（　　）。

A．连续结构的文件　　B．索引结构的文件

C．链接结构文件　　D．其他结构文件

34．下面关于文件系统的说法中，正确的是（　　）。

A．文件系统负责文件存储空间的管理，但不能实现文件名到物理地址的转换

B．在多级目录结构中，对文件的访问是通过路径名和用户目录名进行的

C．文件可以被划分成大小相等的若干物理块，且物理块大小也可以任意指定

D．逻辑记录是对文件进行存取操作的基本单位

35．某文件系统物理结构采用三级索引分配方法，如果每个磁盘块的大小为 1024B，每个盘块索引号占用 4B，请问在该文件系统中，最大文件的大小最接近的是（　　）。

A．8GB　　B．16GB

C．32GB　　D．2TB

36．（2014 年统考真题）现有一个容量为 10GB 的磁盘分区，磁盘空间以簇（Cluster）为单位进行分配，簇的大小为 4KB，若采用位图法管理该分区的空闲空间，即用一位（Bit）标识一个簇是否被分配，则存放该位图所需簇的个数为（　　）。

A．80　　B．320

C．80K　　D．320K

37．（2014 年统考真题）在一个文件被用户进程首次打开的过程中，操作系统需要做的是（　　）。

A．将文件内容读到内存中　　B．将文件控制块读到内存中

C．修改文件控制块中的读写权限　　D．将文件的数据缓冲区首指针返回给用户进程

38．（2015 年统考真题）在系统内存中设置磁盘缓冲区的主要目的是（　　）。

A．减少磁盘 I/O 次数　　B．减少平均寻道时间

C．提高磁盘数据可靠性　　D．实现设备无关性

39．（2015 年统考真题）在文件的索引结点中存放直接索引指针 10 个，一级和二级索引指针各 1 个。磁盘块大小为 1KB，每个索引指针占 4B。若某文件的索引结点已在内存中，则把该文件偏移量（按字节编址）为 1234 和 307400 处所在的磁盘块读入内存，需访问的磁盘块个数分别是（　　）。

A．1，2　　B．1，3

C．2，3　　D．2，4

40.（2015年统考真题）文件系统用位图法表示磁盘空间的分配情况，位图存于磁盘的32～127号块中，每个盘块占1024B，盘块和块内字节均从0开始编号。假设要释放的盘块号为409612，则位图中要修改的位所在的盘块号和块内字节序号分别是（　　）。

A．81、1　　B．81、2

C．82、1　　D．82、2

41.（2015年统考真题）某硬盘有200个磁道（最外侧磁道号为0），磁道访问请求序列为：130，42，180，15，199，当前磁头位于第58号磁道并从外侧向内侧移动。按照SCAN调度方法处理完上述请求后，磁头移过的磁道数是（　　）。

A．208　　B．287

C．325　　D．382

42.（2017年统考真题）某文件系统的簇和磁盘扇区大小分别为1KB和512B。若一个文件的大小为1026B，则系统分配给该文件的磁盘空间大小是（　　）。

A．1026B　　B．1536B

C．1538B　　D．2048B

43.（2017年统考真题）下列选项中，磁盘逻辑格式化程序所做的工作是（　　）。

Ⅰ．对磁盘进行分区　　Ⅱ．建立文件系统的根目录

Ⅲ．确定磁盘扇区校验码所占位数　　Ⅳ．对保存空闲磁盘块信息的数据结构进行初始化

A．仅Ⅱ　　B．仅Ⅱ、Ⅳ

C．仅Ⅲ、Ⅳ　　D．仅Ⅰ、Ⅱ、Ⅳ

44.（2017年统考真题）某文件系统中，针对每个文件，用户类别分为4类：安全管理员、文件主、文件主的伙伴、其他用户；访问权限分为5类：完全控制、执行、修改、读取、写入。若文件控制块中用二进制位串表示文件权限，为表示不同类别用户对一个文件的访问权限，则描述文件权限的位数至少应为（　　）。

A．5　　B．9　　C．12　　D．20

45.（2017年统考真题）若文件f1的硬链接为f2，两个进程分别打开f1和f2，获得对应的文件描述符为fd1和fd2，则下列叙述中，正确的是（　　）。

Ⅰ．f1和f2的读写指针位置保持相同

Ⅱ．f1和f2共享同一个内存索引结点

Ⅲ．fd1和fd2分别指向各自的用户打开文件表中的一项

A．仅Ⅲ　　B．仅Ⅱ、Ⅲ

C．仅Ⅰ、Ⅱ　　D．Ⅰ、Ⅱ和Ⅲ

46.（2015年中科院真题）磁盘高速缓存设在（　　）中。

A．内存　　B．磁盘控制器

C．Cache　　D．磁盘

47.（2015年中科院真题）位示图可用于（　　）。

A．实现文件的保护和保密　　B．文件目录的查找

C．磁盘空间的管理　　D．主存空间的共享

48.（2018年统考真题）系统总是访问磁盘的某个磁道而不响应对其他磁道的访问请求，这种现象称为磁臂黏着。下列磁盘调度算法中，不会导致磁臂黏着的是（　　）。

A．先来先服务（FCFS）　　B．最短寻道时间优先（SSTF）

C．扫描算法（SCAN）　　D．循环扫描算法（CSCAN）

49．（2018 年统考真题）下列优化方法中，可以提高文件访问速度的是（　　）。

Ⅰ．提前读　　Ⅱ．为文件分配连续的簇

Ⅲ．延迟写　　Ⅳ．采用磁盘高速缓存

A．仅Ⅰ、Ⅱ　　B．仅Ⅱ、Ⅲ　　C．仅Ⅰ、Ⅲ、Ⅳ　　D．Ⅰ、Ⅱ、Ⅲ、Ⅳ

50．（2019 年统考真题）下列选项中，可用于文件系统管理空闲磁盘块的数据结构是（　　）。

Ⅰ．位图　　Ⅱ．索引结点　　Ⅲ．空闲磁盘块链　　Ⅳ．文件分配表（FAT）

A．仅Ⅰ、Ⅱ　　B．仅Ⅰ、Ⅲ、Ⅳ

C．仅Ⅰ、Ⅲ　　D．仅Ⅱ、Ⅲ、Ⅳ

51．（2020 年统考真题）若多个进程共享同一个文件 F，则下列叙述中，正确的是（　　）。

A．各进程只能用“读”方式打开文件 F

B．在系统打开文件表中仅有一个表项包含 F 的属性

C．各进程的用户打开文件表中关于 F 的表项内容相同

D．进程关闭 F 时，系统删除 F 在系统打开文件表中的表项

52．（2020 年统考真题）下列选项中，支持文件长度可变、随机访问的磁盘存储空间分配方式是（　　）。

A．索引分配　　B．链接分配

C．连续分配　　D．动态分区分配

53．（2020 年统考真题）某文件系统的目录项由文件名和索引结点号构成。若每个目录项长度为 64B，其中 4B 存放索引结点号，60B 存放文件名，文件名由小写英文字母构成，则该文件系统能创建的文件数量的上限为（　　）。

A．2^{26}　　B．2^{32}　　C．2^{60}　　D．2^{64}

54．（2020 年统考真题）若目录 dir 下有文件 file 1，则为删除该文件内核不必完成的工作是（　　）。

A．删除 file 1 的快捷方式　　B．释放 file 1 的文件控制块

C．释放 file 1 占用的磁盘空间　　D．删除目录 dir 中与 file 1 对应的目录项

55．在实现文件系统时，为加快文件目录的检索速度，可利用文件控制块分解法。假设目录文件存放在磁盘上，每个盘块 512B。文件控制块占 64B，其中文件名占 8B。通常将文件控制块分解成两部分：第一部分占 10B（包括文件名和文件内部号），第二部分占 56B（包括文件内部号和文件其他描述信息）。

1）假设某一目录文件共有 254 个文件控制块，试分别给出采用分解法前和分解法后，查找该目录文件的某一个文件控制块的平均访问磁盘次数（假设访问每个文件控制块的概率相等，结果保留到小数后两位）。

2）一般地，若目录文件分解前占用 n 个盘块，则分解后改用 m 个盘块存放文件名和文件内部号部分。若要使访问磁盘次数减少，m、n 应满足什么条件（假设访问每个文件控制块的概率相等，且最后一个盘块刚好放满文件控制块）？

56．在 UNIX 操作系统中，给文件分配外存空间采用的是混合索引分配方式，如图 4-19 所示，UNIX 系统中的某个文件的索引结点指出了为该文件分配的外存的物理块的寻找方法。在该索引结点中，有 10 个直接块（每个直接块都直接指向一个数据块），有一个一级间接块，

一个二级间接块以及一个三级间接块，间接块指向的是一个索引块，每个索引块和数据块的大小均为4KB，而UNIX系统中地址所占空间为4B（指针大小为4B）。假设以下问题都建立在该索引结点已经在内存中的前提下。

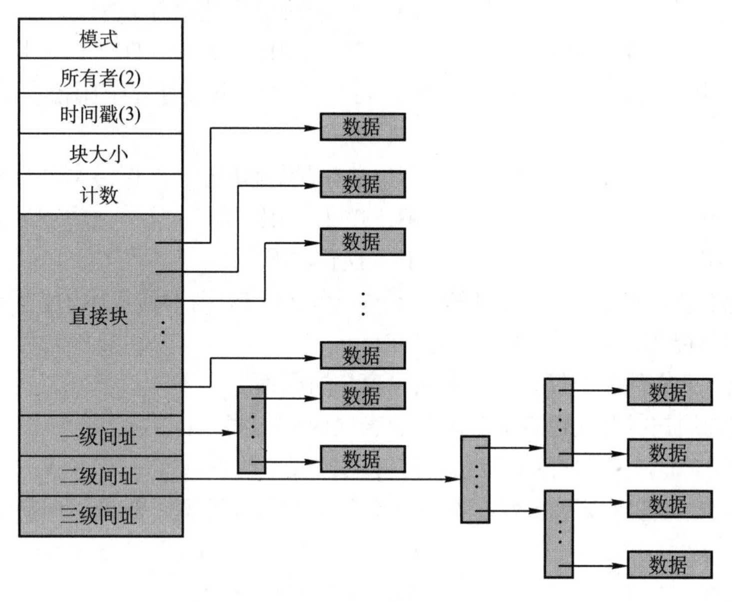

图4-19 混合索引分配

1）文件的大小为多大时可以只用到索引结点的直接块？

2）该索引结点能访问到的地址空间大小总共为多大？要求小数点后保留2位。

3）若要读取一个文件的第10000B的内容，需要访问磁盘多少次？

4）若要读取一个文件的第10MB的内容，需要访问磁盘多少次？

57. 一个树形结构的文件系统如图4-20所示，该图中的矩形表示目录，圆圈表示文件。

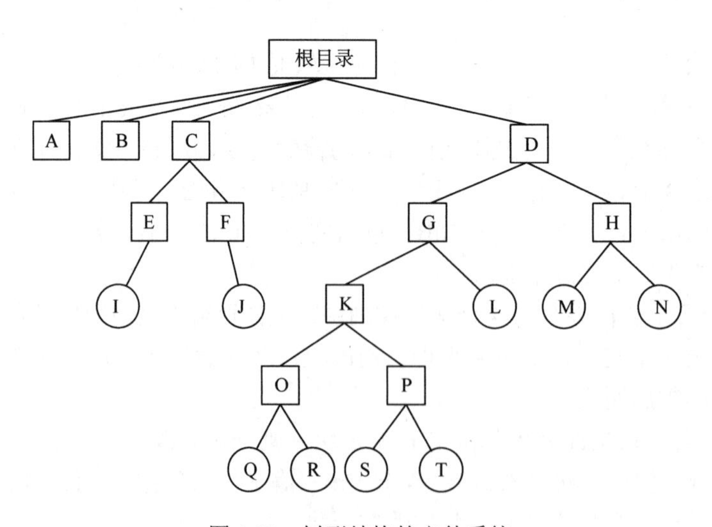

图4-20 树形结构的文件系统

1）可否进行下列操作：

① 在目录D中建立一个文件，取名为A。

② 将目录C改名为A。

2）若E和G分别为两个用户的目录：

① 用户E欲共享文件Q，应具备什么条件？如何操作？

② 在一段时间内，用户G主要使用文件S和T。为简便操作和提高速度，应如何处理？

③ 用户E欲对文件I加以保护，不允许别人使用，能否实现？如何实现？

58．学生甲有两个文件A、B，学生乙有3个文件A、C、D。其中甲文件的A和乙的文件A不是同一个文件，甲文件的B与乙文件的C是同一个文件，为了不引起混乱，请拟定一个目录组织方案，并画图说明。

59．现有3名学生S1、S2和S3上机实习，程序和数据都存放在同一磁盘上。若3人编写的程序分别为P1、P2和P3，要求这3个学生用自编的程序调用同一个数据文件A进行计算，问：

1）若文件A作为共享文件，系统应采用何种目录结构？画出示意图。

2）若学生S1、S2、S3都将自己的程序名起为P，则1）中的目录结构能否满足要求？

3）对于2)，系统是如何使每个学生获取其程序和数据的？

60．在磁盘上有一个文件系统，磁盘每块512字。假定每个文件在目录中占有一个目录项；该目录项给出了文件名、第一个索引块的地址、文件长度（块数）。在索引块中（包含第一个索引块）前面511个字指向文件块，即第i个索引项（i=0，1，…，510）指向文件的i块，索引块中最后一个字指向下一个索引块，最后一个索引块中最后一个字为nil。假定目录在存储器中，每个文件的逻辑块号均从0号开始标号，逻辑块长与物理块长相同，对于这样的索引物理结构，该系统应如何将逻辑块号变换成物理块号？

61．请分别解释在连续分配方式、隐式链接分配方式、显式链接分配方式和索引分配方式中如何将文件的字节偏移量3500转换为物理块号和块内位移量（设盘块大小为1KB，盘块号需要占4B）。

62．存放在某个磁盘上的文件系统采用混合索引分配方式，其FCB中共有13个地址项，第0～9个地址项为直接地址，第10个地址项为一次间接地址，第11个地址项为二次间接地址，第12个地址项为三次间接地址。假设每个盘块的大小为512B，若盘块号需要占3B，而每个盘块最多存放170个盘块地址，则：

1）该文件系统允许文件的最大长度是多少？

2）将文件的第5000B、15000B、150000B转换成物理块号和块内位移。

3）假设某个文件的FCB已在内存，但其他信息均在外存，为了访问该文件中某个位置的内容，最少需要几次访问磁盘？最多需要几次访问磁盘？

63．删除文件时，存放文件的盘块常常返回到空闲盘块链，有些系统会同时清除盘块中的内容，而另一些系统则不清除，请对这两种方式从性能、安全性、方便性三个角度进行比较。

64．有如图4-21所示的文件目录结构。

1）可否进行下列操作，为什么？

① 在目录D中建立一个文件，取名为A。

② 将目录C改名为A。

2）若E和G是两个用户各自的目录，问：

① 使用目录E的用户要共享文件M，如何实现？

② 在一段时间内，使用目录G的用户主要使用文件S和T，应如何处理？其目的是什么？

3）使用目录E的用户对文件I加以保护，不允许别人使用，如何实现？

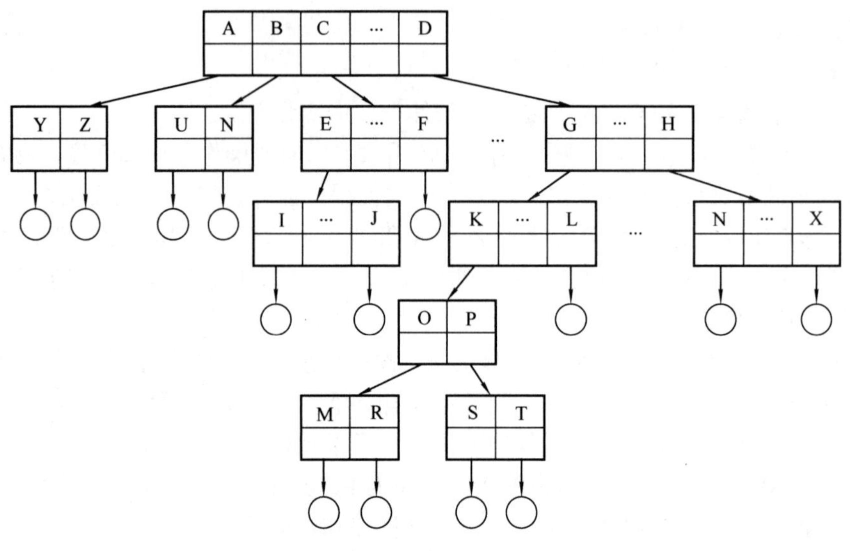

图 4-21 文件目录结构

65．假设磁盘的每个磁道分为 9 个块，现有一文件有 A，B，…，I 共 9 个记录，每个记录的大小与块的大小相等，设磁盘转速为 27ms/r，每读出一块后需要 2ms 的处理时间，若忽略其他辅助时间，试问：

1）如果这些记录被顺序存放于一个磁道上，文件处理程序顺序读取且顺序处理记录，处理文件要多长时间？

2）文件处理程序顺序读取且顺序处理记录，记录如何存放可使文件的处理时间最短？

66．有一个文件系统如图 4-22 所示，图中的矩形表示目录，圆圈表示普通文件。根目录常驻内存，目录文件组织成索引顺序文件，不设文件控制块，普通文件组织成索引文件。目录表指示下一级文件名及其磁盘地址（各占 2B，共 4B）。若下级文件是目录文件，指示其第一个磁盘块地址。若下级文件是普通文件，指示其文件控制块的磁盘地址。每个目录文件磁盘块最后 4B 供指针使用。下级文件在上级目录文件中的次序在图中为从左至右。每个磁盘块有 512B，与普通文件的一页等长。

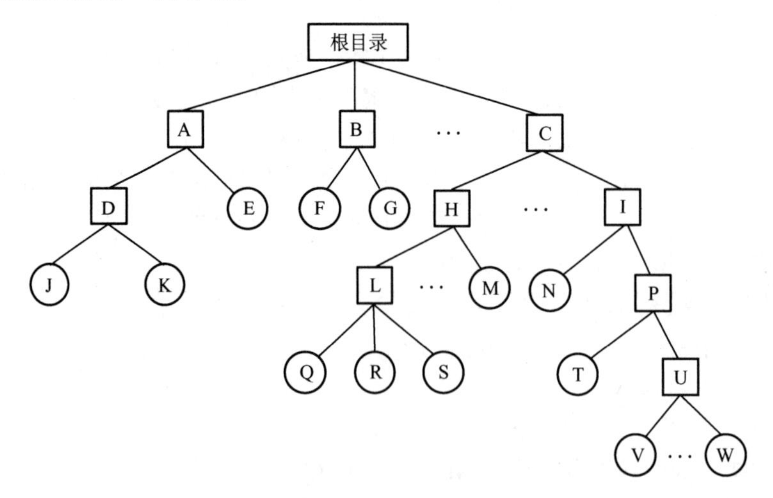

图 4-22 文件系统

普通文件的索引结点结构见表4-6，其中每个磁盘地址占2B，前10个地址直接指示该文件前10页的地址。第11个地址指示一级索引表地址，一级索引表中每个磁盘地址指示一个文件页地址；第12个地址指示二级索引表地址，二级索引表中每个地址指示一个一级索引表地址；第13个地址指示三级索引表地址，三级索引表中每个地址指示一个二级索引表地址。试问：

表4-6 普通文件的索引结点结构

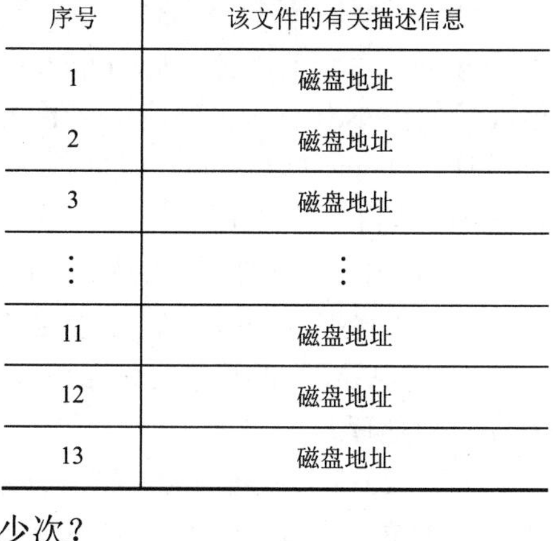

序号	该文件的有关描述信息
1	磁盘地址
2	磁盘地址
3	磁盘地址
⋮	⋮
11	磁盘地址
12	磁盘地址
13	磁盘地址

1）一个普通文件最多可有多少个文件页？

2）若要读取文件J中的某一页，最多启动磁盘多少次？

3）若要读取文件W中的某一页，最少启动磁盘多少次？

4）就3）而言，为了最大限度减少启动磁盘的次数，可采用什么方法？此时，磁盘最多启动多少次？

67. 针对文件的目录结构回答以下问题：

1）若一个共享文件可以被用户随意删除或修改，会有什么问题？

2）若允许用户随意地读写和修改目录项，会有什么问题？

3）如何解决上述问题？

68. 当前磁盘读写位于柱面号20，此时有多个磁盘请求以下列柱面号顺序送到磁盘驱动器：10、22、2、40、6、38。在寻道时，移动一个柱面需要6ms，按照先来先服务算法和电梯算法（方向从0到40）计算所需的总寻道时间。

69. 有一个文件系统，根目录常驻内存如图4-23所示。文件目录采用链接结构，每个目录下最多存放80个文件或目录（称为下级文件）。每个磁盘块最多可存放10个文件目录项：若下级文件是目录文件，则上级目录项指向该目录文件的第一块地址。假设目录结构中文件或子文件按自左向右的次序排列，“…”表示尚有其他的文件或子目录。

1）普通文件采用UNIX三级索引结构，即文件控制块中给出13个磁盘地址，前10个磁盘地址指出文件前10个块的物理地址，第11个磁盘地址指向一级索引表，一级索引表给出256个磁盘地址，即指出该文件第11块至第266块的物理地址；第12个磁盘地址指向256个一级索引表的地址；第13个磁盘地址指向三级索引表，三级索引表指出256个二级索引表的地址，主索引表存放在目录项中。若要读入/A/D/G/I/K的第7456块，至少启动硬盘多少次，最多几次？

2）若普通文件采用链接结构，要读取/A/D/G/I/K的第175块，最少启动硬盘多少次，最多几次？

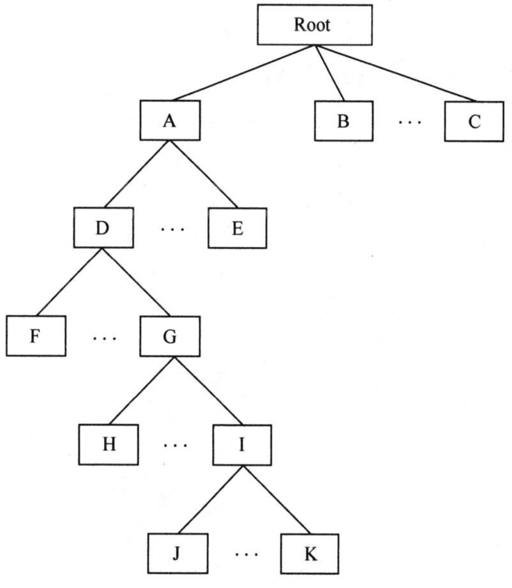

图4-23 某文件系统的根目录

3）若将 I 设置为当前目录，则可以减少几次启动硬盘的次数？

70. 假设某分时操作系统采用树形目录结构。用户 usera 目录的路径名是/usr/home/usera，用户 userb 目录的路径名是/home/userb。usera 在其目录下创建了目录文件 asdf 和普通文件 my.c，并在 asdf 目录下创建了普通文件 file1 和 file2；userb 在其目录下创建了目录文件 asdf 和普通文件 hust1，并且在目录文件下创建了普通文件 file1 和 file2，其中 usera 的 file1 和 userb 的 hust1 是同一个文件。

1）画出上述文件系统的树形目录结构（要求画出目录项中的必要信息）。

2）试分别写出 usera 的文件 file1 和 userb 的文件 file1 的路径名。

3）用户 userb 的目录文件 asdf 下的文件 file2 要换名为 userb 目录下的文件 newfile，文件系统如何处理？

71.（2012 年统考真题）某文件系统空间的最大容量为 4TB（$1TB=2^{40}B$），以磁盘块为基本分配单位，磁盘块大小为 1KB。文件控制块（FCB）包含一个 512B 的索引表区。请回答以下问题：

1）假设索引表区仅采用直接索引结构，索引表区存放文件占用的磁盘块号。索引表项中块号最少占多少字节？可支持的单个文件最大长度是多少字节？

2）假设索引表区采用如下结构：第 0～7B 采用〈起始块号，块数〉格式表示文件创建时预分配的连续存储空间，其中起始块号占 6B，块数占 2B；剩余 504B 采用直接索引结构，一个索引项占 6B，则可支持的单个文件最大长度是多少字节？为了使单个文件的长度达到最大，请指出起始块号和块数分别所占字节数的合理值并说明理由。

72.（2014 年统考真题）文件 F 由 200 条记录组成，记录从 1 开始编号。用户打开文件后，欲将内存中的一条记录插入到文件 F 中，作为其第 30 条记录。请回答下列问题，并说明理由。

1）若文件系统采用连续分配方式，每个磁盘块存放一条记录，文件 F 存储区域前后均有足够的空闲磁盘空间，则完成上述插入操作最少需要访问多少次磁盘块？F 的文件控制块内容会发生哪些改变？

2）若文件系统采用链接分配方式，每个磁盘块存放一条记录和一个链接指针，则完成上述插入操作需要访问多少次磁盘块？若每个存储块大小为 1KB，其中 4B 存放链接指针，则该文件系统支持的文件最大长度是多少？

73.（2016 年统考真题）某磁盘文件系统使用链接分配方式组织文件，簇大小为 4KB。目录文件的每个目录项包括文件名和文件的第一个簇号，其他簇号存放在文件分配表 FAT 中。

1）假定目录树如图 4-24 所示，各文件占用的簇号及顺序见表 4-7，其中 dir、dir1 是目录，file1、file2 是用户文件。请给出所有目录文件的内容。

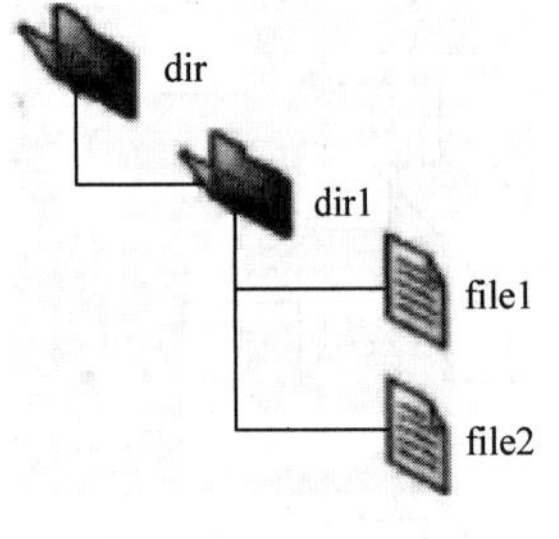

图 4-24 目录树

表 4-7 文件占用的簇号及顺序

文件名	簇号
dir	1
dir1	48
file1	100、106、108
file2	200、201、202

2）若 FAT 的每个表项仅存放簇号，占 2B，则 FAT 的最大长度为多少字节?该文件系统

支持的文件长度最大是多少?

3）系统通过目录文件和 FAT 实现对文件的按名存取，说明 file1 的 106、108 两个簇号分别存放在 FAT 的哪个表项中？

4）假设仅 FAT 和 dir 目录文件已读入内存，若需将文件 dir/dir1/file1 的第 5000B 读入内存，则要访问哪几个簇?

习题与真题答案

1．B。最短寻道时间优先（SSTF）算法是以查找距离磁头最短（也就是查找时间最短）的请求作为下一次服务对象，因此其可能会随时改变移动臂的运动方向。故选 B。扫描算法可细分为电梯调度（SCAN）算法和循环扫描（C-SCAN）算法。电梯调度（SCAN）算法是在磁头前进方向上查找最短寻找时间的请求，若前进方向上没有请求（即处理完最高/低编号柱面请求后），则掉转方向。SCAN 算法在很大程度上消除了 SSTF 算法的不公平性，但仍有利于中间磁道的请求。循环扫描（C-SCAN）算法是对 SCAN 算法的改进，它总是按同一方向移动磁头，当处理完最高编号的柱面请求后，不是掉转方向，而是把磁头移动到最低编号的柱面请求处，然后按同一方向继续向上移动。这种算法彻底消除了对两端磁道请求的不公平性。

2．A。本题考查的是文件的打开和关闭操作的含义，同时考查了目录的本质。对于 B 选项 open()操作就是告诉系统，用户需要使用这个文件，然后系统才把这个文件的控制所需的描述信息（FCB）调入到内存，放在内存的打开文件表中，所以 B 选项正确；对于 C 选项，既然这个系统有 open()和 close()操作，那么说明这个系统需要显式的文件打开和关闭操作，所以文件使用之前需要被打开，所以 C 选项正确；对于 D 选项，要理解目录的本质，目录实际上也是以文件的形式存放在外存上的，所以目录本质上也是一个文件，因此目录在被使用前也应该同其他类型的文件一样先进行打开操作，所以 D 也正确；最后再来看 A 选项，close()操作显然不是丢弃文件的操作，因为 close()操作的结果是销毁这个文件在内存中的目录项，而文件还是保存在外存上，不可能被丢弃，如果是丢弃，那么应该调用删除文件的操作，所以 A 选项是错误的。

3．B。本题考查的是连续分配、链接分配和索引分配的特点，并考查它们各自插入数据块或移动数据块所需要的操作。对于 A 选项，采用连续分配策略，连续分配策略下是没有指针的，对每个数据块的访问都可以直接用块号寻址到，不过要把最后一个数据块搬到文件头部，先要把最后一块读入内存，然后将倒数第二块放入到最后一块，将倒数第三块放入倒数第二块……，将第一块放入到原本第二块的位置，最后才能把内存中原本的最后一块放入到第一块的位置，也就是文件的头部，读取和写入数据块都需要 I/O 操作，所以需要很多次磁盘 I/O 操作，具体次数和文件的长度有关；对于 C 选项，采用隐式链接分配，链接分配的指针都存放在数据块的末尾，也就是外存中，所以先要在内存中读出第一块的地址，然后依次读出后续块，直到找到最后一块，并在最后一块数据块的数据块指针中写入原来的第一块的地址，这儿需要写外存，最后在内存中改变文件首地址为原本的最后一块的地址，所以需要多次磁盘 I/O 操作；对于 D 选项，要读出最后一块需要多次磁盘 I/O 操作，修改原本的最后一块的指针指向原本的第一块，还要改变内存中的文件首地址为原本的第二块，最后再把新的最后一块的指针置为 NULL，所以需要多次磁盘 I/O 操作；对于 B 选项，由于本题中单级

索引的索引块驻留在内存，因此所有数据块的指针都在内存中，只需要在内存中重新排列这些指针相互间的位置，将最后一块的指针移动到最前面即可，不需要任何磁盘 I/O 操作，所以答案选 B。

4．B。本题考查位示图的字号和位号计算，考生一看到就应该想到要用画草图的方法解答。

解法一：由位示图的盘块号到字号、位号的转换公式得：

若回收的盘块号为 b，则字号 i=(b−1)/(n+1)，位号 j=(b−1)%n+1；

现在 b=100，n=32，所以 i=(100−1)/(32+1)=3，j=(100−1)%32+1=4；

所以字号为 4，位号为 4，答案选 B。

解法二：根据题意，画出位示图的草图，如图 4-25 所示。

通过图 4-25，发现 100 块在第 4 行第 4 列，所以字号为 4，位号为 4。答案选 B。

这类题如果是选择、填空等非主观题，那么推荐用解法二（画图法）解决。

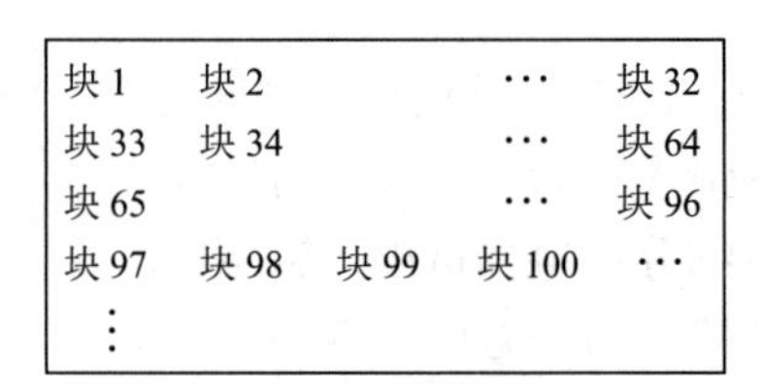

图 4-25　位示图的草图

5．A。本题考查文件控制块的概念。文件控制块是用于管理文件的一组数据，每个文件均有一个文件控制块，其中包括文件名、文件拥有者、文件创建日期时间等。文件控制块一般在创建该文件时建立，打开文件时只是将文件控制块的内容读入内存，读和写文件时对文件内容操作，它们必须依靠文件控制块的指示，如外存地址、读写权限等。关闭文件只是将文件控制块回写到磁盘，删除文件时将文件控制块清除。

6．A。文件与文件控制块一一对应，人们把文件控制块的有序集合称为文件目录，即一个文件控制块就是一个文件目录项。而文件控制块中包含的信息有文件名、文件的结构、文件的物理位置、存取控制信息和管理信息。

7．C。因为 1569=512×3+33，所以要访问字节的逻辑记录号为 3，对应的物理磁盘块号为 80，故应访问第 80 号磁盘。

8．C。本题考查目录检索的内容。要实现用户对文件的按名存取，系统先利用用户提供的文件名形成检索路径，再对目录进行查询。在顺序检索时，路径名的一个分量名未找到，说明路径名中的某个目录或文件不存在，就不需要再查找了。A 选项，目录进行查询的方式有两种：线性检索法和散列方法，线性检索法即 root/.. /filename，现代操作系统中一般采用这种方式查找文件。B 选项，为了加快文件查找速度，可以设立当前目录，于是文件路径可以从当前目录进行查找。C 选项正确。D 选项，在顺序检索法的查找完成后，得到文件的逻辑地址。

9．C。树形目录结构由一个根目录和若干层子目录组成。这种目录结构一是能够解决文件重名问题，即不同的目录可以包含相同的文件名或目录名；二是能够解决文件多而根目录容量有限带来的问题。

10．C。本题中磁盘旋转速度为 20ms/r，每个磁道存放 10 个记录，因此读出一个记录的时间为 20ms/10=2ms。①对于第一种记录分布情况，读出并处理记录 A 需要 6ms，则此时读写头已转到记录 D 的开始处，因此为了读出记录 B，必须再转一圈少两个记录（从记录 D 到记录 B）。后续 8 个记录的读取及处理与此相同，但最后一个记录的读取与处理只需 6ms。于是，处理 10 个记录的总时间为 9×(2+4+16)ms+(2+4)ms=204ms。②对于第二种记录分布情况，读出并处理记录 A 后，读写头刚好转到记录 B 的开始处，因此可立即读出并处理，后续记录的读取与处理情况相同，一共旋转 2.7 圈，最后一个记录的读取与处理只需 6ms。于是处理 10 个记录的总时间为 20×2.7ms+6ms=60ms。综上所述，信息分布优化后，处理的时间缩短了 204ms−60ms=144ms。

11．B。顺序存取文件是按其在文件中的逻辑顺序依次存取的，只能从头往下读。在 4 个选项中，只有逻辑号跟逻辑顺序的意思最接近，故本题选 B。

12．A。顺序文件存储要求连续的存储空间以支持随机存储特性。所谓随机存储特性，是指文件记录被读取或写入时，所需要的时间与记录的位置无关。实现原理是给定第一个记录的位置可以直接推导出第 i 个记录的位置，前提是记录的存储空间必须是连续的，一个紧挨着另一个排成一排，即顺序存储结构。

13．C。无结构文件是指由字符流构成的文件，故又称为流式文件。

14．A。每个磁盘块中最多可以有 1KB/4B=256 个索引项，则两级索引分配方式下单个文件的最大长度=256×256×1KB=64MB。注意：本题采用的是两级索引，而不是混合索引。

15．C。磁盘的转速为 7200r/min=120r/s，转一圈经过 160 个扇区，每个扇区为 512B，所以最大数据传输速率=（120×160×512/1024）KB/s=9600KB/s。

16．C。时间片轮转法是进程调度算法，LRU 算法是页面淘汰算法，最短寻道时间优先算法是磁盘调度算法，高优先级算法是进程调度和作业调度的算法。

17．C。若采用先来先服务调度算法，下一个应为 98。若采用最短寻道时间优先调度算法，离 53 号柱面最近的是 65。若采用电梯调度算法（初始磁头移动方向向着小磁道方向），下一个应为 37。若采用循环扫描算法（磁头移动方向向着大磁道方向），下一个应为 65。

18．A。在随机寻道的情况下，读写一个磁道的时间包括寻道时间和读写磁道时间，即(T+r)s。由于总的数据量是 bB，它要占用的磁道数为 b/N 个，所以总的平均读写时间为 (T+r)b/Ns。

19．D。

Ⅰ错误，系统调用 open 把文件的信息目录放到打开文件表中。

Ⅱ错误，对一个文件的访问，常由用户访问权限和文件属性共同限制。

Ⅲ错误，文件系统采用树形目录结构后，对于不同用户的文件，其文件名可以不同，也可以相同。

Ⅳ错误，常采用备份的方法保护文件，而存取控制矩阵的方法是用于多用户之间的存取权限保护。

20．C。多级目录会增加存储开销，增加访问时间，因此 A、B 选项都是错误的。文件的传送时间与文件系统采用何种结构无关，因此 D 选项也是错误的。只有 C 选项才是正确的选项。

21．B。打开文件是指系统将指定文件的属性（包括该文件在外存上的物理位置）从外存复制到内存打开文件表的一个表目中，并将该表目的编号（或称为索引）返回给用户。当用户再要求对该文件进行相应的操作时，便可利用系统所返回的索引号向系统提出操作请求，这时系统便可直接利用该索引号到打开文件表中去查找，从而避免了对该文件的再次检索。

本题只有文件的控制信息最符合题意，FAT 表和磁盘文件系统的控制管理信息都是干扰项，且并非所有文件系统都采用 FAT 文件系统。

22．B。索引表每个记录的索引项只有一个，因此 A 选项错误。

对索引文件进行存取时，需要检索索引表，找到相应的表项，再利用该表项中给出的指向记录的指针值去访问所需的记录，因此 B 选项正确。

对主文件的每个记录，在索引表中都设有一个相应的表项，用于记录该记录的长度 L 及指向该记录的指针（指向该记录在逻辑地址空间的首址），因此 C 选项错误。

由于使用了索引表而增加了存储空间的开销，因此不会减少存储空间（此处意为存储开销），会增加存储开销。

23．D。连续分配（顺序文件）具有随机存取功能，但不便于文件长度的动态增长。链接分配便于文件长度的动态增长，但不具有随机存取功能。索引分配既具有随机存取功能，也便于文件长度动态增长。

适合随机存取的程度总结为：连续分配>索引分配>链接分配。

24．B。连续分配（顺序文件）具有随机存取功能，但不便于文件长度的动态增长。链接分配便于文件长度的动态增长，但不具有随机存取功能。索引分配既具有随机存取功能，也便于文件长度动态增长。

只有索引结构既具有随机存取的功能，又能满足文件大小不固定的要求（动态增长）。

25．B。根据外存储分配方法，链式存储结构将文件按照顺序存储在不同盘块中，因此适合顺序访问，不适合随机访问（需从文件头遍历所有盘块）；连续结构（数据位置可计算得到）和索引结构（只需访问索引块即可知道数据位置）适合随机访问。但如果要在连续结构中间增加数据，则要整体移动后面的所有数据，因此不适合文件的动态增长；而索引结构适合随机访问，因为索引结构可以单独将新增数据放在一个新盘块，只需修改索引块即可。

26．B。首先看 A 选项，重排 I/O 请求次序的含义就是将磁盘请求访问序列进行重新排序，就是有关磁盘访问调度策略的选择对 I/O 的性能影响。对于相同的访问请求集合，访问顺序会受到调度策略的选择影响，因此会有不同的寻道时间，而寻道时间是磁盘访问时间中最大的一项，因此不同的调度策略会影响磁盘设备的 I/O 性能，故 A 选项能够改善。

B 选项主要是磁盘分区的作用，磁盘分区从实质上说就是对磁盘的一种格式化。但磁盘的 I/O 性能是由调用顺序以及磁盘本身性质决定的，和分区的多少并无太大关系，而且如果设置过多分区，还会导致一次 I/O 需要启动多个分区，反而会降低效率。

C 选项的预读和滞后写是常见的提升磁盘 I/O 速度的方法。预读是指当访问一个磁盘块时，将相邻的后续几个也一并读出放在缓存中，若用到，则直接读入内存，省去了寻道的时间。而滞后写是指系统将一个数据输出到磁盘上时，先不直接写入磁盘，而是先保存在缓存中，以防短期内系统又要对这个数据进行改动。如果要改动数据，直接修改缓存即可，而不需要启动磁盘进行修改。因此，预读和滞后写都可以改善磁盘的 I/O 性能。

D 选项优化文件物理的分布，这有一个典型的例子，就是将文件存储在磁盘的连续扇区与间隔扇区的对比。磁盘是在不断旋转的，读出一块数据之后，经系统处理之后才能读下一块数据，这时磁盘已经转过了所要读的下一块数据，需要等下一圈才能读，增加了旋转延迟；而间隔扇区存储就可以避免这个问题，将第二个数据块存放在间隔的几个扇区之后，当系统处理完第一块准备读第二块时，磁头恰好转至第二块所在扇区，直接开始读，这样可以有效地缩短旋转延迟，进而缩短磁盘访问时间。因此，文件物理的分布对于磁盘 I/O 性能也有影响，故优化物理分布能够改善磁盘设备性能。

因此本题选 B。

27．A。常识性问题，我们在用任何操作系统时，如 Windows，当删除一个文件时，不可能连同此文件所在的文件夹（目录）一并删除。而文件的关联目录项和文件控制块需要随着文件一起删除，同时释放文件的关联内存缓冲区。

28．A。视频文件属于有结构文件中的定长记录文件，适合用连续分配来组织，连续分配的优点主要有顺序访问容易、顺序访问速度快等。在生活中应该有所感受，如播放一个视频文件，你可以迅速跳转到任何一个时间点观看，这种跳转的迅速完成，即得益于顺序文件存储结构，这是链式和索引结构所做不到的。

29．A。一个文件对应一个索引结点，索引结点的总数只能说明有多少个文件，跟单个文件的长度没有关系。而间接地址索引的级数、地址项的个数和文件块大小都跟单个文件长度相关，因此4个选项中，只有A选项是与单个文件长度无关的。

30．B。文件与文件控制块是一一对应的。文件控制块的有序集合构成文件目录，每个目录项即是一个文件控制块。给定个文件名，通过查找文件目录便可找到该文件对应的目录项，也就能找到该文件，即实现了文件的按名存取。

31．B。连续文件的优点是在顺序存取时速度较快，因为这类文件往往被从头到尾依次存取，但连续文件也存在如下缺点：第一，要求建立文件时就确定它的长度，依此来分配相应的存储空间，这往往很难实现；第二，不便于文件的动态扩充，在实际计算时，作为输出结果的文件往往随执行过程不断增加新内容，当该文件需要扩大空间而其后的存储单元已经被别的文件占用时，就必须另外寻找一个足够大的空间，把原空间中的内容和新加入的内容复制进去；第三，可能出现外部碎片，就是在存储介质上存在很多空闲块，但它们都不连续，无法被连续文件使用，造成浪费。

32．B。连续结构不需要用到索引表，那么文件控制块中也就不可能有索引表地址信息，因此排除A、C、D选项，选B。

33．A。在直接存取方法下，连续文件方法下，只要知道文件在存储设备上的起始地址（首块号）和文件长度（总块数），就能很快地进行存取。适合随机存取的程度总结为：连续分配>索引分配>链接分配。

34．D。图4-26所示为文件系统模型。可将该模型分为3个层次，其最底层是对象及其属性；中间层是对对象进行操纵和管理的软件集合；最高层是文件系统提供给用户的接口。

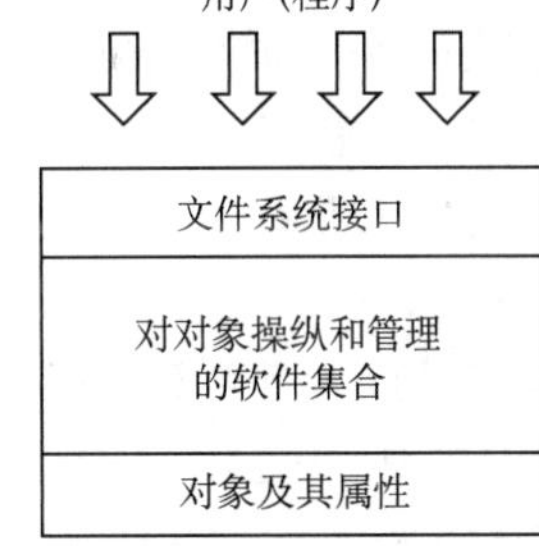

图4-26　文件系统模型

其中对对象操纵和管理的软件集合这个层次，是文件系统的核心部分。文件系统的功能大多是在这一层实现的，其中包括：对文件存储空间的管理、对文件目录的管理、**用于将文件的逻辑地址转换为物理地址的机制**、对文件读和写的管理以及对文件的共享与保护等功能。所以A选项是错误的。

在多级目录结构中，从根目录到任何数据文件，都只有一条唯一的路径。在该路径上从树的根（即主目录）开始，把全部目录文件名与数据文件名依次地用“/”连接起来，即构成该数据文件的路径名。系统中的每个文件都有唯一的路径名。所以B选项的说法是不准确的。对文件的访问只需要通过路径名即可。

对于C选项的描述，错在物理块大小是不可以任意指定的，它必须和外存分配方式相符合，所以C选项错误。

D选项正确。基于文件系统的概念，可以把数据组成分为数据项、记录和文件3级。记录是一组相关数据项的集合，用于描述一个对象在某方面的属性。记录是文件存取的基本单位，数据项是文件可使用的最小单位。

35．B。根据已知条件，每个盘块为 1024B，每个索引号为 4B，因此，每个索引块可以存放 256 个索引号，三级索引块可以管理文件的大小为：256×256×256×1024B≈16GB。

36．A。簇的总数为 10GB/4KB=2.5M，用一位标志一个簇是否被分配，则整个磁盘共需要 2.5Mbit，即需要 2.5Mbit/8=320KB，则共需要 320KB/4KB=80 个簇。故选 A。

37．B。一个文件被用户进程首次打开即被执行了 Open 操作，会把文件的 FCB 调入内存，而不会把文件的内容读到内存中，只有进程希望获取文件内容时才会读入文件内容；C、D 选项明显错误。故选 B。

38．A。为了缓解磁盘和内存的速度差异，可以将需要经常装入内存的文件从磁盘调入磁盘缓冲区。对高速缓存的访问速度比直接访问磁盘的速度要快很多，故主要是为了减少磁盘 I/O 次数，选 A。

39．B。

10 个直接索引指针指向的数据块大小为 10×1KB=10KB；

每个索引指针占 4B，则每个磁盘块可存放 1KB/4B=256 个索引指针；

一级索引指针指向的数据块大小为 256×1KB=256KB；

二级索引指针指向的数据块大小为 256×256×1KB=2^{16}KB=64MB。

按字节编址，偏移量为 1234 时，因为 1234B<10KB，所以由直接索引指针可得到其所在的磁盘块地址。又因文件的索引结点已在内存中，所以地址可直接得到，故仅需 1 次访盘即可。

偏移量为 307400 时，因为 10KB+256KB<307400<64MB，可知该偏移量的内容在二级索引指针所指向的某个磁盘块中，索引结点已在内存中，故先访盘 2 次得到文件所在的磁盘块地址，再访盘 1 次即可读出内容，故共需 3 次访盘。

40．C。盘块号=起始块号+⌊盘块号/(1024×8)⌋=32+⌊409612/(1024×8)⌋=32+50=82，这里问的是块内字节而不是位号，因此还需要除以 8，块内字节号=⌊盘块号%(1024×8)/8⌋=1。

41．C。SCAN 算法就是电梯调度算法。当前磁头位于 58 号磁道且从外侧向内侧移动，故先访问 130 和 199，然后再由内侧向外侧移动，依次访问 42 和 15，故磁头移动过的磁道数是(199−58)+(199−15)=325。

42．D。绝大多数操作系统为改善磁盘访问时间，以簇为单位进行空间分配，该文件大小为 1026B>1024B=1KB，故分配给其两个簇的大小，即 2048B。

43．B。一个新的磁盘是一个空白版，必须分成扇区以便磁盘控制器能读和写，这个过程称为低级格式化（或物理格式化）。低级格式化为磁盘的每个扇区采用特别的数据结构，包括校验码，Ⅲ错误。为了使用磁盘存储文件，操作系统还需要将自己的数据结构记录在磁盘上，这分为两步，第一步是将磁盘分为由一个或多个柱面组成的分区，每个分区可以作为一个独立的磁盘，这也是低级格式化做的事情，Ⅰ错误；在分区之后，第二步是逻辑格式化（创建文件系统），在这一步，操作系统将初始的文件系统数据结构存储在磁盘上，这些数据结构包括空闲和已分配的空间和一个初始为空的目录，Ⅱ、Ⅳ正确，所以选 B。

44．D。可以把用户访问权限抽象成一个矩阵，行代表用户，列代表访问权限。这个矩阵有 4 行 5 列，1 代表 true，0 代表 false，所以需要 20 位，选 D。

45．B。硬链接指通过索引结点进行连接。一个文件在物理存储器上有一个索引结点号。存在多个文件名指向同一个索引结点，Ⅱ正确。两个进程各自维护自己的文件描述符，Ⅲ正确，Ⅰ错误。故选 B。

46．A。磁盘高速缓存是一种软件机制，它允许系统把通常存放在磁盘上的一些数据保留在内存中（这些数据通常需要被频繁访问），以便对这些数据的进一步访问而不用再访问磁盘，从而减少 I/O 次数，提高效率。故选 A。

47．C。位示图是磁盘空闲管理中的一种方式，其做法是为文件存储器建立一张位示图（尽管称其为图，其实就是一连串的二进制位），以反映整个存储空间的分配情况。故选 C。

48．A。当系统总是持续出现某个磁道的访问请求时，均持续满足最短寻道时间优先、扫描算法和循环扫描算法的访问条件，会一直服务该访问请求。因此，先来先服务按照请求次序进行调度比较公平，故选 A。

49．D。Ⅱ和Ⅳ显然均能提高文件的访问速度。对于Ⅰ，提前读是指在读当前盘块时，将下一个可能要访问的盘块数据读入缓冲区，以便需要时直接从缓冲区中读取，提高了文件的访问速度。对于Ⅲ，延迟写是先将写数据写入缓冲区，并置上“延迟写”标志，以备不久之后访问，当缓冲区需要被再次分配出去时才将缓冲区数据写入磁盘，减少了访问磁盘的次数，提高了文件的访问速度，Ⅲ也正确，答案选 D。

50．B。传统的文件系统管理空间磁盘的方法包括空闲表法、空闲链表法、位示图和成组链接法，Ⅰ、Ⅲ正确。文件分配表（FAT）的表项与物理磁盘块一一对应，并且可以用一个特殊的数字-1 表示文件的最后一块，用-2 表示这个磁盘块是空闲的（当然，规定用-3、-4 来表示也是可行的）。因此文件分配表（FAT）不仅记录了文件中各个块的先后链接关系，同时还标记了空闲的磁盘块，操作系统可以通过 FAT 对文件存储空间进行管理，Ⅳ正确。索引结点是操作系统为了实现文件名与文件信息分开而设计的数据结构，存储了文件描述信息，索引结点属于文件目录管理部分的内容，Ⅱ错误。

51．B。既可以是读的方式，也可以是写的方式，A 选项错误。系统打开的文件表在整个系统中只有一张，同一个文件打开多次只需要改变引用计数，不需要对应多项，B 选项正确。用户进程的打开文件表关于同一个文件不一定相同，C 选项错误。进程关闭文件时，文件的引用计数减少 1，引用计数变为 0 时才删除，D 选项错误。

52．A。链接分配不能支持随机访问，B 选项错误。连续分配不支持可变文件长度，C 选项错误。动态分区分配是内存管理方式，非磁盘空间管理方式，D 选项错误。

53．B。最多创建文件个数=最多索引结点个数。由题可知，索引结点占 4B，对应 32 位，最多可以表示 2^{32} 个文件，B 选项正确。

54．A。删除一个文件时，会根据文件控制块回收相应的磁盘空间，将文件控制块回收，并删除目录中对应的目录项。B、C、D 选项正确。快捷方式属于文件共享中的软连接，本质上是创建了一个链接文件，其中存放的是访问该文件的路径，删除文件并不会导致文件的快捷方式被删除，正如在 Windows 上删除一个程序后，其快捷方式可能仍存在于桌面，但已无法打开。

55．【解析】

注意： 因为原本整个文件控制块都是在目录中的，而文件控制块分解法将文件控制块的部分内容放在了目录外，所以检索完目录后别忘了还需要读取一个磁盘找齐所有文件控制块的内容。

1）分解法前，每个盘块最多可容纳的文件控制块数目为 512/64=8。现在有 254 个文件控制块，254=31×8+6，即需要 32 块物理块，且最后一块物理块存放了 6 个文件控制块，没有放满。所找的目录项在第 i 块物理块所需的磁盘访问次数为 i，又由假设知道，访问每个文件

控制块的概率相等，所以给出计算式子如下：

$$[8\times(1+2+3+\cdots+31)+6\times32]/254=16.38（次）$$

分解法后，每个盘块最多可容纳的文件控制块数目为 512/10=51。现在有 254 个文件控制块，254=51×4+50，即需要 5 块物理块，且最后一块物理块存放了 50 个文件控制块，也没有放满。所找的目录项在第 i 块物理块所需的磁盘访问次数为 i+1，所以给出计算式子如下：

$$[51\times(2+3+4+5)+50\times6]/254=3.99（次）$$

2）分解法前平均访问磁盘次数为

$$(1+2+3+\cdots+n)/n=n\times(n+1)/2/n=(n+1)/2（次）$$

分解法后平均访问磁盘次数为

$$[2+3+4+\cdots+(m+1)]/m=m\times(m+3)/2/m=(m+3)/2（次）$$

为了使访问磁盘次数减少，显然需要

$$(m+3)/2<(n+1)/2，即\ m<n-2$$

56.【解析】本题考查的是对索引分配方式的理解，只需明白索引分配方式组织外存分配的原理即可。计算其实并不难，其中要牢牢抓住的一点是：索引块其实也是物理块，也需要存储在外存上。

1）对于只用到索引结点的直接块，这个文件应该能全部在 10 个直接块指向的数据块中放下，而数据块的大小为 4KB，所以该文件大小应该≤4KB×10=40KB，即文件的大小小于或等于 40KB 时，可以只用到索引结点的直接块。

2）只需要算出索引结点指向的所有数据块的块数，再乘以数据块的大小即可。直接块指向的数据块数=10 块。一级间接块指向的索引块里的指针数=4KB/4B=1024 个，所以一级间接块指向的数据块数为 1024 块。二级间接块指向的索引块里的指针数=4KB/4B=1024 个，指向的索引块里再拥有 4KB/4B=1024 个指针数。所以二级间接块指向的数据块数=$(4KB/4B)^2$=1024^2 块。三级间接块指向的数据块数=$(4KB/4B)^3$=1024^3 块。所以，该索引结点能访问到的地址空间大小为

$$\left[10+1\times\frac{4KB}{4B}+1\times\left(\frac{4KB}{4B}\right)^2+1\times\left(\frac{4KB}{4B}\right)^3\right]\times4KB=4100.00GB=4.00TB$$

3）因为 10000B/4KB=2.44，所以第 10000B 的内容存放在第 3 个直接块中，因此若要读取一个文件的第 10000B 的内容，需要访问磁盘 1 次。

4）因为 10MB 的内容需要数据块数=10MB/4KB=2.5K 块。直接块和一级间接块指向的数据块数=10+(4KB/4B)=1034 块<2.5K 块。直接块和一级间接块以及二级间接块的数据块数=$10+(4KB/4B)+(4KB/4B)^2$>1M 块>2.5K 块。所以第 10MB 的数据应该在二级间接块下属的某个数据块中，若要读取一个文件的第 10MB 的内容，需要访问磁盘 3 次。

57.【解析】本题考查树形目录下文件的共享和保护，这个知识点有些冷僻，但解答的难度较低，考生可以了解一下解题思路。

1）① 因为在目录 D 下没有文件名为 A 的文件，所以可以在目录 D 下建立一个文件，取名为 A。

② 因为已经有个目录名为 A，所以不能将目录 C 改名为 A。

2）① 用户 E 想要共享文件 Q，只要找到 Q 的路径即可，即用户 E 可以通过路径../../D/G/K/O/Q 来访问文件 Q，其中“..”表示上一级目录。

② 可以把当前目录设置为 P 这个目录，这样一来，直接用 S 和 T 这两个文件名就能访问这两个文件，不需要每次都从根目录开始找路径；也可以在 G 目录下建立两个链接，直接链接到文件 S 和文件 T 上，这样在 G 用户的目录下就可以直接访问到这两个文件了。

③ 可以修改文件 I 的存取控制表，在拥有对 I 的访问权限的用户列表中只留下用户 E，其他用户的名字都从 I 的访问权限用户列表中删除，这样就可以有效地保护文件 I 只被用户 E 访问了。

58.【解析】为了改变单级目录文件中文件命名冲突问题和提高对目录表的搜索速度，需要采用二级目录结构。

在二级目录结构中，各个文件的说明信息被组织成目录文件，且以用户为单位把各自的文件说明划分为不同的组。然后，这些不同的有关组名的存取控制信息存放在主目录（MFB）的目录项中。与 MFD 相对应，用户文件的文件说明所组成的目录文件被称为用户文件目录（UFD）。这样，MFD 和 UFD 就构成了二级目录。二级目录结构如图 4-27 所示。

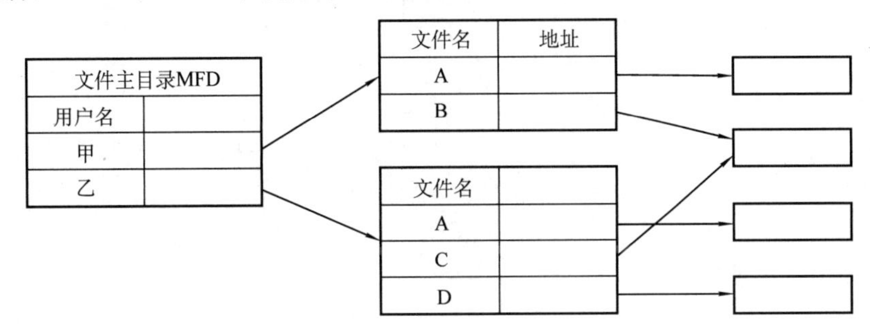

图 4-27 二级目录结构

59.【解析】

1）系统采用二级目录结构即可满足需要，其示意图如图 4-28 所示。

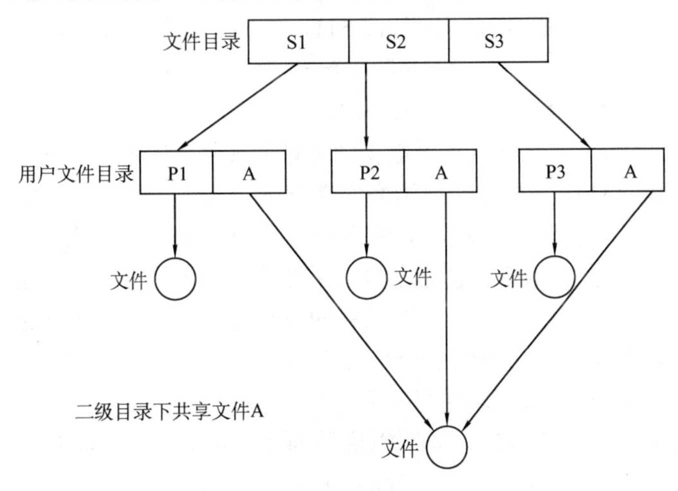

图 4-28 系统的二级目录结构

2）图 4-28 所示的二级目录结构能够满足要求。此时，用户文件目录中的 P1、P2 和 P3 均改为 P 即可，由图 4-28 可看出，这 3 个 P 均指向各自不同的程序。

3）在学生存取程序和数据时，文件系统会先搜索主文件目录，找到该学生的用户目录后，即可在用户目录中找到指定的文件，如对学生 S1，由路径/S1/P 找到的文件就是 S1 的程序文

件，因为它与学生 S2 的程序文件/S2/P 不是同一个文件，所以不会引起冲突。文件/S1/A 和文件/S2/A 是同一个文件，因此学生 S1 能够取到所需要的数据。当然，文件 A 可由 3 个学生同时打开执行读操作。

60.【解析】根据题意，首先将题设条件转化为磁盘存储结构，如图 4-29 所示。假设逻辑地址为 L，逻辑块号为 n。

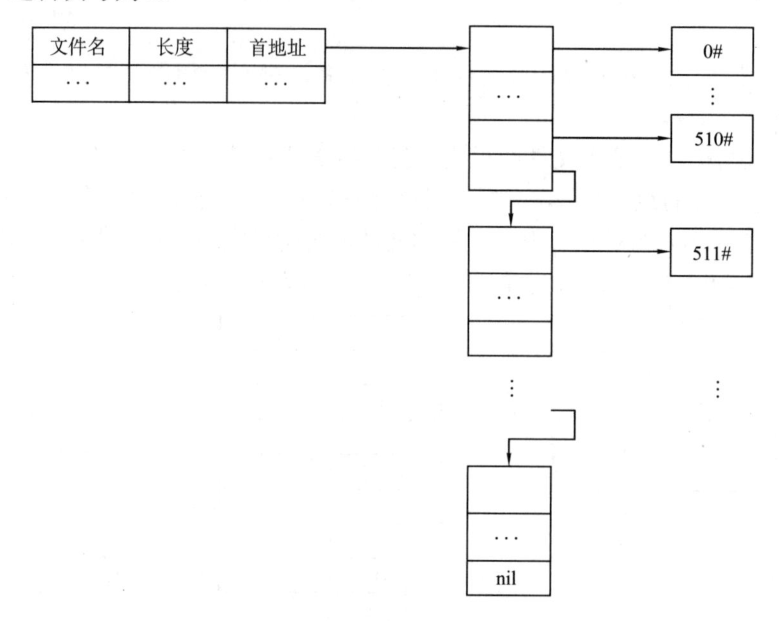

图 4-29　磁盘存储结构

逻辑块号变换成物理块号的过程为：首先根据逻辑文件的文件名找到目录表中该文件对应的目录项，找出第一个索引块的地址 d1，若 n<511，取出第一个索引块第 n 项的值，即为查找逻辑块号所对应的物理块号 w。如果 n≥511，得到第二个索引块的地址 d2，令 n=n−511，若此时 n≥511，则继续令 d2−511，得到第三个索引块地址 d3。依次类推，直到 n<511 时，取出第 i 个索引块第 n 项的值，即为查找逻辑块号所对应的物理块号 w。

61.【解析】文件的字节偏移量到磁盘物理地址的转换，关键在于对文件物理组织（或磁盘分配方式）的理解。连续分配方式是指为文件分配一段连续的文件存储空间；隐式链接分配则是指为文件分配多个离散的盘块，并将下一个盘块的地址登记在文件分配到的前一个盘块中；显式链接分配则通过 FAT 来登记分配给文件的多个盘块号；而索引分配方式则将多个盘块号登记在文件的索引表中。同时，在 FCB 的物理地址字段中，还登记有文件首个物理块的块号或指向索引表的指针（对于索引分配方式）。

将字节偏移量 3500 转换成逻辑块号和块内位移：

3500/1024 商为 3，余数为 428，即逻辑块号为 3，块内位移为 428。

1）在连续分配方式中，可从相应文件的 FCB 中得到分配给该文件的起始物理盘块号，例如 a0。故字节偏移量 3500 相应的物理盘块号为 a0+3，块内位移为 428。

2）在隐式链接方式中，由于每个盘块中需要留出 4B（通常是最后 4B）来存放分配给文件的下一个盘块的块号，因此字节偏移量 3500 的逻辑块号为 3500/1020 的商 3，而块内位移为余数 440。

从相应文件的 FCB 中可获得分配给该文件的首个（第 0 个）盘块的块号，例如 b0。然后可通过读 b0 块获得分配给文件的第 1 个盘块的块号，如 b1。依次类推，得到第 3 块，b3。如此便可得到字节偏移量 3500 对应的物理块号 b3，而块内位移则为 440。

3）在显式链接方式中，可从文件的 FCB 中得到分配给文件的首个盘块的块号，如 c0。然后可在 FAT 的第 c0 项中得到分配给文件的第 1 个盘块的块号，如 c1。依次类推，找到第 3 个盘块的块号，如 c3。如此，便可获得字节偏移量 3500 对应的物理块号 c3，而块内位移则为 428。

4）在索引分配方式中，可从文件的 FCB 中得到索引表的地址。从索引表的第 3 项（距离索引表首字节 12B 的位置）可获得字节偏移量 3500 对应的物理块号，而块内位移为 428。

62.【解析】在混合索引分配方式中，FCB 的直接地址中登记有分配给文件的前 n 块（第 0～n−1 块）的物理块号（n 的大小由直接地址项数决定，本题中为 10）；一次间接地址中登记有一个一次间接地址块的块号，而在一次间接地址块中则登记有分配给文件的第 n～(n+k−1) 块的块号（k 的大小由盘块大小和盘块号的长度决定，本题中为 170）；二次间接地址中登记有一个二次间接地址块的块号，其中给出了 k 个一次间接地址块的块号，而这些一次间接地址块被用来登记分配给文件的第（n+k）～（$n+k+k^2-1$）块的块号；三次间接地址块中则登记有一个三次间接地址块的块号，其中可给出 k 个二次间接地址块的块号，这些二次间接地址块又可给出 k^2 个一次间接地址块的块号，而这些一次间接地址块则登记分配给文件的第（$n+k+k^2$）～（$n+k+k^2+k^3-1$）块的物理块号。

1）该文件系统中一个文件的最大长度可达

(10+170+170×170+170×170×170)块=4942080 块=4942080×512B=2471040KB。

2）5000/512 得到商为 9，余数为 392，即对应的逻辑块号为 9，块内位移为 392。由于 9<10，故可直接从该文件的 FCB 的第 9 个地址项处得到物理盘块号，块内位移为 392。

15000/512 得到商为 29，余数为 152，即对应的逻辑块号为 29，块内位移为 152。由于 10≤29<10+170，而 29−10=19，故可从 FCB 的第 10 个地址项，即一次间接地址项中得到一次间接地址块的地址，并从一次间接地址块的第 19 项（即该块的第 57～59B 这 3 个字节）中获得对应的物理盘块号，块内位移为 152。

150000/512 得到商为 292，余数为 496，即对应的逻辑块号为 292，块内位移为 496。由于 10+170≤292<10+170+170×170，而 292−(10+170)=112，112/170 得到商为 0，余数 112，故可从 FCB 的第 11 个地址项，即二次间接地址项中得到二次间接地址块的地址，并从二次间接地址块的第 0 项中获得一个一次间接地址块的地址，再从该一次间接地址块的第 112 项中获得对应的物理盘块号，块内位移为 496。

3）由于文件的 FCB 已在内存，为了访问文件中某个位置的内容，最少需要 1 次访问磁盘（即可通过直接地址直接读文件盘块），最多需要 4 次访问磁盘（第一次是读三次间接地址块，第二次是读二次间接地址块，第三次是读一次间接地址块，第四次是读文件盘块）。

63.【解析】

性能方面：因后一种方式在删除文件时减少了访问磁盘的次数，故其速度比前一种方式更快。

安全性方面：把一个内容没有被清除的盘块分配给下一个用户使用，则有可能使其获得盘块中的内容，故前一种方式更加安全。

方便性方面：如果盘块中的内容没有被清除，则当用户因误操作而删除文件时，有可能通过某种办法恢复被删除的文件，故后一种方式更为方便。

64.【解析】

1）① 可以在目录 D 中建立一个文件名为 A 的文件，因为目录 D 中不存在已命名为 A 的文件或目录。

② 目录 C 不可以改名为 A，因为目录 C 所在的目录里已经有一个名为 A 的目录。

2）① 用户 E 若要共享文件 M，需要用户 E 有访问文件 M 的权限。用户 E 通过自己的主目录 E 找到其父目录 C，再访问到目录 C 的父目录（即根目录），然后依次通过目录 D、目录 G、目录 K 和目录 O 即可访问到文件 M。

② 用户 G 需要通过依次访问目录 K 和目录 P 才能访问到文件 S 和文件 T。为了提高访问速度，可以在目录 G 下建立两个链接文件，分别链接到文件 S 及文件 T 上。这样，用户 G 就可以直接访问这两个文件了。

3）用户 E 可以通过修改文件 I 的存取权限控制表对文件 I 进行保护，不让别的用户使用。具体地说，就是在文件 I 的存取控制表中，仅留下用户 E 的访问权限，而不让其他用户访问。

65.【解析】

1）由题目所给条件可知，磁盘转速为 27ms/r，因此读出 1 个记录的时间是 27ms/9=3ms。读出并处理记录 A 需要 3ms+2ms=5ms，此时读写头已转到了记录 B 的中间，因此为了读出记录 B，必须再转将近一圈（从记录 B 的中间到记录 B，需要 25ms）。后续 7 个记录的读取及处理与此相同，但最后一个记录的读取与处理只需 5ms，于是处理 9 个记录的总时间为 8×(25+3+2)ms+(3+2)ms=245ms。这里将旋转一周的时间算在了前一个读取单元中，即将“读取 A，旋转”看作一个单元，因此前 8 个的处理时间为 30ms，最后一个为 5ms。若将旋转算在后一个读取单元，则处理 A 为 5ms，后面 8 个为 30ms，结果相同。

2）由于读出并处理一个记录需要 5ms，当读出并处理记录 A 时，不妨设记录 A 放在第 1 个盘块中，读写头已移动到第 2 个盘块的中间，为了能顺序读到记录 B，应将它放到第 3 个盘块中，即应将记录按如下顺序存放，见表 4-8。

表 4-8　记录存放顺序

盘块	1	2	3	4	5	6	7	8	9
记录	A	F	B	G	C	H	D	I	E

这样，处理一个记录并将磁头移动到下一记录的时间为 3ms+2ms+1ms=6ms。所以，处理 9 个记录的总时间为 6×8ms+5ms=53ms。

66.【解析】

1）因为磁盘块大小为 512B，所以索引块大小也为 512B，每个磁盘地址大小为 2B。因此，一个一级索引表可容纳 256 个磁盘地址。同样，一个二级索引表可容纳 256 个一级索引表地址，一个三级索引表可容纳 256 个二级索引表地址。这样，一个普通文件最多可有的文件页数为(10+256+256×256+256×256×256)页=16843018 页。

2）由图 4-22 可知，目录文件 A 和 D 中的目录项都只有两个，因此这两个目录文件都只占用一个物理块。要读文件 J 中的某一项，首先从内存的根目录中找到目录 A 的磁盘地址，将其读入内存（已访问磁盘 1 次）。然后从目录 A 找出目录文件 D 的磁盘地址读入内存（已访问磁盘 2 次）。再从目录 D 中找出文件 J 的文件控制块地址读入内存（已访问磁盘 3 次）。在最坏的情况下，该访问页存放在三级索引下，这时需要一级一级地读三级索引块才能得到文件 J 的地址（已访问磁盘 6 次）。最后读入文件 J 中的相应页（共访问磁盘 7 次）。所以，若要读文件 J 中的某一页，最多启动磁盘 7 次。

3）由图 4-22 可知，目录文件 C 和 U 的目录项较多，可能存放在多个连接在一起的磁盘块中。在最好的情况下，所需的目录项都在目录文件的第一个磁盘块中。先从内存的根目录中找到目录文件 C 的磁盘地址读入内存（已访问磁盘 1 次）。在 C 中找出目录文件 I 的磁盘地址读入内存（已访问磁盘 2 次）。在 I 中找出目录文件 P 的磁盘地址读入内存（已访问磁盘 3 次）。从 P 中找到目录文件 U 的磁盘地址读入内存（已访问磁盘 4 次）。从 U 的第一个磁盘块中找到文件 W 的文件控制块读入内存（已访问磁盘 5 次）。在最好的情况下，要访问的页在文件控制块的前 10 个直接块中，按照直接块指示的地址读文件 W 的相应页（已访问磁盘 6 次）。所以，若要读文件 W 中的某一页，最少启动磁盘 6 次。

4）为了减少启动磁盘的次数，可以将需要访问的 W 文件挂在根目录的最前面的目录项中。此时，只需要读内存中的根目录就可以找到 W 的文件控制块，将文件控制块读入内存（已访问磁盘 1 次）。在最差的情况下，需要的 W 文件的那页挂在文件控制块的三级索引下，那么读 3 个索引块需要访问磁盘 3 次（已访问磁盘 4 次）得到该页的物理地址，再去读这个页（已访问磁盘 5 次）。此时，磁盘最多启动 5 次。

67.【解析】

1）将有可能导致共享该文件的其他用户无文件可用，或者使用了不是其需要的文件。

2）出现的问题有：用户可以通过修改目录项来改变对文件的存取权限，从而非法使用系统文件；另外，对目录项随意修改会造成管理混乱。

3）解决的方法是不允许用户直接执行上述操作，而是必须通过系统调用来执行这些操作。

68.【解析】

1）先来先服务算法：寻道的次序为 20、10、22、2、40、6、38。总的寻道时间为(10+12+20+38+34+32)×6ms=876ms。

2）电梯算法（方向从 0 到 40）：寻道的次序为 20、22、38、40、10、6、2。总的寻道时间为(2+16+2+30+4+4)×6ms=348ms。

69.【解析】

1）一个文件的所有块可以通过以下方式找到：直接提供 FCB 找到前 10 块，通过一级索引找到 256 块，通过二级索引找到 256×256 块，通过三级索引找到 256×256×256 块，所以一个文件最大可以有(10+256+256×256+256×256×256)块=16843018 块。

如果要找/A/D/G/I/K 中的某一块，首先要找到其 FCB，最好的情况是：每次读取目录描述信息时都在第一块找到下级目录或文件，所以要找到该文件至少要读取 A、D、G 和 I 四个目录项的第一块，读取 K 的 FCB，总共五次启动磁盘；最坏的情况是：每次读取目录描述信息时都在最后一块找到下级目录或文件，所以要找到该文件至少要读取 A 的第一块，D、G 和 I 三个目录项的所有八个块，因此读取 K 的 FCB，总共需要(1+8×3+1)次=26 次启动磁盘。找到 FCB 后再读取某一块，如果这一块在前 10 块之列，那么启动一次硬盘就可以找到这一块；如果这一块在最后一块，那么可能需要通过三级索引找到这一块，这总共需要读取三级索引和最后一块共(3+1)次=4 次磁盘。综上所述，最好的情况下，只需要启动(5+1)次=6 次磁盘。最坏的情况下，需要启动(26+3+1)次=30 次磁盘。

2）为读取 FCB 所启动的硬盘次数和 1）一样，最少为 5 次，最多为 30 次，而读取数据需启动 175 次，因此读取第 175 块最少需要启动(5+175)次=180 次硬盘，最多需要启动(30+175)

次=205 次磁盘。

3）若将 I 设置为当前目录，就可以直接读取 K 的 FCB，而无须读取 A、D、G、I 的目录项，根据 1）中的分析，最多可以少启动磁盘 29 次，最少可以少启动磁盘 4 次。

70.【解析】

1）文件目录结构如图 4-30 所示。

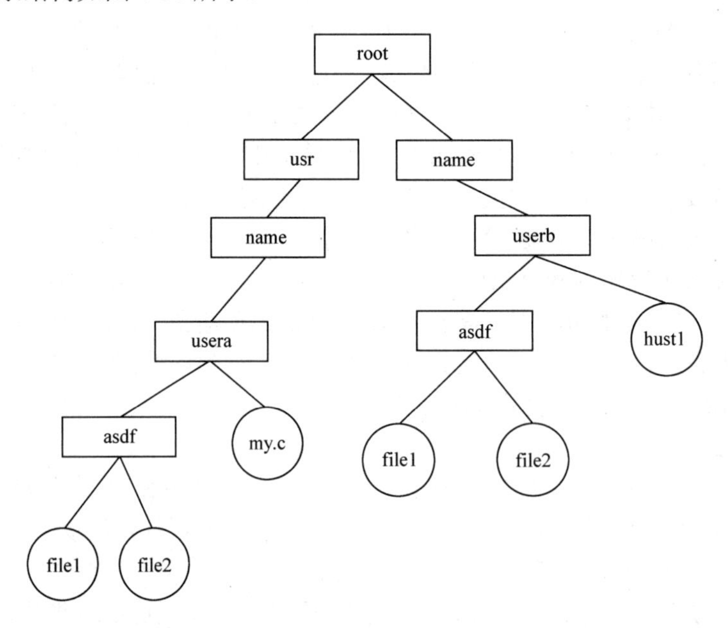

图 4-30 文件目录结构

2）用户 usera 的 file1 的文件路径名为/usr/name/usera/asdf/file1；

用户 userb 的 file1 的文件路径名为/name/userb/asdf/file1。

3）要将用户 userb 的目录文件 asdf 下的文件 file2 换名为 userb 目录下的 newfile，先从 userb 的主目录 name 查起，将此目录项中的各个目录项与 asdf 相比较，直至找到 asdf；再取出 asdf 中各个目录项与 file2 相比，直到找到 file2；将 file2 的目录项读入内存指定区域，将 file2 改写为 newfile，再写回 userb 目录中；最后要删除 asdf 目录中 file2 的目录项。

71.【解析】遇到这种类型的题目，首先要求出系统的总块数，因为总大小为 4TB，而 1TB=2^{40}B，所以总大小为(4×2^{40})B=2^{42}B。每块大小为 1KB，即 2^{10}B。由此可以得出文件系统存储空间的总块数为 $2^{42}/2^{10}$ 块=2^{32} 块。

要表示这么多块，块号需要 32 个二进制位，即 32/8B=4B，因此索引表项中的块号最少占 4B。

每个索引区为 512B，可以存放 128 个索引表项，而且第一题采用直接索引结构，即每个索引表项指向一个磁盘块。所以，最大文件长度为 128×1KB=128KB。

由此可以得到 1）的答案：

文件系统存储空间共有块数=$(4\times2^{40})/2^{10}=2^{32}$。为表示 2^{32} 个块号，索引表项占 32/8B=4B。512 可存放 2^7 个索引表项，故最大文件长度=$2^7\times2^{10}$B=2^{17}B=128KB。

接下来分析 2）题，题中给出的条件有两个：①0～7B 采用另一种格式，后面再分析；②剩余 504B 采用直接索引结构且索引项占 6B。条件②比较简单，先予以解决。

剩余的 504B 可以表示 504B/6B=84 个块（因为是直接索引），所以这部分能够表示的大小为 84KB。再看前面的 8B，其中 6B 为起始块号，2B 为块数，**由于块的大小不变，因此起始块号位数并无影响，只关注这部分能表示多少块即可**。2B 共有 2×8=16 个二进制位，即可以表示 2^{16} 个块，因此这部分能够表示的大小为 2^{16}KB=64MB。相加即可得到这种方法可支持的单个文件最大长度。

要改变表示的文件大小的最大值，只能从前 8B 入手（因为后面的 504B 只能固定表示 84KB），而根据之前的分析，块大小不变，只需要让块数增加就可以扩充文件大小，于是可以将 8B 中更多的字节表示块数。因为 4B 就是 32 位，足够表示空间内所有的块（一共就 2^{32} 块），所以只要有 4B 表示块数就足够，因此得到结论：起始块号占 4B，块数占 4B 即可使文件长度达到最大。于是根据刚才的分析可以得到 2）的答案：

块号占 6B，块数占 2B 的情况下，最大文件长度=（$2^{16}\times2^{10}+(504/6)\times2^{10}$）B=64MB+84KB。合理的起始块号和块数所占字节数分别为 4、4（1、7 或 2、6 或 3、5），因为块数占 4B 或以上，就可以表示 4TB 大小的文件长度，达到文件系统的空间上限。

★注：本题标准答案中的其他组合（如 1B 表示起始块号，7B 表示块数），编者个人认为不太严谨，因为要表示块号至少需要 4B 才能够具体表达到某一个块，或许这里将起始块号限定在了一个区域内，只需要在这个小区域内定位准确就可以，但题目对此没有说明。虽然正确答案中给了 4 个选择，但推荐大家采用〈4，4〉这个答案，比较严谨。

72.【解析】考查文件系统中记录的插入问题。题目本身比较简单，考生需要区分顺序分配方式和链接分配方式的区别。

1）系统采用顺序分配方式时，插入记录需要移动其他记录块，整个文件共有 200 条记录，要插入新记录作为第 30 条，而存储区前后均有足够的磁盘空间，且要求最少的访问存储块数，则要把文件前 29 条记录前移。若算访盘次数移动一条记录读出和存回磁盘各是一次访盘，29 条记录共访盘 58 次，存回第 30 条记录访盘 1 次，共访盘 59 次（1 分）。

F 的文件控制区的起始块号和文件长度的内容会因此改变（1 分）。

2）文件系统采用链接分配方式时，插入记录并不用移动其他记录，只需找到相应的记录，修改指针即可。插入的记录为其第 30 条记录，那么需要找到文件系统的第 29 块，一共需要访盘 29 次，然后把第 29 块的下块地址部分赋给新块，把新块存回内存会访盘 1 次，然后修改内存中第 29 块的下块地址字段，再存回磁盘（1 分），一共访盘 31 次（1 分）。

4B 共 32bit，可以寻址 2^{32}=4G 块存储块，每块的大小为 1KB，即 1024B，其中下块地址部分占 4B，数据部分占 1020B，那么该系统的文件最大长度是 4G×1020B=4080GB（2 分）。

【评分说明】

① 第 1）小题的第 2 问，若答案中不包含文件的起始地址和文件大小，则不给分。

② 若按 1024×2^{32}B=4096GB 计算最大长度，给 1 分。

73.【解析】

1）两个目录文件 dir 和 dir1 的内容如下所示。（3 分）

dir 目录文件

文件名	簇号
dir1	48

dir 目录文件

文件名	簇号
file1	100
file2	200

【评分说明】每个目录项的内容正确给 1 分，共 3 分。

2）由于 FAT 的簇号为 2B，即 16bit，因此在 FAT 表中最多允许 2^{16}（65536）个表项，一个 FAT 文件最多包含 2^{16}（65536）个簇。FAT 的最大长度为 $2^{16}\times2B=128KB$（1 分）。文件的最大长度是 $2^{16}\times4KB=256MB$。

【评分说明】若考生考虑到文件结束标志、坏块标志等，且答案正确，同样给分。

3）在 FAT 的每个表项中存放下一个簇号。file1 的簇号 106 存放在 FAT 的 100 号表项中（1 分），簇号 108 存放在 FAT 的 106 号表项中（1 分）。

4）先在 dir 目录文件里找到 dir1 的簇号，然后读取 48 号簇，得到 dir1 目录文件，接着找到 file1 的第一个簇号，据此在 FAT 里查找 file1 的第 5000B 所在的簇号，最后访问磁盘中的该簇。因此，需要访问目录文件 dir1 所在的 48 号簇（1 分），及文件 file1 的 106 号簇（1 分）。

考点分析与解题技巧

考点一　文件系统的层次结构，文件的不同分类

这类考点主要考查对相关知识点的记忆，考生应该对文件的基本概念有一定的理解，在此基础上记忆文件的分类方式都有哪些，以及数据项、记录和文件的层次关系。在此提醒一点，记录是文件存取操作的基本单位，而非数据项。

考查形式以选择题和简答题为主，此部分知识点也可灵活出题，但理解文件本身并不困难，因此只要清晰地记住这部分知识点，对选项进行分析即可得出正确答案。

考点二　文件的 4 种逻辑结构、文件的物理结构、文件控制块结构与 4 种目录结构

文件的逻辑结构和物理结构主要考查对这部分知识点的理解，考生应该理解记录式文件的 4 种逻辑结构的含义是什么，进而记住每种逻辑结构的优缺点，而物理结构应该理解每种分配方式是如何实现的，4.2.3 小节的图应该着重复习，方便理解。

文件控制块结构主要考查对这部分知识点的记忆，文件控制块是文件系统中比较重要的小知识点，所以尽可能将文件控制块中都包含哪些信息记下来。

目录结构考查对目录的理解和记忆，文件目录的概念和功能需要考生记住，而目录结构则需要考生进行理解，索引结点也需要考生记住。

对文件逻辑结构、物理结构和文件控制块的考查，主要以选择题为主，只要能清晰记忆并理解上述提到的知识点即可作答。而目录结构常结合磁盘、文件系统考查综合题，且着重考查索引结点和多级目录结构，解题技巧考生可以参考习题与真题 64 题解析，主要是参考索引表项大小的计算、结合多级目录结构的计算以及磁盘块与文件的关系。

考点三　4 种文件存储空间的管理方法：空闲文件表法、空闲块链表法、位示图法和成组链接法

这类考点主要考查对 4 种存储空间管理方式的概念理解，考生参照“4.2.3 文件的实现”中对应知识点进行复习，着重对照图示理解各种管理方式如何实现。最常考的知识点是位示图法，但位示图法也比较容易理解。

考查形式以选择题为主，某些高校会考查位示图的综合题，考生掌握各类管理方式如何实现之后即可作答。位示图的行与列各有多少位，根据题目中的条件可以分析出来，考生应该灵活运用。

考点四　磁盘的基本结构，数据查找的过程和相关事件的计算

这类考点主要考查对磁盘概念的理解，理解磁盘的基本结构有助于理解磁盘访问时间的计算，核心是记住磁盘访问时间的计算包含三部分：寻道时间、旋转延迟时间和传输时间。

考查形式以选择题、计算题为主，有时也可结合考点二考查综合题。选择题大多是磁盘概念的理解题目，比较容易拿分；计算题计算磁盘访问时间的时候，可以按照单位参与运算的技巧作答，注意计算旋转延迟时间时，磁盘可以顺时针和逆时针两个方向旋转。

单位参与运算的技巧举例：假设磁盘转速为 1000r/s，可以看作分子是 1000r，分母是 1s 的分数，问题所求的旋转延迟时间单位为 s，故应该将 1000r/s 取倒数变为 1s/1000r，此时分母为 1000r，而分子为 1s。然后想办法消去分子的单位 r，就可以得到最终的单位为 s 的解，此时想到旋转延迟时间计算时，磁盘转半圈也就是(1/2)r 即可找到对应的扇区，故将(1s/1000r)×(1/2)r 即可得到单位为 s 的解。之后要做的仅仅就是单位的换算了，如将 s 转换成 ms。这种计算题的解题技巧适用于大部分已知条件与问题均带单位的情况。

与考点二结合的综合题考查，考生可参考考点二和习题与真题 71 题的答案解析，学习解题技巧。

考点五　4 种重要的磁盘调度算法：先来先服务、最短寻道时间优先、扫描算法和循环扫描算法

这类考点主要考查对 4 种磁盘调度算法的理解，扫描算法与循环扫描算法容易混淆，需要注意。

考查形式以选择题、综合题为主。给出一个请求序列，考生应该能按照各种磁盘调度算法计算出实际的访问序列，并进而分析哪种调度算法的寻道时间更短，算法更优，按照对 4 种磁盘调度算法的理解进行作答即可。计算寻道时间时注意合并中间项，如访问序列的磁道号分别为 45、55、90、120、30，则计算实际磁头移动的磁道数时，可分为两部分，先从 45 号磁道移动到 120 号磁道，再从 120 号磁道移动到 30 号磁道，故移动的磁道数为(120–45)+(120–30)=165，而不需要分别计算 45～55、55～90、90～120 所移动的磁道数。

第5章　设备管理

大纲要求

（一）I/O 管理概述

1．I/O 控制方式

2．I/O 软件层次结构

（二）I/O 核心子系统

1．I/O 调度概念

2．高速缓存与缓冲区

3．设备分配与回收

4．假脱机技术（SPOOLing）

（三）I/O 接口

1．输入/输出应用程序接口

2．设备驱动程序接口

核心考点

1．（★）I/O 设备管理基础知识，包括 I/O 设备的分类、I/O 设备管理的概念等。

2．（★★★）I/O 设备的 4 种控制方式：程序直接控制方式、中断控制方式、DMA 控制方式和通道控制方式。特别是 DMA 控制方式和通道控制方式的区别与联系。

3．（★★）I/O 软件的层次结构：中断处理程序、设备驱动程序、设备独立性软件和用户层软件。

4．（★★）缓冲区的分类与结构，设备分配与回收的过程，假脱机技术（SPOOLing）的原理与实现。

5．（★★）输入/输出程序接口与设备的概念分类；设备驱动程序接口的概念。

知识点讲解

5.1　I/O 管理概述

5.1.1　I/O 设备的分类与 I/O 管理的任务

1．I/O 设备的分类

（1）按设备的使用特性分类

按设备的使用特性可以将设备分为存储设备、人机交互设备和网络通信设备。

- **存储设备。**它是计算机用来保存各种信息的设备，如磁盘、磁带等。
- **人机交互设备。**它是计算机与计算机用户之间交互的设备，用于向 CPU 传输信息或输出经过 CPU 加工处理的信息，如键盘是输入设备，显示器和打印机是输出设备。
- **网络通信设备。**用于与远程设备通信的设备，如各种网络接口、调制解调器等。

（2）按信息交换单位分类

按信息交换单位可以将设备分为字符设备和块设备。

- **字符设备。**处理信息的基本单位是字符，如键盘、打印机和显示器是字符设备。
- **块设备。**处理信息的基本单位是字符块。一般字符块的大小为 512B～4KB，如磁盘是块设备。

（3）按传输速率分类

按设备传输速度的高低可以将设备分为低速设备、中速设备和高速设备。

- **低速设备。**它是指其传输速率仅为每秒几个字节至数百个字节的一类设备，如键盘、鼠标等。
- **中速设备。**它是指其传输速率在每秒数千字节至数万字节的一类设备，如行式打印机、激光打印机等。
- **高速设备。**它是指其传输速率在每秒数十万个字节至数十兆字节的一类设备，如磁带机、磁盘等。

（4）按设备的共享属性分类

按设备的共享属性可以将设备分为独占设备、共享设备和虚拟设备。

- **独占设备。**它是指在同一时刻只有一个进程可以使用的设备，属于临界资源。一旦系统将这类设备分配给某个进程后，便由该进程独占，直至用完释放。多数低速设备都属于独占设备，如打印机。
- **共享设备。**它是指允许多个进程访问的设备，如磁盘就是非常典型的共享设备，它允许若干个进程交替地读写信息，当然在一个时刻，一台设备只允许一个进程访问。
- **虚拟设备。**它是指通过虚拟技术让一个独占设备在逻辑上被多个进程同时使用的设备，如采用虚拟技术后的打印机，进程可以同时发送打印信息给打印机，就像有多个打印机一样。

（5）按是否被阻塞分类

按设备是否能被阻塞可以将设备分为阻塞 I/O 与非阻塞 I/O。

- **阻塞 I/O。**它是指执行 I/O 操作的用户程序需要等待内核 I/O 操作彻底完成后，才能返回到用户空间执行用户的操作。阻塞是指用户空间的执行状态，即调用线程一直在等待，不能干别的事情。
- **非阻塞 I/O。**它是指用户空间的程序不需要等待内核 I/O 操作彻底完成，可以立即返回用户空间执行用户操作，即处于非阻塞 I/O 状态，内核空间会立即返回给用户一个状态值，用于标识此次 I/O 操作是否完成。调用程序拿到内核返回的状态值后，I/O 操作能完成则完成，不能完成则此程序也会去执行别的任务。

2．I/O 管理的任务和功能

设备管理的主要任务是完成用户提出的 I/O 请求，为用户分配 I/O 设备，提高 I/O 设备的利用率，方便用户使用 I/O 设备。为了完成上述任务，设备管理应该具备以下功能。

（1）设备分配

按照设备类型和相应的分配算法决定将 I/O 设备分配给哪一个进程。如果在 I/O 设备和

CPU 之间还存在着设备控制器和通道，那么还必须分配相应的设备控制器和通道，以保证 I/O 设备与 CPU 之间有传递信息的通路。凡未分配到所需设备的进程应放在一个等待队列。为了实现设备分配，系统中应设置一些数据结构，用于记录设备的状态。

（2）设备处理

设备处理程序用以实现 CPU 和设备控制器之间的通信。进行 I/O 操作时，由 CPU 向设备控制器发出 I/O 指令，启动设备进行 I/O 操作；当 I/O 操作完成时能对设备发来的中断请求作出及时的响应和处理。

（3）缓冲管理

设置缓冲区的目的是缓和 CPU 与 I/O 设备速度不匹配的矛盾。缓冲管理程序负责完成缓冲区的分配、释放及有关的管理工作。

（4）设备独立性

设备独立性又称为设备无关性，是指应用程序独立于物理设备。用户在编制应用程序时，要尽量避免直接使用实际设备名。若程序中使用了实际设备名，则当该设备没有连续在系统中或者该设备发生故障时，用户程序无法运行，若要运行此程序，则需要修改程序。如果用户程序不涉及实际设备而使用逻辑设备，那么它所要求的输入/输出便与物理设备无关。设备独立性可以提高用户程序的可适应性。

5.1.2 I/O 控制方式

设备一般由机械部分和电子部分组成，设备的电子部分通常称为设备控制器。设备控制器处于 CPU 与 I/O 设备之间，其接收来自 CPU 的命令，并控制 I/O 设备工作，使处理器从繁杂的设备控制事务中解脱出来。设备控制器是一个可编址设备，当它仅控制一个设备时，它只有一个设备地址；当它可连接多个设备时，它应具有多个设备地址。

设备控制器应具备以下功能：①接收和识别来自 CPU 的各种指令；②实现 CPU 与设备控制器、设备控制器与设备之间的数据交换；③记录设备的状态供 CPU 查询；④识别所控制的每个设备的地址；⑤对 CPU 输出的数据或设备向 CPU 输入的数据进行缓冲；⑥对输入/输出数据进行差错控制。

大多数设备控制器由设备控制器与处理器的接口（数据线、地址线、控制线）、设备控制器与设备的接口及 I/O 逻辑 3 部分组成，如图 5-1 所示。

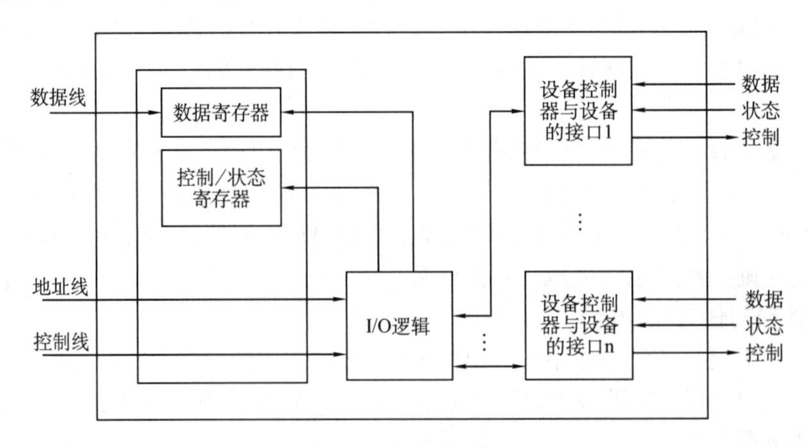

图 5-1 设备控制器

I/O 控制方式通常有以下 4 种：程序直接控制方式、中断控制方式、DMA 控制方式和通道控制方式。

1．程序直接控制方式

在早期的计算机系统中没有中断系统，所以 CPU 和 I/O 设备进行通信、传输数据时，由于 CPU 的速度远远快于 I/O 设备，因此 CPU 需要不断地测试 I/O 设备。这种控制方式又称为轮询或忙等。

如图 5-2a 所示，以数据输入为例，当用户进程需要输入数据时，由处理器向设备控制器发出一条 I/O 指令启动设备进行输入。在设备输入数据期间，处理器通过循环执行测试指令不断地检测设备状态寄存器的值，当状态寄存器的值显示设备输入完成时，处理器将数据寄存器中的数据取出并送入内存指定单元，然后再启动设备去读下一个数据。反之，当用户进程需要向设备输出数据时，也必须同样发出启动命令启动设备输出并等待输出操作完成。

- **优点**。程序直接控制方式的工作过程非常简单。
- **缺点**。CPU 的利用率相当低。因为 I/O 设备的速度太慢，跟不上 CPU，致使 CPU 的绝大部分时间都在测试 I/O 设备是否已经完成数据传输，从而造成 CPU 的极大浪费。

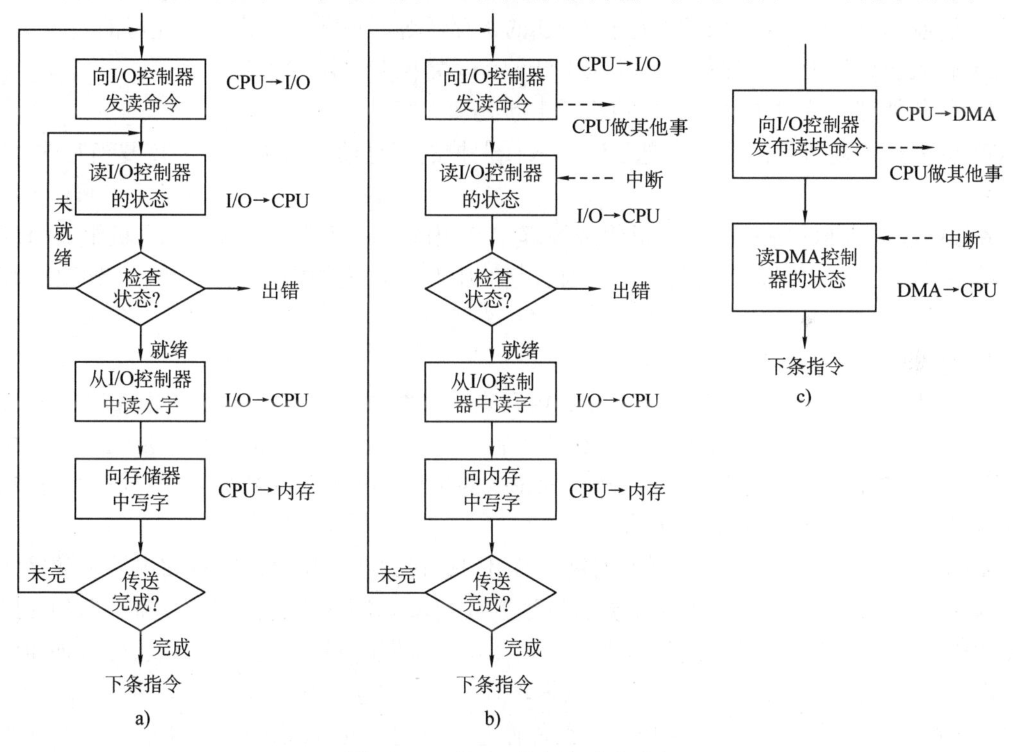

图 5-2　三种 I/O 控制方式的流程

a）程序 I/O 方式　b）中断驱动方式　c）DMA 方式

2．中断控制方式

为了减少程序直接控制方式中的 CPU 等待时间，提高 CPU 与设备的并行工作程度，现代计算机系统中广泛采用中断控制方式对 I/O 设备进行控制。

如图 5-2b 所示，以数据输入为例，当用户进程需要数据时，由 CPU 向设备控制器发出启动指令启动外设输入数据。在输入数据的同时，CPU 可以做其他工作。当输入完成时，设

备控制器向 CPU 发出一个中断信号，CPU 接收到中断信号之后，转去执行设备中断处理程序。设备中断处理程序将输入数据寄存器中的数据传送到某一特定内存单元中，供要求输入的进程使用，然后再启动设备去读下一个数据。

- **优点**。与程序直接控制方式相比，有了中断的硬件支持后，CPU 和 I/O 设备间可以并行工作了，CPU 只需收到中断信号后处理即可，大大提高了 CPU 利用率。

举一个简单的例子来说，从终端输入一个字符的时间约为 100ms，而将字符送入终端缓冲区的时间小于 0.1ms。若采用程序 I/O 方式，CPU 约有 99.9ms 的时间处于忙或等待中。采用中断驱动方式后，CPU 可利用这 99.9ms 的时间去做其他事情，而仅用 0.1ms 的时间来处理由控制器发来的中断请求。可见，中断驱动方式可以成百倍地提高 CPU 的利用率。

- **缺点**。这种控制方式仍然存在一些问题，如每台设备每输入/输出一个数据，都要求中断 CPU，这样在一次数据传送过程中的中断次数过多，从而耗费了大量 CPU 时间。

中断处理程序的处理过程（仅指 I/O 完成时发出的中断）如下。

1）唤醒被阻塞的驱动（程序）进程：可能用 signal 操作或发送信号来唤醒被阻塞的驱动（程序）进程。

2）保护被中断进程的 CPU 环境：将处理器状态字 PSW 和程序计数器 PC 压入栈中加以保存，其他需要被压入栈中保护的还有 CPU 的寄存器等，这些都是由硬件完成的。

3）转入想要的设备处理程序：测试中断源以确定引起中断的设备号。

4）中断处理：针对该设备调用相应的中断处理程序。

5）恢复被中断进程的现场：把当时压入栈保护的寄存器等数据弹出，恢复当时的 CPU 执行的上下文。

★注：这里的 I/O 中断和计算机组成原理中介绍的中断并非一回事，计算机组成原理中介绍的中断是广义的中断，包含所有原因引起的中断，这里的中断仅指由输入/输出引起的中断。

3. DMA 控制方式

DMA 控制方式的基本思想是在外设和内存之间开辟直接的数据交换通路。在 DMA 控制方式中，设备控制器具有更强的功能，在其控制下，设备和内存之间可以成批地进行数据交换，而不用 CPU 干预。这样既大大减轻了 CPU 的负担，也使 I/O 数据传输速度大大提高。这种方式一般用于块设备的数据传输。

如图 5-2c 所示，仍然以数据输入为例，当用户进程需要数据时，CPU 将准备存放输入数据的内存起始地址以及要传送的字节数分别送入 DMA 控制器中的内存地址寄存器和传送字节计数器中，并启动设备开始进行数据输入。在输入数据的同时，CPU 可以去做其他事情。输入设备不断地挪用 CPU 工作周期，将数据寄存器中的数据源源不断地写入内存，直到要求传送的数据全部传输完毕。DMA 控制器在传输完毕时向 CPU 发送一个中断信号，CPU 收到中断信号后转中断处理程序执行，中断结束后返回被中断程序。

DMA 控制方式的特点为：数据传输的基本单位是数据块；数据是单向传输，且从设备直接送入内存或者相反；仅在传送一个或多个数据块的开始和结束时才需 CPU 干预，整块数据的传送是在控制器的控制下完成的。

DMA 控制方式与中断控制方式的主要区别是：中断控制方式在每个数据传送完成后中断 CPU，而 DMA 控制方式则是在所要求传送的一批数据全部传送结束时才中断 CPU；中断控制方式的数据传送是在中断处理时由 CPU 控制完成，而 DMA 控制方式则是在 DMA 控制器的控制下完成。

DMA 控制器的组成如图 5-3 所示。

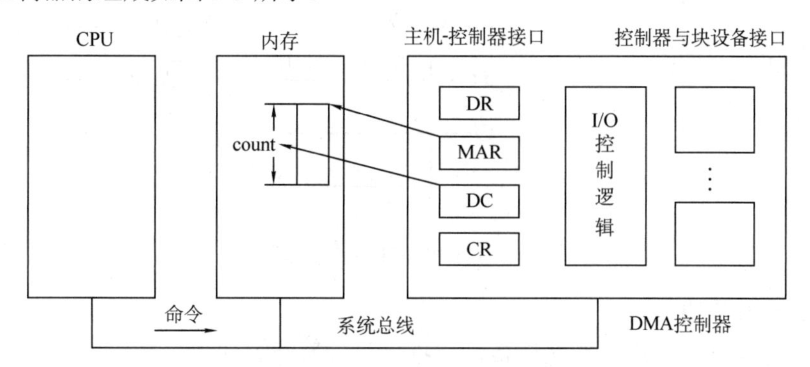

图 5-3 DMA 控制器的组成

DMA 控制器中主要包括 4 类寄存器，用于主机和控制器之间成块数据的交换。

1）命令/状态寄存器（CR）：用于接收从 CPU 发来的 I/O 命令或有关控制信息，或设备的状态。

2）内存地址寄存器（MAR）：用于存放数据从设备传送到内存或从内存到设备的内存地址。

3）数据寄存器（DR）：用于暂存从设备到内存或从内存到设备的数据。

4）数据计数器（DC）：存放本次要传送的字数。

- **优点。**DMA 控制方式下，设备和 CPU 可以并行工作，同时设备与内存的数据交换速度加快，并且不需要 CPU 干预。
- **缺点。**DMA 控制方式仍然存在一定局限性，如数据传送的方向、存放输入数据的内存起始地址及传送数据的长度等都由 CPU 控制，并且每台设备都需要一个 DMA 控制器，当设备增加时，多个 DMA 控制器的使用也不经济。

4. 通道控制方式

通道控制方式与 DMA 控制方式类似，也是一种以内存为中心，实现设备与内存直接交换数据的控制方式。与 DMA 控制方式相比，通道所需要的 CPU 干预更少，而且可以做到一个通道控制多台设备，从而进一步减轻了 CPU 负担。通道本质上是一个简单的处理器，它独立于 CPU，有运算和控制逻辑，有自己的指令系统，也在程序控制下工作，专门负责输入、输出控制，具有执行 I/O 指令的能力，并通过执行通道 I/O 程序来控制 I/O 操作。

与 CPU 不同的是，通道的指令类型单一，这是由于通道硬件比较简单，其所能执行的命令主要局限于与 I/O 操作有关的指令；且通道没有自己的内存，通道所执行的通道程序是放在主机的内存中的，换言之，是通道与 CPU 共享内存。

根据信息交换方式的不同，通道可以被分成字节多路通道、数组选择通道和数组多路通道。

（1）字节多路通道

字节多路通道用于连接多个慢速和中速设备，这些设备的数据传送以字节为单位。每传送一个字节要等待较长时间，如终端设备等。因此，通道可以以字节交叉方式轮流为多个外设服务，以提高通道的利用率。这种通道的数据宽度一般为单字节。图 5-4 给出了字节多路通道的工作原理。

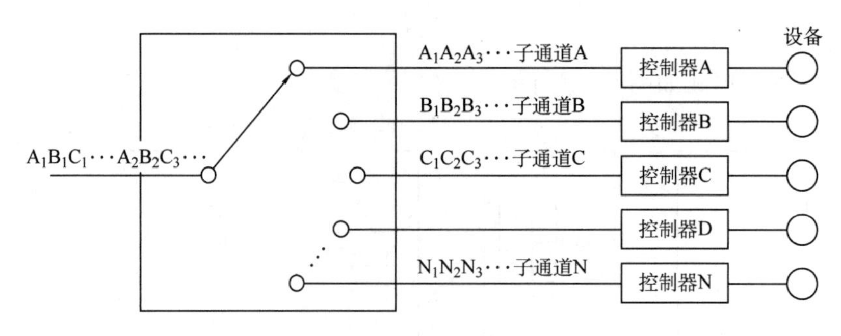

图 5-4 字节多路通道的工作原理

（2）数组选择通道

字节多路通道不适于连接高速设备，这推动了按数组方式进行数据传送的数组选择通道的形成。这种通道虽然可以连接多台高速设备，但由于它只含有一个分配型子通道，在一段时间内只能执行一道通道程序，控制一台设备进行数据传送，致使当某台设备占用了该通道后，便一直由它独占，即使无数据传送，通道被闲置，也不允许其他设备使用该通道，直至该设备传送完毕释放该通道。可见，这种通道的利用率很低。

（3）数组多路通道

数组选择通道虽有很高的传输速率，但它却每次只允许一个设备传输数据。数组多路通道是将数组选择通道传输速率高和字节多路通道能使各子通道(设备)分时并行操作的优点相结合而形成的一种新通道。它含有多个非分配型子通道，因而这种通道既具有很高的数据传输速率，又能获得令人满意的通道利用率。也正因此，才使该通道能广泛地用于连接多台高、中速的外围设备，其数据传送是按数组方式进行的。

I/O 通道方式是对 DMA 方式的发展，它进一步使 CPU 参与到数据传输的控制减少，即把对一个数据块的读（或写）为单位的干预，减少为对一组数据块的读（或写）及有关的控制和管理为单位的干预。同时，又可实现 CPU、通道和 I/O 设备的并行操作，从而更有效地提高了整个系统的资源利用率，如图 5-5 所示。

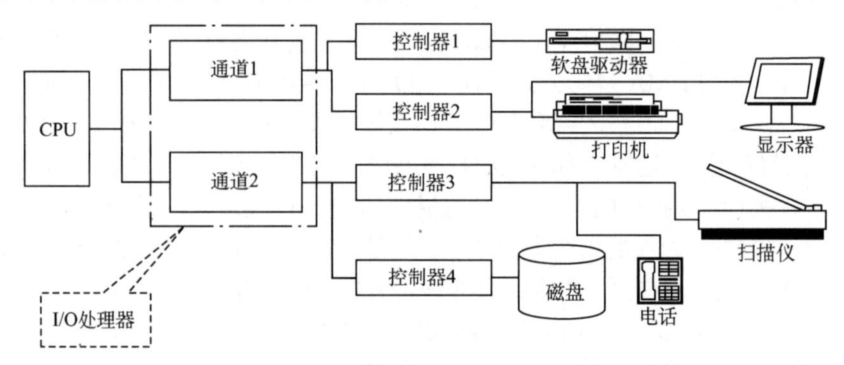

图 5-5 通道控制方式

在通道控制方式中，CPU 只需发出启动指令，指出要求通道执行的操作和使用的 I/O 设备，该指令就可以启动通道并使该通道从内存中调出相应的通道程序执行。

以数据输入为例，当用户进程需要数据时，CPU 发出启动指令指明要执行的 I/O 操作、所使用的设备和通道。当对应通道接收到 CPU 发来的启动指令后，把存放在内存中的通道程序读出，并执行通道程序，控制设备将数据传送到内存中指定的区域。在设备进行输入的同时，CPU 可以去做其他工作。当数据传送结束时，设备控制器向 CPU 发送一个中断请求。CPU 收到中断请求后转中断处理程序执行，中断结束后返回被中断程序。

- **优点。**通道控制方式解决了 I/O 操作的独立性和各部件工作的并行性。通道把中央处理器从烦琐的输入/输出操作中解放出来。采用通道技术后，不仅能实现 CPU 和通道的并行操作，而且也能实现通道与通道之间的并行操作，各通道上的外设也能实现并行操作，从而可达到提高整个系统效率的根本目的。
- **缺点。**由于需要更多硬件（通道处理器），因此其成本较高。通道控制方式通常应用于大型数据交互的场合。

通道控制方式与 DMA 控制方式的区别：首先，DMA 控制方式中需要 CPU 来控制所传输数据块的大小、传输的内存，而通道控制方式中这些信息都是由通道来控制管理的；其次，一个 DMA 控制器对应一台设备与内存传递数据，而一个通道可以控制多台设备与内存的数据交换。

5.1.3 I/O 软件层次结构

I/O 软件设计的基本思想是将设备管理软件组织成一种层次结构。其中低层软件与硬件相关，用来屏蔽硬件的具体细节；而高层软件则为用户提供一个友好的、清晰而统一的接口。I/O 设备管理软件一般分为 4 层：中断处理程序、设备驱动程序、设备独立性软件和用户层软件。

1．层次结构概述

图 5-6 总结了 I/O 软件的层次结构及每一层的主要功能。

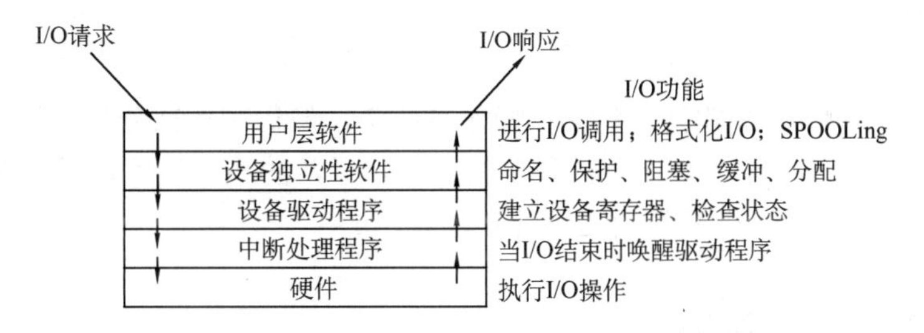

图 5-6　I/O 软件的层次结构及每一层的主要功能

图 5-6 中的箭头表示 I/O 控制流，例如，当用户程序要从文件中读一个数据块时，需要通过操作系统来执行此操作。设备独立性软件首先在高速缓存中查找此数据块，若未找到，则调用设备驱动程序向硬件发出相应的请求，用户进程随即阻塞直到数据块被读出。当磁盘操作完成时，硬件产生一个中断，并转入中断处理程序。中断处理程序检查中断的原因，并从设备中获取所需的信息，然后唤醒睡眠的进程以结束此次 I/O 请求，使用户进程继续执行。

2．中断处理程序

中断处理是控制输入/输出设备和内存与 CPU 之间的数据传送的主要方式。中断与硬件相关，I/O 设备的中断服务程序的代码与任何进程无关。当完成 I/O 操作时，设备便向 CPU 发送一个中断信号，CPU 响应中断后便转入中断处理程序。中断过程如下：①唤醒被阻塞的驱动程序进程；②保护被中断进程的 CPU 环境；③分析中断原因；④进行中断处理；⑤恢复被中断进程的现场。

这里的中断是指所有中断，而非设备中断一种，因此对于设备中断的处理不仅仅在这一

层，而是经过其他层次处理后转入这层，向 CPU 发送中断信号转入中断处理程序的。

3．设备驱动程序

所有与设备相关的代码放在设备驱动程序中，由于设备驱动程序与设备密切相关，因此应为每一类设备配置一个驱动程序。

设备驱动程序的任务是接受来自上层的设备独立性软件的抽象请求，将这些请求转换成设备控制器可以接受的具体命令，再将这些命令发送给设备控制器，并监督这些命令正确执行。若请求到来时设备驱动程序是空闲的，则立即开始执行这个请求；若设备驱动程序正在执行一个请求，则将新到来的请求插入等待队列中。设备驱动程序是操作系统中唯一知道设备控制器中设置了多少个寄存器以及这些寄存器有何用途的程序。

设备驱动程序的处理过程：①将抽象要求转换为具体要求；②检查 I/O 请求的合法性；③读出和检查设备的状态；④传送必要参数；⑤设置工作方式；⑥启动 I/O 设备。

4．设备独立性软件

虽然 I/O 软件中的一部分（如设备驱动程序）与设备相关，但大部分软件是与设备无关的。至于设备驱动程序与设备独立性软件之间的界限，则随操作系统的不同而不同，具体划分原则取决于系统的设计者怎样权衡系统与设备的独立性、设备驱动程序的运行效率等诸多因素。对于一些按照设备独立方式实现的功能，出于效率和其他方面的考虑，也可以由设备驱动程序来实现。

设备独立性软件的基本任务是：实现一般设备都需要的 I/O 功能，并向用户空间软件提供一个统一的接口。设备独立性软件通常应实现的功能包括设备驱动程序的统一接口，设备命名，设备保护，提供与设备无关的逻辑块，缓冲、存储设备的块分配，独占设备的分配和释放，出错处理。

5．用户层软件

一般来说，大部分 I/O 软件都包含在操作系统中，但仍有一部分是由与用户程序链接在一起的库函数，甚至运行于内核之外的程序构成的。通常的系统调用包括 I/O 系统调用，是由库函数实现的。SPOOLing 系统也处于这一层。

5.2 I/O 核心子系统

I/O 核心子系统是设备控制的各类方法，其提供的服务主要有 I/O 调度、高速缓存与缓冲区、设备分配与回收、假脱机技术等。

5.2.1 I/O 调度概念

I/O 调度就是确定一个好的顺序来执行 I/O 请求。应用程序所发布的系统调用的顺序不一定总是最佳选择，所以需要通过 I/O 调度来改善系统的整体性能，使进程间公平地共享设备访问，减少 I/O 完成所需要的平均等待时间。

操作系统通过为每个设备维护一个请求队列来实现调度。当一个应用程序执行阻塞 I/O 系统调用时，该请求就被加到相应设备的队列上。I/O 调度重新安排队列顺序以提高系统总体效率和缩短应用程序的平均响应时间。

I/O 子系统改善计算机效率的方法包括 I/O 调度和使用主存或磁盘上的存储空间技术，如缓冲、高速缓存和假脱机等。

5.2.2 高速缓存与缓冲区

提高处理器与外设并行程度的另一项技术就是缓冲技术。

1．缓冲的引入

虽然中断、DMA 和通道控制技术使得系统中设备和设备、设备和 CPU 得以并行运行，但是设备和 CPU 处理速度不匹配的问题是客观存在的，这个问题制约了计算机系统性能的进一步提高。例如，当用户进程一边计算一边输出数据时，若没有设置缓冲，则进程输出数据时，必然会因打印机的打印速度大大低于 CPU 输出数据的速度，而使 CPU 停下来等待；反之，在用户进程进行计算时，打印机又会因无数据输出而空闲等待。若设置一个缓冲区，则用户进程可以将数据先输出到缓冲区中，然后继续执行；打印机则可以从缓冲区取出数据慢慢打印，而不会影响用户进程的运行。因此，缓冲区的引入缓和了 CPU 与设备速度不匹配的矛盾，提高了设备和 CPU 的并行操作程度，提高了系统吞吐量和设备利用率。

此外，引入缓冲后可以降低设备对 CPU 的中断频率，放宽对中断响应时间的限制。例如，假设某设备在没有设置缓冲区之前每传输一个字节中断 CPU 一次，若在设备控制器中增设一个 100B 的缓冲区，则设备控制器要等到存放 100 个字符的缓冲区装满以后才发出一次中断，从而使设备控制器对 CPU 的中断频率降低到原来的 1/100。

缓冲的实现方法有两种：一种是采用硬件缓冲器来实现，但由于其成本太高，除一些关键部位外，一般情况下不采用；另一种是在内存中划出一块存储区，专门用来临时存放输入/输出数据，这个区域称为缓冲区。

2．缓冲的分类

根据系统设置的缓冲区个数，缓冲技术可以分为单缓冲、双缓冲、循环缓冲和缓冲池。

（1）单缓冲

单缓冲是操作系统提供的一种最简单的缓冲形式，其工作方式如图 5-7a 所示。当用户进程发出一个 I/O 请求时，操作系统便在内存中为它分配一个缓冲区。由于只设置了一个缓冲区，设备和处理器交换数据时，应先把要交换的数据写入缓冲区，然后由需要数据的设备或处理器从缓冲区取走数据，因此设备与处理器对缓冲区的操作是串行的。

在块设备输入时，先从磁盘把一块数据输入到缓冲区，假设所用时间为 t；然后由操作系统将缓冲区的数据传送到用户区，假设所用时间为 m；接下来，CPU 对这一块数据进行计算，假设计算时间为 c；则系统对每一块数据的处理时间为 max(c, t)+m（通常 m 远小于 t 或 c）。若没有缓冲区，数据将直接进入用户区，则每块数据的处理时间为 t+c。在块设备输出时，先将要输入的数据从用户区复制到缓冲区，然后再将缓冲区中的数据写到设备。

在字符设备输入时，缓冲区用于暂存用户输入的一行数据。在输入时，用户进程阻塞以等待一行数据输入完毕；在输出时，用户进程将一行数据送入缓冲区后继续执行计算。当用户进程已有第二行数据要输出时，若第二行数据尚未输出完毕，则用户进程阻塞。

（2）双缓冲

引入双缓冲（见图 5-7b）可以提高处理器与设备的并行操作程度。在块设备输入时，输入设备先将第一个缓冲区装满数据，在输入设备装填第二个缓冲区的同时，操作系统可以将第一个缓冲区的数据传送到用户区供处理器进行计算；当第一个缓冲区中的数据处理完后，若第二个缓冲区已经装满，则处理器又可以处理第二个缓冲区的数据，而输入设备又可以装填第一个缓冲区。显然，双缓冲的使用提高了处理器和输入设备并行操作的程度。只有当两

个缓冲区都为空，进程还要提取数据时，该进程阻塞。采用双缓冲时，系统处理一块数据的时间可以估计为 max(c, t)。若 c<t，则可使块设备连续输入；若 c>t，则可使处理器连续计算。

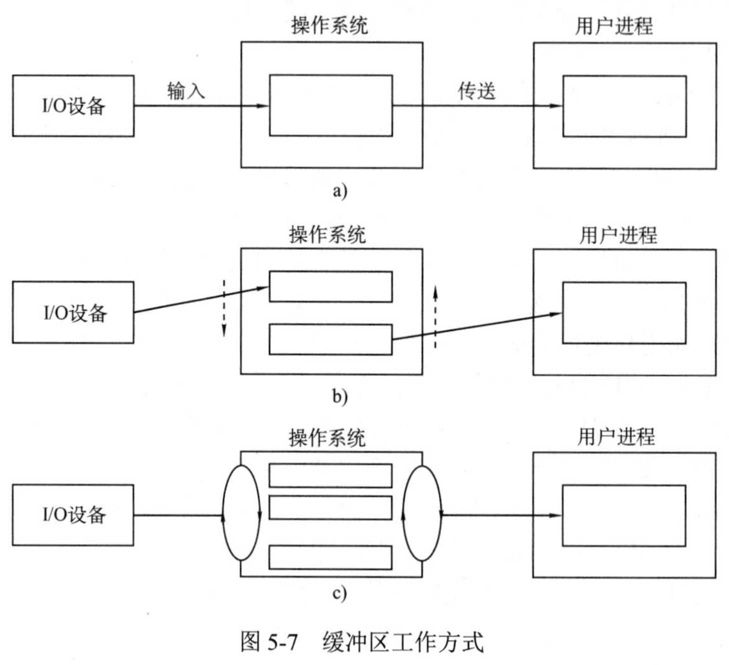

图 5-7 缓冲区工作方式

a）单缓冲 b）双缓冲 c）循环缓冲

在字符设备输入时，若采用行输入方式和双缓冲，则用户在输入完第一行后，CPU 执行第一行中的命令，而用户可以继续向第二个缓冲区中输入下一行数据，因此用户进程一般不会阻塞。

（3）循环缓冲

双缓冲方案在设备输入/输出速度与处理器处理数据速度基本匹配时能获得较好的效果，但若两者速度相差甚远，双缓冲的效果则不够理想。为此引入了循环缓冲技术，如图 5-7c 所示。

循环缓冲包含多个大小相等的缓冲区，每个缓冲区中有一个链接指针指向下一个缓冲区，最后一个缓冲区的指针指向第一个缓冲区，这样多个缓冲区构成一个环形。循环缓冲用于输入/输出时，还需要有两个指针 in 和 out。对于输入而言，首先要从设备接收数据到缓冲区中，in 指针指向可以输入数据的第一个空缓冲区；当用户进程需要数据时，从循环缓冲中取出一个装满数据的缓冲区，提取数据，out 指针指向可以提取数据的第一个满缓冲区。显然，对输出而言正好相反，进程将处理过的需要输出的数据送到空缓冲区中，而当设备空闲时，从满缓冲区中取出数据由设备输出。

（4）缓冲池

循环缓冲一般适用于特定的 I/O 进程和计算进程，因而当系统中进程很多时将会有许多这样的缓冲，这不仅要消耗大量的内存空间，而且利用率不高。

目前，计算机系统中广泛使用缓冲池，缓冲池由多个缓冲区组成，其中的缓冲区可供多个进程共享，并且既能用于输入，又能用于输出，如图 5-8 所示。缓冲池中的缓冲区按其使用状况可以形成以下 **3 个队列**。

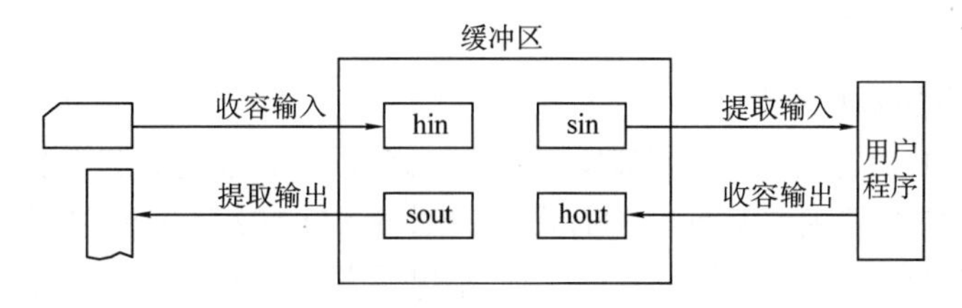

图 5-8 缓冲区的工作方式

- 空缓冲队列。
- 装满输入数据的缓冲队列（输入队列）。
- 装满输出数据的缓冲队列（输出队列）。

除上述 3 个队列之外，还应具有以下 **4 种工作缓冲区**。

- 用于收容输入数据的工作缓冲区。
- 用于提取输入数据的工作缓冲区。
- 用于收容输出数据的工作缓冲区。
- 用于提取输出数据的工作缓冲区。

当输入进程需要输入数据时，便从空缓冲队列的队首摘下一个空缓冲区，把其作为收容输入数据的工作缓冲区，然后把数据输入其中，装满后再将它挂到输入队列队尾。当计算进程需要输入数据时，便从输入队列取得一个缓冲区作为提取输入数据的工作缓冲区，计算进程从中提取数据，数据用完后再将其挂到空缓冲队列队尾。当计算进程需要输出数据时，便从空缓冲队列的队首取得一个空缓冲区，作为收容输出数据的工作缓冲区，当其中装满输出数据后，再将其挂到输出队列队尾。当要输出时，由输出进程从输出队列中取得一个装满输出数据的缓冲区，作为提取输出数据的工作缓冲区，当数据提取完后，再将其挂到空缓冲队列的末尾。

3. 高速缓存与缓冲区

高速缓存是可以保存数据备份的高速存储器。访问高速缓存要比访问原始数据更高效，速度更快。虽然高速缓存和缓冲区均介于一个高速设备和一个低速设备之间，但高速缓存并不等价于缓冲区，它们之间有着很大的区别。

- **两者存放的数据不同**。高速缓存上放的是低速设备上的某些数据的一个备份，也就是说，高速缓存上有的数据，低速设备上必然有；而缓冲区中放的则是低速设备传递给高速设备的数据，这些数据从低速设备传递到缓冲区中，然后再从缓冲区送到高速设备，而在低速设备中却不一定有备份。
- **两者的目的不同**。引入高速缓存是为了存放低速设备上经常被访问到的数据的备份，这样一来，高速设备就不需要每次都访问低速设备，但是如果要访问的数据不在高速缓存中，那么高速设备还是需要访问低速设备；而缓冲区是为了缓和高速设备和低速设备间速度不匹配的矛盾，高速设备和低速设备间每次的通信都要经过缓冲区，高速设备不会直接去访问低速设备。

5.2.3 设备分配与回收

设备分配是设备管理的功能之一，当进程向系统提出 I/O 请求之后，设备分配程序将按照一定的分配策略为其分配所需设备，同时还要分配相应的设备控制器和通道，以保证 CPU

和设备之间的通信。

1．设备管理中的数据结构

为了实现对 I/O 设备的管理和控制，需要对每台设备、通道、设备控制器的有关情况进行记录。设备分配依据的主要数据结构有设备控制表（DCT）、设备控制器控制表（COCT），通道控制表（CHCT）和系统设备表（SDT）。不仅设备要控制表，控制器也要控制表，而且控制控制器的通道也要控制表，同时，作为最终资源的设备也要有个表，就是系统设备表。

- **DCT。**系统为每一个设备配置一张设备控制表，用于记录设备的特性以及 I/O 控制器的连接情况。设备控制表中包含的项目如图 5-9 所示。其中，设备状态用来指示设备当前状态（忙/闲），设备等待队列指针指向等待使用该设备的进程组成的等待队列，控制器控制表（COCT）指针指向与该设备相连接的设备控制器。

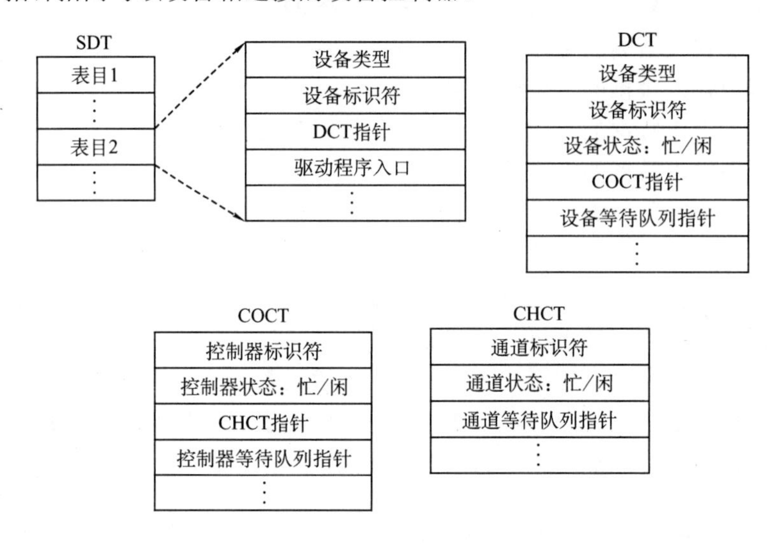

图 5-9　设备控制表中的数据结构及相互关系

- **COCT。**每个控制器都配有这样一张控制器控制表，用于反映设备控制器的使用状态以及和通道的连接情况等。
- **CHCT。**每个通道同样配有这样一张通道控制表，用于反映通道的状态等。
- **SDT。**整个系统只有一张系统设备表，它记录了已连接到系统中的所有物理设备的情况，每个物理设备占用一个表目。SDT 的每个表目包括设备类型、设备标识符、设备控制表指针等信息。其中，设备控制表（DCT）指针指向该设备对应的设备控制表。

2．设备分配策略

在计算机系统中，请求设备为其服务的进程数往往多于设备数，这样就出现了多个进程对某类设备的竞争问题。为了保证系统有条不紊地工作，系统在进行设备分配时应考虑以下问题。

（1）设备的使用性质

在分配设备时，系统应考虑设备的使用性质。例如，有的设备在一段时间内只能给一个进程使用，而有的设备可以被多个进程共享。按照设备自身的使用性质，设备分配可以采用以下 3 种不同的方式。

- **独享设备。**又称为独占设备，应采用独享分配方式，即在将一个设备分配给某进程后便一直由其独占，直至该进程完成或释放设备后，系统才能再将设备分配给其他进程，如打印机就不能被多个进程共享，而应采取独享分配方式。实际上，大多数低速设备都适合采用这种分配方式；其主要缺点是I/O设备通常得不到充分利用。

- **共享分配**。对于共享设备，系统可将其同时分配给多个进程使用，如磁盘是一种共享设备，因此可以被分配给多个进程使用。共享分配方式显著提高了设备利用率，但对设备的访问需要进行合理调度。
- **虚拟分配**。虚拟分配是针对虚拟设备而言的，当进程申请独享设备时，系统给它分配共享设备上的一部分存储空间；当进程要与设备交换信息时，系统就把要交换的信息存放在这部分存储空间中；在适当的时候，将设备上的信息传输到存储空间中或将存储空间中的信息传送到设备。

（2）设备分配算法

设备分配除了与设备的使用性质相关外，还与系统所采用的分配算法有关。设备分配中主要采用先来先服务和优先级高者优先两种算法。

- **先来先服务**。根据请求的时间顺序构成队列，总是把设备优先分配给队首进程。
- **优先级高者优先**。按照优先级的高低进行设备分配，若优先级相同，则按照先来先服务算法进行分配。

（3）设备分配的安全性

所谓设备分配的安全性，是指在设备分配中应保证不发生进程的死锁。

在进行设备分配时，可采用静态分配方式和动态分配方式。静态分配是指在用户作业开始执行之前，由系统一次性分配该作业所需要的所有设备、设备控制器和通道，一旦分配，则一直占用，直至作业撤销。静态分配虽然不会出现死锁，但设备使用效率较低。

动态分配是指在进程执行过程中根据执行需要进行设备分配。在进程需要设备时申请，用完后立即释放。动态分配方式有利于提高设备的利用率，但如果分配算法不当，则可能造成死锁。

设备的动态分配方式分为安全分配和不安全分配。

在安全分配方式中，每当进程发出I/O请求后就进入阻塞状态，直到I/O完成才被唤醒。这种分配方式摒弃了“请求和保持条件”，不会发生死锁，但进程推进缓慢。

在不安全分配方式中，允许进程发出I/O请求后仍然运行，且可以继续发出I/O请求，因此可能出现一个进程同时操作多个设备的情况，从而使得进程推进迅速，但有可能发生死锁，所以需要在分配设备前进行安全性检测。

3. 设备独立性

设备独立性是指应用程序独立于具体使用的物理设备，它可以提高设备分配的灵活性和设备的利用率。为了提高操作系统的可适应性和可扩展性，现代操作系统毫无例外地实现了设备独立性（又称设备无关性）。

为了实现设备独立性，引入了逻辑设备和物理设备这两个概念。在应用程序中，使用逻辑设备名来请求使用某类设备，而系统为这个进程分配的逻辑设备对应一个物理设备和设备驱动程序入口地址，这些信息都被放在逻辑设备表的一项中，以后该进程通过逻辑设备名来请求I/O操作时，就可以找到对应的物理设备和驱动程序入口地址。

设备独立性带来的好处有：设备分配时的灵活性和易于实现I/O重定向。

为了实现设备独立性，必须在设备驱动程序之上设置一层设备独立性软件，用来执行所有I/O设备的公用操作，并向用户层软件提供统一接口。关键是系统中必须设置一张逻辑设

备表（LUT）用来进行逻辑设备到物理设备的映射，其中每个表项中包含了逻辑设备名、物理设备名和设备驱动程序入口地址 3 项；当应用程序用逻辑设备名请求分配 I/O 设备时，系统必须为它分配相应的物理设备，并在 LUT 中建立一个表目，以后进程利用该逻辑设备名请求 I/O 操作时，便可从 LUT 中得到物理设备名和驱动程序入口地址。

操作系统实现设备独立性的方法包括设置设备独立性软件、配置逻辑设备表以及实现逻辑设备到物理设备的映射。

4. 设备分配程序

（1）单通路 I/O 系统的设备分配

当某一进程提出 I/O 请求后，系统的设备分配程序可以按照下述步骤进行设备分配：分配设备→分配设备控制器→分配通道。在分配时，若遇到对应设备忙的情况，则将进程插入到对应的等待队列中。

（2）多通路 I/O 系统的设备分配

为了提高系统灵活性，通常采用多通路 I/O 系统结构，即一个设备与多个设备控制器相连，设备控制器也与多个通道相连。当进程提出 I/O 请求时，系统可选择将该类设备中的任何一台设备分配给该进程，步骤如下：

1）根据设备类型，检索系统设备控制表，找到第一个空闲设备，并检测分配的安全性，若安全，则分配；反之，插入该类设备的等待队列。

2）设备分配后，检索设备控制器控制表，找到第一个与已分配设备相连的空闲设备控制器，若无空闲，则返回步骤 1）查找下一个空闲设备。

3）设备控制器分配后，同样查找与其相连的通道，找到第一个空闲通道，若无空闲通道，则返回步骤 2）查找下一个空闲设备控制器。若有空闲通道，则此次设备分配成功，将相应的设备、设备控制器和通道分配给进程，并启动 I/O 设备，开始信息传输。

5. 设备的回收

当进程使用完对应的 I/O 设备后，释放所占有设备、设备控制器及通道，系统进行回收，修改对应的数据结构，以便下次分配时使用。

5.2.4 假脱机技术

系统中独占设备的数量有限，往往不能满足系统中多个进程的需要，从而成为系统的“瓶颈”，使许多进程因等待而阻塞。另外，分配到独占设备的进程，在整个运行期间往往占有但不经常使用设备，使设备利用率偏低。为克服这种缺点，人们通过共享设备来虚拟独占设备，将独占设备改造成共享设备，从而提高了设备利用率和系统的效率，该技术称为假脱机（SPOOLing）技术。

SPOOLing 的意思是同时外设联机操作（Simultaneous Peripheral Operating On-Line），又称为假脱机输入/输出操作。SPOOLing 技术实际上是一种外设同时联机操作技术，也称为排队转储技术。SPOOLing 系统不同于脱机方式，其系统组成如图 5-10 所示。

SPOOLing 技术是低速输入/输出设备与主机交换的一种技术，其核心思想是以联机的方式得到脱机的效果。低速设备经通道和设在主机内存的缓冲存储器与高速设备相连，该高速设备通常是辅存。为了存放从低速设备上输入的信息，在内存中形成缓冲区，在高速设备上形成输出井和输入井，传递时信息从低速设备传入缓冲区，再传到高速设备的输入井，再从高速设备的输出井传到缓冲区，最后传到低速设备。

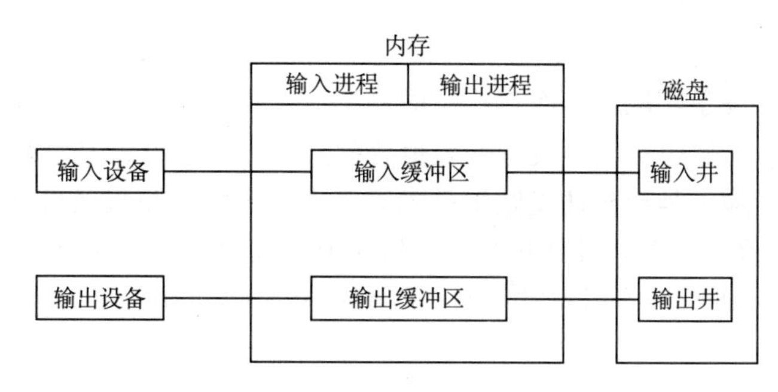

图 5-10 SPOOLing 系统的组成

1．SPOOLing 系统的组成

（1）输入井和输出井

输入井和输出井是在磁盘上开辟出来的两个存储区域。输入井模拟脱机输入时的磁盘，用于收容 I/O 设备输入的数据。输出井模拟脱机输出时的磁盘，用于收容用户程序的输出数据。

（2）输入缓冲区和输出缓冲区

输入缓冲区和输出缓冲区是在内存中开辟的两个缓冲区。输入缓冲区用于暂存由输入设备传递过来的数据，然后再传送到输入井。输出缓冲区用于暂存从输出井传递过来的数据，然后再传送到输出设备。

（3）输入进程和输出进程

输入进程模拟脱机输入时的外围控制机，将用户要求的数据从输入设备通过输入缓冲区再传递到输入井。当需要输入数据时，CPU 直接将数据从输入井读入内存。

输出进程模拟脱机输出时的外围控制机，把用户要求输出的数据先从内存送到输出井，等输出设备空闲时，再将输出井中的数据经过输出缓冲区送到输出设备上。

SPOOLing 系统在输入和输出之间增加了“输入井”和“输出井”的排队转储环节，以消除用户的“联机”等待时间。在系统收到作业输入请求信号后，输入进程负责将信息从输入设备中读入输入缓冲区。当缓冲区满时，将信息从缓冲区写到磁盘的输入井中，反复循环，直到一个作业输入完毕。当输入进程读到一个硬件结束标志之后，系统把最后一批信息写入磁盘输入井并调用中断处理程序结束该次输入。然后系统为该作业建立作业控制块，从而使输入井中的作业进入作业等待队列，等待作业调度程序选中后进入内存运行。系统在管理输入井过程中可以“不断”读进输入的作业，直到输入结束或输入井满而暂停。输出过程与此类似。

将一台独享打印机改造为可供多个用户共享的打印机，是应用 SPOOLing 技术的典型实例。具体做法是：系统对于用户的打印输出，并不真正把打印机分配给该用户进程，而是先在输出井中申请一个空闲盘块区，并将要打印的数据送入其中；然后为用户申请并填写请求打印表，将该表挂到请求打印队列上。若打印机空闲，输出程序从请求打印队首取表，将要打印的数据从输出井传送到内存缓冲区，再进行打印，直到打印队列为空。

2．SPOOLing 技术的特点

- **提高了 I/O 速度。**从对低速 I/O 设备进行的操作变为对输入井或输出井的操作，如同脱机操作一样，提高了 I/O 速度，缓和了 CPU 与低速 I/O 设备速度不匹配的矛盾。
- **设备并没有分配给任何进程。**在输入井或输出井中，分配给进程的是一个存储区和

建立一张 I/O 请求表。

- **实现了虚拟设备功能。**多个进程同时使用一个独享设备，而对每一进程而言，都认为自己独占这一设备，从而实现了设备的虚拟分配。不过，该设备是逻辑上的设备。
- **SPOOLing 除了是一种速度匹配技术外，也是一种虚拟设备技术。**它用一种物理设备模拟另一类物理设备，使各作业在执行期间只使用虚拟的设备，而不直接使用物理的独占设备。这种技术可使独占的设备变成可共享的设备，使得设备的利用率和系统效率都能得到提高。

5.3 I/O 接口

5.3.1 输入/输出应用程序接口

因为硬件设备的多样性，使得设备驱动程序种类繁多，Linux 系统的设备模型将硬件设备分类，抽象出一套标准的数据结构和接口。如图 5-11 所示，在 Linux 设备驱动中，将设备分为三种类型：字符设备、块设备和网络设备。

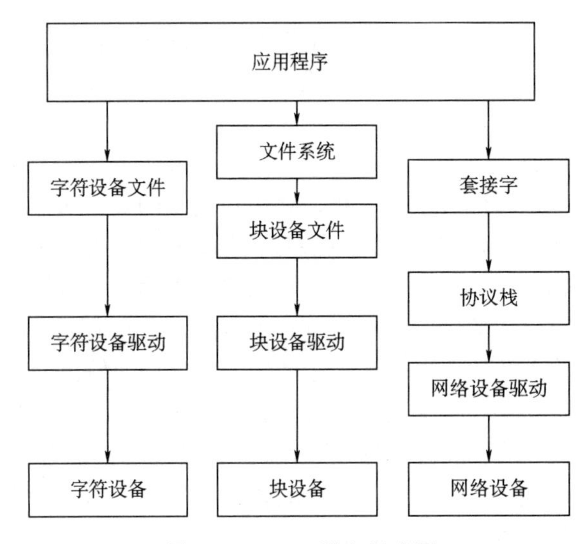

图 5-11　Linux 设备组成图

1）**字符设备**是指能够像字节流一样以串行顺序依次进行访问的设备，对它的读写是以字节为单位的。字符设备的上层没有磁盘文件系统，应用程序直接通过 read( )、write( )等系统调用读写字符设备文件，操作系统会通过字符设备驱动读写对应的字符设备。如鼠标、键盘等属于字符设备。

2）**块设备**以数据块的形式存放数据，并采用 mount 方式挂载（挂载相关知识详见第四章 4.4 节内容）块设备。块设备必须能够随机存取，而字符设备没有这个要求。块设备除了给内核提供和字符设备一样的接口外，还提供了专门面向块设备的接口，块设备的接口必须支持挂载文件系统，通过此接口，块设备能够容纳文件系统，因此应用程序一般通过文件系统来访问块设备上的内容，而不是直接和块设备打交道。在 Linux 系统中，每个块设备在文件目录下对应一个设备文件，Linux 用户程序通过设备文件（或称设备节点）来使用驱动程序操作块设备。如硬盘、U 盘、SD 卡等设备属于块设备。

3）**网络设备**使用套接字来实现网络数据的接收和发送，是面向报文而不是面向流的。网络设备驱动不同于字符设备和块设备，其不再以文件目录下某一节点来代表，而是通过单独的网络接口来代表。网络设备接口没有类似于字符设备和块设备的设备号，其只有唯一的名字，如 eth0、eth1。内核调用一套和数据包相关的函数来进行数据交互，而不是通过 read( )、write( )等的系统调用。

5.3.2 设备驱动程序接口

系统调用是操作系统内核与应用程序之间的接口，设备驱动程序则是操作系统内核与机器硬件的接口。除了 CPU、内存和少数其他设备以外，几乎所有的系统操作最终都将映射到具体的某一物理设备，所有的设备控制操作都由该设备特殊的可执行代码（设备驱动程序）来实现。

操作系统内核需要访问两类主要的设备：字符设备和块设备。与此相关的设备驱动程序主要有两类：字符设备驱动程序和块设备驱动程序。Linux 实现驱动程序的基本原理是：系统试图使它对所有各类设备的输入/输出像对普通文件的输入/输出一样。设备驱动程序本身具有文件的外部特征，它们都能使用如 read( )、write( )、open( )、close( )等的系统调用。为使设备的存取能像文件一样被处理，所有设备在目录中应有对应的文件名称，才可使用相关的系统调用。

Linux 驱动程序接口通常分为如下四层：

1）应用程序进程与内核的接口。

2）内核与文件系统的接口。

3）文件系统与设备驱动程序的接口。

4）设备驱动程序与硬件设备的接口。

【例 5-1】 Linux 操作系统中的一个程序自动（不需要人为操作）从互联网上下载并保存一份文档，再将其打印出来，这个过程中使用了哪些设备（　　）。

A．字符设备、块设备、网络设备

B．块设备、网络设备

C．字符设备、块设备

D．字符设备、网络设备

解析： A。从网络上下载文档，一定使用了网络设备；“保存”文档这个过程不是将文档写入内存，而是写入磁盘，因此使用了块设备；虽然没有人为使用鼠标、键盘进行操作，但打印机仍属于字符设备，因此本题三类设备均被使用，正确选项为 A。

习题与真题

1．下列关于 SPOOLing 的叙述中，不正确的是（　　）。

A．SPOOLing 系统中必须使用独占设备

B．SPOOLing 系统加快了作业执行的速度

C．SPOOLing 系统使独占设备变成了共享设备

D．SPOOLing 系统利用了处理器与通道并行工作的能力

2．系统管理设备是通过一些数据结构来进行的，下面的（　　）不属于设备管理数据结构。

A．FCB　B．DCT　C．SDT　D．COCT

3．缓冲技术的缓冲池通常设立在（　）中。

A．主存　B．外存　C．ROM　D．寄存器

4．在如下几种类型的系统中，（　）采用忙等待 I/O 是合适的。

a．专门用来控制单 I/O 设备的系统

b．运行一个单任务操作系统的个人计算机

c．作为一个负载很大的网络服务器的工作站

A．a　B．a、b　C．b、c　D．c

5．下面设备中属于共享设备的是（　）。

A．打印机　B．磁带机

C．磁盘　D．磁带机和磁盘

6．I/O 交通管制程序的主要功能是管理（　）的状态信息。

A．设备、控制器和通道　B．主存、控制器和通道

C．CPU、主存和通道　D．主存、辅存和通道

7．采用 SPOOLing 技术后，使得系统资源利用率（　）。

A．提高了　B．有时提高，有时降低

C．降低了　D．提高了，但出错的可能性增大了

8．如果 I/O 设备与存储设备间的数据交换不经过 CPU 来完成，则这种数据交换方式是（　）。

A．程序查询方式　B．中断方式

C．DMA 方式　D．外部总线方式

9．采用 SPOOLing 技术将磁盘的一部分作为公共缓冲区以代替打印机，用户对打印机的操作实际上是对磁盘的存储操作，用以代替打印机的部分是（　）。

A．独占设备　B．共享设备

C．虚拟设备　D．一般物理设备

10．在采用 SPOOLing 技术的系统中，用户暂时未能打印的数据首先会被送到（　）存储起来。

A．磁盘固定区域　B．内存固定区域

C．终端　D．打印机

11．若 I/O 所花费的时间比 CPU 的处理时间短很多，则缓冲区（　）。

A．最有效　B．几乎无效

C．均衡　D．以上都不是

12．CPU 输出数据的速度远远高于打印机的速度，为解决这一矛盾，可采用（　）。

A．并行技术　B．通道技术

C．缓冲技术　D．虚存技术

13．下列有关设备独立性的说法中，正确的是（　）。

A．设备独立性是指 I/O 设备具有独立执行 I/O 功能的一种特性

B．设备独立性是指用户程序独立于具体物理设备的一种特性

C．设备独立性是指能够实现设备共享的一种特性

D．设备独立性是指设备驱动程序独立于具体物理设备的一种特性

14．通道又称I/O处理器，用于实现（　　）之间的数据交换。

A．内存与外设　　B．CPU与外设

C．内存与外存　　D．CPU与外存

15．缓存技术的缓冲池在（　　）中。

A．内存　　B．外存　　C．ROM　　D．寄存器

16．为了使多个进程能有效地同时处理输入和输出，最好使用（　　）结构的缓冲技术。

A．缓冲池　　B．循环缓冲　　C．单缓冲　　D．双缓冲

17．提高单机资源利用率的关键技术是（　　）。

A．SPOOLing技术　　B．虚拟技术

C．交换技术　　D．多道程序设计技术

18．在SPOOLing系统中，用户进程实际分配到的是（　　）。

A．用户所要求的外设　　B．内存区，即虚拟设备

C．设备的一部分存储区　　D．设备的一部分空间

19．I/O中断是CPU与通道协调工作的一种手段，所以在（　　）时，便要产生中断。

A．CPU执行“启动I/O”指令而被通道拒绝接收

B．通道接受了CPU的启动请求

C．通道完成了通道程序的执行

D．通道在执行通道程序的过程中

20．下列关于设备驱动程序的叙述中，正确的是（　　）。

Ⅰ．与设备相关的中断处理过程是由设备驱动程序完成的

Ⅱ．由于驱动程序与I/O设备（硬件）紧密相关，故必须全部用汇编语言书写

Ⅲ．磁盘的调度程序是在设备驱动程序中运行的

Ⅳ．一个计算机系统配置了2台同类绘图机和3台同类打印机，为了正确驱动这些设备，系统应该提供5个设备驱动程序

A．仅Ⅰ、Ⅲ　　B．仅Ⅱ、Ⅲ

C．仅Ⅰ、Ⅲ、Ⅳ　　D．Ⅰ、Ⅱ、Ⅲ、Ⅳ

21．（　　）是操作系统中采用的以空间换取时间的技术。

A．SPOOLing技术　　B．虚拟存储技术

C．覆盖与交换技术　　D．通道技术

22．程序员利用系统调用打开I/O设备时，通常使用的设备标识是（　　）。

A．逻辑设备名　　B．物理设备名　　C．主设备号　　D．从设备号

23．（2011年统考真题）用户程序发出磁盘I/O请求后，系统的正确处理流程是（　　）。

A．用户程序→系统调用处理程序→中断处理程序→设备驱动程序

B．用户程序→系统调用处理程序→设备驱动程序→中断处理程序

C．用户程序→设备驱动程序→系统调用处理程序→中断处理程序

D．用户程序→设备驱动程序→中断处理程序→系统调用处理程序

24．（2011年统考真题）某文件占10个磁盘块，现要把该文件磁盘块逐个读入主存缓冲区，并送用户区进行分析。假设一个缓冲区与一个磁盘块大小相同，把一个磁盘块读入缓冲区的时间为100μs，将缓冲区的数据传送到用户区的时间是50μs，CPU对一块数据进行分析的时间为50μs。在单缓冲区和双缓冲区结构下，读入并分析完该文件的时间分别是（　　）。

A．1500μs，1000μs　　B．1550μs，1100μs
C．1550μs，1550μs　　D．2000μs，2000μs

25．（2012 年统考真题）操作系统的 I/O 子系统通常由 4 个层次组成，每一层明确定义了与邻近层次的接口，其合理的层次组织排列顺序是（　　）。

A．用户级 I/O 软件、设备无关软件、设备驱动程序、中断处理程序
B．用户级 I/O 软件、设备无关软件、中断处理程序、设备驱动程序
C．用户级 I/O 软件、设备驱动程序、设备无关软件、中断处理程序
D．用户级 I/O 软件、中断处理程序、设备无关软件、设备驱动程序

26．（2013 年统考真题）用户程序发出磁盘 I/O 请求后，系统的处理流程是：用户程序→系统调用处理程序→设备驱动程序→中断处理程序。其中，计算数据所在磁盘的柱面号、磁头号、扇区号的程序是（　　）。

A．用户程序　　B．系统调用处理程序
C．设备驱动程序　　D．中断处理程序

27．（2013 年统考真题）设系统缓冲区和用户工作区均采用单缓冲，从外设读入 1 个数据块到系统缓冲区的时间为 100，从系统缓冲区读入 1 个数据块到用户工作区的时间为 5，对用户工作区中的 1 个数据块进行分析的时间为 90（见图 5-12）。进程从外设读入并分析 2 个数据块的最短时间是（　　）。

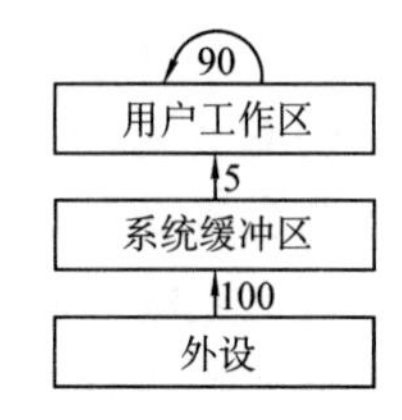

图 5-12　习题与真题 27 题图

A．200　　B．295
C．300　　D．390

28．（2014 年统考真题）下列关于管道（Pipe）通信的叙述中，正确的是（　　）。

A．一个管道可实现双向数据传输
B．管道的容量仅受磁盘容量大小的限制
C．进程对管道进行读操作和写操作都可能被阻塞
D．一个管道只能有一个读进程或一个写进程对其操作

29．（2016 年统考真题）下列关于 SPOOLing 技术的叙述中，错误的是（　　）。

A．需要外存的支持
B．需要多道程序设计技术的支持
C．可以让多个作业共享一台独占设备
D．由用户作业控制设备与输入/输出井之间的数据传送

30．（2017 年统考真题）系统将数据从磁盘读到内存的过程包括以下操作：

① DMA 控制器发出中断请求
② 初始化 DMA 控制器并启动磁盘
③ 从磁盘传输一块数据到内存缓冲区
④ 执行“DMA 结束”中断服务程序

正确的执行顺序是：

A．③→①→②→④　　B．②→③→①→④
C．②→①→③→④　　D．①→②→④→③

31．（2015 年中科院真题）虚拟设备是通过（　　）技术实现的。

A．并行　　B．通道　　C．SPOOLing　　D．虚拟存储

32.（2019 年统考真题）下列选项中，可能会将进程唤醒的事件是（　　）。

Ⅰ．I/O 结束　　Ⅱ．某进程退出临界区　　Ⅲ．当前进程的时间片用完

A．仅Ⅰ　　B．仅Ⅲ　　C．仅Ⅰ、Ⅱ　　D．Ⅰ、Ⅱ、Ⅲ

33.（2020 年统考真题）对于具备设备独立性的系统，下列叙述中错误的是（　　）。

A．可以使用文件名访问物理设备

B．用户程序使用逻辑设备名访问物理设备

C．需要建立逻辑设备与物理设备之间的映射关系

D．更换物理设备后必须修改访问该设备的应用程序

34.（2022 年统考真题）执行系统调用的过程涉及下列操作，其中由操作系统完成的是（　　）。

Ⅰ．保存断点和程序状态字　　Ⅱ．保存通用寄存器的内容

Ⅲ．执行系统调用服务例程　　Ⅳ．将 CPU 模式改为内核态

A．仅Ⅰ、Ⅲ　　B．仅Ⅱ、Ⅲ　　C．仅Ⅱ、Ⅳ　　D．仅Ⅱ、Ⅲ、Ⅳ

35．下列关于驱动程序的叙述中，不正确的是（　　）。

A．驱动程序与 I/O 控制方式无关

B．初始化设备是由驱动程序控制完成的

C．进程在执行驱动程序时可能进入阻塞态

D．读/写设备的操作是由驱动程序控制完成的

36．在一个 32 位 100MHz 的单总线计算机系统中（每 10ns 一个时钟周期），磁盘控制器使用 DMA 以 40MB/s 的速率从存储器中读出数据或者向存储器写入数据。假设 CPU 在没有被周期挪用的情况下，在每个周期中读取并执行一个 32 位指令。若这样做，磁盘控制器使指令的执行速度降低了多少？

37．以下分别是对中断、中断处理、中断响应、关中断、开中断、中断屏蔽、陷入、软中断的解释，请在解释文字前的括号中填入正确的概念。

（　　　　）中断请求能否参加判优，需根据屏蔽字的状态决定，若某屏蔽为 1，其对应的请求无效，不可参加判优。

（　　　　）当允许中断标志为 1 时，表明现行程序的优先级低于所有中断请求的优先级，因此一旦出现中断请求，CPU 便能响应。

（　　　　）系统调用引发的事件。

（　　　　）对中断请求的整个处理过程是由硬件和软件结合起来而形成的一套中断机构实施的。发生中断时，CPU 暂停执行当前的程序而转去处理中断。该过程由硬件对中断请求做出反应。

（　　　　）CPU 对系统发生的某个时间做出的一种反应，即 CPU 暂停正在执行的程序，保留现场后自动地转去执行相应的处理程序，处理完该事件后再返回断点，继续执行被“打断”的程序。

（　　　　）利用硬件中断的概念，用软件方式进行模拟，实现宏观上的异步执行效果。

（　　　　）大致分为 4 个阶段：保存被中断程序的现场，分析中断原因，转入相应的处理程序进行处理，恢复被中断程序的现场。

（　　　　）为保证在中断周期中，指令操作的执行不受外部干扰，将允许中断标志位清零，即表明现行程序的优先级比所有请求的优先级都高，任何请求都不响应。

38．下列描述了SPOOLing技术的原理，请根据上下文分别写出Ⅰ～Ⅴ对应的术语。

Ⅰ在一段时间内只能由一个用户使用，使许多进程因等待而阻塞，影响了整个系统的效率。另外，分配到Ⅰ的进程，在整个运行期间并非持续使用设备，利用率较低。SPOOLing技术通过共享设备来虚拟Ⅰ，将Ⅰ改造成Ⅱ，从而提高了设备利用率和系统的效率。

采用SPOOLing技术，可以预先从低速的输入型Ⅰ上将程序运行需要的数据传送到Ⅲ上的Ⅳ中，当用户程序运行时，可以直接从Ⅳ中将数据读入Ⅴ。由于Ⅲ是Ⅱ，多个用户进程可以共享使用Ⅳ。这样，就将输入型Ⅰ改造成了可共享使用的虚拟设备。

改造输出型Ⅰ的方法与此类似。

39．什么是DMA方式？它与中断方式的主要区别是什么？

40．一个SPOOLing系统由输入进程I、用户进程P、输出进程O、输入缓冲区和输出缓冲区组成。进程I通过输入缓冲区为进程P输入数据，进程P的处理结果通过输出缓冲区交给进程O输出。进程间的数据交换以等长度的数据块为单位。这些数据块均存储在同一磁盘上。因此，SPOOLing系统的数据块通信原语保证始终满足

$$i+o \leqslant max$$

其中，max为磁盘容量（以该数据块为单位）；i为磁盘上输入数据块总数；o为磁盘上输出数据块总数。

该SPOOLing系统运行时，只要有输入数据，进程I终究会将它放入输入缓冲区；只要输入缓冲区有数据块，进程P终究会读入、处理，并产生结果数据，写到输出缓冲区；只要输出缓冲区有数据块，进程O终究会输出它。

请说明该SPOOLing系统在什么情况下死锁。请说明如何修正约束条件“i+o≤max”来避免死锁，同时仍允许输入数据块和输出数据块均存储在同一个磁盘上。

41．为什么要设置内存I/O缓冲区？通常有哪几类缓冲区？

42．在某系统中，从磁盘将一块数据输入到缓冲区需要的时间为T，CPU对一块数据进行处理的时间为C，将缓冲区的数据传送到用户区所需的时间为M，那么在单缓冲和双缓冲情况下，系统处理大量数据时，一块数据的处理时间分别是多少？

43．考虑56kbit/s调制解调器的性能，驱动程序输出一个字符后就阻塞，当一个字符打印完毕后，产生一个中断通知阻塞的驱动程序，输出下一个字符，然后再阻塞。如果发消息，输出一个字符和阻塞的时间总和为0.1ms，那么由于处理调制解调器而占用的CPU时间比率是多少？假设每个字符有一个开始位和一个结束位，共占10位。

44．为什么要引入设备独立性？如何实现设备独立性？

45．I/O控制方式可用哪几种方式实现？各有什么优缺点？

46．叙述在中断控制方式中输入请求I/O处理的详细过程。

47．在某计算机系统中，时钟中断处理程序每次的执行时间为2ms（包括进程切换开销），若时钟中断频率为60Hz，试问CPU用于时钟中断处理的时间比率为多少？

48．一个串行线能以最大50000B/s的速度接收输入。数据平均输入速率是20000B/s。如果用轮询来处理输入，不管是否有输入数据，轮询例程都需要3μs来执行。若在下一个字节到达时，控制器中仍有未取走的字节，这些未取走的字节将会丢失。那么最大的安全轮询时间间隔是多少？

习题与真题答案

1．D。SPOOLing 是操作系统中采用的一种将独占设备改造为共享设备的技术，它有效减少了进程等待读入/读出信息的时间，加快了作业执行的速度。不过，无论有没有通道，SPOOLing 系统都可以运行，因此 D 选项是不对的。

2．A。FCB 是文件控制块，与设备管理无关。DCT 是设备控制表，SDT 是系统设备表，COCT 是控制器控制表，三者都是设备管理中的重要的数据结构。

3．A。由于 CPU 的速度比 I/O 的速度快很多，因此缓存池通常设立在内存/主存中。

4．B。采用忙等待 I/O 方式，当 CPU 等待 I/O 操作完成时，进程不能继续执行。对于 a、b 这两种系统而言，执行 I/O 操作时系统不需要处理其他事务，因此采用忙等待 I/O 是合适的。对于网络服务而言，它需要处理网页的并发请求，需要 CPU 有并行处理的能力，因此忙等待 I/O 方式不适合这种系统。

5．C。打印机很明显是独占设备，因为如果同时被多个进程访问，打印出的文档就会比较混乱；根据磁带机的原理，磁带旋转到所需要的读写位置需要较长时间，若被多个进程同时访问，在定位上花费的时间会远多于读写时间，非常不划算，因此磁带机也是独占设备。因此根据排除法，选择磁盘，而且磁盘是非常典型的共享设备。

6．A。对外设的控制常分为设备、控制器和通道 3 个层次，所以 I/O 交通管制程序的主要功能是管理这 3 个层次的状态信息。其实通过分析选项也可以得到答案，I/O 交通管制程序是不可能管理 CPU 和存储器的，因此根据排除法也能得到 A 选项。

7．A。采用 SPOOLing 技术后，可将高速的设备（如磁盘等）虚拟化为多个“高速”的独占设备（如打印机等），因此可以提高系统资源利用率。

8．C。DMA 控制方式是在外设和内存之间开辟直接的数据交换通路，因此 C 选项正确。

程序查询方式和中断方式都需要借助干预，因此 A 选项、B 选项错误。D 选项是干扰项，没有这种 I/O 方式。

此外，与 DMA 方式相比，通道所需要的 CPU 干预更少，而且可以做到一个通道控制多台设备，从而进一步减轻了 CPU 的负担。

9．B。SPOOLing 是操作系统中采用的一种将独占设备改造成共享设备的技术，通过这种技术处理后的设备叫作虚拟设备。代替独占设备的部分是共享设备。

10．A。采用 SPOOLing 技术的系统中，用户的打印数据首先由内存经过缓冲区传递至输出井暂存，等输出设备（打印机）空闲时再将输出井中的数据经缓冲区传递到输出设备上。而输出井通常是在磁盘上开辟的一块固定存储区。

11．B。缓冲区主要是解决因输入/输出速度比 CPU 处理速度慢而造成的数据积压的问题，因此，若 I/O 所花费的时间比 CPU 处理时间短很多，则没有必要设置缓冲区。

12．C。为解决设备间传送速率不匹配的问题，通常采用缓冲技术。通道技术能最大地使 CPU 摆脱外设的速率制约，并行技术能有效地提高 CPU 与外设的效率，虚拟技术则能提高打印机的利用率。针对本题，最佳答案是缓冲技术。

13．B。设备独立性是指用户程序独立于具体物理设备的一种特性。其他选项都不是设备独立性的描述。D 选项错在设备驱动程序是不可能独立于具体物理设备的，因为驱动程序就是为具体物理设备而专门定制的。

14．A。在设置了通道后，CPU只需向通道发送一条I/O指令。通道在收到该指令后，便从内存中取出本次要执行的通道程序，然后执行该通道程序，仅当通道完成规定的I/O任务后，才向CPU发出中断信号。因此，通道用于完成内存与外设的信息传输。

15．A。缓冲器的实现方法有两种：一种是采用硬件缓冲器实现，但由于成本太高，除一些关键部位外，一般情况下不采用硬件缓冲器；另一种实现方法是在内存中划出一块存储区，专门用来临时存放输入/输出数据，这个区域为缓冲区。

根据系统设置的缓冲区个数，可以将缓冲技术分为单缓冲、双缓冲、循环缓冲和缓冲池。

因此无论是单缓冲、双缓冲、循环缓冲还是缓冲池，都是在内存中的。

16．A。缓冲池是系统的共用资源，可供多个进程共享，并且既能用于输入又能用于输出。其他选项并不能很好地支持多个进程使用。

17．D。在单机系统中，最关键的资源是处理器资源，因此最大化提高处理器利用率就是最大化提高系统效率。多道程序设计技术是提高处理器利用率的关键技术，其他均为设备和内存的相关技术。

18．B。通过SPOOLing技术可将一台物理设备转换为多台虚拟设备，允许多个用户共享一台物理设备。所以在SPOOLing系统中并不是将物理设备分配给用户进程，分配到的仅仅是虚拟设备，也就是内存的一片区域。

19．C。CPU启动通道时不管成功与否，通道都要回答CPU；通道在执行通道程序的过程中，CPU与通道并行执行；当通道完成通道程序的执行时，便产生中断向CPU报告。

20．A。

Ⅰ．正确，设备驱动程序的低层部分在发生中断时调用，以进行中断处理。

Ⅱ．错误，由于驱动程序与硬件紧密相关，因而其中的一部分必须用汇编语言书写，其他部分则可以用高级语言（如C/C++）来书写。

Ⅲ．正确。

Ⅳ．错误，因为绘图机和打印机属于两种不同类型的设备，系统只要按设备类型配置设备驱动程序即可，即应提供2个设备驱动程序。

综上所述，选A。

知识点回顾：

不同类型的设备应有不同的设备驱动程序（相同类型设备的设备驱动程序只需有一种），但大体上都可以分为3部分，如图5-13所示。

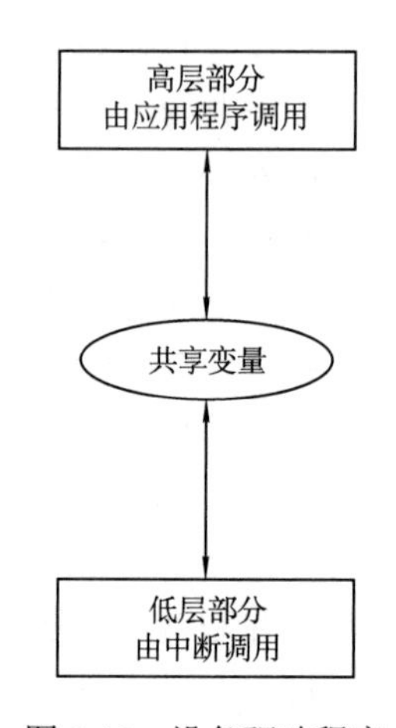

图5-13 设备驱动程序

低层部分：它由处理程序组成，当发生中断时调用，即为设备的中断处理程序。

高层部分：它由一些函数组成，在应用程序请求I/O操作时调用。

一组共享变量：保存协调高层部分和低层部分所需要的状态信息。

21．A。解析：SPOOLing技术是操作系统中采用的以空间换取时间的技术；虚拟存储技术和覆盖与交换技术是为了扩充内存容量；通道技术是为了提高设备速度。

虚拟存储技术和覆盖与交换技术都属于以时间换空间的技术。

通道技术增加了硬件，不属于这两者中的任何一种。

22．A。在操作系统的设备管理中，用户程序不直接使用物理设备名（或设备的物理地址），而使用逻辑设备名；系统在实际执行时，将逻辑设备名转换为某个具体的物理设备名，实施 I/O 操作。逻辑设备是实际物理设备属性的抽象，它并不限于某个具体设备。

23．B。首先用户程序（目态）是不能直接调用设备驱动程序的，因为有关对 I/O 设备使用的指令是特权指令，只能通过系统调用，把进程的状态从用户态变为核心态，故 C、D 选项错误。

I/O 软件一般从上到下分为图 5-14 所示的 4 个层次：用户层软件、设备独立性软件、设备驱动程序及中断处理程序。设备独立性软件也就是系统调用的处理程序。因此正确处理流程为 B。

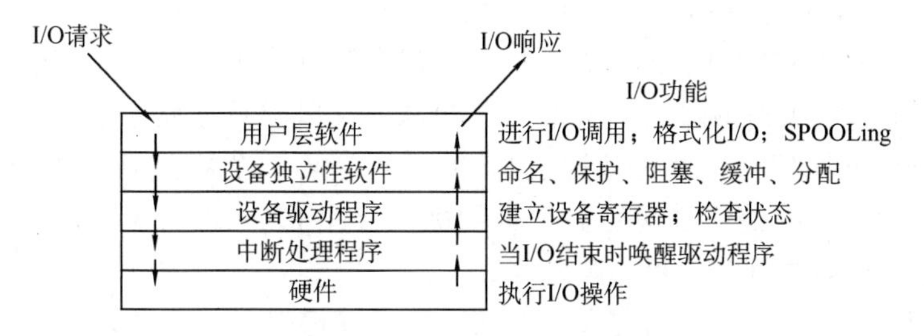

图 5-14　I/O 软件的 4 个层次

24．B。如图 5-15 所示。

图 5-15a 为单缓冲，图 5-15b 为双缓冲。每个标号的格子长度为 100，没标号的格子长度为 50，代表对应处理步骤所需的时间（单位为μs）。

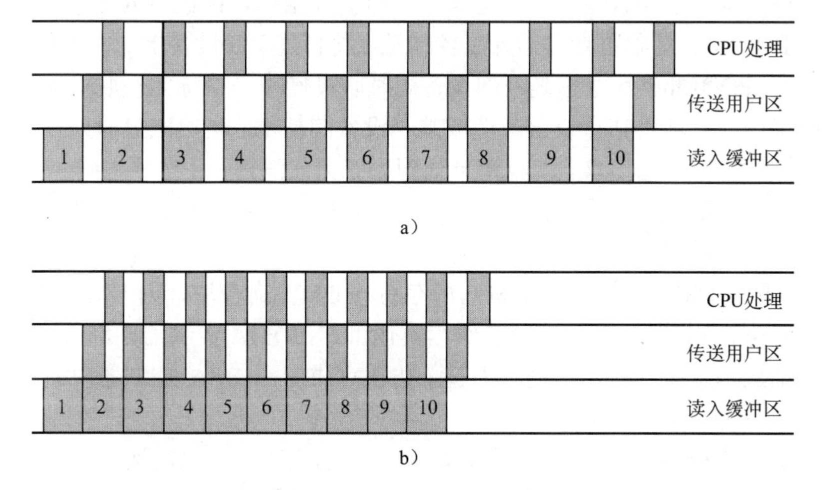

图 5-15　习题与真题 24 题答案

a）单缓冲　b）双缓冲

在单缓冲的情况下，当上一个磁盘块从缓冲区读入用户区完成时，下一磁盘块才能开始读入，将读入缓冲区和传送用户区作为一个单元，共有 10 个这样的单元，也就是 150×10μs=1500μs，加上最后一个磁盘块的 CPU 处理时间 50μs，得 1550μs。

在双缓冲的情况下，读入第一个缓冲区之后可以立即开始读入第二个缓冲区，读完第二个缓冲区之后，第一个缓冲区已经把数据传送至用户区，第一个缓冲区空闲，可以立即开始

继续将数据读入第一个缓冲区中，因此不存在等待磁盘块从缓冲区读入用户区的问题，得到传输数据全部传输到缓冲区的时间为 100×10μs=1000μs，再加上将最后一个缓冲区的数据传输到用户区并由 CPU 处理完的时间（50+50）μs=100μs，得 1100μs。

25．A。本题从选项看应该是选择从用户角度往下看，因此看到的依次为用户级 I/O 软件（应用软件）、设备无关软件（逻辑设备与物理设备对应）、设备驱动程序（操作设备）和中断处理程序（操作系统内核）。

26．C。设备驱动程序的处理过程：①将抽象要求转换为具体要求；②检查 I/O 请求的合法性；③读出和检查设备的状态；④传送必要参数；⑤工作方式的设置；⑥启动 I/O 设备。

将磁盘块号转换为磁盘的盘面、磁道号及扇区号，属于①，因此是设备驱动程序的功能。

27．C。数据块 1 从外设到用户工作区的总时间为 105，在这段时间中，系统缓冲区均被数据块 1 占据，因此对数据块 2 无法进行操作。但在数据块 1 在用户工作区进行分析处理时（时间 90），系统缓冲区已空闲下来，可以让数据块 2 从外设读入到系统缓冲区，相当于数据块 2 的整个处理时间比串行执行时节省了 90 的时间。又 1 个数据串行执行时，所需时间为 100+5+90=195，第二块的处理时间为 195−90=105，合计 195+105=300，即进程从外设读入并分析 2 个数据块的最短时间为 300，答案为 C。

28．C。管道实际上是一种固定大小的缓冲区，管道对于管道两端的进程而言，就是一个文件，但它不是普通的文件，它不属于某种文件系统，而是自立门户，单独构成一种文件系统，并且只存在于内存中。它类似于通信中半双工信道的进程通信机制，一个管道可以实现双向的数据传输，而同一个时刻只能最多有一个方向的传输，不能两个方向同时进行。管道的容量大小通常为内存上的一页，它的大小并不是受磁盘容量大小的限制。当管道满时，进程写管道会被阻塞，而当管道空时，进程读管道会被阻塞，因此选 C。

29．D。SPOOLing 是利用专门的外围控制机，将低速 I/O 设备上的数据传送到高速磁盘上；或者相反。SPOOLing 的意思是外部设备同时联机操作，又称为假脱机输入/输出操作，是操作系统中采用的一项将独占设备改造成共享设备的技术。高速磁盘即外存，A 选项正确。SPOOLing 技术需要输入/输出操作，单道批处理系统无法满足，B 选项正确。SPOOLing 技术实现了将独占设备改造成共享设备的技术，C 选项正确。设备与输入/输出井之间数据的传送是由系统实现的，D 错误。

30．B。在开始 DMA 传输时，主机向内存写入 DMA 命令块，向 DMA 控制器写入该命令块的地址，启动 I/O 设备。然后，CPU 继续其他工作，DMA 控制器则继续下去直接操作内存总线，将地址放到总线上开始传输。当整个传输完成后，DMA 控制器中断 CPU。因此执行顺序是②→③→①→④，故选 B。

31．C。SPOOLing 技术被称为假脱机输入/输出操作，是操作系统中采用的一项将独占设备改造成共享设备的技术。使用 SPOOLing 技术可以实现虚拟设备。

32．C。当被阻塞进程等待的某资源为可用时，进程将会被唤醒。I/O 结束后，等待该 I/O 结束而被阻塞的有关进程就会被唤醒，I 正确；某进程退出临界区后，之前因需要进入该临界区而被阻塞的有关进程就会被唤醒，II 正确；当前进程的时间片用完后进入就绪队列等待重新调度，优先级最高的进程将获得处理机资源从就绪态变成执行态，III错误。

33．D。设备可以看作特殊文件，A 正确。B、C 选项为知识点，正确。访问设备的驱动程序与具体设备无关，D 选项错误。

34．B。当执行系统调用时：

1）硬件（即 CPU）完成的操作有：保存断点（程序计数器、PC）、保存程序状态字、将 CPU 模式改为内核态。

2）操作系统完成的操作有：保存通用寄存器的内容、执行系统调用服务例程。

根据这些信息，答案选 B：“仅Ⅱ、Ⅲ”是正确的，只有Ⅱ（保存通用寄存器的内容）和Ⅲ（执行系统调用服务例程）是由操作系统完成的。

35．A。驱动程序是硬件制造商为他们的设备编写的特定软件，允许操作系统与该设备进行交互。对于不同的 I/O 控制方式，设备制造商会在驱动程序中为其实现适当的方法。

B：当一个设备被连接到主机时，它的驱动程序负责初始化该设备，如初始化设备控制器中的寄存器。因此，B 选项是正确的。

C：进程在执行与设备交互的相关操作时，可能因为设备的繁忙或其他原因而进入阻塞状态，等待设备可用。因此，C 选项是正确的。

D：设备的读/写操作基本上是设备控制器和主机之间的数据传输。由于只有设备制造商知道设备控制器的具体实现方式，因此只有制造商提供的驱动程序才能控制设备的读/写操作。因此，D 选项是正确的。

A：设备制造商会根据设备的特性和需求，在其驱动程序中为其实现适当的 I/O 控制方式。这意味着驱动程序确实与 I/O 控制方式有关。因此，A 选项是不正确的。

36.【解析】首先由题目得知 DMA 的传输速率是 40MB/s，即 4B/100ns，即平均每 100ns 传输 32bit 的数据就能达到 DMA 的传输要求。由于系统总线被 CPU 和 DMA 共用，因此要在 DMA 传输数据时暂停 CPU 对总线的使用。为了得到 DMA 使用总线的频率，需要知道总线的传输速度。由题中条件可知，CPU 在对总线完全占用的情况下，每个时钟周期（10ns）可以传输 32bit 的指令，因此总线的速度是 32bit/10ns。而 DMA 的要求是 100ns 传输 32bit，也就是说，平均 10 个时钟周期内，只需挪用一个周期用来传输数据就能达到 DMA 的传输要求。由此可以得到，DMA 挪用周期的频率是每 10 个周期挪用一个，因此磁盘控制器使指令的执行速度降低了 10%。

37.【解析】中断屏蔽、开中断、陷入、中断响应、中断、软中断、中断处理、关中断。

38.【解析】

Ⅰ．独占设备

Ⅱ．共享设备

Ⅲ．磁盘

Ⅳ．输入井

Ⅴ．内存

39.【解析】DMA 是 Direct Memory Access 的缩写，也就是直接存储器访问。DMA 是用 DMA 控制器来控制一个数据块的传输，而 CPU 只需在一个数据块传输的开始阶段设置好传输所需的控制信息并在传输的结束阶段做进一步处理即可的传输控制方式。其基本思想是在 I/O 设备和内存间开启一个可以直接传输数据的通路。

中断驱动 I/O 控制方式是每个数据传输后即发出中断，而 DMA 方式是在一批数据传输完毕后才中断；中断驱动 I/O 控制方式的传输是由 CPU 控制的，而 DMA 方式中只有数据块传输的开始和结束阶段在 CPU 控制下，在传输过程中都是由 DMA 控制器控制的。所以 DMA 方式相比于中断方式，通过硬件的增加大大减少了中断的次数。

40.【解析】这是一个综合性很强的题目，题目中出现了缓冲区、SPOOLing 技术、进程

共享资源（共享同一个缓冲区）、死锁等概念。而究其本质，其实本题考查的是死锁现象的判断，就是要考生找出该系统的一种死锁的可能。

考生可以先画出该系统的大致结构草图，如图 5-16 所示。

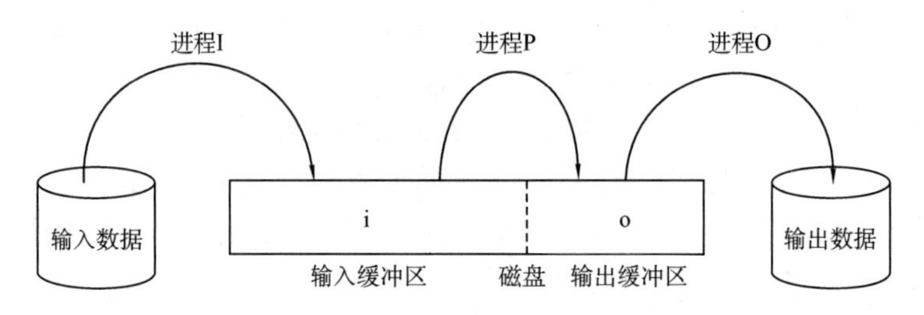

图 5-16　SPOOLing 系统的结构

下面找到一种导致该 SPOOLing 系统死锁的情况：

当磁盘上输入数据块总数 i=max 时，那么磁盘上输出数据块总数 o 必然为零。此时，进程 I 发现输入缓冲区已经满了，所以不能再把输入数据放入到缓冲区中；进程 P 此时有一个处理好了的数据，打算把结果数据放入缓冲区，但是也发现没有空闲的空间可以放结果数据，因为 o=0，所以没有输出数据可以输出，于是进程 O 也无事可做。这时进程 I、P、O 各自都等待着一个事件的发生，如果没有外力的作用，它们将一直等待下去，这种僵局显然是死锁。

只需要将条件“i+o≤max”修改为“i+o≤max，且 i≤max−1”，这样就不会再发生死锁。也就是说，产生的数据不能达到缓冲区总和的上限，至少保证能够有一个非输入数据有缓冲空间可以存放，以便进程 P 和进程 O 正常运行。

在其他类似题目中，通常都会在临界条件处发生死锁，因此可以通过验证临界值来考查条件是否能完全满足要求。

41.【解析】设置内存 I/O 缓冲区的主要原因如下。

1）缓和 CPU 和 I/O 设备间速度不匹配的矛盾。一般情况下，程序的运行过程是时而进行计算，时而进行 I/O。以输出为例，若没有缓冲区，则程序在输出时，必然由于打印机速度跟不上而使 CPU 等待；然而在计算阶段，打印机又因无输入数据而无事可做。如果设置一个缓冲区，程序可以将待输出的数据先输出到缓冲区中，然后继续执行；而打印机可以从缓冲区取出数据慢慢打印。

2）减少中断 CPU 的次数。例如，假定设备只用一位二进制位接收从系统外传来的数据，则设备每收到一位二进制数就要中断 CPU 一次，若数据通信速率为 9.6kbit/s，则中断 CPU 的频率也为 9.6kHz，若设置一个具有 8 位的缓冲寄存器，则可使 CPU 被中断的次数降为前者的 1/8。

3）提高 CPU 和 I/O 设备之间的并行性。由于在 CPU 和设备之间引入了缓冲区，CPU 可以从缓冲区中读取或向缓冲区写入信息；相应地，设备也可以向缓冲区写入或从缓冲区读取信息。在 CPU 工作的同时，设备也能进行输入/输出操作，这样 CPU 和 I/O 设备可以并行工作。

通常有 4 类缓冲区：单缓冲、双缓冲、循环缓冲和缓冲池。

42.【解析】单缓冲工作示意图和时序图如图 5-17 所示。从图中可以看出：数据由 I/O 控制器到缓冲区和数据由缓冲区到工作区必须串行操作。同样，数据从缓冲区到工作区和 CPU 从工作区中取出数据进行处理也需串行进行。但由于在顺序访问时可采用预先读的方式，即

CPU 在处理一块数据（从工作区取数据）的同时可从磁盘输入下一块数据，所以系统对一块数据的处理时间为 max(T,C)+M。

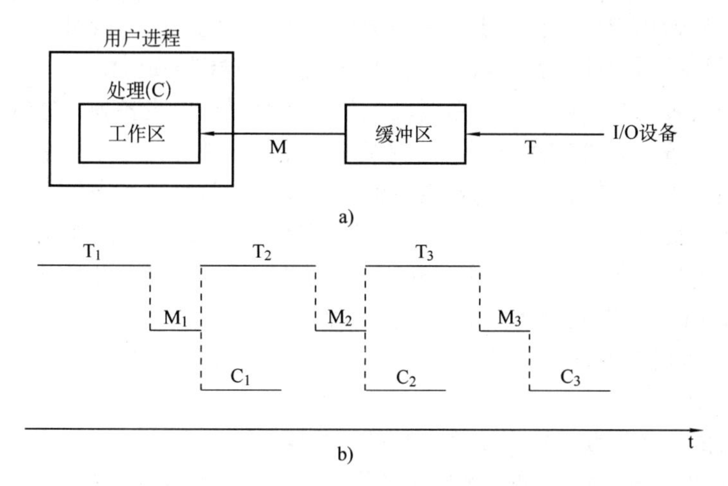

图 5-17 单缓冲工作示意图和时序图

a）单缓冲工作示意图 b）单缓冲时序图

双缓冲的工作示意图和时序图如图 5-18 所示。可见，数据由 I/O 控制器到双缓冲和数据由双缓冲区到工作区可以并行工作，因此系统对一块数据的处理时间为 max(T,M+C)。

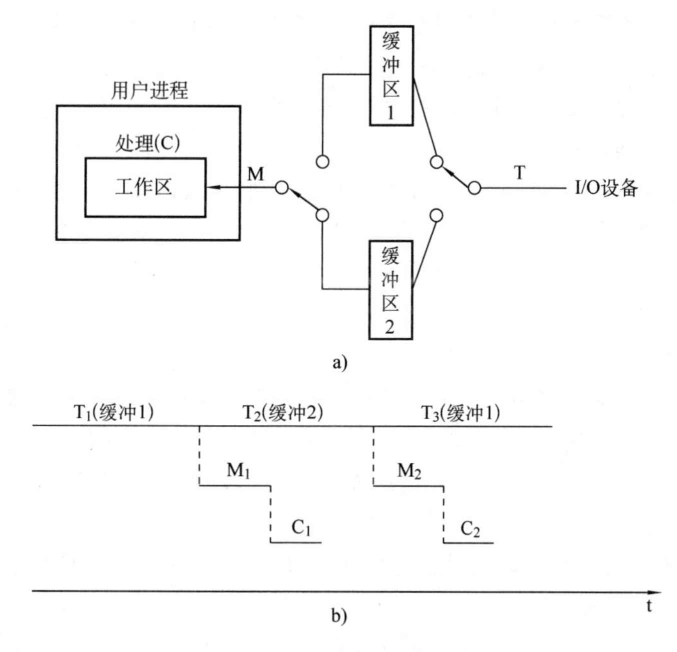

图 5-18 双缓冲工作示意图和时序图

a）双缓冲工作示意图 b）双缓冲时序图

43.【解析】因为一个字符占 10 位，因此在 56kbit/s 的速率下，每 1s 传送：56000/10=5600 个字符，即产生 5600 次中断。每次中断需 0.1ms，故处理调制解调器占用 CPU 时间总共为 5600×0.1ms=560ms，占 560ms/1s=56%CPU 时间。

44.【解析】引入设备独立性可使应用程序独立于具体的物理设备。此时，用户用逻辑设

备名来申请使用某类物理设备，当系统中有多台该类型的设备时，系统可以将其中的一台分配给请求进程，而不必局限于某一台指定的设备，这样可以显著改善资源的利用率及可适应性。独立性还可以使用户程序独立于设备的类型，如进行输出时，既可用显示终端，也可以用打印机。有了这种适应性，就可以很方便地进行输入/输出重定向。

为了实现设备独立性，必须在设备驱动程序之上设置一层设备独立性软件，用来执行所有 I/O 设备的公用操作，并向用户层软件提供统一接口。关键是系统中必须设置一张逻辑设备表（LUT）用来进行逻辑设备到物理设备的映射，其中每个表目中包含逻辑设备名、物理设备名和设备驱动程序入口地址；当应用程序用逻辑设备名请求分配 I/O 设备时，系统必须为它分配相应的物理设备，并在 LUT 中建立一个表目，以后进程利用该逻辑设备名请求 I/O 操作时，便可从 LUT 中得到物理设备名和驱动程序入口地址。

45.【解析】I/O 控制方式的实现有 4 种方式，即程序 I/O 方式、中断控制方式、DMA 控制方式和通道控制方式。

程序 I/O 方式：其优点是控制简单，不需要很多硬件支持。但 CPU 和外设之间只能串行工作，并且 CPU 的大部分时间处于循环测试状态，这使得 CPU 的利用率大大降低；CPU 在一段时间内只能和一台外设交换数据信息，从而不能实现设备之间的并行工作；由于程序 I/O 方式依靠测试设备状态标志来控制数据传送，因此无法发现和处理因设备或其他硬件所产生的错误。所以，程序 I/O 方式只适用于执行速度较慢且外设少的系统。

中断控制方式：其优点是能实现 CPU 和设备、设备与设备间的并行操作，CPU 的利用率比程序 I/O 方式有了很大提高。但 I/O 控制器的数据缓冲寄存器通常较小，且数据缓冲寄存器装满数据后将会发出中断，因此一次数据传送过程会中断较多次，消耗了大量 CPU 时间；若系统中配置的外设数目较多，且都以中断方式进行控制，则将消耗大量 CPU 时间或因为 CPU 来不及处理而造成数据丢失。

DMA 控制方式：与中断控制方式相比，DMA 控制方式的优点是在一批数据传送完成后中断 CPU，从而大大减少了 CPU 进行中断处理的次数，并且 DMA 控制方式下的数据传送是在 DMA 控制器控制下完成的，在数据传输过程中无须 CPU 干预。但 DMA 方式仍有一定的局限，如对外设的管理和某些操作仍由 CPU 控制，且多个 DMA 控制器的使用也不经济。

通道控制方式：通道是一个专管输入/输出工作的处理器。在通道控制方式下，CPU 只需发出 I/O 指令，通道就能完成相应的 I/O 操作，并在 I/O 操作结束时向 CPU 发出中断信号。由此可见，CPU 仅在 I/O 操作开始和结束时花极短的时间处理与 I/O 操作有关的事宜，其余时间都与通道并行工作，此外，一个通道还能控制多台设备。但是通道价格较高，从经济的角度出发不宜过多使用。

46.【解析】在使用中断控制方式的系统中，执行输入请求的处理过程如下。

1）应用进程请求读操作。

2）设备启动程序（设备驱动程序的高层部分）查询设备控制器的状态寄存器，确定设备是否空闲。若设备忙，则设备启动程序等待，直到其变为空闲为止。

3）设备启动程序把输入命令存入设备控制器的命令寄存器中，从而启动设备。

4）设备启动程序将相应信息写入到设备控制表（DCT）的设备对应表项中，如最初调用的返回地址以及 I/O 操作的一些特定参数等。然后 CPU 就可以分配给其他进程使用了，因此设备管理器调用进程管理器的调度程序执行，原进程的执行被暂停。

5）经过一段时间后，设备完成了 I/O 操作，设备控制器发出中断请求，中断 CPU 上运行的进程，从而引起 CPU 运行中断处理程序。

6）中断处理程序确定是哪个设备引起的中断，然后转移到该设备对应的设备处理程序（设备驱动程序的低层部分）执行。

7）设备处理程序重新从设备控制表（DCT）找到等待 I/O 操作的状态信息。

8）设备处理程序复制设备控制器的数据寄存器的内容到用户进程的内存区。

9）设备处理程序返回给应用进程控制权，从而继续运行。

在以上处理 I/O 操作的过程中，中断处理程序和设备处理程序两者一起完成对中断请求的处理。但两者的工作方式不同，前者必须关中断运行或以高优先级方式运行，后者可以开中断运行或以低优先级方式运行。

47.【解析】时钟中断频率为 60Hz，故时钟周期为(1/60)s，每个时钟周期中用于中断处理的时间为 2ms，故比率为 0.002/(1/60)=12%。

48.【解析】串行线接收数据的最大速度为 50000B/s，即每 20μs 接收 1B，而轮询例程需 3μs 来执行，因此，最大的安全轮询时间间隔是 17μs。

考点分析与解题技巧

考点一　I/O 设备管理基础知识，包括 I/O 设备的分类、I/O 设备管理的概念等

这类考点主要考查对相关知识点的记忆，考生需要清晰记忆 I/O 设备的分类方式与分类，I/O 管理的功能都有哪些。

考查形式以选择题为主，且出题频率较低，考生根据记忆分析选项后与知识点对号入座即可。

考点二　I/O 设备的 4 种控制方式：程序直接控制方式、中断控制方式、DMA 控制方式和通道控制方式

这类考点考查对相关知识点的记忆与理解，既需要记忆各种控制方式的特点与异同，也需要理解各种控制方式的工作原理，CPU 与设备并发执行时，何时需要介入进行数据处理。

考查形式以选择题和简答题为主，简答题经常比较 DMA 控制方式与通道控制方式的区别与联系，而选择题更注重概念的理解，考生需要理解上述提到的知识点，然后分析选项，对号入座。

考点三　I/O 软件的层次结构：中断处理程序、设备驱动程序、设备独立性软件和用户层软件

这类考点考查对这部分知识点的记忆，考生在记清楚图 5-6 的层次结构的基础上，还需要记忆每层都实现了哪些功能。

考查形式以选择题为主，考生只要记住每层都实现了哪些功能，以及各层之间的关系，即可拿到相应的分数。

考点四　缓冲区的分类与结构，设备分配与回收的过程，假脱机技术（SPOOLing）的原理与实现

设备分配与回收的过程注重记忆，而缓冲区的分类与结构、假脱机技术则更注重理解。缓冲区的分类以及每类能保证哪些过程并发执行，假脱机技术中 SPOOLing 系统组成的各部分都实现了哪些功能，SPOOLing 技术的本质是将独占设备虚拟成共享设备，都是考生应该理解的内容。

考查形式以选择题为主，某些高校会出综合题让考生分析单缓冲、双缓冲、循环缓冲的异同，以及分别实现了哪几个过程的并发执行。例如，可以将用户进程向缓冲区写入数据的过程设为A，将缓冲区向I/O设备发送数据的过程设为B，将I/O设备处理数据的过程设为C，分析A、B、C三个过程之间的并发关系。考生可结合5.2.2小节的图示进行分析与理解。与设备的分配与回收有关的选择题，考生仅需记忆相关知识点即可。与SPOOLing技术相关的选择题，则更注重对SPOOLing技术的理解，按照上述提到的知识点进行理解即可作答。

第 6 章　非统考高校知识点补充

提醒：如果读者报考的学校参加全国统考，此章内容可以略过。如果报考的学校是自主命题，读者可以根据报考学校的历年真题考点范围从中挑选一些知识点讲解进行补充。

6.1　磁盘阵列

独立磁盘冗余阵列（Redundant Array of Independent Disks，RAID），旧称廉价磁盘冗余数组（Redundant Array of Inexpensive Disks，RAID），简称磁盘阵列。其基本思想就是把多个相对便宜的磁盘组合起来，成为一个磁盘阵列组，使其性能达到甚至超过一个价格昂贵、容量巨大的磁盘。根据选择的版本不同，RAID 与单个磁盘相比，具有以下一个或多个方面的好处：增强数据集成度，增强容错功能，增加处理量或容量。另外，磁盘阵列对于计算机来说，看起来就像一个单独的磁盘或逻辑存储单元。

简单来说，RAID 把多个磁盘组合成为一个逻辑扇区，因此，操作系统只会把它当作一个磁盘。RAID 常被用在服务器计算机上，并且常使用完全相同的磁盘作为组合。由于磁盘价格的不断下降以及 RAID 功能更加有效地与主板集成，它也成了个人用户的一个选择，特别是需要大容量存储空间的工作，如视频与音频制作。

最初的 RAID 被分成了不同的等级，每种等级都有其理论上的优缺点，不同的等级在两个目标间取得平衡，分别是增加数据可靠性以及增加存储器（群）读写性能。

1．RAID 特性

根据上面的简要介绍可知，RAID 应当具有两种特性：高可靠性和高性能。

（1）高可靠性

当数据量较大时，往往需要多个磁盘才足够容纳，但多个磁盘中如果有一个磁盘出问题，将可能导致整个数据损坏。而且多个磁盘中有一个出故障的概率要比单独一个磁盘出故障的概率高很多，因此随着磁盘数的增加，出故障的概率也在不断提高。而解决这个问题的方法之一就是进行冗余。换句话说，对数据进行处理，储存一些额外信息，这些信息在正常情况下并不需要，但可以在故障时用于数据恢复。这样即使在故障情况下也能保证数据安全，但代价是增加了额外的存储消耗。

最简单也最昂贵的冗余办法是对数据进行镜像，即每个逻辑磁盘都由两个物理磁盘构成，两个物理磁盘存储完全一致的内容，每次对逻辑磁盘的操作都完全相同地反映在两个物理磁盘上，这样即便其中一个物理磁盘故障，也能通过另一个物理磁盘进行数据恢复。

另一种冗余的办法是添加校验位，相较于镜像来说，校验位所占的空间少，但所需技术更复杂，写操作的时间也更长。

（2）高性能

磁盘阵列带来的另一个好处就是读写并行带来的高性能。由于有多个磁盘，因此可以将

数据连续地储存在多个硬盘上，当读取某一段数据时，可以多个磁盘同时读取，进而加快读取速度。因此对于多个磁盘，可以将数据分散以改善传输速度。最简单的形式是将数据按照每个字节或者每个位分散在多个磁盘，如以位为单位将数据分散至 8 个磁盘，这样读取时所有磁盘都会同时工作，这样理论上就会有 8 倍的读取速率。

磁盘系统并行访问可以实现两个目标：①负载平衡，提高了吞吐量；②分散大数据，缩短了大规模数据访问的响应时间。

2．基本 RAID 分类

（1）RAID 0（可靠性最差，速度最快）

将多个磁盘合并成一个大的磁盘，不具有冗余，并行 I/O，速度最快。RAID 0 将多个磁盘并列起来，成为一个大磁盘，如图 6-1 所示。在存放数据时，其将数据按磁盘的个数进行分段，然后同时将这些数据写进这些盘中，所以在所有 RAID 级别中，RAID 0 的速度是最快的。但是 RAID 0 没有冗余功能，若一个磁盘（物理）损坏，则这部分甚至所有数据都会丢失。

理论上，越多的磁盘性能就等于“单一磁盘性能”×“磁盘数”，但实际上受限于总线 I/O 瓶颈及其他因素的影响，RAID 性能会随边际递减。也就是说，假设一个磁盘的性能是 50MB/s，两个磁盘的 RAID 0 性能约 96MB/s，3 个磁盘的 RAID 0 也许是 130MB/s 而不是 150MB/s，所以两个磁盘的 RAID 0 最能明显感受到性能的提升。

（2）RAID 1（可靠性最高，利用率最低）

两组以上的多个磁盘相互作为镜像，除非拥有相同数据的磁盘与镜像盘同时损坏，否则只要一个磁盘正常即可维持运作，因此 RAID 1 的可靠性最高。RAID 1 的原理是在主磁盘上存放数据的同时也在镜像磁盘上写一样的数据，如图 6-2 所示。当主硬盘（物理）损坏时，镜像硬盘则代替主硬盘工作。因为有镜像硬盘做数据备份，所以 RAID 1 的数据安全性在所有 RAID 级别上来说是最好的。但无论用多少组磁盘做 RAID 1，仅算一组磁盘的容量，是所有 RAID 中磁盘利用率最低的一个级别。

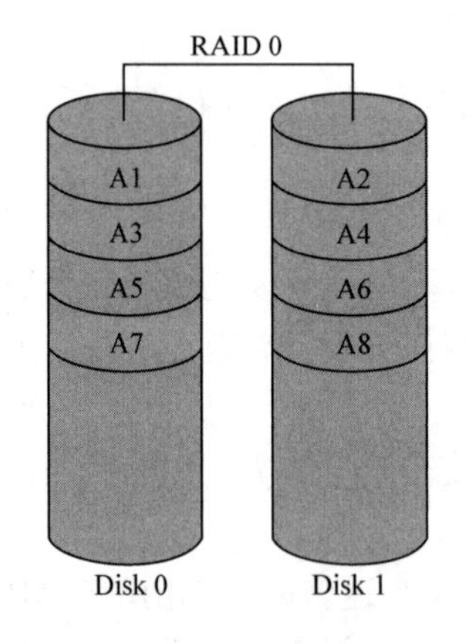

图 6-1 RAID 0

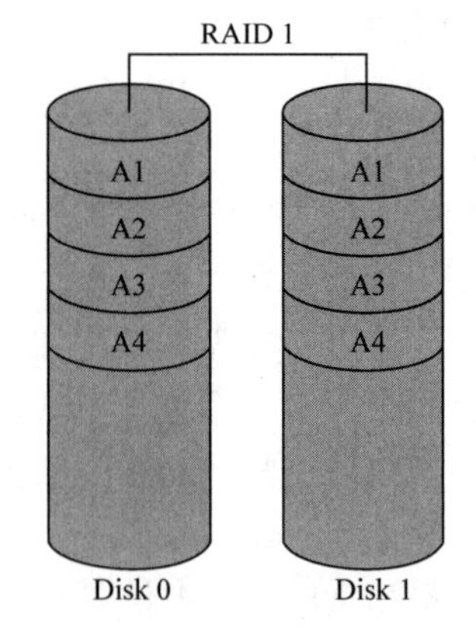

图 6-2 RAID 1

（3）RAID 2（海明码校验）

RAID 2 是 RAID 0 的改良版，以海明码（Hamming Code）的方式将数据进行编码后条块化地分区为独立的比特或字节，并将数据分别写入不同的磁盘中。因为在数据中加入了错误修正码（Error Correction Code，ECC），所以数据整体的容量会比原始数据大一些，ECC 的思想可直接用于将字节分散在磁盘上的磁盘阵列，例如，每个字节的第一位可以存在磁盘 1 上，第二位可以存在磁盘 2 上，类似地依次存放直到第八位存放在磁盘 8 上，而奇偶位可以存在其他磁盘上。如图 6-3 所示，前 4 个磁盘存放数据，后 3 个磁盘存放奇偶位。如果其中一个磁盘出错，可以从其他磁盘读取该字节其他位和相关奇偶位以重新构造出损坏数据。由于这种编码技术需要多个磁盘存放检查及恢复信息，使得 RAID 2 技术的实施更复杂，因此很少用于商业环境中。

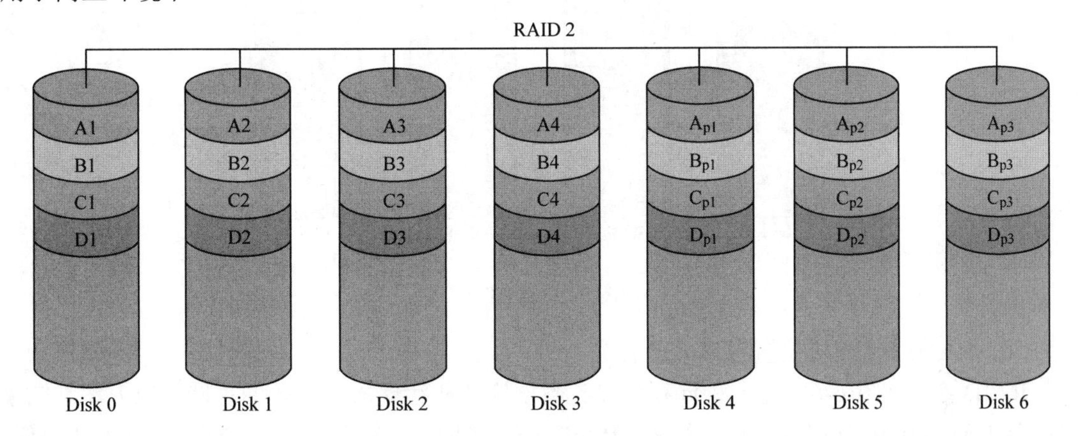

图 6-3　RAID 2

（4）RAID 3（简单校验）

同 RAID 2 非常类似，该技术也是将数据条块化分布于不同的磁盘上，两者的区别在于 RAID 3 使用简单的奇偶校验，并用单块磁盘存放奇偶校验信息，如图 6-4 所示。若一块磁盘失效，奇偶盘和其他数据盘可以重新产生数据；若奇偶盘失效，则不影响数据使用。由于数据内的比特分散在不同的磁盘上，因此就算要读取少量数据都可能需要所有磁盘进行工作，所以这种技术比较适合在读取大量连续数据时使用，对于随机数据来说，奇偶盘会成为写操作的瓶颈。

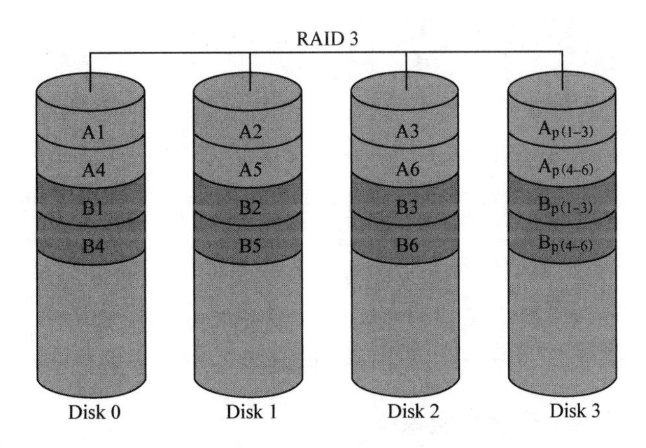

图 6-4　RAID 3

（5）RAID 4（以块为单位校验）

RAID 4（见图 6-5）同样也将数据条块化分布于不同的磁盘上，但与 RAID 3 不同的是，RAID 4 的分区单位是块或记录，这点区别于 RAID 3 的字节或比特。RAID 4 同样使用一块磁

盘作为奇偶校验盘，每次写操作都需要访问奇偶盘，这时奇偶校验盘会成为写操作的瓶颈，因此 RAID 4 也很少应用于商业环境中。

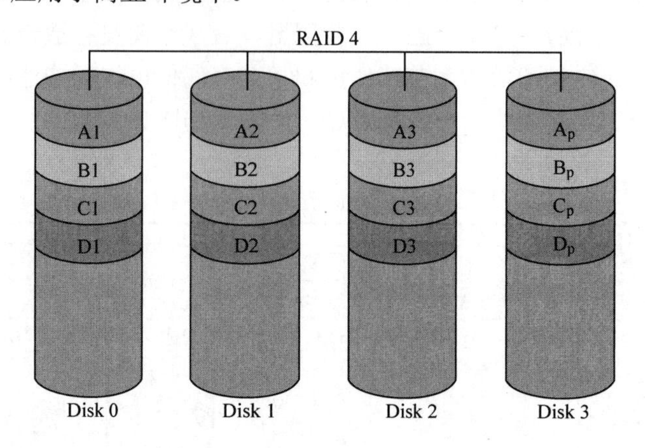

图 6-5　RAID 4

（6）RAID 5（随机位置存储校验位）

RAID 5（见图 6-6）是一种储存性能、数据安全和存储成本兼顾的存储解决方案。它使用的是 Disk Striping（磁盘分区）技术。RAID 5 至少需要 3 个磁盘，RAID 5 与 RAID 4 类似，也是将数据计算奇偶校验位储存，但不同于 RAID 4 的是，RAID 5 把数据和相对应的奇偶校验信息存储到随机磁盘上，而不是指定的磁盘，并且奇偶校验信息和相对应的数据分别存储于不同的磁盘上。RAID 5 可以说是 RAID 0 和 RAID 1 的折中方案。RAID 5 的保障程度要比 RAID 1 低，但由于多个数据对应一个奇偶校验信息，因此磁盘空间利用率要比 RAID 1 高；RAID 5 具有和 RAID 0 相近似的数据读取速度，但因为多了一个奇偶校验信息，写入数据会很慢。

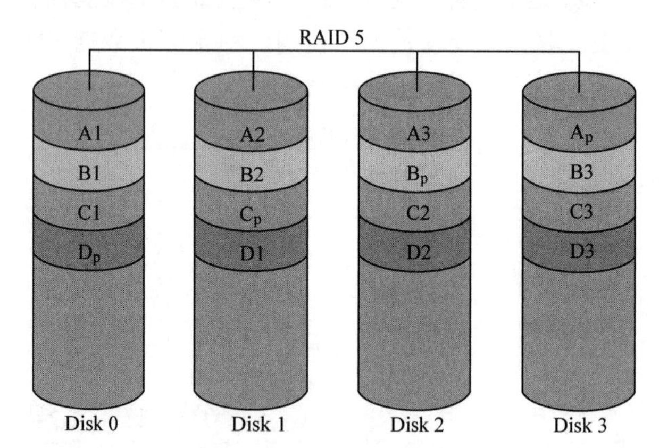

图 6-6　RAID 5

（7）RAID 6（两个独立奇偶校验系统）

与 RAID 5 相比，RAID 6 增加了第二个独立的奇偶校验信息块，如图 6-7 所示。两个独立的奇偶系统使用不同的算法，因此数据的可靠性非常高，即使两块磁盘同时失效也不会影响数据的使用。但两个独立奇偶校验所带来的不仅是需要更大的磁盘空间，而且在进行写操作时需要耗费更多的时间去计算校验位，因此写速度比 RAID 5 更差。较差的性能和复杂的操作方式使得 RAID 6 很少得到实际应用。

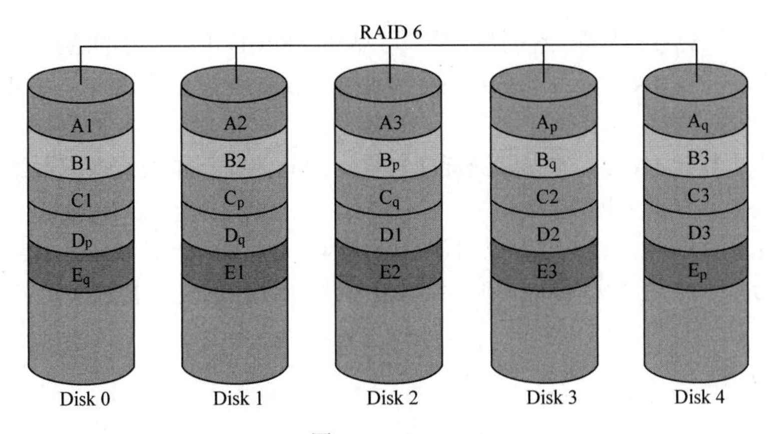

图 6-7　RAID 6

（8）RAID 0+1/1+0（性能与可靠性兼顾）

这种是 RAID 0 和 RAID 1 标准的组合，将数据以字节或比特为单位分割并行写入或读取自多个磁盘的同时，为每一个磁盘进行镜像，通常比 RAID 5 有更好的性能，如图 6-8 所示。它的优点是同时拥有 RAID 0 的速度和 RAID 1 的数据高可靠性，但是 CPU 占用率同样也更高，而且磁盘的利用率比较低。

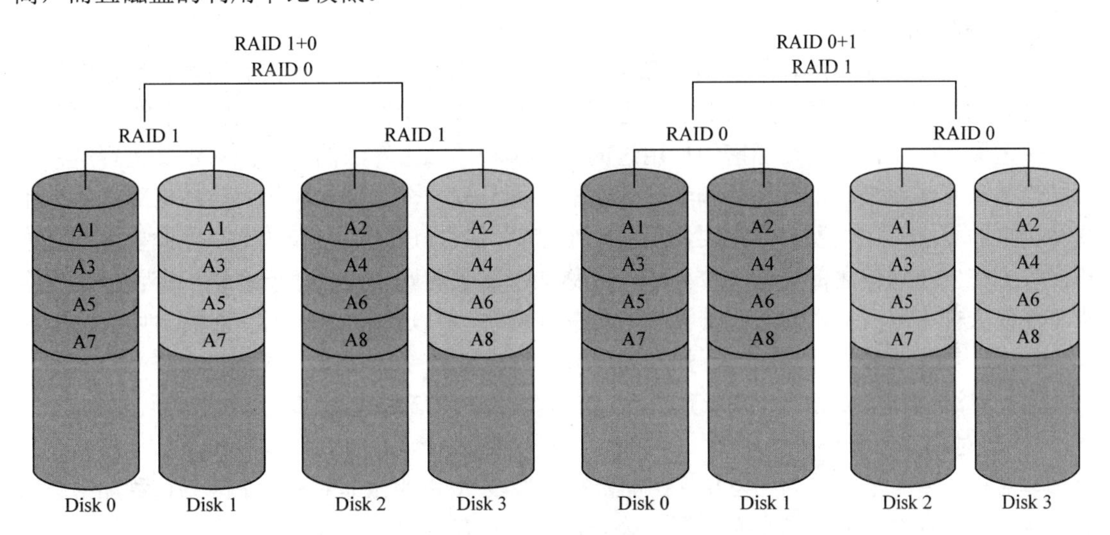

图 6-8　RAID 1+0 和 RAID 0+1

RAID 1+0 和 RAID 0+1 的区别在于镜像和数据分区的顺序：RAID 1+0 是先镜射再数据分区，再将所有硬盘分为两组，视作 RAID 0 的最低组合，然后将两组硬盘各自视为 RAID 1 运作。RAID 0+1 和 RAID 1+0 的顺序相反，是先分区再将数据镜射到两组硬盘。它将所有硬盘分为两组，变成 RAID 1 的最低组合，而将两组硬盘各自视为 RAID 0 运作。

性能上，RAID 0+1 比 RAID 1+0 有着更快的读写速度。

可靠性上，当 RAID 1+0 有一个硬盘受损，其余 3 个硬盘会继续运作。RAID 0+1 只要有一个硬盘受损，同组 RAID 0 的另一个硬盘亦会停止运作，只剩下两个硬盘运作，可靠性较低。**因此，RAID 1+0 远比 RAID 0+1 常用。**

3．RAID 级别的选择和应用

RAID 级别的选择，主要考虑如下几个因素。

1）性能。如果对性能要求较高且不要求可靠性，RAID 0是很好的选择。

2）可靠性。通常RAID 1用于需要高可靠性和需要快速恢复的场合。如果不要求很快的恢复速度，也可以采用其他级别。

3）数据量。由于RAID 1的存储消耗非常大，因此往往不作为大规模数据的冗余选择，通常会选择RAID 5存储大规模数据。

RAID 2、RAID 3、RAID 4较少应用于实际，因为RAID 5已经涵盖了所需的功能，所以RAID 2、RAID 3、RAID 4大多只在研究领域有实现，而实际应用中则以RAID 5为主。

6.2 加密算法

数据加密作为保护数据的手段之一，主要实现了指定用户才可以读取数据的目的。其基本思路是对“明文”的数据按照某种加密算法进行处理，使其变为不可读的一段“密文”，只有输入相应的“密钥”后才会还原为明文，通过这样的方法来达到保护数据不被非法阅读的目的，加密和解密互为逆过程。

加密技术通常分为两大类：**“对称式”和“非对称式”，其区别在于加密和解密是否采用同一个密钥。**

1．对称加密算法

对称加密算法是应用较早的加密算法，技术较为成熟。在对称加密算法中，数据发送方将明文和加密密钥一起经过加密算法处理后，使其变成密文发送出去。接收方收到密文后，若想解读原文，则需要使用加密中使用过的密钥及相同加密算法的逆算法对密文进行解密，才能使其恢复成明文。由于加密和解密使用的密钥只有一个，因此叫作对称加密算法。使用这种类型的算法时，收发双方都要使用同一个密钥对数据进行加密和解密，因此要求发送方和接收方在安全通信之前商定一个密钥。**对称加密算法的安全性依赖于密钥**，密钥泄漏就意味着任何人都可以对他们发送或接收的消息进行解密，所以密钥的保密性对通信性至关重要。

特点：算法公开、计算量小、加密速度快、安全性较差。

常见算法：DES算法、3DES算法、TDEA算法、RC2、RC4等。

2．非对称加密算法

非对称加密算法又称为“公开密钥加密算法”，之所以叫做非对称，是因为这种加密算法需要两个密钥：公开密钥和私有密钥。公开密钥与私有密钥是一对，如果用公开密钥对数据进行加密，那么只有用对应的私有密钥才能解密；如果用私有密钥对数据进行加密，那么只有用对应的公开密钥才能解密。

非对称加密算法实现机密信息交换的基本过程为：甲方生成一对密钥，并将其中一把作为公用密钥向其他方公开；若乙方要发送信息给甲方，则使用这个公用密钥对信息进行加密后将密文发送给甲方；甲方再用自己保存的另一把专用密钥对密文进行解密。相反地，甲方可以使用乙方的公用密钥对机密信息进行加密后再发送给乙方；乙方再用自己的专用密钥对加密后的信息进行解密。**简单来说，就是用公用密钥进行加密，采用专用密钥解密。**

非对称加密算法解决了收发双方交换密钥的问题。只要某人将自己的公用密钥公布，任何一方要发送数据给他，只需要采用这个公用密钥对数据进行加密发送给他即可，省去了事先商定密钥的过程。

特点：算法复杂，加密速度慢，安全性依赖于算法与密钥，安全性较好。

常见算法：RSA、Elgamal、ECC 等。

为什么非对称加密算法的安全性优于对称加密算法？

由于对称加密算法中只有一种密钥，如果要解密就得让对方知道密钥，因此事先要商定密钥，这就导致密钥会被传输，从而增加了安全隐患。而非对称加密算法中分为公用密钥和专用密钥，其中公用密钥是公开的，专用密钥不需要被传输，这样就避免了传输密钥，因此安全性要强很多。

6.3 对称多处理（SMP）体系结构

对称多处理（Symmetrical Multi-Processing，SMP）技术是指在一个计算机上汇集了一组处理器（多 CPU），各 CPU 之间共享内存子系统以及总线结构。

考生在《计算机组成原理高分笔记》中了解到，计算机系统可以分为以下 4 类。

- 单指令单数据流（SISD）：一个单处理器执行一个单指令流，对保存在一个存储器中的数据进程进行操作。
- 单指令多数据流（SIMD）：一个机器指令控制多个处理部件步伐一致的同时执行。每个处理部件都有一个相关的数据处理空间，因此，每条指令由不同的处理器在不同的数据集合上执行。
- 多指令单数据流（MISD）：一系列数据被传送到一组处理器上，每个处理器执行不同的指令序列。
- 多指令多数据流（MIMD）：一组处理器同时在不同的数据集上执行不同的指令序列。

在 MIMD 结构中，处理器是通用的，它们必须能够处理执行相应的数据转换所需的所有指令。

MIMD 可以根据处理器的通信进一步细化。如果每个处理器都有一个专用的存储器，则每个处理部件都是一个独立的计算机。计算机间的通信或者借助于固定的路径，或者借助于某些网络设施，这类系统称为集群系统。如果处理器共享一个公用的存储器，每个处理器都访问保存在共享存储器中的程序和数据，处理器之间通过这个存储器相互通信，则这类系统称为共享存储器多处理器系统。

共享存储器多处理器系统的一个常用分类标准是基于“如何把进程分配给处理器”，最基本的两种手段是主/从结构和对称结构。

在主/从结构中，操作系统的内核总是运行在某个特定的处理器上，其他处理器用于执行用户程序和操作系统的使用程序。主处理器负责调度进程或线程，如果一个处于运行的进程或线程需要使用系统的服务（如一次 I/O 调用），则它必须给主处理器发送请求，并等待服务的处理。这种方式非常简单，一个处理器控制了所有存储器和 I/O 资源，因此可以简化冲突的解决方案。但是这种方式也有明显的缺点：

1）主处理器的失败将导致整个系统的失败。

2）由于主处理器必须负责所有的进程调度和管理，因此可能成为性能瓶颈。

在对称多处理系统中，内核可以在任何处理器上执行，并且每个处理器可以从可用的进程或线程池中进行各自的调度工作。内核也可以由多进程或多线程构成，允许部分内核并行执行。SMP 方法增加了操作系统的复杂性，它必须确保两个处理器不会选择同一个进程，并且要确保队列不会丢失，因此需要解决同步的问题。

参 考 文 献

［1］ 教育部考试中心．2023 年全国硕士研究生招生考试计算机学科专业基础考试大纲［M］．北京：高等教育出版社，2022．

［2］ 汤小丹，梁红兵，哲凤屏，等．计算机操作系统［M］．4 版．西安：西安电子科技大学出版社，2014．

［3］ 李春葆，曾平，曾慧．计算机操作系统联考辅导教程［M］．北京：清华大学出版社，2012．

［4］ 跨考教育计算机教研室．全国硕士研究生入学统一考试计算机历年真题全真解析：黄宝书［M］．北京：北京邮电大学出版社，2011．

［5］ 李善平．操作系统学习指导和考试指导［M］．杭州：浙江大学出版社，2004．

［6］ 梁红兵，汤小丹．计算机操作系统学习指导与题解［M］．西安：西安电子科技大学出版社，2015．